“十二五”职业教育国家规划教材
经全国职业教育教材审定委员会审定

建筑构造与识图

第三版

徐秀香　董　羽　刘英明　主　编
赵瑞兰　副主编
王　艳　主　审

·北京·

本书从高等职业教育的特点和培养高技能人才的实际出发，结合课程的特点、要求及新的规范，以民用建筑构造为主，并结合工程和行业特点，编入了工程现状及发展，体现了建筑业现行的新标准、新材料、新工艺，做到重点突出，并注重实用性。全书分为三大模块共十三个项目，即民用建筑构造、工业建筑构造、建筑识图。为便于教学，每个项目开始设有学习目标及能力目标，每个项目后面附有能力训练题。同时以实际建筑施工图为例，做到图文并茂、深入浅出。

本书融入了与1+X证书考试相关的构造识图知识点和题型，将工程案例与课程思政紧密结合；还配套有丰富的数字化教学资源，体现了党的二十大报告“推进教育数字化，建设全民终身学习的学习型社会、学习型大国”。

本书为高职高专建筑工程技术、工程监理、工程造价、房地产经营与管理、物业管理等相关专业的教学用书，也可作为成人教育及民办高校土建类相关专业的教材，还可作为岗位证书考试的考前复习资料及建筑工程人员的参考书、相关专业工程技术人员及企业管理人员业务培训用书。

图书在版编目（CIP）数据

建筑构造与识图/徐秀香，董羽，刘英明主编. —3版. —北京：化学工业出版社，2020.7（2024.1重印）

“十二五”职业教育国家规划教材　经全国职业教育教材审定委员会审定

ISBN 978-7-122-36776-1

Ⅰ. ①建…　Ⅱ. ①徐…②董…③刘…　Ⅲ. ①建筑构造-高等职业教育-教材②建筑制图-识图-高等职业教育-教材　Ⅳ. ①TU22②TU204

中国版本图书馆CIP数据核字（2020）第077639号

责任编辑：李仙华　王文峡　　装帧设计：关　飞

责任校对：王素芹

出版发行：化学工业出版社（北京市东城区青年湖南街13号　邮政编码100011）

印　　装：三河市延风印装有限公司

787mm×1092mm　1/16　印张15¼　字数380千字　　2024年1月北京第3版第4次印刷

购书咨询：010-64518888　　售后服务：010-64518899

网　　址：http://www.cip.com.cn

凡购买本书，如有缺损质量问题，本社销售中心负责调换。

定　　价：48.00元

高职高专土建类专业教材编审委员会

前言

建筑构造与识图是建筑类专业的基础课，其特点是与生产实际有十分密切的联系。本书为“十二五”职业教育国家规划教材，无论从教材定位、结构体系、难易程度、适应性、应用性等都能反映出高职教材的特点。

随着建筑技术的迅速发展，新材料、新技术、新工艺日新月异，与建筑、装饰工程相关的新标准、新规范、新技术也不断修订与更新。加强教材建设，与行业企业共同开发紧密结合生产实际的适合高职教学的教材，并确保优质教材进课堂，对该教材进行修订是当务之急。

本书的再版将党的二十大报告中体现的新思想、新理念及科学方法论与专业知识和技能有机融合。本版教材编写内容与形式的创新点如下：

1.将教材进行项目优化。采用模块化项目式教学，突出职业教育特点，以职业需求为导向，以实践能力培养为重点，强调实践性和职业性。

2.完善更新教材内容。全面更新教材中引用的规范规程、图集标准，根据企业岗位和教育教学的新需求，引入工程实例，增加了实践教学效果。

3.融入课程思政的建设思想和内涵。将工程案例与课程思政紧密结合，育德于教，深入探索和发掘专业课中的思政元素，努力将知识传授、能力培养、价值塑造融入课程教材中，不断更新教育理念和育人格局，培养学生吃苦耐劳的精神，自主学习和团队合作的能力，重质量、安全和责任的意识。

4.紧密切合1+X证书制度。对本课程与1+X证书之密切关系做了详细的阐述。融入1+X试点院校的想法，将1+X证书考试知识点和相关题型融入教材，希望学生通过教材的系统学习早日获得相应的职业技能等级证书。

5.配套优秀数字化教学资源。以“互联网+教材”的模式开发与本书配套的数字资源。学生可以通过扫描教材中的二维码观看微课视频，获取拓展学习资料，辅助课堂教学。

本书由辽宁城市建设职业技术学院徐秀香、董羽、刘英明担任主编，山西工程技术学院赵瑞兰担任副主编，辽宁省建设科学研究院王艳担任主审。具体分工如下：项目一、项目八由中国地震应急搜救中心李静编写，项目二由黑龙江建筑职业技术学院张琨编写，项目三、项目六由山西工程技术学院赵瑞兰编写，项目四、项目九由辽宁科技学院邓光编写，项目五由辽宁城市建设职业技术学院徐秀香编写，项目七由辽宁城市建设职业技术学院刘英明编写，项目十～项目十三由辽宁城市建设职业技术学院董羽编写。

本教材在编写过程中，承蒙辽宁鲁尔建筑设计有限公司徐永君相助，提出宝贵意见与建议并提供相关图集等资料，同时借鉴和参考了有关书籍、图片资料，特此表示衷心的感谢。

本书配套了丰富的微课教学资源，可扫描书中二维码获取，同时本书还提供有电子课件，可登录 www.cipedu.com.cn 免费获取。

由于时间所限，教材中难免有不足之处，恳请广大读者批评指正。

编者

第一版前言

高等职业教育是以培养高素质技能型人才、适应社会需要为目标，注重实践能力和职业技能训练。要积极与行业企业合作开发课程，根据技术领域和职业岗位（群）的任职要求，参照相关的职业资格标准，优化课程体系和教学内容，力求编写出紧密结合生产实际的适合高职教学的专业教材。

本书根据课程的特点和要求，突出以能力培养为本位的高等职业教育特色，认真贯彻“必需和够用”的原则，遵循注重基本理论和基本技能的培养，按照新的规范编写而成。全书分为民用建筑构造、工业建筑构造及建筑识图三部分内容。为了便于教学和学习，每章开始设有学习目标和能力目标，根据培养和提高应用能力的需要，在每章后面附有复习思考题，立足实用，强化能力，注重实践。

本书着重对方法的理解和理论的运用，以实际建筑工程施工图为例，理论联系实际，力求做到深入浅出。同时，本书采用了 2001 年颁布的制图标准和近几年新制定和修订的标准和规范，并且每章都编入了工程现状及发展概述，反映了我国建筑工程的一些新材料、新技术、新方法。

本书为高职高专、成人高校及民办高校的建筑工程技术、工程监理土建施工类专业和工程造价、房地产经营与管理、物业管理等相关专业的教材，亦可作为相关专业技术人员、企业管理人员业务知识学习培训用书。本书能开拓读者思路，满足读者在理论、技能两方面培养能力的需要，建议为 60～72 学时，各院校可根据实际情况决定内容的取舍。

本书由徐秀香担任第一主编、刘英明担任第二主编、赵瑞兰担任副主编，辽宁科技大学高等职业技术学院张锡宽担任主审。具体分工如下：第五、十、十一、十二章由辽宁城市建设职业技术学院徐秀香编写，第七、十三章由辽宁城市建设职业技术学院刘英明编写，第三、六章由阳泉职业技术学院赵瑞兰编写，第一、八章由河南工程学院李静编写，第四、九章由辽宁科技学院邓光编写，第二章由黑龙江建筑职业技术学院张琨编写。

本教材在编写过程中，得到了鞍山市城市建设开发有限公司张勇、辽宁鲁尔建筑设计有限公司徐永君以及参编院校有关领导及老师的大力支持，在此表示衷心的感谢。

由于编者水平有限，书中难免有不妥之处，恳请广大读者批评指正。

本书提供有 PPT 电子教案，可发信到 cipedu@163.com 免费获取。

编者

2009 年 5 月

第二版前言

由于建筑业突飞猛进的发展及新材料、新技术、新工艺日新月异，国家新规范、新标准、新政策的出台，如《房屋建筑制图统一标准》(GB/T 50001—2017)、《砌体结构工程施工质量验收规范》(GB 50203—2011)、《建筑物抗震构造详图》（多层和高层钢筋混凝土房层）(11 G329—1) 等，对建筑构造及做法等都有新的标准与规定。总之，加强教材建设，与行业企业共同开发紧密结合生产实际的适合高职教学的教材，并确保优质教材进课堂，对该教材进行修订是当务之急。2015 年本教材入选“十二五”职业教育国家规划教材。

第二版教材作如下修订：结构保持不变，第一部分、第二部分根据新规范、新标准做了修改，第三部分建筑识图变化很大，首先选择了具有代表性的工程实例，其次独创了以“建筑构造与做法”为出发点对该套工程图进行有重点的、有针对性的识读，真正达到理论与实际的对照与融合。例如，第二章的地下室构造做了删减，增加了深基础（桩基础）的内容；第三章的隔墙与幕墙、墙面装修做了删减，增加了框架墙的构造；第四章增加了新型钢板内容，名词统一；第五章的预制钢筋混凝土楼梯做了删减，电梯与自动扶梯的图做了删减；第六章的门窗的构造与尺度做了删减，增加新型门窗（节能门窗）的介绍；第七章的屋顶构造中涉及的沥青卷材知识删除，增加新型防水材料等。

总之，根据近几年的行业新标准、新规范、新图集等对各章节进行全面优化与更新，使教材根据课程的特点和要求，突出以能力培养为本位的高等职业教育特色，认真贯彻“必需和够用”的原则，遵循注重基本理论和基本技能的培养，立足实用，强化能力，注重实践。以实际建筑工程施工图为例，联系实际工程，做到图文并茂，深入浅出。

本书由辽宁城市建设职业技术学院徐秀香、刘英明任主编，太原理工大学阳泉学院赵瑞兰任副主编，辽宁省建设科学研究院王艳担任主审。具体分工如下：第一、八章由河南工程学院李静编写，第二章由黑龙江建筑职业技术学院张琨编写，第三、六章由太原理工大学阳泉学院赵瑞兰编写，第四、九章由辽宁科技学院邓光编写，第五、十～十二章由辽宁城市建设职业技术学院徐秀香编写，第七、十三章由辽宁城市建设职业技术学院刘英明编写。

本教材在编写过程中，承蒙鞍山市城市建设开发有限公司张勇、辽宁鲁尔建筑设计有限公司徐永君相助，提出宝贵意见与建议并提供相关图集等资料，同时借鉴和参考了有关书籍、图片资料和相关高职院校的教学资源，特此表示衷心的感谢。

由于时间有限，教材中难免有不足之处，恳请广大读者批评指正。

本书提供有 PPT 电子课件，可登录 www. cipedu. com. cn 免费获取。

编者

2015 年 2 月

目录

模块二 工业建筑构造

模块三 建筑识图

二维码资源目录

绪论　本课程与1+X证书密切相关

根据国务院发布的《国家职业教育改革实施方案》，从 2019 年开始，在职业院校启动“学历证书＋若干职业技能等级证书”制度试点工作。鼓励职业院校学生在获得学历证书的同时，积极取得多类职业技能等级证书，拓展就业创业本领，缓解结构性就业矛盾。这一试点工作于 2019 年启动，从 5 个领域的证书开始，在部分地区遴选符合条件的院校开展试点。

根据《关于在院校实施“学历证书＋若干职业技能等级证书”制度试点方案》要求，国家首批启动了 5 个职业技能领域试点，并于 2020 年下半年进行试点工作阶段性总结。目前教育部已经确定建筑工程技术、信息与通信技术、物流管理、老年服务与管理、汽车运用与维修技术 5 个领域为首批试点的有关职业技能等级证书，见表 0-1。

表 0-1　首批试点 5 个领域职业技能等级证书

试点的职业技能领域	建筑工程技术	信息与通信技术	物流管理	老年服务与管理	汽车运用与维修技术
职业技能等级证书	建筑信息模型“BIM”证书	Web 前端开发证书	物流管理证书	老年照护证书	汽车运用与维修证书

建筑信息模型（BIM）职业技能等级证书对应相关专业见表 0-2。

表 0-2　“BIM”证书对应专业

学校类型	对应相关专业
高等职业学校	建筑设计、建筑工程技术、建筑设备工程技术、工程造价、建设工程管理

围绕建筑信息模型（BIM）职业技能等级证书（以下简称“BIM”证书）标准，在专业基础课、专业方向课和实训环节已具备了较为成熟的教学资源。“建筑构造与识图”就是与“BIM”证书有密切的关系的专业基础课。各职业院校具有“BIM”证书对应的专业理论和实践教学场地，例如建筑施工图识图社团及训练场。而“建筑构造与识图”也适用于“BIM”证书所对应的表 0-2 中的 5 个专业，它是对应专业的专业基础课。

一、什么是 1+ X 证书？

“1”是学历证书，是指学习者在学制系统内实施学历教育的学校或者其他教育机构中完成了学制系统内一定教育阶段学习任务后获得的文凭；“X”为若干职业技能等级证书。1＋X 证书制度，就是学生在获得学历证书的同时，取得多类职业技能等级证书。如图 0-1 所示。在实施“1＋X 证书制度”时，处理好学历证书“1”与职业技能等级证书“X”的关系。“1”是基础，“X”是“1”的补充、强化和拓展。学历证书和职业技能等级证书不是两个并行的证书体系，而是两种证书的相互衔接和相互融通。

二、院校是 1+ X 证书制度试点的实施主体

院校是 1＋X 证书制度试点的实施主体，“建筑构造与识图”是“BIM”证书的专业基

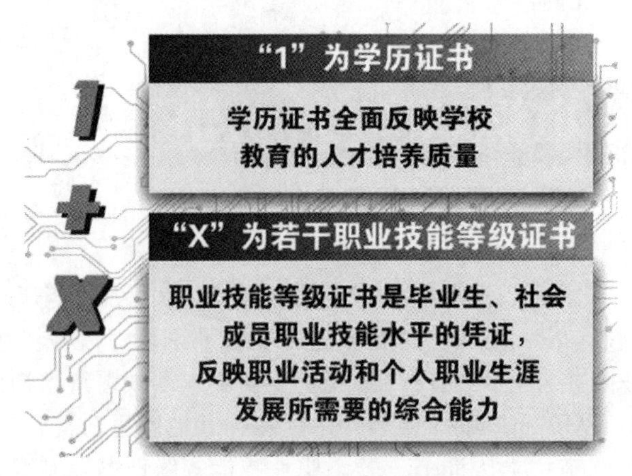

图 0-1　1＋X 证书释义

础课。试点单位要推进“1”和“X”的有机衔接，职业技能等级标准与专业教学标准的对应、X 证书培训内容与学历教育专业课程的融合、培训过程与专业教学过程的统筹安排，为实现 X 证书职业技能考核与学历教育专业课程考试的统筹安排、同步考试评价奠定了基础。进一步发挥好学历证书作用，夯实学生可持续发展基础，积极发挥职业技能等级证书在促进院校人才培养、实施职业技能水平评价等方面的优势，建筑类高职院校将“BIM”证书培训内容有机融入专业人才培养方案，做好“建筑构造与识图”等专业基础课的准备，优化课程设置和教学内容，开发或编著“BIM”证书内容的优质教材。对专业课程未涵盖的内容但需要强化的实训，组织开展专门培训，开展由浅入深多层次的各种竞赛来激发学生的积极性，充分发挥主观能动性。做好专业基础课的充分准备，由量变到质变，水到渠成，顺利考取“BIM”证书。鼓励试点院校学历教育与职业培训并举，在面向本校学生开展培训的同时，积极为社会成员提供培训服务。

教育部将结合实施 1＋X 证书制度试点，探索建设职业教育国家“学分银行”，对学历证书和职业技能等级证书所体现的学习成果进行认证、积累与转换，促进书证融通，探索构建国家资历框架。为使“BIM”证书高质量顺利获得，开户“学分银行”时，要有基本条件，比如相关的“建筑构造与识图”专业基础课达到什么条件时，才可开户“学分银行”，环环相扣，才能硕果累累。

三、 1+ X 书证衔接和融通是精髓所在

学历证书和职业技能等级证书不是两个并行的证书体系，而是两种证书的相互衔接和相互融通。书证相互衔接融通是“1＋X 证书制度”的精髓所在，这种衔接融通主要体现在如下几个方面。

（1）职业技能等级标准与各个层次职业教育的专业教学标准相互对接。这种对接是由学历证书与职业技能等级证书的关系决定的。不同等级的职业技能标准应与不同教育阶段学历职业教育的培养目标和专业核心课程的学习目标相对应，保持培养目标和教学要求的一致性。

（2）“X”证书的培训内容与专业人才培养方案的课程内容相互融合。“X”证书的职业技能培训不是要独立于专业教学之外再设计一套培养培训体系和课程体系，而是要将其培训内容有机融入学历教育专业人才培养方案。专业课程能涵盖“X”证书职业技能培训内容

的，就不再单独另设“X”证书培训；专业课程未涵盖的培训内容，则通过职业技能培训模块加以补充、强化和拓展。

（3）“X”证书培训过程与学历教育专业教学过程统筹组织、同步实施。由于“X”证书培训内容与学历教育的专业课程有机融合，因此，“X”证书培训和专业教学可以统筹安排教学内容、实践场所、组织形式、教学时间，安排师资，从而实现X证书培训与专业教学过程的一体化。

（4）“X”证书的职业技能考核与学历教育专业课程考试统筹安排，同步考试与评价。职业技能等级标准与专业教学标准的对应、“X”证书培训内容与学历教育专业课程的融合、培训过程与专业教学过程的统筹安排，为实现“X”证书职业技能考核与学历教育专业课程考试的统筹安排、同步考试评价奠定了基础。

学历证书与职业技能等级证书体现的学习成果相互转换。获得学历证书的学生在参加相应的职业技能等级证书考试时，可免试部分内容，获得职业技能等级证书的学生，可按规定兑换学历教育的学分，免修相应课程或模块。学历证书与职业技能等级证书的互通互换，为构建国家资历框架奠定了基础。

四、 1+ X：推动职业院校深化改革

“1＋X证书制度”是国家职业教育制度建设的一项基本制度，也是构建中国特色职教发展模式的一项重大制度创新。“1＋X证书制度”的实施，必将助推职业院校改革走向深入。

第一，“1＋X证书制度”的实施将有利于进一步完善职业教育与培训体系，将有力促进职业院校坚持学历教育与培训并举，深化人才培养模式和评价模式改革，更好地服务经济社会发展。更会激发社会力量参与职业教育的内生动力，充分调动社会力量举办职业教育的积极性，有利于推进产教融合、校企合作育人机制的不断丰富和完善，形成职业教育的多元办学格局。

第二，“1＋X证书制度”将学历证书与职业技能等级证书、职业技能等级标准与专业教学标准、培训内容与专业教学内容、技能考核与课程考试统筹评价，这有利于院校及时将新技术、新工艺、新规范、新要求融入人才培养过程，更将倒逼院校主动适应科技发展新趋势和就业市场新需求，不断深化“三教”改革，提高职业教育适应经济社会发展需求的能力。

第三，“1＋X证书制度”实现了职业技能等级标准、教材和学习资源开发、考核发证由第三方机构实施，教考分离，有利于对人才客观评价，更有利于科学评价职业院校的办学质量。

第四，“1＋X证书制度”必将带来教育教学管理模式的变革，模块化教学、学分制、弹性学制这些灵活的学习制度等人才培养模式和教学管理制度必将在试点工作中涌现出来，这些新的变化必将对职业教育现行办学模式和教育教学管理模式产生重大挑战和严重冲击。如何应对“1＋X证书制度”带来的影响，是摆在职教院校面前的重大课题。

深化教师、教材、教法“三教”改革；促进校企合作；建好用好实训基地；探索建设职业教育国家“学分银行”，构建国家资历框架。高职院校要根据职业技能等级标准和专业教学标准要求，将证书培训内容有机融入专业人才培养方案，优化课程设置和教学内容，统筹教学组织与实施，深化教学方式方法改革，提高人才培养的灵活性、适应性、针对性。

职业技能等级考核内容要反映典型岗位（群）所需的职业素养、专业知识和职业技能，体现社会、市场、企业和学生个人发展需求。

模块一

民用建筑构造

项目一　民用建筑概述

❖ 学习目标

1. 掌握建筑的构成要素、建筑物的分类和等级划分、建筑物的构造组成及其作用，以及影响建筑构造的主要因素。

2. 了解建筑的指导方针、建筑模数协调统一标准、定位轴线的定位方法。

❖ 能力目标

能够对一般建筑物进行准确分类，明确建筑物的构造组成及做法，通过工程实例掌握定位轴线的相关知识。

任务一　建筑的构成要素和我国的建筑方针

一、建筑的含义及构成要素

1. 建筑的含义

“建筑”是建筑物和构筑物的总称。建筑物又通称为“建筑”，一般是指供人们在其中从事生产、生活和进行各种社会活动的房屋或场所，如住宅、办公楼、教学楼、展览馆等；构筑物是人们为满足生产、生活的某一方面需要而建造的某些工程设施，如水塔、水池、烟囱、堤坝等，人们一般不在其中进行长期的生活、生产等活动。

2. 建筑的构成要素

构成建筑的基本要素是指在不同历史条件下的建筑功能、建筑的物质技术和建筑形象，统称为“建筑三要素”。

（1）建筑功能

① 满足人体尺度和人体活动所需的空间尺度。因为人要在建筑空间内活动，所以人体的各种活动尺度与建筑空间有十分密切的关系。人的生活起居（如存取动作、厨房操作动作、厕浴动作等）和站立坐卧等活动所占的空间尺度就是确定建筑内部各种空间尺度的主要依据。

② 满足人的生理要求。要求建筑应具有良好的朝向、保温、隔音、防潮、防水、采光及通风的性能，这也是人们进行生产和生活活动所必需的条件。

③ 满足不同建筑有不同使用特点的要求。不同性质的建筑物在使用上有不同的特点，例如住宅建筑应满足人们的居住要求，学校建筑以满足教学活动要求为目的，园林建筑供人游览、休息和观赏等。

建筑功能是人们对建筑的具体使用要求，它体现了建筑物的目的性，在建筑的构成要素中起主导作用。

（2）建筑的物质技术　它是指建造房屋的手段，包括建筑材料及制品技术、结构技术、节能技术、施工技术和设备技术等。所以建筑是多门技术科学的综合产物，是建筑发展的重要因素。其中，建筑材料是建造房屋必不可缺的物质基础；结构是构成建筑空间环境的骨架；建筑设备（含水、电、通风、空调、通信、消防等）是保证建筑物达到某些功能要求的技术条件；施工技术则是实现建筑生产的过程和方法，是建筑功能实施的保证条件。

（3）建筑形象　它是建筑物内外观感的具体体现，是建筑功能、建筑技术、自然条件和社会文化等诸多因素的综合艺术效果。建筑形象包括建筑单体和建筑群体的体型、内部和外部空间组合、立面形式、细部与重点的处理、材料的色彩和质感、光影和装饰处理等。建筑形象是功能和技术的综合反映。

建筑功能、建筑的物质技术和建筑形象这三要素相互制约、互不可分。建筑功能是建筑的目的，通常是主导因素，是第一性的；建筑的物质技术是达到建筑目的的手段，同时又对建筑功能有制约和促进作用；建筑形象是建筑功能与建筑的物质技术的综合表现。但有时对一些纪念性、象征性或标志性建筑，建筑形象往往起主导作用，成为主要因素。优秀的建筑作品能形象地反映出建筑的性质、结构和材料的特征，同时给人以美的享受。

二、我国的建筑方针

适用、经济、绿色、美观这一建筑方针是我国建筑人员进行工作的指导方针，又是评价建筑优劣的基本准则。应深入理解建筑方针的精神，把它贯彻到工作中去。

任务二　民用建筑的分类及等级

一、建筑物的分类

建筑物分类的方法很多，一般按以下四种情况进行分类。

1. 按使用功能分类

按建筑物的使用功能，建筑物可以分为民用建筑、工业建筑和农业建筑。

（1）民用建筑　指供人们工作、学习、生活、居住用的建筑物，包括居住建筑和公共建筑。

① 居住建筑。指供人们集体生活和家庭生活起居用的建筑物，如住宅和宿舍等。

② 公共建筑。指供人们进行各种社会活动的建筑物，根据使用功能特点，可分为文教建筑、托幼建筑、医疗卫生建筑、观演性建筑、体育建筑等 15 种建筑。

（2）工业建筑　指为工业生产服务的各类生产性建筑物，如生产车间、辅助车间、动力车间和仓储建筑等。一般分为单层工业厂房和多层工业厂房。

（3）农业建筑　指供农（牧）业生产和加工用的建筑，如种子库、温室、畜禽饲养场、农副产品加工厂、农机修理厂（站）、粮仓、水产品养殖场等。

2. 按建筑规模和数量分类

（1）大量性建筑　指建筑规模不大，但修建数量多，与人们生活密切相关的分布面广的建筑，如住宅、中小学教学楼、医院、中小型影剧院、中小型工厂等。

（2）大型性建筑　指规模大、耗资多的建筑，如大型体育馆、大型剧院、航空港站、博物馆、大型工厂等。与大量性建筑相比，其修建数量是很有限的，这类建筑在一个国家或一个地区具有代表性，对城市面貌的影响也较大。

3. 按建筑层数（高度）分类

民用建筑按地上建筑高度或层数进行分类应符合下列规定：

① 建筑高度不大于 27.0m 的住宅建筑、建筑高度不大于 24.0m 的公共建筑及建筑高度 24.0m 的单层公共建筑为低层或多层民用建筑；

② 建筑高度大于 27.0m 的住宅建筑和建筑高度大于 24.0m 的非单层公共建筑，且高度不大于 100.0m 的，为高层民用建筑；

③ 建筑高度大于 100.0m 为超高层建筑。

注：建筑防火设计应符合现行国家标准《建筑设计防火规范》(2018 年版)(GB 50016—2014）有关建筑高度和层数计算的规定。

4. 按承重结构的材料分类

（1）木结构建筑　指以木材作为房屋承重骨架的建筑。我国古代建筑大多采用木结构。木结构具有自重轻、构造简单、施工方便等优点，但木材易腐、易燃，又因我国森林资源缺少，现已较少采用。

（2）砌体结构建筑　指以砖、石材或砌块为承重墙柱和楼板的建筑。这种结构便于就地取材，能节约钢材、水泥和降低造价，但抗震性能差，自重大。

（3）钢筋混凝土结构建筑　指以钢筋混凝土作为承重结构的建筑。具有坚固耐久、防火和可塑性强等优点，故应用较为广泛。

（4）钢结构建筑　指以型钢等钢材作为房屋承重骨架的建筑。钢结构力学性能好，便于制作和安装，工期短，结构自重轻，适宜在超高层和大跨度建筑中采用。随着我国高层、大跨度建筑的发展，采用钢结构的趋势正在增长。

（5）混合结构建筑　指采用两种或两种以上材料作承重结构的建筑。如由砖、石或砌块墙、木楼板构成的砖木结构建筑；由砖、石、砌块墙、钢筋混凝土楼板构成的混合结构建筑；由钢屋架和混凝土（或柱）构成的钢混结构建筑。

二、建筑物的等级划分

建筑物的等级一般按设计使用年限和耐火性能进行划分。

1. 按建筑设计使用年限分

根据《民用建筑设计统一标准》(GB 50352—2019）的规定，按建筑的设计使用年限分为四级，见表 1-1。

表 1-1　建筑物等级

级　别	设计使用年限	示　例
一级	100 年	纪念性建筑和特别重要的建筑，如纪念馆、博物馆、国家会堂等
二级	50 年	普通建筑，如城市火车站、宾馆、住宅等
三级	25 年	易于替换结构构件的建筑，如钢木结构或钢结构中的某构件可替换的建筑
四级	5 年	临时性建筑，如工程项目建造时临时搭建的建筑物

2. 按耐火性能分

我国现行规范选择楼板作为确定耐火极限等级的基准，因为对建筑物来说楼板是最具代表性的一种至关重要的构件。在制定分级标准时首先确定各耐火等级建筑物中楼板的耐火极限，然后将其他建筑构件与楼板相比较，在建筑结构中所占的地位比楼板重要的构件，可适当提高其耐火极限要求，否则反之。根据我国国情，并参照其他国家的标准，《建筑设计防火规范》(2018 年版)(GB 50016—2014) 分为一、二、三、四级，一级最高，四级最低。

所谓耐火极限，是指任一建筑构件在规定的耐火试验条件下，从受到火的作用时起，到失去支持能力或完整性被破坏或失去隔火作用时为止的这段时间，用时间 (h) 表示。只要以下三个条件中任一个条件出现，就可以确定构件达到其耐火极限。

① 失去支持能力。指构件在受到火焰或高温作用下，由于构件材质性能的变化，使承载能力和刚度降低，承受不了原设计的荷载而破坏。例如，受火作用后的钢筋混凝土梁失去支撑能力，钢柱失稳破坏；非承重构件自身解体或垮塌等，均属于失去支持能力。

② 完整性被破坏。指薄壁分隔构件在火的高温作用下，发生爆裂或局部塌落，形成穿透裂缝或孔洞，火焰穿过构件，使其背面可燃物燃烧起火。例如受火作用后的板条抹灰墙，内部可燃板条先行自燃，一定时间后，背火面的抹灰层龟裂脱落，引起燃烧起火；预应力钢筋混凝土楼板使钢筋失去预应力，发生炸裂，出现孔洞，使火苗蹿到上层房间。

③ 失去隔火作用。指具有分隔作用的构件，在背火面任一点的温度达到 220℃时，构件失去隔火作用。例如一些燃点较低的可燃物（纤维系列的棉花、纸张、化纤品等）被烤焦后致火。

任务三　建筑标准化和模数协调标准

一、建筑模数协调标准

为了实现工业化大规模生产，使不同材料、不同形式和不同制造方法的建筑构配件、组合件具有一定的通用性和互换性。建筑业中必须共同遵守《建筑模数协调标准》(GB/T 50002—2013)。

1. 基本模数、导出模数

模数是选定的尺寸单位，作为尺度协调中的增值单位，按不同内容分为基本模数、导出模数、模数数列。

(1) 基本模数　基本模数的数值规定为 100mm，表示符号为 M，即 1M 等于 100mm，整个建筑物或其中一部分以及建筑组合件的模数化尺寸均应是基本模数的倍数。

(2) 导出模数　分为扩大模数和分模数，其基数应符合下列规定：

① 扩大模数基数应为 2M、3M、6M、9M、12M、…；

② 分模数基数应为 M/10、M/5、M/2。

2. 模数数列

应根据功能性和经济性原则确定。

(1) 建筑物的开间或柱距，进深或跨度，梁、板、隔墙和门窗洞口宽度等分部件的截面尺寸宜采用水平基本模数和水平扩大模数数列，且水平扩大模数数列宜采用 $2n$M、$3n$M（n 为自然数）。

(2) 建筑物的高度、层高和门窗洞口高度等宜采用竖向基本模数和竖向扩大模数数列，且竖向扩大模数数列宜采用 nM。

(3) 构造节点和分部件的接口尺寸等宜采用分模数数列，且分模数数列宜采用 M/10、M/5、M/2。

二、建筑构件的尺寸

为保证建筑物构件的设计、生产、安装各阶段有关尺寸间的相互协调，应明确标志尺寸、制作尺寸、实际尺寸的概念。

(1) 标志尺寸　符合模数数列的规定，用以标注建筑物定位轴面、定位面或定位轴线、定位线之间的垂直距离（如开间、柱距、进深、跨度、层高等）以及建筑构配件、建筑组合件、建筑制品、有关设备界限之间的尺寸。

(2) 制作尺寸　建筑构配件、建筑组合件、建筑制品等的设计尺寸，一般情况下，标志尺寸减去缝隙或加上支撑长度为制作尺寸。

(3) 实际尺寸　建筑构配件、建筑组合件、建筑制品等生产后的实际尺寸，实际尺寸与制作尺寸之间的差数应满足允许偏差幅度的限制。

几种建筑构件尺寸的相互关系，如图 1-1 所示。

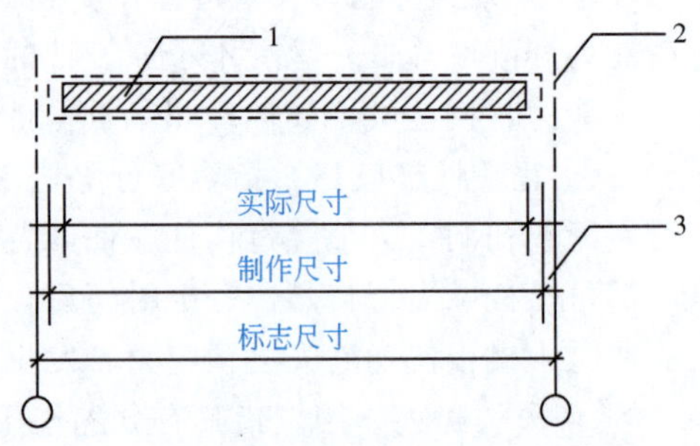

图 1-1　几种建筑构件尺寸关系

1—部件；2—基准面；3—装配空间

三、定位轴线的定位方法

定位轴线是用来确定建筑构件位置及其尺寸的基准线，用以确定结构或构件的位置及标志尺寸。规定定位轴线的布置及构件与定位轴线联系的原则，可以统一与简化构件的尺寸、节点构造，减少规格类型，提高互换性和通用性，满足建筑工业化生产的要求。

定位轴线间的距离如跨度、柱距、层高等应符合模数数列要求。

1. 平面定位轴线

(1) 定位轴线应用 0.25b 线宽的单点长画线绘制。

(2) 定位轴线应编号，编号应注写在轴线端部的圆内。圆应用 0.25b 线宽的实线绘制，直径宜为 8～10mm。定位轴线圆的圆心应在定位轴线的延长线上或延长线的折线上。

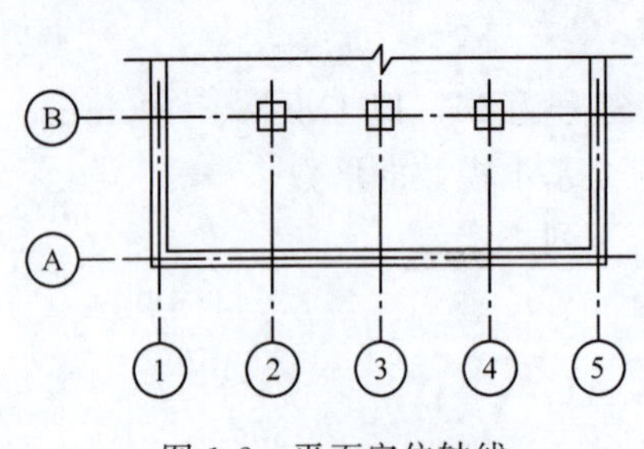

图 1-2　平面定位轴线

(3) 平面图上定位轴线的编号，宜标注在图样的下方及左侧，或在图样的四面标注。横向编号应用阿拉伯数字，从左至右顺序编写；竖向编号应用大写英文字母，从下至上顺序编写，如图 1-2 所示。

(4) 英文字母作为轴线号时，应全部采用大写字母，不应用同一个字母的大小写来区分轴线号。英文字母的 I、O、Z 不得用作轴线编号。当字母数量不够使用时，可增用双字母或单字母加数字注脚。

(5) 附加定位轴线的编号应以分数形式表示，并应符合下列规定：

① 两根轴线的附加轴线，应以分母表示前一轴线的编号，分子表示附加轴线的编号，编号宜用阿拉伯数字顺序编写；

② 1 号轴线或 A 号轴线之前的附加轴线的分母应以 01 或 0A 表示。

2. 结构构件与竖向定位线的关系

结构构件与竖向定位线的联系，应有利于墙板、柱、梯段等竖向构件的统一。一般情况下，结构标高加上楼面或地面面层构造厚度等于建筑标高。

（1）楼面、地面与竖向定位线的关系　在多层建筑中，一般使建筑物各层的楼面、首层地面与竖向定位线相重合，如图 1-3 所示。必要时，可使各层的结构层表面与竖向定位线相重合。

（2）屋面与竖向定位线的关系

① 无屋架或屋面大梁的平屋顶，一般使屋顶结构层表面与竖向定位线重合，如图 1-4(a) 所示。

② 有屋架或屋面大梁时，定位线在屋架或屋面大梁支座底面处，也就是柱顶，如图 1-4(b) 所示。

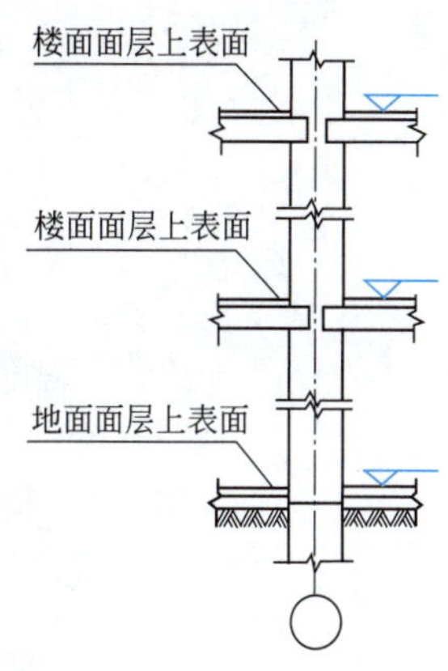

图 1-3　楼面、地面与竖向定位线的关系

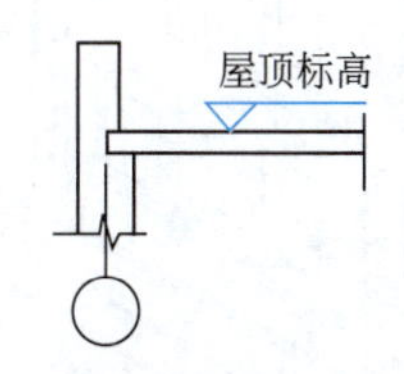

(a) 无屋架或屋面大梁屋面

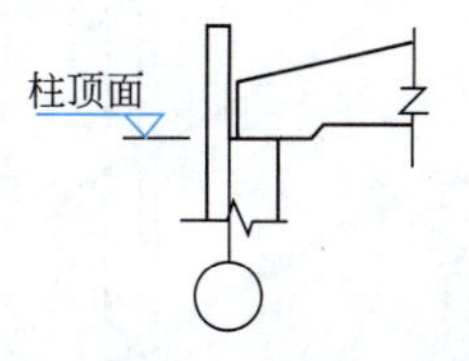

(b) 有屋架或屋面大梁屋面

图 1-4　屋面与竖向定位线的关系

任务四　民用建筑的构造组成与作用

一、民用建筑的构造组成和各部分作用

一幢民用或工业建筑，一般是由基础、墙（或柱）、楼板层与地坪、楼梯、屋顶和门窗六大部分所组成，如图 1-5 所示。

（1）基础　基础位于建筑物的最下部，埋于室外设计地坪以下，是建筑物最下部的承重构件，其作用是承受建筑物的全部荷载，并将这些荷载传给地基。因此，基础必须具有足够的强度，并能经受冰冻、地下水及所含化学物质等各种有害因素的侵蚀，保证足够的使用年限。

1.1　民用建筑的构造组成

（2）墙（或柱）　墙或柱是建筑物的承重构件和围护构件，它承受着由屋盖和各楼层传来的各种荷载，并把这些荷载可靠地传给基础。作为承重构件的外墙，其作用是抵御自然界各种因素对室内的侵袭；内墙主要起分隔空间及保证舒适环境的作用。框架或排架结构的建筑物中，柱起承重作用，墙仅起围护作用。因此，要求墙体具有足够的强度、稳定性，并具备保温、隔热、隔音、防水、防火、耐久及经济等性能。

（3）楼板层与地坪　楼板是水平方向的承重构件，按房间层高将整幢建筑物沿竖直方向分为若干层；楼板层承受家具、设备和人体荷载以及本身的自重，并将这些荷载传给墙或柱；同时对墙体起着水平支撑的作用。因此要求楼板层应具有足够的抗弯强度、刚度和隔音性能。对有水浸蚀的房间，还应具有防潮、防水的性能。

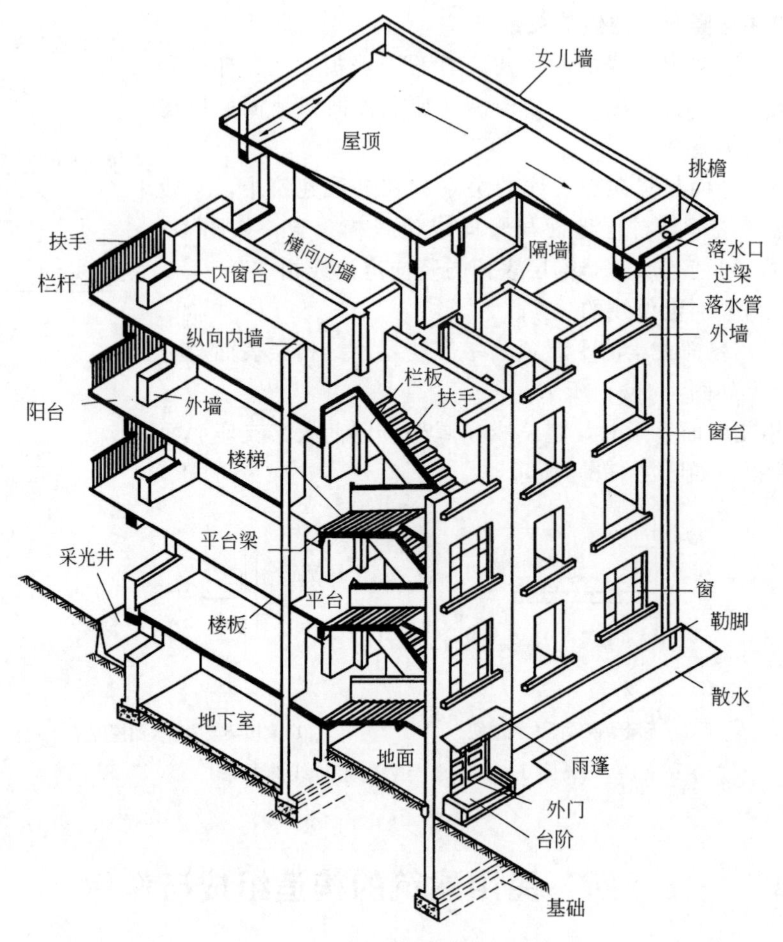

图 1-5　房屋的构造组成

地坪是底层房间与地基土层相接的构件，起承受底层房间荷载的作用。要求地坪具有美观、耐磨、防潮、防水、防尘和保温的性能。

(4) 楼梯　楼梯是楼房建筑的垂直交通设施，供人们上下楼层和紧急疏散之用，故要求楼梯具有足够的通行能力，同时还应有足够的承载能力，并且应满足坚固、耐磨、防滑等要求。

(5) 屋顶　屋顶是建筑物顶部的围护构件和承重构件。抵抗风、雨、雪、霜、冰雹等的侵袭和太阳辐射热的影响；又承受风雪荷载及施工、检修等屋顶荷载，并将这些荷载传给墙或柱。故屋顶应具有足够的强度、刚度及防水、保温、隔热等性能。

(6) 门窗　门窗均属于非承重构件，也称为配件。门主要供人们出入内外交通和分隔房间之用；窗除需要满足采光、通风、日照、造型等功能要求外，处于外墙上的门窗又是围护构件的一部分，要具有保温、隔热、得热或散热的作用。某些有特殊要求的房间，门窗应具有隔音、防火的能力。

一座建筑物除上述六大基本组成部分以外，对不同使用功能的建筑物，还有许多特有的构件和配件，如阳台、雨篷、台阶、散水、勒脚等。

二、影响建筑构造的因素

一幢建筑物建成并投入使用后，要经受来自人为和自然界各种因素的作用。为了提高建筑物对外界各种影响的抵抗能力，延长使用寿命和保证使用质量，在进行建筑构造设计时，必须充分考虑到各种因素对它的影响，以便根据影响程度采取相应的构造方案和措施。影响建筑构造的因素很多，大致可归纳为以下几方面。

1. 外力作用的影响

作用在建筑物上的外力称为荷载。荷载的大小和作用方式是结构设计和结构选型的重要依据，它决定着构件的形状、尺度和用料，而构件的选材、尺寸、形状等又与建筑构造密切相关。因此，在确定建筑构造方案时，必须考虑外力的影响。

2. 自然环境的影响

自然界的风霜雨雪、冷热寒暖的气温变化，太阳热辐射等均是影响建筑物使用质量和使用寿命的重要因素。在建筑构造设计时，必须针对所受影响的性质与程度，对建筑物的相关部位采取相应的措施，如防潮、防水、保温、隔热、设变形缝等。

3. 人为因素的影响

人们在从事生产和生活活动中，也常常会对建筑物造成一些人为的不利影响，如机械振动、化学腐蚀、爆炸、火灾、噪声等。因此，在建筑构造设计时，应针对各种影响因素采取防振、防腐、防火、隔音等相应的构造措施。

4. 物质技术条件的影响

建筑材料、结构、设备和施工技术是构成建筑的基本要素之一，由于建筑物的质量标准和等级的不同。在材料的选择和构造方式上均有所区别。随着建筑业的发展，新材料、新结构、新设备和新工艺的不断出现，建筑构造要解决的问题越来越多、越来越复杂。

5. 经济条件的影响

为了减少能耗、降低建造成本及维护费用，在建筑方案设计阶段——影响工程总造价的关键阶段，就必须深入分析各建筑设计参数与造价的关系，即在满足适用、安全的条件下，合理选择技术上可行、经济上节约的设计方案。建筑构造设计是建筑设计不可分割的一部分，也必须考虑经济效益的问题。

三、建筑中常用的名词

为了学好民用建筑的有关内容，了解其内在关系，根据《民用建筑设计统一标准》（GB/T 50352—2019），必须了解下列有关的专业名词。

① 民用建筑：供人们居住和进行公共活动的建筑的总称。

② 居住建筑：供人们居住使用的建筑。

③ 公共建筑：供人们进行各种公共活动的建筑。

④ 无障碍设施：保障人员通行安全和使用便利，与民用建筑工程配套建设的服务设施。

⑤ 层高：建筑物各层之间以楼面、地面面层（完成面）计算的垂直距离，屋顶层层高为由该层楼面面层（完成面）至平屋面的结构面层或至坡顶的结构面层与外端外皮延长线的交点计算的垂直距离。

⑥ 室内净高：从楼面、地面面层（完成面）至吊顶或楼盖、屋盖底面之间的有效使用空间的垂直距离。

⑦ 地下室：房间地平面低于室外地平面的高度超过该房间净高的 1/2 者为地下室。

⑧ 半地下室：房间地平面低于室外地平面的高度超过该房间净高的 1/3，且不超过 1/2 者为半地下室。

⑨ 台阶：连接室外或室内的不同标高的楼面、地面，供人行的阶梯式交通道。

⑩ 临空高度：相邻开敞空间有高差时，上下楼地面之间的垂直距离。

⑪ 坡道：连接室外或室内的不同标高的楼面、地面，供人行或车行的斜坡式交通道。

⑫ 栏杆：具有一定的安全高度，用以保障人身安全或分隔空间用的防护分隔构件。

⑬ 楼梯：由连续行走的梯级、休息平台和维护安全的栏杆（或栏板）、扶手以及相应的支撑结构组成的作为楼层之间垂直交通用的建筑部件。

⑭ 变形缝：为防止建筑物在外界因素作用下，结构内部产生附加变形和应力，导致建筑物开裂、碰撞甚至破坏而预留的构造缝，包括伸缩缝、沉降缝和抗震缝。

⑮ 建筑幕墙：由面板与支撑结构体系（支撑装置与支撑结构）组成的可相对主体结构有一定位移能力或自身有一定变形能力、不承担主体结构所受作用的建筑外围护墙。

⑯ 吊顶：悬吊在房屋屋顶或楼板结构下的顶棚。

⑰ 建筑高度：一般情况平屋顶建筑高度应按建筑物主入口场地室外设计地面至建筑女儿墙顶点的高度计算，无女儿墙的建筑物应计算至其屋面檐口；坡屋顶建筑高度应按建筑物室外地面至屋檐和屋脊的平均高度计算；当同一座建筑物有多种屋面形式时，建筑高度应按上述方法分别计算后取其中最大值；局部突出屋面的楼梯间、电梯机房、水箱间等辅助用房占屋顶平面面积不超过 1/4 者不计入建筑高度内。

能力训练题

一、基础考核

(一)填空题

1. 建筑物分为（　　）和（　　）。民用建筑包括（　　）和（　　）。

2. 建筑模数是选定的（　　），分为基本模数和分模数、扩大模数。基本模数用（　　）表示（　　）mm。

3. 一般建筑主要由（　　）、（　　）、（　　）、（　　）、（　　）和（　　）六大部分组成。

(二)判断题

1. 住宅按高度分类。（　）

2. 耐火极限用小时表示。（　）

3. 公寓是公共建筑。（　）

4. 宾馆是居住建筑。（　）

(三)单选题

1. 下列（　）情况，建筑物未达到耐火极限。

A. 失去支持能力　B. 完整性被破坏　C. 失去隔火作用　D. 门窗被毁坏

2. 建筑物按照使用性质可分为（　）。①工业建筑；②公共建筑；③民用建筑；④农业建筑。

A. ①②③　B. ②③④　C. ①③④　D. ①②④

3. 分模数的基数为（　）。①M/10；②M/5；③M/4；④M/3；⑤M/2

A. ①③④　B. ③④⑤　C. ②③④　D. ①②⑤

4. 组成房屋的围护构件有（　）。

A. 屋顶、门窗、墙　　B. 屋顶、楼梯、墙

C. 屋顶、楼梯、门窗　　D. 基础、门窗、墙

5. 组成房屋的承重构件有（　　）。

A. 屋顶、门窗、墙（柱）、楼板　　B. 屋顶、楼梯、墙（柱）基础

C. 屋顶、楼梯、门窗、基础　　D. 屋顶、门窗、楼梯、基础

（四）简答题

1. 建筑物的构造由哪些部分组成？各部分作用如何？

2. 解决热桥的措施有哪些？并绘图。

二、联系实际

1. 选择题

（1）所在学校的教学楼属于（　　），宿舍属于（　　）。

A. 民用建筑　　B. 公共建筑　　C. 居住建筑　　D. 混合结构

E. 钢筋混凝土结构　　F. 多层建筑　　G. 高层建筑　　H. 低层建筑

K. 大量性建筑　　L. 大型性建筑

（2）所在学校的教学楼外装修是（　　）材料的，属于（　　）。所在学校的图书馆外装修是（　　）材料的，属于（　　）。

A. 花岗岩　　B. 涂料　　C. 墙砖　　D. 金属板

E. 不燃烧体　　F. 难燃烧体　　G. 非燃烧体

2. 描述你所在学校的宿舍楼的构造组成。

三、链接执业考试

1.（2015 年二级建造师考题）某住宅建筑，地上层数为八层，建筑高度为 24.300m，该住宅属（　　）。

A. 低层住宅　　B. 多层住宅　　C. 中高层住宅　　D. 高层住宅

2. 按照民用建筑分类标准，属于超高层建筑的是（　　）。

A. 高度 50m 的建筑　　B. 高度 70m 的建筑

C. 高度 90m 的建筑　　D. 高度 110m 的建筑

项目二　地基、基础与地下室

学习目标

1. 掌握地基和基础的基本概念；基础的埋置深度及其影响因素；建筑基础类型。
2. 了解基础的一般构造；地下室的构造及防潮防水的处理。
3. 进行相应基础图的识读和绘制训练。

能力目标

1. 能识读基础的建筑施工图，并将相关知识应用于施工中。
2. 能处理基础施工时所遇到的一般问题。

任务一　地基与基础概述

一、地基与基础的关系

基础是房屋建筑的重要组成部分，建筑工程中把位于建筑物的最下部并且埋入地下直接作用于土层上的承重构件称为基础，如图 2-1 所示。它承受建筑物上部结构传来的全部荷载，并将这些荷载连同自身重量一起有效地传到地基。地基是指基础底面以下受到荷载作用影响范围内的部分岩体或土体。地基不属于建筑物的组成部分，但它对保证建筑物的坚固耐久具有非常重要的作用。

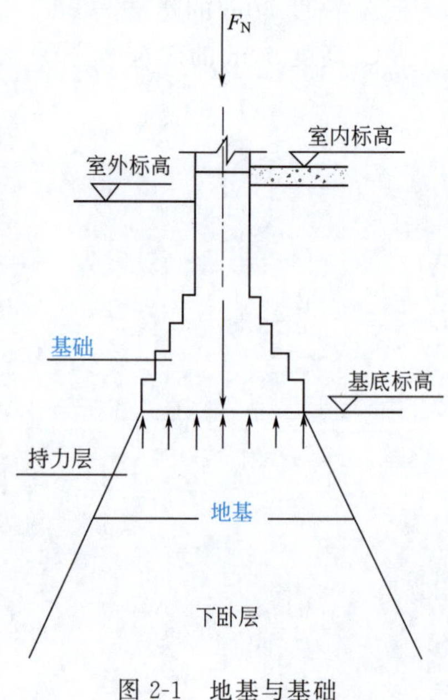

图 2-1　地基与基础

建筑物的全部荷载都是通过基础传给地基的。地基以其强度即地基承载力和抗变形能力保证建筑物的正常使用和整体稳定性。当基础传给地基的荷载超过了地基承载力时，地基将会出现较大的沉降变形或失稳，甚至会出现地基土层的滑移，直接威胁到建筑物的安全和稳定。因此，基础底面的平均压力不能超过地基承载力。若用 F_N 表示建筑物的总荷载，f 表示地基承载力，A 表示基础底面积，则三者关系如下式：

$$A \geqslant F_N / f$$

从上式可以看出，当地基承载力不变时，建筑物的总荷载越大，基础底面积越大；而当建筑物总荷载不变时，地基承载力越小，则基础底面积越大。

由此可见，地基与基础之间有着相互影响、相互制约的密切关系。当具有相同的上部结构的建筑物建造在不同的地基上时，其基础的形式与构造可能是完全不同的。而基础的类型与构造并不完全决定于建筑物上部结构，它与地基土的性质也有着密切关系。

二、地基的分类

地基可分为天然地基和人工地基两大类。

（1）天然地基　是指凡具有足够的承载力和稳定性，不需要进行地基人工处理便能满足承载力的要求并直接建造房屋的地基。岩石、碎石土、砂土、粉土、黏性土等，一般可作为天然地基。

（2）人工地基　是指当土层的承载能力较低或虽然土层较好，但因上部荷载较大，土层不能满足承受建筑物荷载的要求，必须对土层进行人工处理，以提高其承载能力，改善其变形性质或渗透性质的地基。

人工地基的处理方法通常有换填垫层法、预压法、强夯法、强夯置换法、深层挤密法、化学加固法等。

三、对地基和基础的要求

为了保证建筑物的安全和正常使用，使基础工程做到安全可靠、经济合理、技术先进和便于施工，对地基和基础提出以下要求。

1. 对地基的要求

① 地基应具有较高的承载力和较小的压缩性。

② 地基的承载力应分布均匀。

③ 在一定的承载条件下，地基应有一定的深度范围。

④ 尽量采用天然地基，以达到经济效益。

2. 对基础的要求

① 基础必须具有足够的强度，能够将荷载可靠地传递给地基。

② 基础的材料和构造形式应具有耐久性，以保证建筑的持久使用。因为基础处于建筑物最下部并且埋在地下，建成后对其维修或加固很困难。

③ 在选材上尽量就地取材，以降低造价。

任务二　基础埋置深度及影响因素

一、基础埋置深度

为确保建筑物的安全使用，基础要埋入土层中一定的深度。一般把从室外设计地面到基础底面的垂直高度称为基础埋置深度，简称埋深，如图 2-2 所示。

基础通常按照埋置深度可分为浅基础和深基础两类。一般埋深小于 5m 的为浅基础，埋深大于 5m 的为深基础。在满足地基稳定和变形要求的前提下基础宜浅埋。由于地表土层成分复杂，各方面性能不够稳定，为了不影响建筑安全，基础埋深不宜小于 500mm，否则地基受到压力后可能会把四周的土挤走，从而使基础失稳，或受到各种侵蚀、雨水冲刷以及机械破坏等而导致基础暴露，影响建筑的使用安全。

二、影响基础埋深的因素

影响基础埋置深度的因素很多，主要有以下几方面。

1. 建筑物的使用要求及基础构造的影响

当建筑物设有地下室、地下管道或设备基础时，常须将基础局部或整体加大埋深。为了保护基础不至于露出地面，构造要求基础顶面离室外设计地面的尺度不得小于100mm。

2. 工程地质和水文地质条件的影响

不同的建筑场地，土质情况往往也不同，就是同一地点，深度不同的土层其性质也会有差异。因此，基础的埋置深度与场地的工程地质和水文地质条件有密切关系。在一般情况下，基础应设置在坚实的土层上，而不要设置在淤泥等软弱土层上。当表面软弱土层较厚时，可采用深基础或人工地基。采用哪种方案，要综合考虑结构安全、施工难易和材料用量等因素。

地基土含水量的大小，对地基承载力有很大影响，如黏土遇到水后，土的颗粒间的孔隙水含量增加，导致土体增大，土的承载力就会下降。另外，含有侵蚀性物质的地下水对基础会产生腐蚀，所以地下水位的高低直接影响到地基承载力，建筑物的基础应尽量埋在地下水位以上。当地下水位较高而基础不能埋置在地下水位以上时，宜将基础埋置在最低地下水位以下不少于200mm的深度，如图2-3所示，使基础避免因水位变化而受到水的浮力的影响。埋在地下水位以下的基础，在材料上要选择具有良好的耐水性能的材料，如石材、混凝土等。当地下水中含有腐蚀性物质时，基础应采取防腐措施。

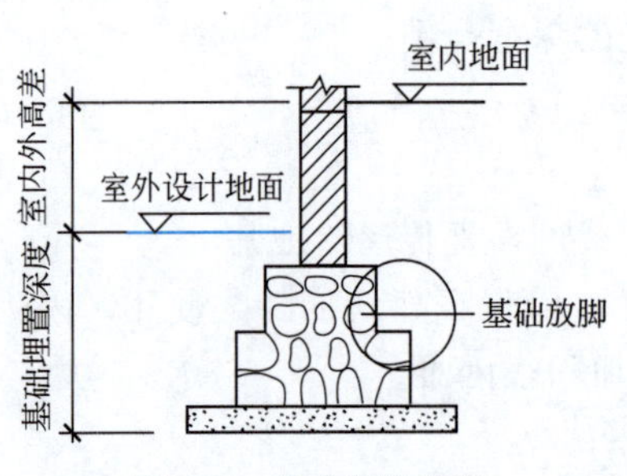

图2-2 基础埋置深度

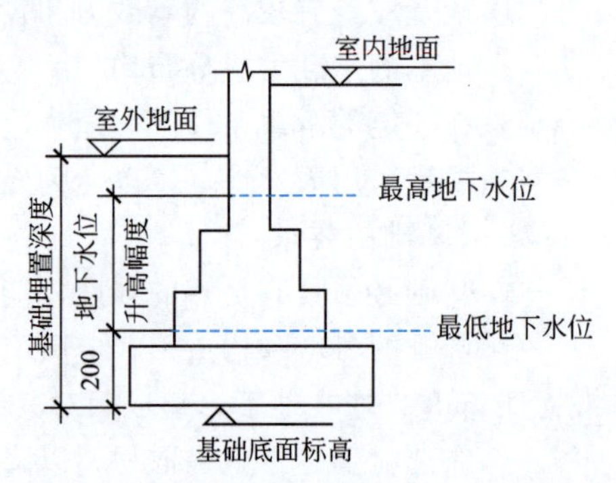

图2-3 基础埋置深度和地下水位的关系

3. 土的冻结深度的影响

寒冷地区土层会因气温变化而产生冻融现象，土的冰冻的深度称为冰冻线，是地面以下的冻结土与非冻结土的分界线。当基础埋置深度在土的冰冻线以上时，如果基础底面以下的土层冻胀，会对基础产生向上的冻胀力，严重的会使基础上抬起拱；如果基础底面以下的土层解冻，冻胀力消失，使基础下沉。这样的过程会使建筑物周期性地处于不均匀的升降状态中，势必会导致建筑物产生裂缝和破坏。

冻结深度主要是由当地的气温条件决定的，气温越低，持续时间越长，冻结深度就越大。冻胀土体的膨胀大小与土中含水量和土的颗粒大小及地下水位高低有关。地下水位越高，冻胀就越严重。而含水率相同时，颗粒大的则膨胀小，如碎石、粗石、卵石等，土的颗粒及颗粒间孔隙都比较大时，则冻结时体积基本不膨胀。而粉砂、粉土等土的颗粒及颗粒间孔隙都比较小，且毛细作用显著时，具有明显的冻胀性。

因此，在寒冷地区基础埋深应在冰冻线以下 200mm 处，如图 2-4 所示。采暖建筑的内墙基础埋深可以根据建筑的具体情况进行适当的调整。对于处于不冻胀土（如碎石、卵石、粗砂、中砂等）时其埋深可不考虑冰冻线的影响。

4. 相邻建筑基础埋深的影响

当新建建筑物附近有原有建筑物时，为了保证原有建筑物的安全和正常使用，新建建筑物的基础埋深不宜大于相邻原有建筑基础的埋深。当埋深大于原有建筑基础时，两基础间应保持一定净距，其数值应根据原有建筑荷载大小、基础形式和土质情况确定，一般取相邻两基础底面高差的 2 倍以上，如图 2-5 所示。如不能满足上述要求时，应采取加固原有地基或分段施工、设临时加固支撑、打板桩、地下连续墙等施工措施，使原有建筑物地基不被扰动。

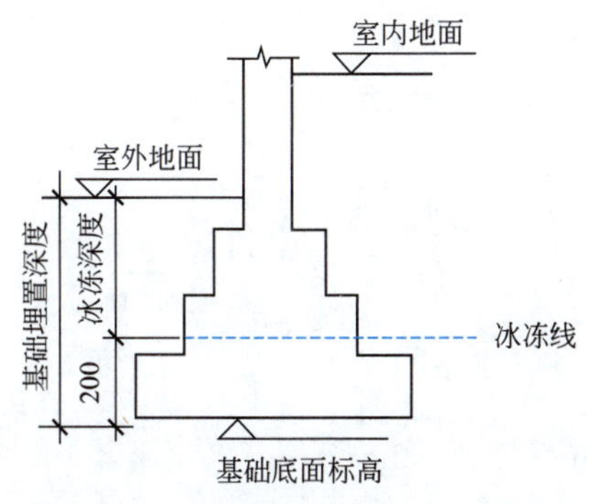

图 2-4　基础埋置深度和冰冻线的关系

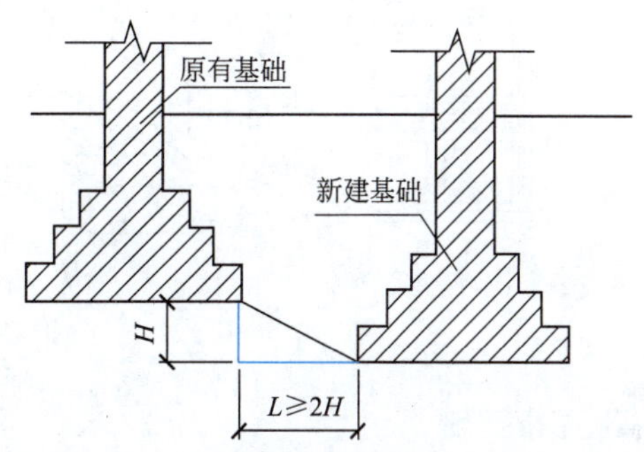

图 2-5　基础埋置深度与相邻基础的关系

5. 其他因素的影响

基础的埋深除与以上几种影响因素有关外，需要考虑作用在地基上的荷载大小的影响，荷载有恒载和活载之分，其中恒载引起的沉降量最大，因此当恒载较大时，基础埋深应大一些。还需考虑新建建筑物是否有地下室、设备基础、地下管沟等因素。

任务三　基础的分类和构造

基础的类型很多，按基础的构造形式分为独立基础、条形基础、井格基础、筏片基础、箱形基础、桩基础等。按所用材料及受力特点分为无筋扩展基础和扩展基础。

一、按基础的构造形式分类

1. 独立基础

当建筑物的承重体系采用框架结构或单层排架及刚架结构时，其基础常用方形或矩形的单独基础，称为独立基础，如图 2-6 所示。独立基础的常用断面形式有阶梯形、锥形、杯形，其材料通常采用钢筋混凝土、素混凝土等。当建筑是以墙体作为承重结构时，也可采用墙下独立基础，其构造是墙下设基础梁，以支撑墙身荷载，基础梁支撑在独立基础之间，如图 2-7 所示。独立基础的优点是减少土方工程量，节约基础材料。

2. 条形基础

当建筑物上部结构采用墙承重时，基础沿墙身设置，多做成与墙体形式相同的长方形，形成纵横向交叉的条形基础，如图 2-8 所示。条形基础有较好的整体性、构造简单、施工方便、造价较低，与上部结构结合紧密，常用于中小型砖混结构建筑。

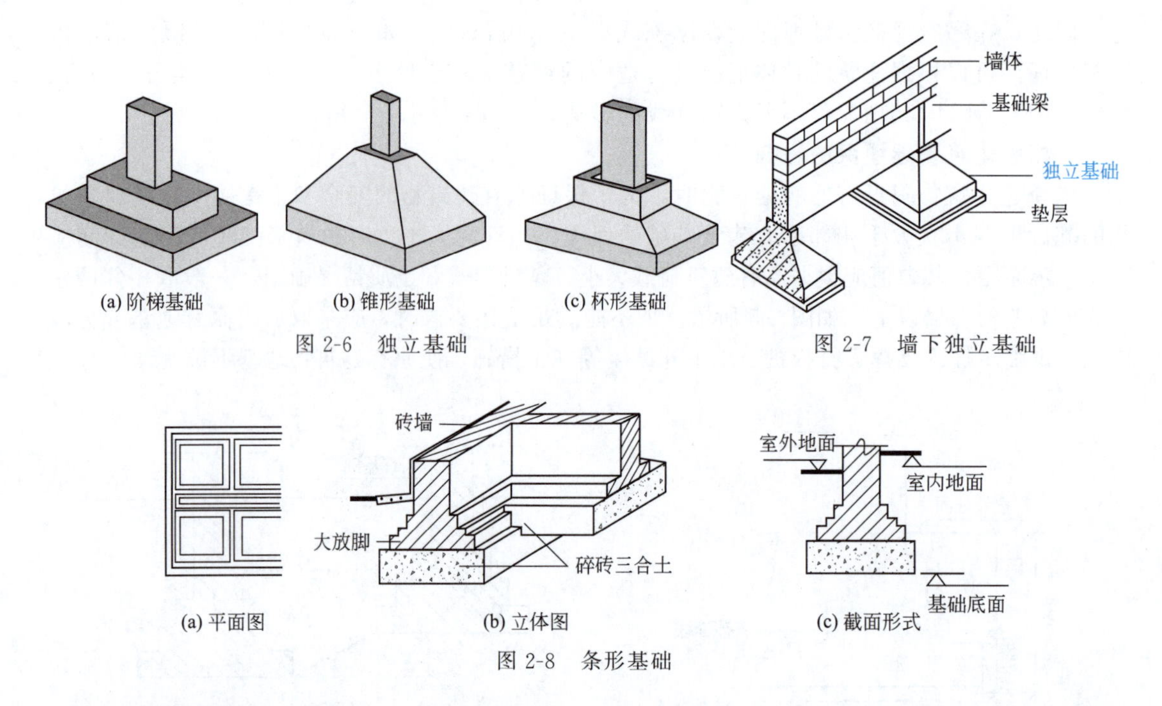

图 2-6　独立基础

图 2-7　墙下独立基础

图 2-8　条形基础

3. 井格基础

当地基条件较差，此时在承重的结构柱下使用独立基础已经不能满足其承受荷载和整体性要求时，可将同一排柱子的基础连在一起，形成柱下条形基础，如图 2-9 所示。为了提高建筑物的整体性及刚度，防止各柱之间产生不均匀沉降，常将柱下基础沿纵横两个方向扩展并连接起来做成条形基础，形成井格基础，如图 2-10 所示。

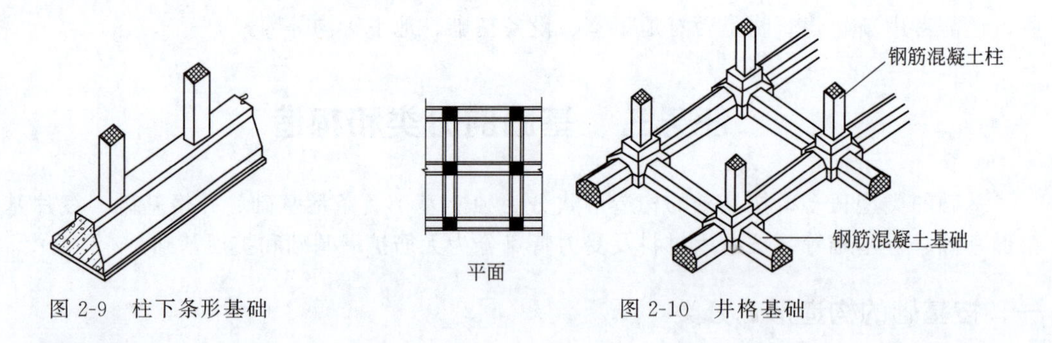

图 2-9　柱下条形基础

图 2-10　井格基础

4. 筏片基础

当建筑物上部荷载较大，而地基承载能力又比较低，单独依靠墙下条形基础或井格基础已不能适应地基变形的需要时，可将墙或柱下基础底面扩大为整片的钢筋混凝土板状的基础形式，形成筏片基础，如图 2-11 所示。

筏片基础按其结构形式分为梁板式和平板式两种类型。梁板式筏片基础由钢筋混凝土筏板和肋梁组成，在构造上如同倒置的肋形楼盖；平板式筏片基础，一般由等厚的钢筋混凝土平板构成，构造上如同倒置的无梁楼盖。为了满足抗冲切要求，常在柱下做柱托。柱托可设在板上，也可设在板下。当设有地下室时，柱托应设在板底。

筏片基础的整体性好，减少了土方工程量，常用于地基软弱的多层砌体结构和框架结构、剪力墙结构以及上部结构荷载较大且不均匀等情况。

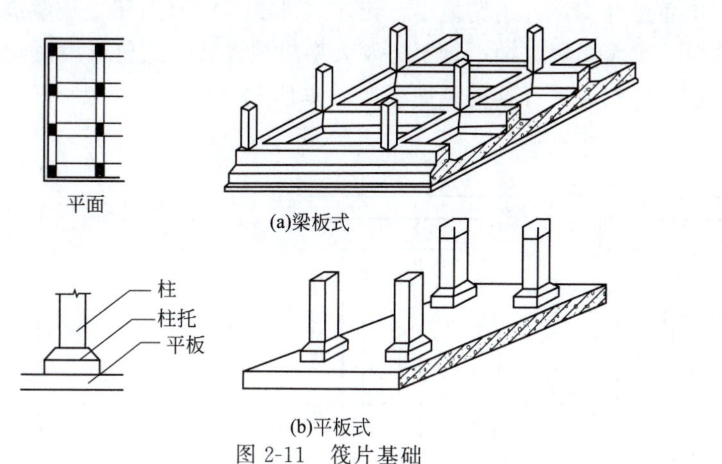

图 2-11 筏片基础

2.2 基础的分类和构造

5. 箱形基础

当钢筋混凝土基础埋深很大时，为了增加建筑物的整体刚度、有效抵抗地基的不均匀沉降，常采用由钢筋混凝土底板、顶板和若干纵横墙组成的空心箱体基础，这种基础叫箱形基础，如图 2-12 所示。箱形基础具有刚度大、整体性好的特点。箱形基础内部的空间可作为地下室使用。箱形基础多用于荷载较大的高层建筑和设有地下室的建筑。

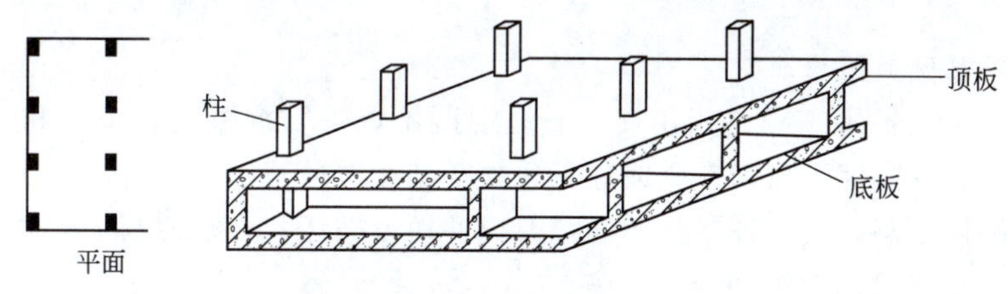

图 2-12 箱形基础

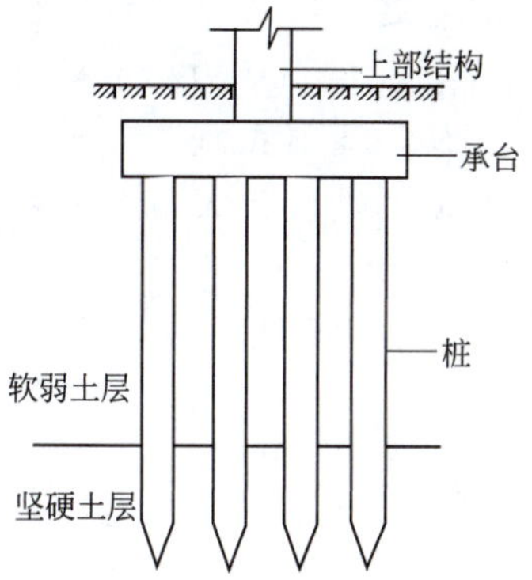

6. 桩基础

桩基础一般是由设置于土中的桩身和承接上部结构的承台组成，如图 2-13 所示。承台下桩的数量、间距和布置方式以及桩身尺寸是按设计确定的。在桩的顶部设置钢筋混凝土承台，以支撑上部结构，使建筑物荷载均匀地传递给桩基。

上部结构
承台
桩
软弱土层
坚硬土层

图 2-13 桩基础的组成

桩基础的类型很多。按桩的形状和竖向受力情况可分为摩擦桩和端承桩；按桩的施工特点可以分为打入桩、振入桩、压入桩和钻孔灌注桩等；按材料可以分为混凝土桩、钢筋混凝土桩、钢管桩；按桩的断面形状可以分为圆形、方形、筒形及六角形桩等；按桩的制作方法可以分为预制桩和灌注桩两类。人工挖孔桩是一些地区较为常用的是灌注桩。

摩擦桩是通过桩侧表面与周围土的摩擦力来承担荷载。适用于软土层较厚、坚硬土层较深、荷载较小的情况，如图 2-14(a) 所示。端承桩是将建筑物的荷载通过桩端传给地基深处的坚硬土层。适用于坚硬土层较浅、荷载较大的情况，如图 2-14(b) 所示。

人工挖孔桩是利用人工挖孔，在孔内放置钢筋笼、灌注混凝土的一种桩型。它能够适应平坦地形、山区地形等各种地形地貌，尤其是土质变化较大的场地土环境。人工挖孔桩施工操作方便，施工质量可靠；占用场地小，无泥浆排出，对周围环境及建筑物影响小；可同时展开多个工作面，大大缩短工期；且不需要大型机械设备，造价低廉。特别是在扩大头的桩基础中，人工挖孔桩施工更有其优越性。如图 2-15 所示。

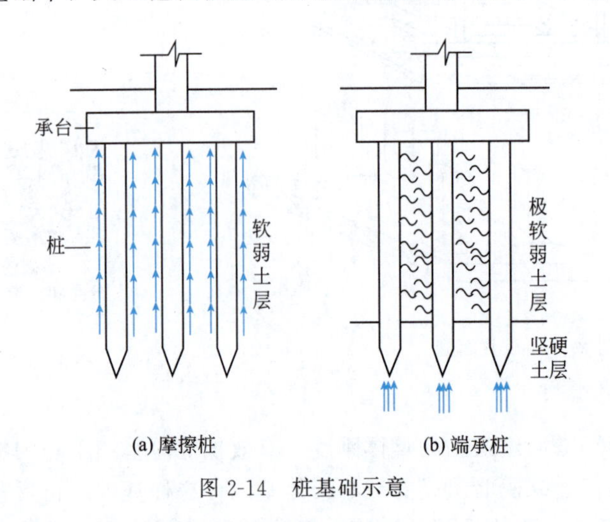

(a) 摩擦桩　(b) 端承桩

图 2-14　桩基础示意

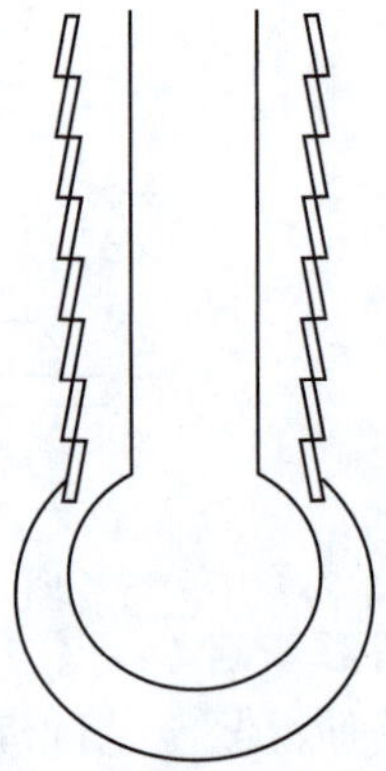

图 2-15　人工挖孔桩示意图

二、按所用材料及受力特点分类

1. 无筋扩展基础

（1）特点　无筋扩展基础是指由砖、石、混凝土或毛石混凝土、灰土和三合土等为材料，且不需配置钢筋的墙下条形基础或柱下独立基础。这种基础的材料抗压性能比较好，但是抗拉、抗剪强度不高，要保证基础不被拉力或冲切力破坏，必须控制基础的高宽比。无筋扩展基础适用于多层民用建筑和轻型厂房。

（2）构造　无筋扩展基础所用的材料都属于刚性材料，材料试验表明，由刚性材料构成的无筋扩展基础在荷载作用下破坏时，都是沿一定角度分布的，这个折裂方向与垂直面的夹角 α 称为刚性角。当基础底面宽度在刚性角之内，基础底面产生的拉应力小于材料所具有的抵抗能力，基础不致破坏；当基础底面宽度在刚性角之外，基础底面将会开裂或破坏，而不再起传力作用，如图 2-16 所示。所以，无筋扩展基础的基础放大角度应在刚性角范围之内。

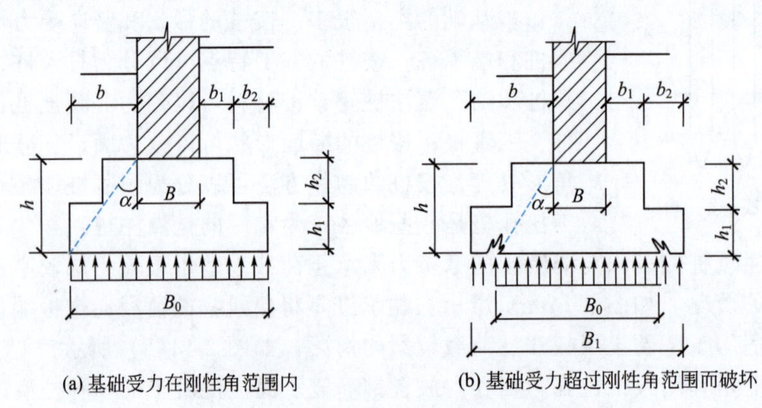

(a) 基础受力在刚性角范围内　(b) 基础受力超过刚性角范围而破坏

图 2-16　无筋扩展基础的受力和传力特点

① 砖基础　砖的强度等级为 MU7.5 以上，砂浆强度等级一般不低于 M5。砖基础采用逐级放大的台阶式（大放脚），为满足刚性角限制，控制大放脚的宽高比应小于 1∶1.5，工程上采用等高式（每二皮砖收 1/4 砖长）和不等高式（每二皮与一皮间隔收 1/4 砖长），如图 2-17 所示。

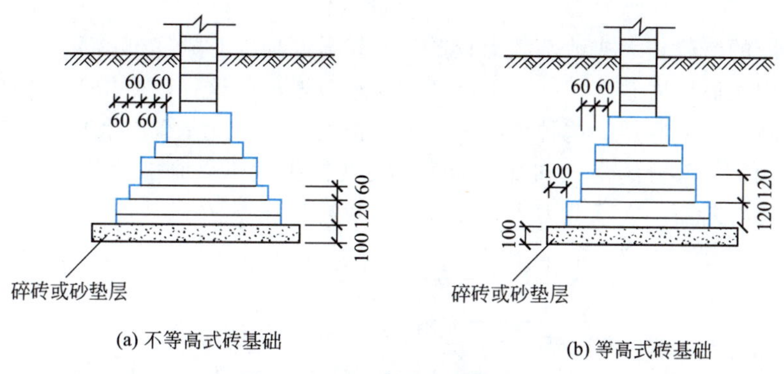

图 2-17　砖基础构造

② 毛石基础　毛石基础的剖面形式多为阶梯形，为满足刚性角的限制，其宽高比应小于（1∶1.50），当基础底面宽度小于 700mm 时，可做成矩形截面，其构造如图 2-18 所示。

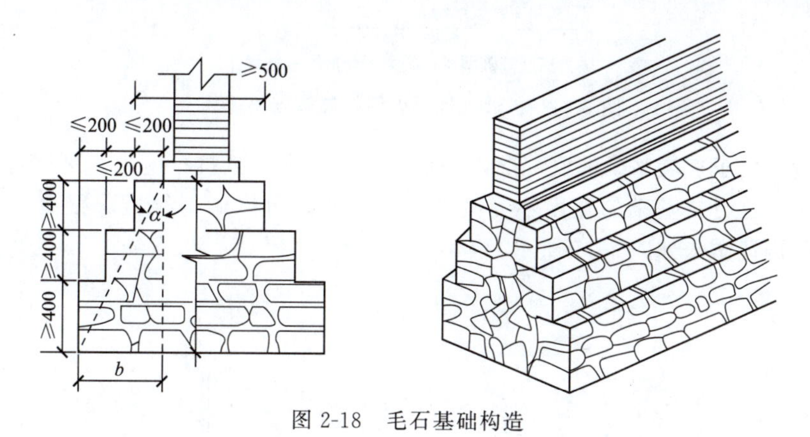

图 2-18　毛石基础构造

③ 混凝土基础　混凝土基础断面形式可做成矩形（基础宽度小于 350mm 时）、阶梯形（基础宽度大于 350mm 时）和锥形（基础宽度大于 2000mm 时），其刚性角为 45°，满足刚性角要求宽高比小于（1∶1.0），混凝土标号为 C7.5～C10，其构造如图 2-19 所示。

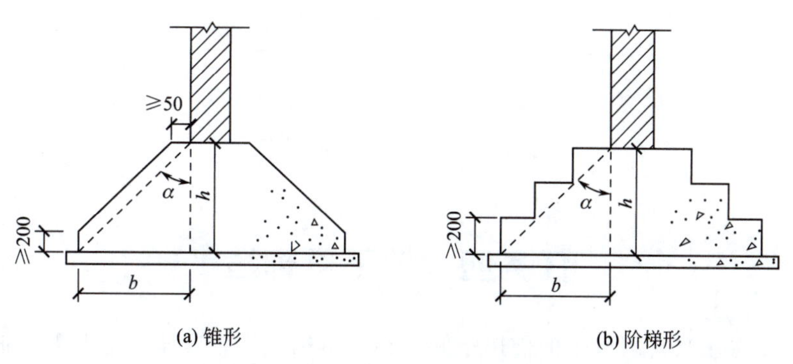

图 2-19　混凝土基础构造

2. 扩展基础

（1）特点　将上部结构传来的荷载，通过向侧边扩展成一定底面积，使作用在基底的压应力等于或小于地基上的允许承载力，而基础内部的应力应同时满足材料本身的强度要求，这种起到压力扩散作用的基础称为扩展基础。它包括柱下钢筋混凝土独立基础和墙下钢筋混凝土条形基础。

当基础顶部的荷载较大或地基载力较低时，就需要加大基础底部的宽度，以减小基底的压力。如果采用无筋扩展基础，则基础高度就要相应增加。这样就会增加基础自重，加大土方工程量，给施工带来麻烦。这种情况下可采用扩展基础，此基础在底板配置钢筋，利用钢筋增强基础两侧扩大部分的受拉和受剪能力，使两侧扩大不受高宽比的限制，如图 2-20 所示。扩展基础具有断面小、承载力大、经济效益较高等优点。

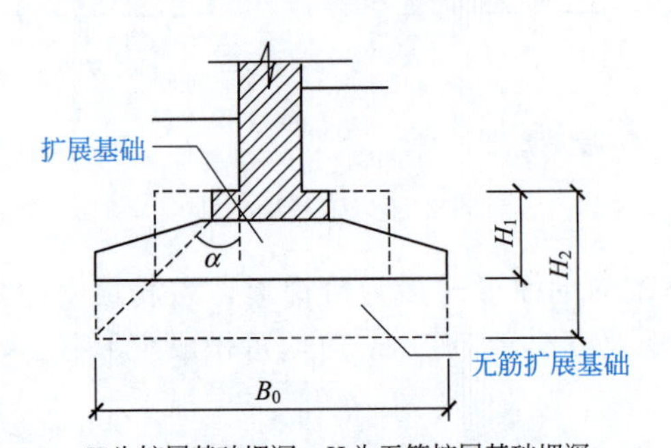

图 2-20　扩展基础与无筋扩展基础的比较

（2）构造　由于扩展基础的底部配以钢筋，利用钢筋来抵抗拉应力，可使基础底部能够承受较大弯矩。这时，基础的宽度不受刚性角的限制，可以做得很宽、很薄，还可尽量浅埋。扩展基础构造做法如图 2-21 所示。

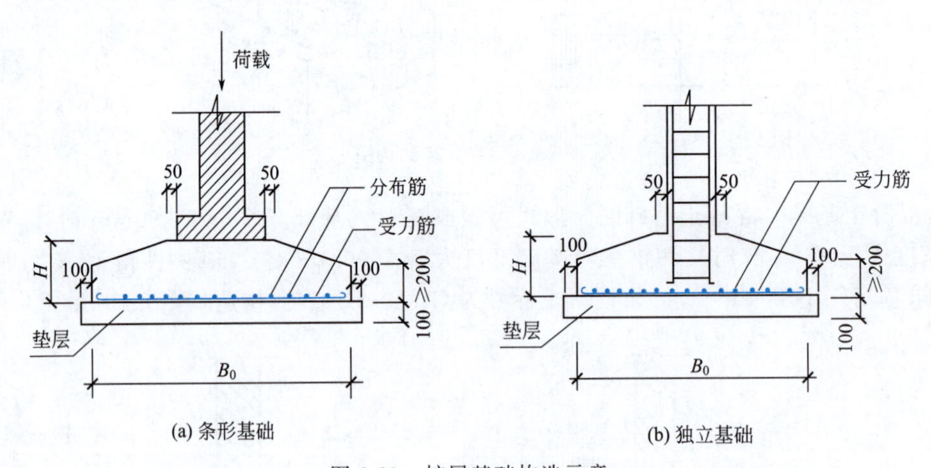

图 2-21　扩展基础构造示意

任务四　地下室构造

地下室是设在建筑首层以下的使用空间。在城市用地比较紧张的情况下，把建筑向地下空间拓展，是提高土地利用率的手段之一。有些建筑受结构限制或地基土质的影响，往往需要较大的基础埋置深度，如果能利用这个空间设置地下室可以作设备间、储藏间、餐厅、商场、车库以及战备人防工程等。由于地下室位置特殊，为了避免对整个建筑物产生不良影响，尤其应解决好采光、通风、防潮、防水等问题。

一、地下室的分类

地下室可以按照功能以及与室外地面的位置关系进行分类。

1. 按功能分类

（1）普通地下室　普通地下室是建筑空间在地下的延伸，通常为单层，有时根据需要也可以做几层。

由于地下室比地上房间的环境差，所以地下室不允许设置居住房间。地下室可以作为一些无长期固定使用对象的公共场所或建筑的辅助房间，如营业厅、储藏间、库房、设备间、停车库等。地下室的疏散和防火要求严格，尽量不要把人流集中的房间设置在地下室。

（2）人防地下室　人防地下室是战争时期人们隐蔽的场所，是国防的需要。我国对人防地下室的建设有明确的规定和专设的管理部门。人流集中的民用建筑必须要附带建设一定面积比例（通常是总建筑面积的2%以上）的人防地下室。由于人防地下室具有在战争时期使用的特殊性，因此在平面布局、结构和构造、建筑设备等方面均有特殊的要求，如顶板的抗冲击能力、安全疏散通道、设置滤通设施和密闭门等。为了在和平时期也能充分发挥人防地下室的作用，应尽量使人防地下室做到平战结合。

2. 按地下室与室外地面的关系分类

（1）地下室　当地下层房间地面低于室外设计地面的高度超过该房间净高一半以上时称为地下室。地下室埋入地下较深，室内使用环境较差，所以一般多用作建筑辅助房间、设备房间。

（2）半地下室　当地下层房间地面低于室外设计地面高度超过该房间净高1/3，且不超过1/2的称为半地下室。半地下室有相当一部分暴露在室外地面以上，采光和通风比较容易解决，其周边环境要优于地下室，可以布置一些使用房间，如办公室、客房等。

二、地下室的组成与构造要求

地下室一般由墙体、顶板、底板、门窗及采光井等部分组成。

（1）墙体　地下室的墙体在承担上部结构所有荷载的同时，还要抵抗土壤和地下水的侧向压力。所以地下室墙体的强度、稳定性应十分可靠。地下室墙体的工作环境潮湿，墙体材料应当具有良好的防水、防潮性能。一般采用砖墙、混凝土墙或钢筋混凝土墙。

（2）顶板　一般采用钢筋混凝土板，通常与楼板相同。人防地下室为了防止空袭时炸弹的冲击破坏，要求顶板具有足够的强度和抗冲击能力，因此人防地下室的顶板应为现浇钢筋混凝土或在预制混凝板上浇筑混凝土形成叠合板。人防地下室顶板的厚度、跨度、强度应按照不同级别人防地下室的要求进行确定。人防地下室的顶板上面还应覆盖一定厚度的夯实土。在无采暖的地下室顶板上应设置保温层，以利于首层房间的使用舒适。

（3）底板　地下室的底板应具有良好的整体性和较大的刚度，并应有抗渗能力。地下室底板多采用钢筋混凝土板，还要根据地下水位的情况做防潮或防水处理。

（4）门窗　普通地下室的门窗与地上房间的门窗相同。人防地下室一般不允许设窗，设门也应满足密闭、防冲击的要求，一般采用钢门或钢筋混凝土门。平战结合人防地下室，可以采用自动防爆玻璃窗，在平时用于采光和通风，战时封闭。

（5）采光井　为了改善地下室的室内环境，在城市规划部门允许的情况下，为了增加开窗面积，一般可在窗外设置采光井。

采光井由侧墙、底板、遮雨或铁格栅组成。侧墙为砖砌，底板多为现浇混凝土。采光井底部抹灰应向外侧倾斜，并在底部低处设置排水管。地下室采光井构造如图 2-22 所示。

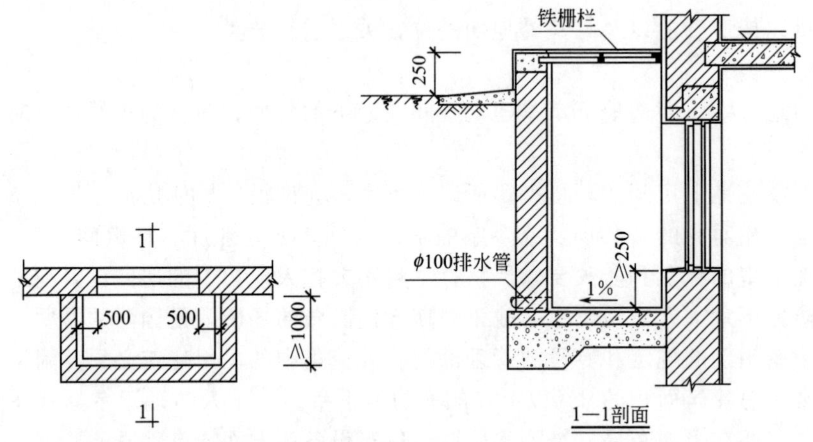

图 2-22　地下室采光井构造示意

三、地下室的防潮和防水构造

地下室的防潮和防水是确保地下室能够正常使用的关键环节，应根据现场的实际情况，确定防潮或防水的构造方案，以达到安全可靠的目的。当地下室周围土层为强透水性土，而设计最高地下水位低于地下室底板且无滞水可能的时候，应采取防潮措施。当设计最高地下水位高于地下室底板或地下室周围土层属于弱透水性土而存在滞水可能的时候，应采取防水措施。

1. 地下室的防潮

当地下水的常年设计水位和最高水位均在地下室底板标高之下，而且地下室周围没有其他因素形成的滞水时，地下室不受地下水的直接影响，墙体和底板只受地表无压水和土壤中毛细水的影响，如图 2-23 所示。此时，地下室只需做防潮处理。

防潮处理的构造做法通常是首先在地下室墙体外表面抹 20mm 厚的 1∶2 防水砂浆，地下室的底板也应做防潮处理。地下室墙体应用水泥砂浆砌筑，并在地下室地坪及室外地面散水以上 150～200mm 的位置分别设两道墙体水平防潮层。地下室墙体外侧周边要用低渗透性的土壤分层回填夯实，如黏土、灰土等。

地下室的防潮构造，如图 2-24 所示。

2. 地下室的防水

当设计最高地下水位高于地下室底板顶面时，地下室底板和部分墙体就会受到地下水的侵袭。地下室墙体受到地下水侧压力影响，底板则受到地下水浮力的影响，此时需做防水处理，如图 2-25 所示。

地下室防水的措施有隔水法、降排水法、综合排水法三种。

（1）隔水法　隔水法利用各种材料的不透水性来隔绝地下室外围水及毛细管水的渗透，是目前采用较多的防水做法。

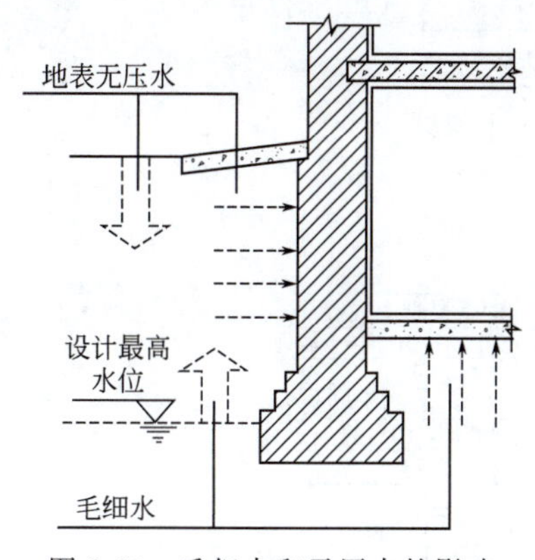

图 2-23　毛细水和无压水的影响

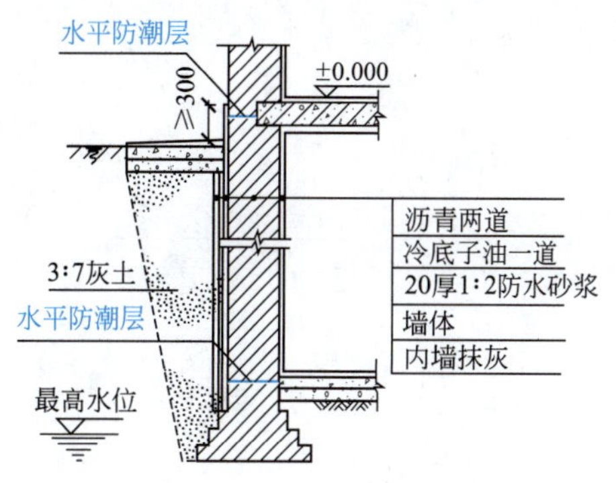

图 2-24　地下室防潮构造

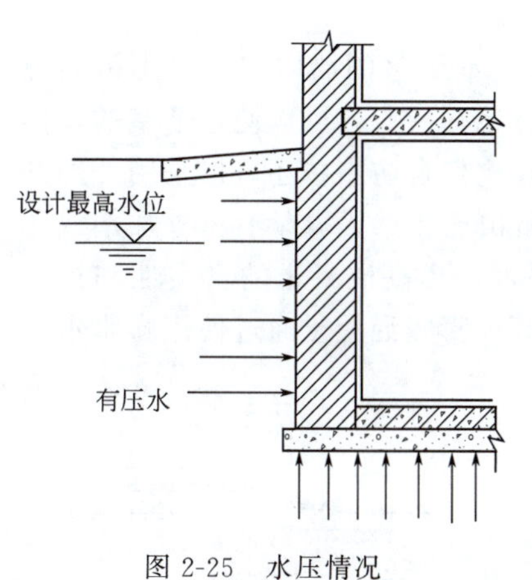

图 2-25　水压情况

（2）降排水法　降排水法又分为外排法和内排法。外排法适用于地下水位高于地下室底板，且采用防水设计在技术和经济上不合算的情况。一般是在建筑四周地下设置永久性降水设施，如盲沟排水，使地下水渗入地下管内排至城市排水干线。内排水法适用于常年水位低于地下室底板，但最高水位高于地下室底板（≤500mm）的情况。一般是用永久性自流排水系统把地下室的水排至集水坑，再用水泵排至城市排水干线。为了避免在动力中断时引起水位回升，应在地下室底板上设置隔水间层。

（3）综合排水法　综合排水法一般在防水要求较高的地下室采用，即在做隔水法防水的同时，还要设置内部排水设施。

隔水法是采用最多的一种地下室防水方法。分为卷材防水（柔性防水）和构件自防水（刚性防水）两类。

① 卷材防水。卷材防水是用沥青系防水卷材或其他卷材（如 SBS 卷材、SBC 卷材、三元乙丙橡胶防水卷材等）作防水材料。防水卷材粘贴在维护结构外侧称为外防水，粘贴在维护结构内侧称为内防水。由于外防水的防水效果好，因此应用较多。内防水一般在补救或修缮工程中应用较多。

卷材防水在施工时应首先做地下室底板的防水，然后把卷材沿地下室地坪连续粘贴到墙体外表面。地下室地面防水首先在基底浇筑 C10 混凝土垫层，厚度约为 100mm。然后再粘贴卷材，在卷材上抹 20mm 厚的 1∶3 水泥砂浆，最后浇筑钢筋混凝土底板。墙体外表面先抹 20mm 厚的 1∶3 水泥砂浆，刷冷底子油，然后粘贴卷材，卷材的粘贴应错缝，相邻卷材搭接宽度不小于 100mm。卷材最上部应高出最高水位 500mm 左右，外侧砌半砖护墙。卷材防水构造如图 2-26 所示。

卷材防水要慎重处理水平防水层和垂直防水层的交换处和平面交角处的构造，如果处理不当容易在该处发生渗漏。一般应在这些部位加设卷材，转角部位的找平层应做成圆弧形，在墙面与底板的转角处，应把卷材接缝留在底面上，并距墙的根部 600mm 以上。

地下室采光井管道穿墙处及变形缝处是地下室防水薄弱环节，防水层应进行特殊的构造处理。

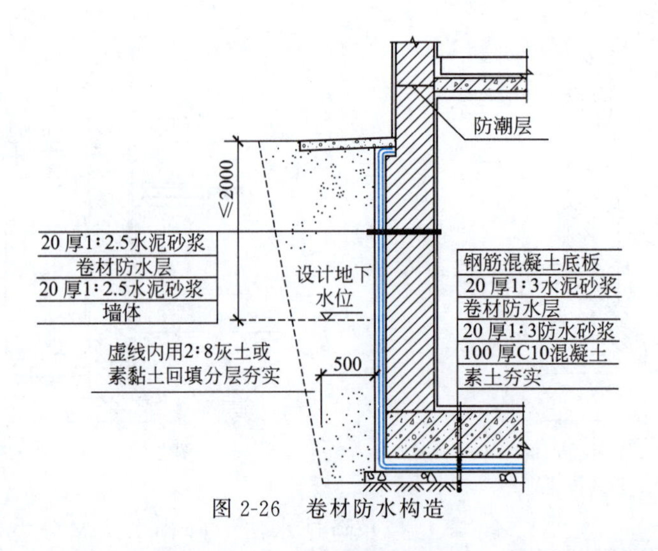

图 2-26　卷材防水构造

② 构件自防水。当建筑高度较大或地下室层数较多时，地下室的墙体往往采用钢筋混凝土结构。如果把地下室的墙体和底板用防水混凝土整体浇筑在一起，可以使地下室的墙体和底板在具有承重和维护功能的同时，具备防水的能力。在构件自防水中还可以采用外加剂防水混凝土和膨胀防水混凝土。外加剂防水混凝土通过在混凝土中掺入微量有机外加剂或无机外加剂来改善混凝土内部组织结构，使其有较好的和易性，提高混凝土的密实性和抗渗性。常用的外加剂有引气剂、减水剂、三乙醇胺、氯化铁等。膨胀混凝土通过使用膨胀水泥或在水泥中掺入适量的膨胀剂，使混凝土在硬化过程中产生膨胀，弥补混凝土冷干收缩形成的孔隙，提高混凝土的密实性，达到防水的目的。常用膨胀剂有“U”形膨胀剂（UFA)、硫铝酸钙膨胀剂等。

防水混凝土自防水构造如图 2-27 所示。

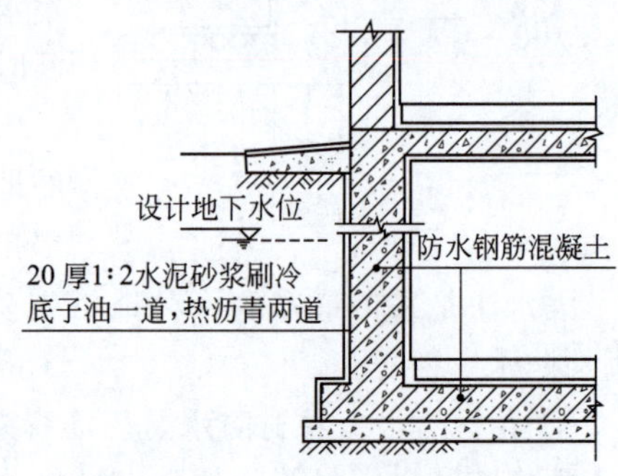

图 2-27　防水混凝土自防水构造

地下室的防水属于建筑的隐蔽工程。由于地下的情况复杂，有一些突发事故也会对建筑的地下室防水带来不利影响。对于一些重要的地下室往往在构件自防水的基础上加设卷材防水，形成“刚柔相济”的防水形式，以提高防水的可靠性。

任务五　地基基础现状及展望

地基与基础工程是建筑业一个特定的范畴。我国建筑业产值从 2004 年的 2.9 万亿元增长至 2019 年的 20 余万亿元，建筑业总产值快速增加，建筑业地基与基础工程行业也随之快速成长。港珠澳大桥、被誉为“中国天眼”的 500 米口径球面射电望远镜（FAST)、世界最长沙漠公路——京新高速等许多重大工程和超级工程的建成并交付使用，不仅体现中国建筑业的奇迹，也见证了地基与基础工程的卓越。

从基坑支护行业发展看，它是地基与基础工程中不可或缺的重要工程之一，基坑支护工程是指在建筑物或构筑物地下部分施工时，要开挖基坑，需要进行施工降水和基坑周边的围挡，同时要对基坑四周的建筑物、构筑物、道路和地下管线等进行监测和维护，随着巨型且复杂的工程越来越多，这些大、深基坑通常都位于密集城市中心，常常紧邻建筑物、交通干道、地铁隧道及各种地下管线等，施工场地紧张、施工条件复杂、工期紧张，造成基坑围护工程的设计、施工难度越来越大，施工过程中对环保的要求也越来越高。

从桩基工程行业发展看，桩基是地基与基础工程中应用较多的一种基础形式，它由若干个沉入土中的桩和连接桩顶的承台或承台梁组成，桩基具有良好的承载特性和抗震性能，因此，随着工程建设的不断深化发展，桩基得到了迅速的发展，不仅广泛应用于工业和民用建筑、高层建筑、重型仓储基础，而且还应用于江海大桥、城市高架道路、高等级公路、铁路等领域，具有广阔的发展前景，尤其是随着我国城市化进程的加速，高层建筑以及道路管线的日益密集，这为桩基工程行业带来了新机遇的同时，也面临着新情况。

从地基处理行业发展看，为改善其变形性能或抗渗能力所采取的工程技术措施，目前采用强夯法处理地基的工程范围很广。高层建筑的日趋增加，地下空间开发力度的不断加大，施工环境越来越复杂，对地基与基础工程行业提出了更高的要求，以高科技为支撑点，发展低碳经济，需要具备节能、环保特点的新工法、新工艺来推动我国建筑业向集约化、绿色化方向发展。全方位实现节能减排的环保要求，减少工程现场的废土、废气、废物、废水、粉尘和噪声污染环境，积极推广无污染、节能的新型施工工法，基坑支护、桩基工程、地基处理工艺、设备将朝着减少劳务用量的机械化、高效化、智能化方向发展。

能力训练题

一、基础考核

(一)填空题

1. 地基可分为（　　　　）、（　　　　）。

2. 基础的最小埋置深度为（　　　　），埋深大于5m的为（　　　　）。

3. 基础按构造形式分为（　　　　）、（　　　　）、（　　　　）、（　　　　）、（　　　　）、（　　　　）。

4. 基础按所用的材料及受力特点分为（　　　　）、（　　　　），刚性基础有（　　　　）、（　　　　）、（　　　　）、灰土与三合土基础、毛石混凝土基础。

(二)判断题

1. 地基是建筑物的组成部分。（　　）

2. 基底应在地下水位线以上。（　　）

3. 基础最小埋深是0.5m。（　　）

4. 砖基础应满足允许刚性角要求。（　　）

(三)单选题

1. 地基（　　）。

A. 是建筑物的组成构件　　B. 不是建筑物的组成构件

C. 是墙的连续部分　　D. 是基础的混凝土垫层

2. 下面属于柔性基础的是（　　）。

A. 钢筋混凝土基础　　B. 毛石基础

C. 素混凝土基础　　D. 砖基础

3. 基础的最小深度为（　　）。

A. 0.3m　　B. 0.5m　　C. 0.6m　　D. 0.8m

4. 砖基础为满足刚性角的限制，其台阶的宽高比不应大于（　　）。

A. 1∶1.2　　B. 1∶1.5　　C. 1∶2　　D. 1∶2.5

（四）简答题

1. 影响基础埋深的因素有哪些？怎样影响的？

2. 确定基础埋置深度时，相邻建筑物基础埋深是怎样影响的？

二、联系实际

1. 请绘出等高砖条形基础（5个大放脚）。

2. 请绘出钢筋混凝土阶梯形独立基础（尺寸自拟）。

3. 调研咱校区三个建筑物的基础类型。

三、链接执业考试

1.（2017年二级建造师考题）下列关于基础概念说法有误的一项是（　　）。

A. 基础是连接上部结构与地基的结构构件

B. 基础按埋置深度和传力方式可分为浅基础和深基础

C. 桩基础是浅基础的一种结构形式

D. 通过特殊的施工方法将建筑物荷载传递到较深土层的基础称为深基础

2.（2018年二级建造师考题）必须满足刚性角限制的基础是（　　）。

A. 条形基础　　B. 独立基础　　C. 刚性基础　　D. 柔性基础

项目三　墙　　体

学习目标

1. 掌握墙体的作用、分类、构造要求和承重方案。了解普通实心砖的技术指标、尺寸和组砌方式。

2. 掌握墙体常见细部构造并能在实际工程中结合实际情况进行应用。

3. 掌握幕墙的种类，了解各类幕墙的基本构造。

4. 了解墙面装修的种类、作用和常见的墙面装修构造。

能力目标

1. 能熟练识读墙体的建筑施工图，将墙体的相关知识应用于施工中。

2. 能处理墙体施工时所遇到的一般问题。

在建筑中，墙体是组成建筑空间的竖向构件，其类型有很多种，包括砌体墙、隔墙、幕墙等。砌体墙在建筑中可用来作承重墙体和非承重墙体。隔墙在建筑中是非承重墙体，只用来分隔室内空间。幕墙是悬挂在建筑主体外侧的轻质围护墙，具有装饰效果，一般不承受其他构件的荷载，只承受自重和风荷载。本项目着重介绍这些墙体的构造，同时介绍为增强墙体的使用功能和美观性而进行的墙面装修，并且就目前关注的节能墙体做简单介绍。

任务一　墙体的作用、类型和设计要求

一、墙体的作用

（1）承重作用　墙体承受着自重以及屋顶、楼板（梁）等构件传来的垂直荷载、风荷载和地震荷载。

（2）围护作用　墙体遮挡了自然界风、雨、雪的侵袭，防止太阳辐射、噪声干扰及室内热量的散失，起保温、隔热、隔音、防水等作用。

（3）分隔作用　墙体可以根据使用需要，把房屋内部划分为若干个房间和使用空间。

二、墙体的类型

根据墙体在建筑中的位置、受力情况、材料选用、构造形式、施工方法的不同，可将墙体分为不同的类型。

1. 按位置分类

墙体按所处的位置不同分为外墙和内墙。外墙作为建筑的围护构件，起着挡风、遮雨、

保温、隔热等作用。内墙可以分隔室内空间，同时也起一定的隔音、防火等作用。

墙体按布置方向又分为纵墙和横墙。沿建筑物长轴方向布置的墙称为纵墙，沿建筑物短轴方向布置的墙称为横墙，外横墙又称山墙。另外，窗与窗、窗与门之间的墙称为窗间墙，窗洞下部的墙称为窗下墙，屋顶上部的外墙称为女儿墙等，如图 3-1 所示。

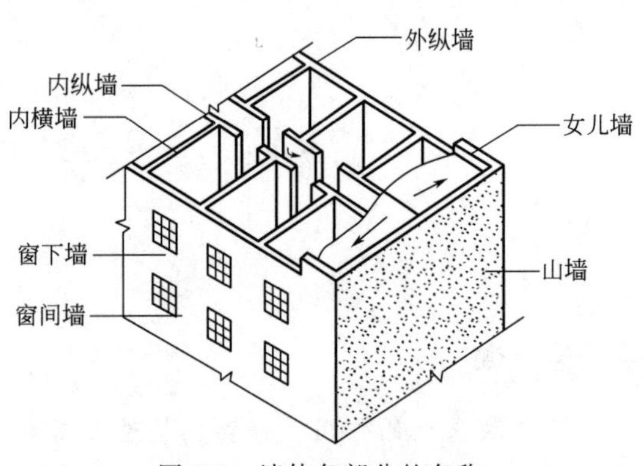

图 3-1　墙体各部分的名称

2. 按受力情况分类

根据墙体的受力情况不同分为承重墙和非承重墙。

凡直接承受楼板（梁）、屋顶等传来荷载的墙称为承重墙；不承受这些外来荷载的墙称为非承重墙。

在非承重墙中，不承受外来荷载、仅承受自身重力并将其传至基础的墙称为自承重墙；仅起分隔空间作用，自身重力由楼板或梁来承担的墙称为隔墙；在框架结构中，填充在柱子之间的墙称为填充墙，内填充墙是隔墙的一种；悬挂在建筑物外部的轻质墙称为幕墙，有金属幕墙、玻璃幕墙等，幕墙和外填充墙虽不能承受楼板和屋顶的荷载，但承受着风荷载并把风荷载传给骨架结构。

3. 按材料分类

按所用材料的不同，墙体有砖和砂浆砌筑的砖墙、利用工业废料制作的各种砌块砌筑的砌块墙、现浇或预制的钢筋混凝土墙、石块和砂浆砌筑的石墙等。

4. 按构造形式分类

按构造形式不同，墙体分为实体墙、空体墙和复合墙三种。实体墙是由普通实心砖及其他实体砌块砌筑而成的墙；空体墙内部的空腔可以靠组砌形成，如空斗墙，也可用本身带孔的材料组合而成，如空心砌块墙等；复合墙由两种以上材料组合而成，如加气混凝土复合板材墙，其中混凝土起承重作用，加气混凝土起保温隔热作用。

5. 按施工方法分类

根据施工方法不同，墙体分为块材墙、板筑墙和板材墙三种。块材墙是用砂浆等胶结材料将砖、石、砌块等组砌而成的，如实砌砖墙。板筑墙是在施工现场立模板现浇而成的墙体，如现浇混凝土墙。板材墙是预先制成墙板，在施工现场安装、拼接而成的墙体，如预制混凝土大板墙。

三、墙体的设计要求

1. 具有足够的强度和稳定性

墙的强度是指墙体承受荷载的能力，它与所采用的材料、材料强度等级、墙体的截面积、构造和施工方式有关。作为承重墙的墙体，必须具有足够的强度，以保证结构的安全。

墙体稳定性与墙的高度、长度和厚度及纵横墙体间的距离有关。墙的稳定性可通过验算确定，提高墙体稳定性的措施有：增加墙厚，提高砌筑砂浆强度等级，增加墙垛、构造柱、圈梁，墙内加筋等。

2. 满足保温隔热等热工方面的要求

我国北方地区冬天气候寒冷，要求外墙具有较好的保温能力，以减少室内热损失。墙厚应根据热工计算确定，同时应防止外墙内表面与保温材料内部出现凝结水现象，构造上要防止冷桥的产生。

我国南方地区夏天气候炎热，除设计中考虑朝阳、通风外，外墙应具有一定的隔热性能。

3. 满足隔音要求

为保证建筑物的室内有一个良好的声学环境，墙体必须具有一定的隔音能力。设计中可通过选用密度大的材料、加大墙厚、在墙中设空气间层等措施提高墙体的隔音能力。

4. 满足防火要求

在防火方面，应符合防火规范中相应的构件燃烧性能和耐火极限的规定，当建筑的占地面积和长度较大时，还应按防火规范要求设置防火墙，防止火灾蔓延。

5. 满足防水防潮要求

在卫生间、厨房、实验室等用水房间的墙体以及地下室的墙体应满足防水防潮的要求。通过选用良好的防水材料及恰当的构造做法，可保证墙体的坚固耐久，使室内有良好的卫生环境。

6. 满足建筑工业化要求

在大量民用建筑中，墙体工程量占相当的比重，同时其劳动力消耗大、施工工期长。因此，建筑工业化的关键是墙体改革，可通过提高机械化施工程度来提高工效、降低劳动强度，并应采用轻质高强的墙体材料，以减轻自重、降低成本。

任务二　砌　体　墙

一、砌体墙的墙体材料

砌体主要由砖、石、砌块等和砂浆组成，其中砂浆作为胶结材料将块材黏结为一个整体，以满足正常使用及承受各种荷载的结构要求。

1. 实心砖墙的尺寸

普通实心砖是最普通的砖，其规格全国统一，尺寸为 240mm×115mm×53mm。长宽厚之比为 4∶2∶1（8～10mm 灰缝）。用标准砖砌筑墙体时以砖宽度的倍数[115+10=125(mm)] 为模数，这与我国现行《建筑模数协调标准》(GB/T 50002—2013) 中的基本模数 M 为 100mm 不协调，因此，在使用中必须注意标准砖的这一特征。

砖墙的尺寸包括墙体的厚度、墙体长度和墙体高度等。

(1) 砖墙的厚度　砖墙的厚度习惯上以砖长为基数来称呼，如半砖墙、一砖墙、一砖半墙等，工程上以它们的标志尺寸来称呼，如 12 墙、24 墙、37 墙等。常用墙厚的尺寸规律见表 3-1。

(2) 墙体长度和洞口尺寸　由于普通实心砖墙的砖模数为 125mm，所以墙体长度和洞口宽度都应以此为递增基数。即墙体长度为 $(125n-10)$mm，洞口宽度为 $(125n+10)$mm。这样，符合砖模数的墙体长度系列为 115mm、240mm、365mm、490mm、615mm、740mm、865mm、990mm、1115mm、1240mm、1365mm、1490mm 等；符合砖模数的洞口宽度系列为 135mm、260mm、385mm、510mm、635mm、760mm、885mm、1010mm。而我国现行的《建筑模数协调标准》的基本模数为 100mm，房屋的开间、进深采用了扩大

表 3-1 砖墙厚度的组成　　单位：mm

砖墙断面					
尺寸组成	115×1	115×1+53+10	115×2+10	115×3+20	115×4+30
制作尺寸	115	178	240	365	490
标志尺寸	120	180	240	370	490
工程称谓	一二墙	一八墙	二四墙	三七墙	四九墙
习惯称谓	半砖墙	3/4 砖墙	一砖墙	一砖半墙	两砖墙

模数 3M 的倍数，门窗洞口亦采用 3M 的倍数，1m 内的小洞口可采用 100mm 的倍数。这样在一栋房屋中采用两种模数，必然会在设计施工中出现不协调现象，而砍砖过多会影响砌体强度，也给施工带来麻烦。解决这一矛盾的另一办法是协调灰缝大小。由于施工规范允许竖缝宽度为 8～12mm，使墙体有少许的调整余地，但是，墙体短时，灰缝数量少，调整范围小。故墙体长度小于 1.5m 时，设计时宜使其符合砖模数；墙体长度超过 1.5m 时，可不再考虑砖模数。

2. 砌块的类型与规格

砌块按单块重量和幅面的大小分为小型砌块、中型砌块和大型砌块。小型砌块高度为 115～380mm，单块重不超过 20kg，便于人工砌筑；中型砌块高度为 380～980mm，单块重量在 20～350kg 之间；大型砌块高度大于 980mm，单块重大于 350kg。大中型砌块由于体积和重量较大，不便于人工搬运，必须采用起重运输设备施工。我国目前采用的砌块以中型和小型为主。

二、墙体的细部构造

1. 砖墙的细部构造

（1）勒脚　勒脚一般是指室内地坪以下、室外地面以上的这段墙体。勒脚的作用是防止外界碰撞、防止地表水对墙脚的侵蚀、增强建筑物立面美观，所以要求勒脚坚固、防水和美观。勒脚一般采用以下几种构造做法，如图 3-2 所示。

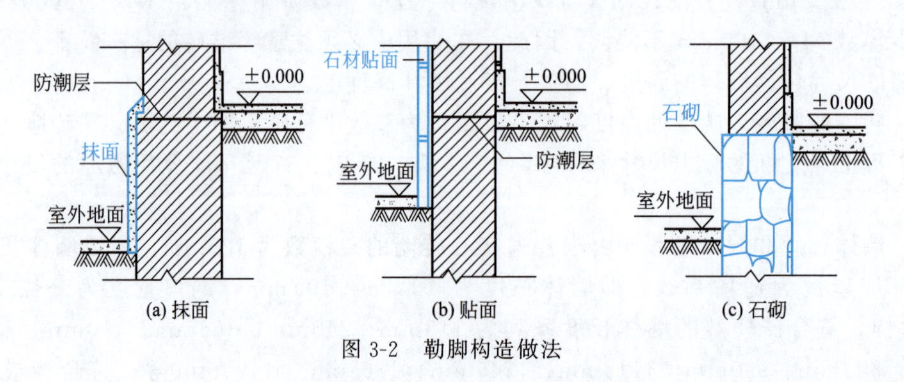

图 3-2　勒脚构造做法

① 对一般建筑，可采用 20mm 厚的 1∶2 水泥砂浆抹面，1∶2 水泥白石子水刷石或斩假石抹面。

② 标准较高的建筑，可用天然石材和人工石材贴面，如花岗石、水磨石等。

③ 整个勒脚采用强度高、耐久性和防水性好的材料砌筑，如条石、混凝土等。

(2) 墙身防潮层　在墙身中设置防潮层的目的是防止土壤中的水分沿基础墙上升，防止位于勒脚处的地面水渗入墙内，使墙身受潮。因此，必须在内外墙脚部位连续设置防潮层。防潮层按构造形式分为水平防潮层和垂直防潮层。

1) 水平防潮层。一般应在室内地面不透水垫层（如混凝土）范围以内，通常在－0.060m 标高处设置，而且至少要高于室外地坪 150mm，以防雨水溅湿墙身。当内墙两侧有高差时，应在墙身内设置高低两道水平防潮层，并在靠土壤一侧设置垂直防潮层。墙身防潮层位置如图 3-3 所示。

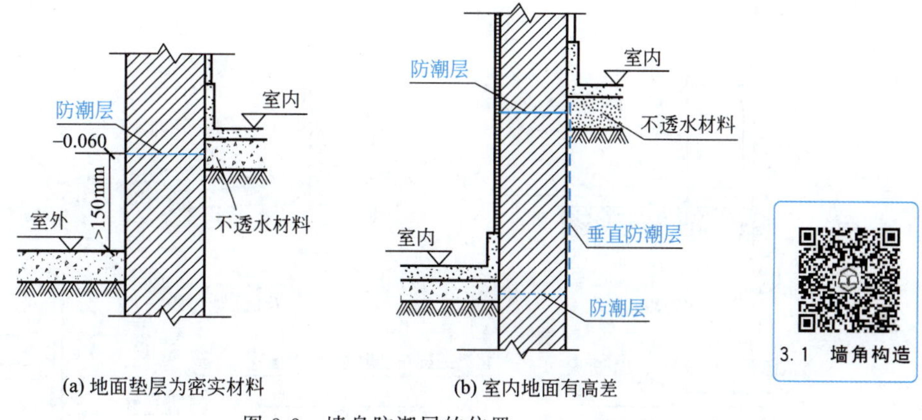

(a) 地面垫层为密实材料　　(b) 室内地面有高差

图 3-3　墙身防潮层的位置

按水平防潮层所用材料不同，一般有卷材防潮层、防水砂浆防潮层、细石混凝土防潮层等做法。

① 卷材防潮层。在防潮层部位先抹 20mm 厚的水泥砂浆找平层，然后干铺卷材一层，卷材防潮层具有一定的韧性、延伸性和良好的防潮性能，但日久易老化失效，同时由于卷材使墙体隔离，削弱了砖墙的整体性和抗震能力，故抗震设防区慎用，如图 3-4(a) 所示。

② 防水砂浆防潮层。在防潮层位置抹一层 20mm 或 30mm 厚的 1∶2 水泥砂浆掺 3%～5%的防水剂配制成的防水砂浆；也可以用防水砂浆砌筑 4～6 皮砖。用防水砂浆做防潮层适用于抗震地区、独立砖柱和振动较大的砖砌体中，但砂浆开裂或不饱满时会影响防潮效果，如图 3-4(b) 所示。

③ 细石混凝土防潮层。在防潮层位置铺设 60mm 厚的 C15 或 C20 细石混凝土，内配 3ϕ6 或 3ϕ8 钢筋以抗裂。由于混凝土密实性好，有一定的防水性能，并与砌体结合紧密，故适用于整体刚度要求较高的建筑，如图 3-4(c) 所示。

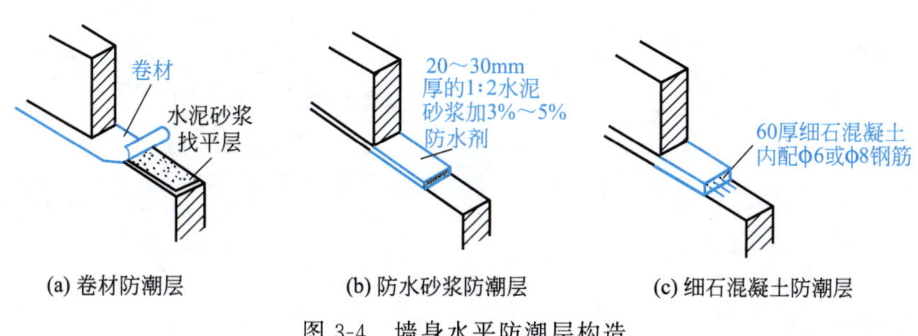

(a) 卷材防潮层　　(b) 防水砂浆防潮层　　(c) 细石混凝土防潮层

图 3-4　墙身水平防潮层构造

2）垂直防潮层。在需设垂直防潮层的墙面（靠回填土一侧）先用水泥砂浆抹面，刷上冷底子油一道，再刷热沥青两道；也可以采用掺有防水剂的砂浆抹面的做法。

（3）散水与明沟　向外倾斜的排水坡，将屋顶雨水、地表水及时排离建筑物。

散水是沿建筑物外墙设置的倾斜坡面，坡度一般为3%～5%。为了防止屋顶落水或地表水侵入勒脚危害基础，必须沿外墙四周设置散水或明沟。散水可用水泥砂浆、混凝土、砖、块石等材料做面层，其宽度一般为600～1000mm。当屋面为自由落水时，散水宽度应比屋檐挑出宽度宽150～200mm。由于建筑物沉降、勒脚与散水施工时间的差异，在勒脚与散水交接处应留有缝隙，缝内填粗砂或碎石子，上嵌沥青胶盖缝，以防渗水。散水整体面层纵向距离每隔6～12m做一道伸缩缝，缝内处理同勒脚与散水相交处，如图3-5所示。

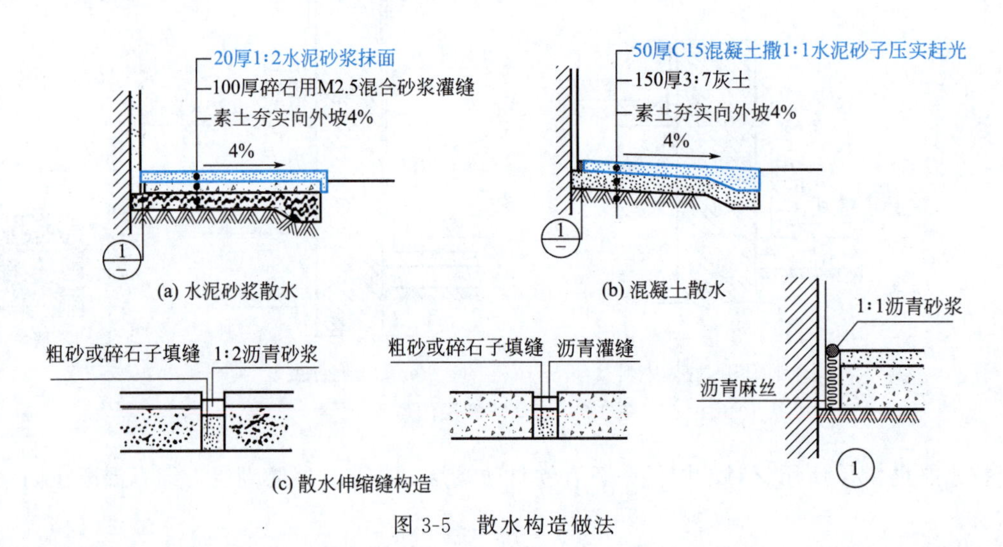

图3-5　散水构造做法

散水适用于降雨量较小的北方地区。季节性冰冻地区的散水还需在垫层下加设防冻层。防冻层应选用砂石、炉渣、石灰石等非冻胀材料，其厚度可结合当地经验采用。

明沟是设置在外墙四周的排水沟，将水有组织地导向积水井然后流入排水系统。明沟一般是用砖石铺砌，水泥砂浆抹面，或用素混凝土现浇而成的沟槽。沟槽应有不小于1%的坡度，以保证排水通畅。明沟适用于降雨量较大的南方地区，其构造如图3-6所示。

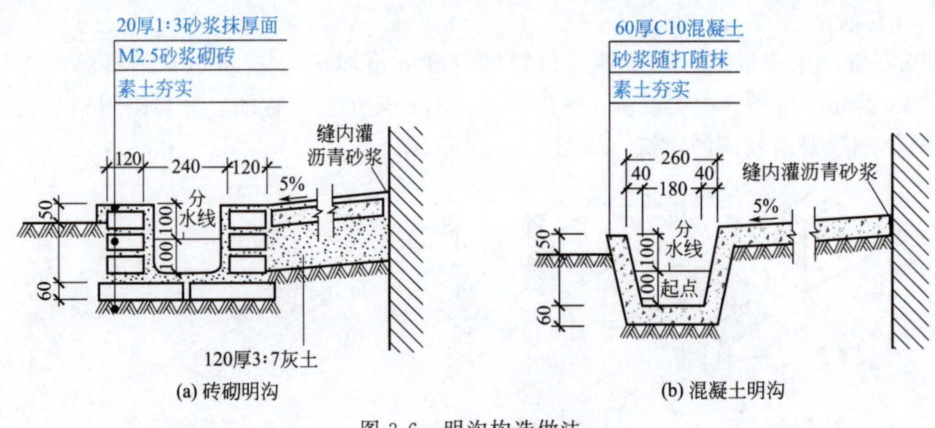

图3-6　明沟构造做法

（4）门窗过梁　过梁是用来支撑门窗洞口上部的砌体和楼板传来的荷载、并把这些荷载传给洞口两侧墙体的承重构件。过梁一般采用钢筋混凝土材料，个别也有采用砖拱过梁。

① 钢筋混凝土过梁。钢筋混凝土过梁承载力大，一般不受跨度的限制。预制装配过梁施工速度快，是最常用的一种。过梁宽度同墙厚，高度及配筋应由计算确定，但为了施工方便，梁高应与砖的皮数相适应，如 60mm、120mm、180mm、240mm 等。过梁在洞口两侧伸入墙体的长度应不小于 240mm。为了防止雨水沿门窗过梁向外墙内侧流淌，过梁底部外侧抹灰时要做滴水。

过梁的断面形式有矩形和 L 形，矩形多用于内墙和混水墙，L 形多用于外墙和清水墙。在寒冷地区，为防止钢筋混凝土过梁产生热桥问题，也可将外墙洞口的过梁断面做成 L 形，并做保温处理。钢筋混凝土过梁形式如图 3-7 所示。

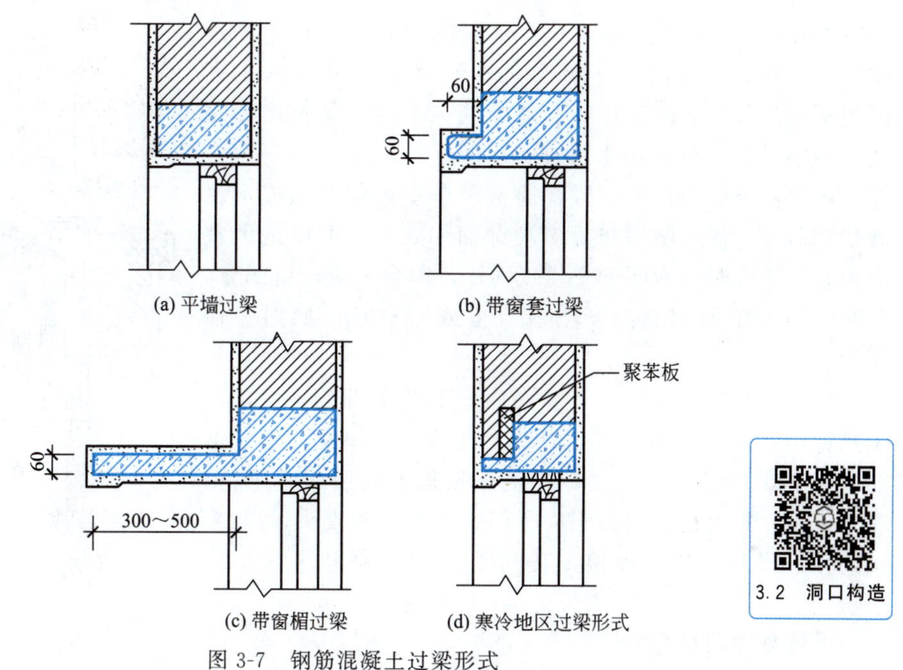

(a) 平墙过梁　(b) 带窗套过梁

(c) 带窗楣过梁　(d) 寒冷地区过梁形式

图 3-7　钢筋混凝土过梁形式

3.2　洞口构造

② 砖拱过梁。砖拱过梁是由竖砖砌筑而成的，它利用灰缝上大下小，使砖向两边倾斜、相互挤压形成拱的作用来承担荷载。砖拱过梁分为平拱和弧拱两种，建筑上常用砖砌平拱过梁。砖砌平拱过梁的高度多为一砖长，灰缝上部宽度不宜大于 15mm，下部宽度不应小于 5mm，中部起拱高度为洞口跨度的 1/50。砖不低于 MU7.5，砂浆不低于 M2.5，净跨宜小于 1.0m，不应超过 1.8m，如图 3-8 所示。

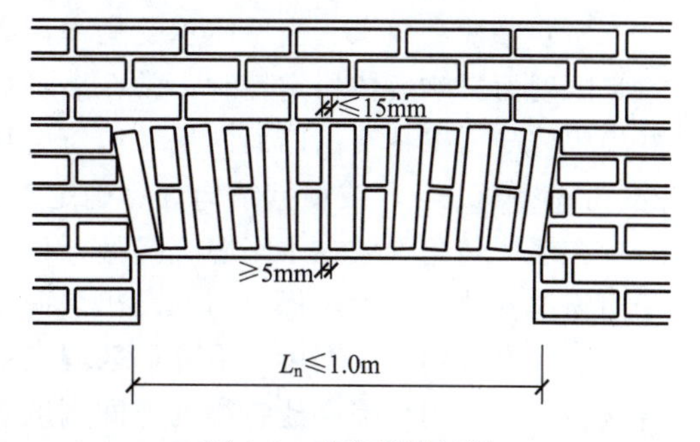

图 3-8　砖砌平拱过梁

（5）窗台　窗台构造做法分为外窗台和内窗台两个部分，如图 3-9 所示。

外窗台应设置排水构造，其目的是防止雨水积聚在窗下并侵入墙身和向室内渗透。因此，窗台应有不透水的面层，并向外形成不小于 10%的坡度，以利于排水。外窗台有悬挑窗台和不悬挑窗台两种。处于阳台等处的窗不受雨水冲刷，可不必设悬挑窗台；外墙面材料

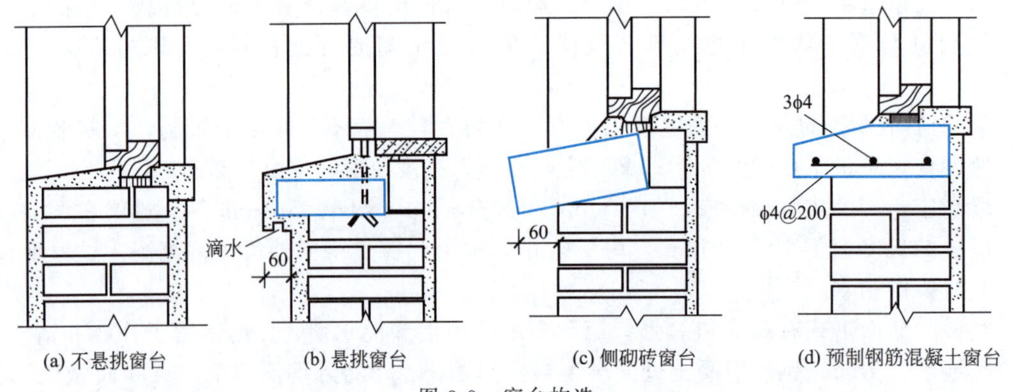

图 3-9 窗台构造

为贴面砖时，也可不设悬挑窗台。悬挑窗台常采用丁砌一皮砖挑出 60mm 或将一砖侧砌并挑出 60mm，也可采用钢筋混凝土窗台。悬挑窗台底部外缘处抹灰时应做宽度和深度均不小于 10mm 的滴水线或滴水槽。

内窗台一般为水平放置，通常结合室内装修做成水泥砂浆抹面、木板或贴面砖等多种饰面形式。在寒冷地区室内为暖气采暖时，为便于安装暖气片，窗台下应预留凹龛。此时应采用预制钢筋混凝土窗台板或石材板，如图 3-10 所示。

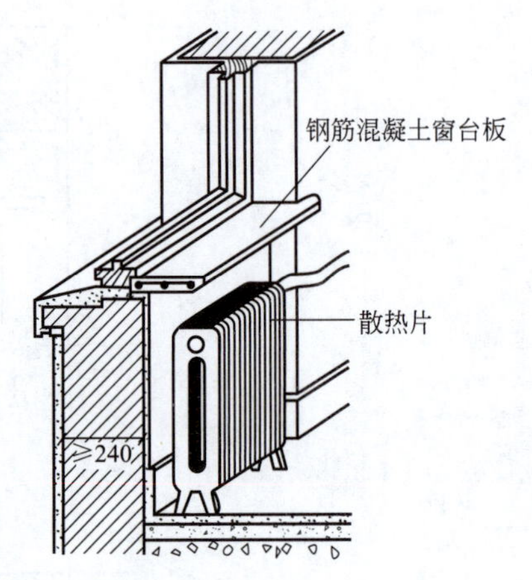

图 3-10 暖气槽与内窗台

（6）女儿墙　建筑物外墙高出屋面的那部分矮墙，属于悬臂构件。按所用材料分为砖女儿墙、砌块女儿墙、钢筋混凝土女儿墙。它的主要作用首先是上人屋面起维护、栏杆作用，其次也有在其压顶底部做防水压砖收头，以避免防水层渗水或是屋顶雨水漫流。构造柱的顶端与压顶连接，其间距由计算确定并不大于 3000mm。女儿墙构造如图 3-11 所示。

2. 墙身加固措施

对于多层砖混结构的承重墙，由于可能承受上部集中荷载、开洞以及其他因素，会造成墙体的强度及稳定性有所降低，因此要考虑对墙身采取加固措施。

（1）壁柱和门垛　当墙体承受集中荷载、强度不能满足要求或由于墙体长度和高度超过一定限度而影响墙体稳定性时，常在墙身局部适当位置增设壁柱，使之和墙体共同承担荷载并稳定墙身。壁柱突出墙面的尺寸应符合砖规格，一般为 120mm×370mm、240×370mm、240mm×490mm，或根据结构计算确定，如图 3-12(a) 所示。

在墙体转角处或在丁字墙交接处开设门窗洞口时，为了保证墙体的承载力及稳定性和便于门窗框安装，应设门垛。门垛凸出墙面不少于 120mm，宽度同墙厚，如图 3-12(b) 所示。

（2）设置圈梁　圈梁是沿外墙四周及部分内墙的水平方向设置的连续闭合的梁。圈梁配合楼板共同作用可提高建筑物的空间刚度和整体性，增加墙体的稳定性，减少不均匀沉降引起的墙身开裂。在抗震地区，圈梁与构造柱一起形成骨架，可提高抗震能力。

圈梁有钢筋砖圈梁和钢筋混凝土圈梁两种。钢筋砖圈梁多用于非抗震区，结合钢筋砖过梁沿外墙形成。钢筋混凝土圈梁的宽度同墙厚且不小于 180mm，高度一般不小于 120mm，配置 4ϕ10 钢筋，箍筋为 ϕ8@250。钢筋混凝土外墙圈梁一般与楼板持平，内承重墙的圈梁

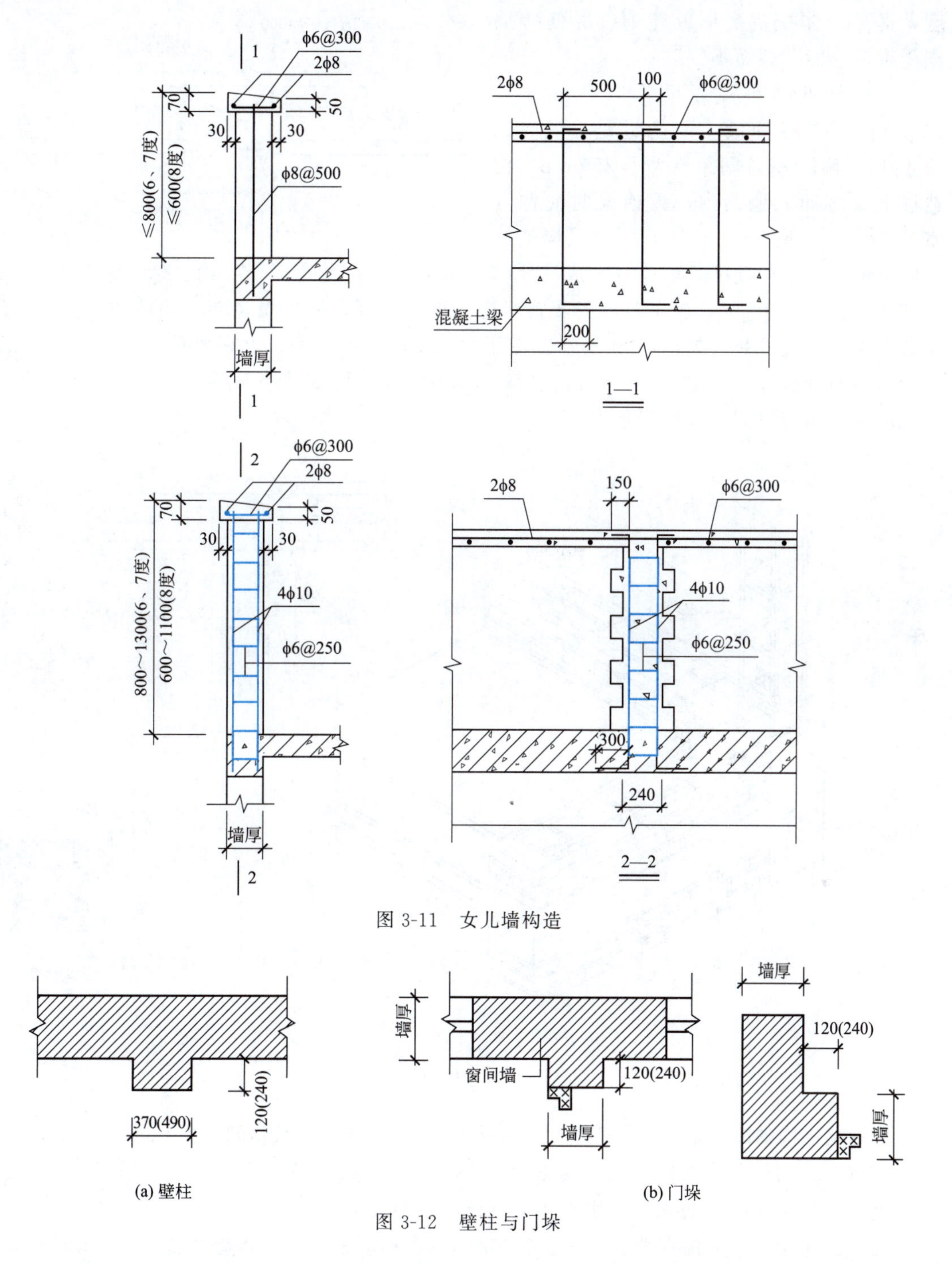

图 3-11 女儿墙构造

图 3-12 壁柱与门垛

设在楼板之下（板底圈梁），圈梁兼过梁。在特殊情况下，当遇有门窗洞口致使圈梁局部截断时，应在洞口上部增设相应的附加圈梁。附加圈梁与圈梁搭接长度不应小于其垂直间距的2倍，且不得小于1m，如图3-13所示。对有抗震要求的建筑物，圈梁不宜被洞口截断。

（3）设置构造柱 钢筋混凝土构造柱是从抗震角度考虑设置的，一般设在外墙转角、内外墙交接处、较大洞口两侧及楼梯、电梯间四角等。由于房屋的层数和地震烈度不同，构造柱的设置要求也有所不同。构造柱必须与圈梁紧密连接形成空间骨架，以增加房屋的整体刚度，提高墙体抵抗变形的能力，并使砖墙在受震后也能“裂而不倒”。

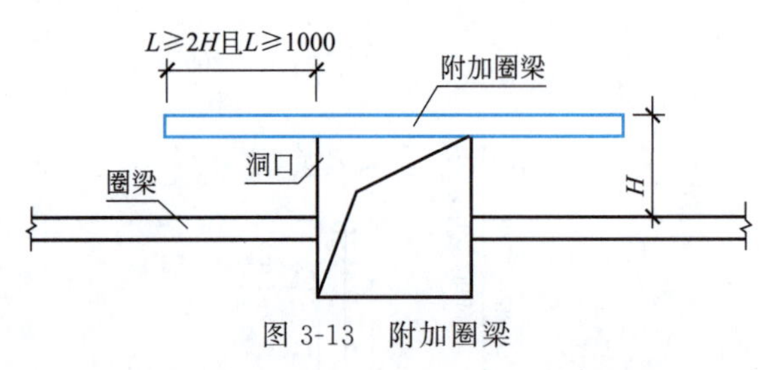

图 3-13　附加圈梁

构造柱的最小截面尺寸为 240mm×180mm；构造柱的最小配筋量是：纵向钢筋 4ϕ12，箍筋 ϕ6，间距不大于 250mm。构造柱下端应伸入地梁内，无地梁时应伸入室外设计地坪下 500mm 处。为加强构造柱与墙体的连接，构造柱处墙体宜砌成马牙槎，并应沿墙高每隔 500mm 设 2ϕ6 拉结钢筋，每边伸入墙体不少于 1m。施工时应先放置构造柱钢筋骨架，后砌墙，随着墙体的升高而逐段浇筑混凝土构造柱身，如图 3-14 所示。由于女儿墙的上部都是自由端而且位于建筑的顶部，在地震时易受破坏。一般情况下构造柱应通至女儿墙顶部，并与钢筋混凝土压顶相连，而且女儿墙内的构造柱间距应适当加密。

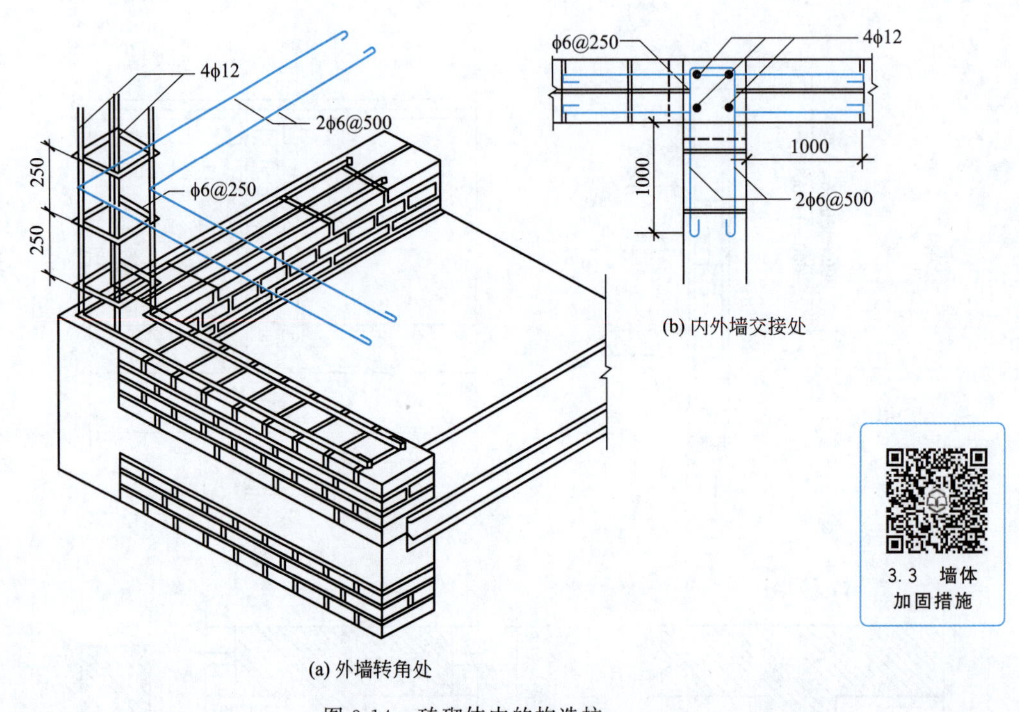

图 3-14　砖砌体中的构造柱

3.3　墙体加固措施

3. 框架结构砌体填充墙构造要求（此部分图中 a 值依墙厚及块材的种类不同取 20～60mm）

砌体填充墙与主体结构的拉结及非承重墙体之间的拉结根据不同情况可采用拉结钢筋、焊接钢筋网片、现浇钢筋混凝土水平系梁、设置构造柱等措施。

（1）砌体填充墙应沿框架柱（包括构造柱）或钢筋混凝土墙全高每隔 500mm 设置 2ϕ6 的拉筋，拉筋伸入填充墙内的长度 L≥填充墙长的 1/5，且≥700mm，如图 3-15 所示。

（2）砌体填充墙内的构造柱应先砌墙后浇注混凝土，混凝土等级为 C20，施工主体结构时，应在上下楼层梁的相应位置预留相同直径和数量的插筋与构造柱纵筋连接。其布置原则如下：

① 填充墙长度大于层高的 2 倍时，宜设置钢筋混凝土构造柱；

② 外墙、楼梯间墙转角处，设置构造柱；

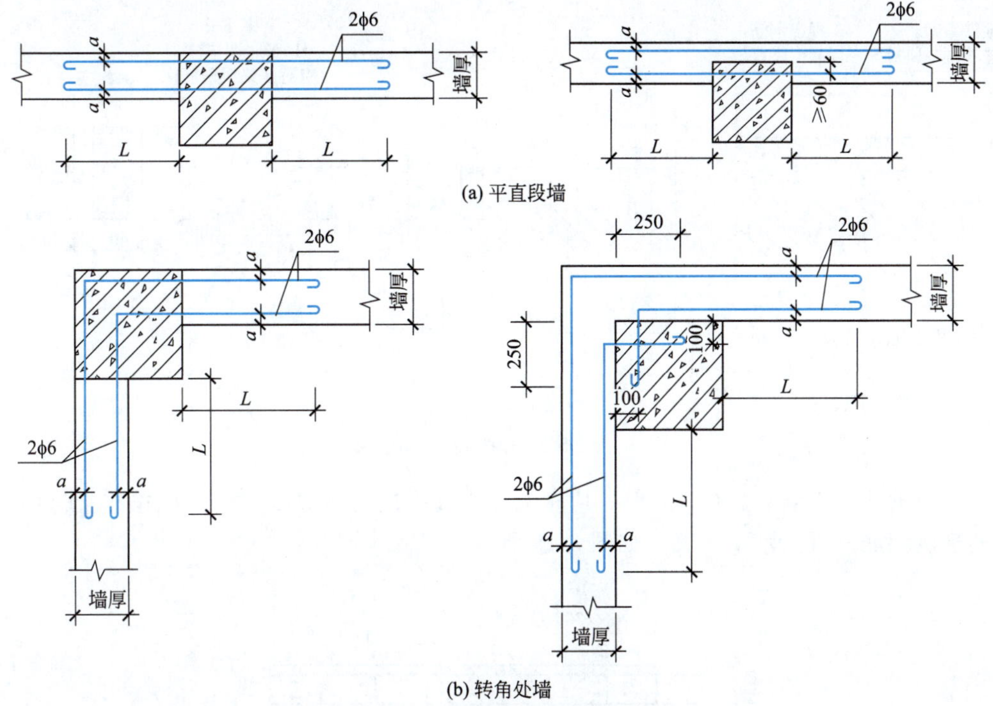

图 3-15　填充墙与框架柱连接

③ 填充墙端部无翼墙或混凝土柱（墙）时，在端部增设构造柱。构造柱最小尺寸：180mm×240mm，配筋为 4ϕ12，ϕ6@250。如图 3-16 所示。

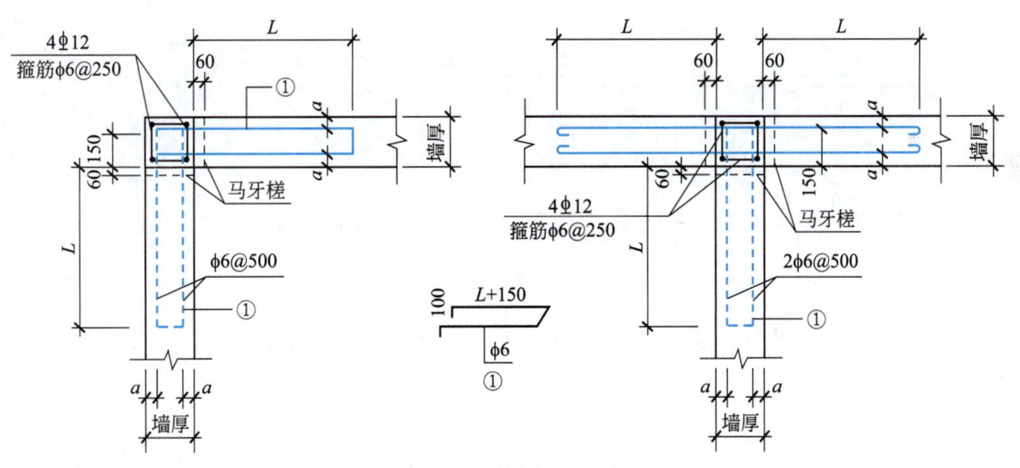

图 3-16　构造设置要求

（3）砌体填充墙砌至梁板底时应留一定空隙，待砌体变形稳定并应至少间隔 7 天后，再将其补砌挤紧，如图 3-17（a）所示。填充墙长度＞5m 时，填充墙顶部与梁底或板底应有可靠拉结，如图 3-17（b）所示。

（4）砌体填充墙高度大于 4m 时，墙体半高处或门洞上皮设与柱连接且沿全墙贯通的钢筋混凝土水平圈梁，圈梁高 200mm，宽同墙宽，配筋为 4ϕ12，ϕ6@200。若水平圈梁遇过梁，则兼作过梁并按过梁增配钢筋，柱（墙）施工时，应在相应位置预留 4ϕ12 与圈梁纵筋连接。

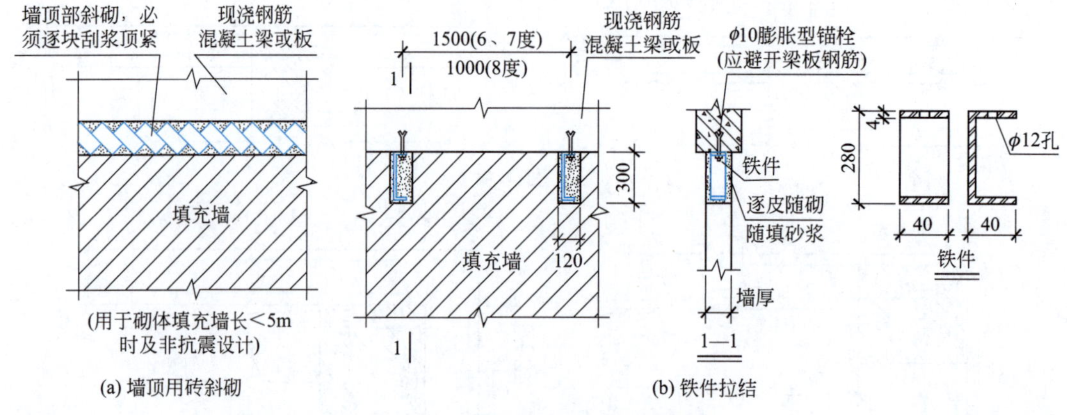

图 3-17 墙顶与梁或板拉结要求

(5) 当砌体填充墙高超过 4m 时，应在墙体半高处设置与混凝土墙或柱连接且沿墙全长贯通的现浇钢筋混凝土水平系梁，如图 3-18 所示。

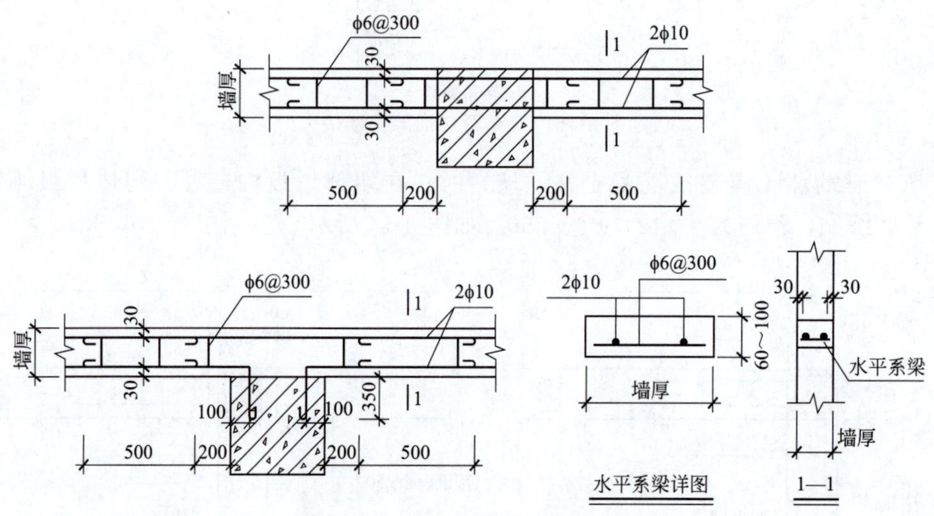

图 3-18 设置水平系梁构造要求

(6) 框架柱（或构造柱）边砖墙垛长度不大于 120mm 时，可采用素混凝土整浇。

(7) 在填充墙与混凝土构件周边接缝处，应固定设置镀锌钢丝网，其宽度不小于 200mm。

(8) 砌块女儿墙构造。框架结构砌块孔洞设女儿墙芯柱，芯柱采用 Cb20 灌孔混凝土灌实，压顶采用 C20 细石混凝土浇筑，非抗震设计按 6 度选用，见图 3-19。女儿墙竖向钢筋的水平间距见表 3-2。

表 3-2 女儿墙竖向钢筋的水平间距 *s* 单位：mm

高度＼烈度	6 度	7 度	8 度
H≤600	600	600	400
600<H≤800	600	400	400

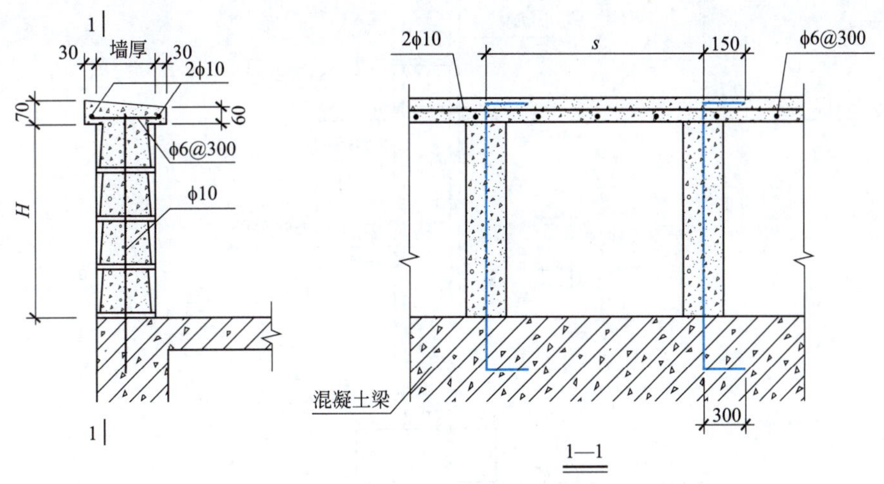

图 3-19　砌块女儿墙构造

（9）洞口抱框构造。抱框是在框架结构砌块填充墙中，遇到门窗洞口设置的小混凝土构造柱（作为立框用）、混凝土水平带，带、柱围在门窗洞口四周以方便安装固定门窗，所以叫作抱框。钢筋混凝土抱框立柱根部预留 2ϕ12 钢筋，伸入楼地面混凝土内 500mm，钢筋搭接长度 600mm。门洞口靠近柱边时，柱中应在过梁交接处预留过梁钢筋。如图 3-20 所示。

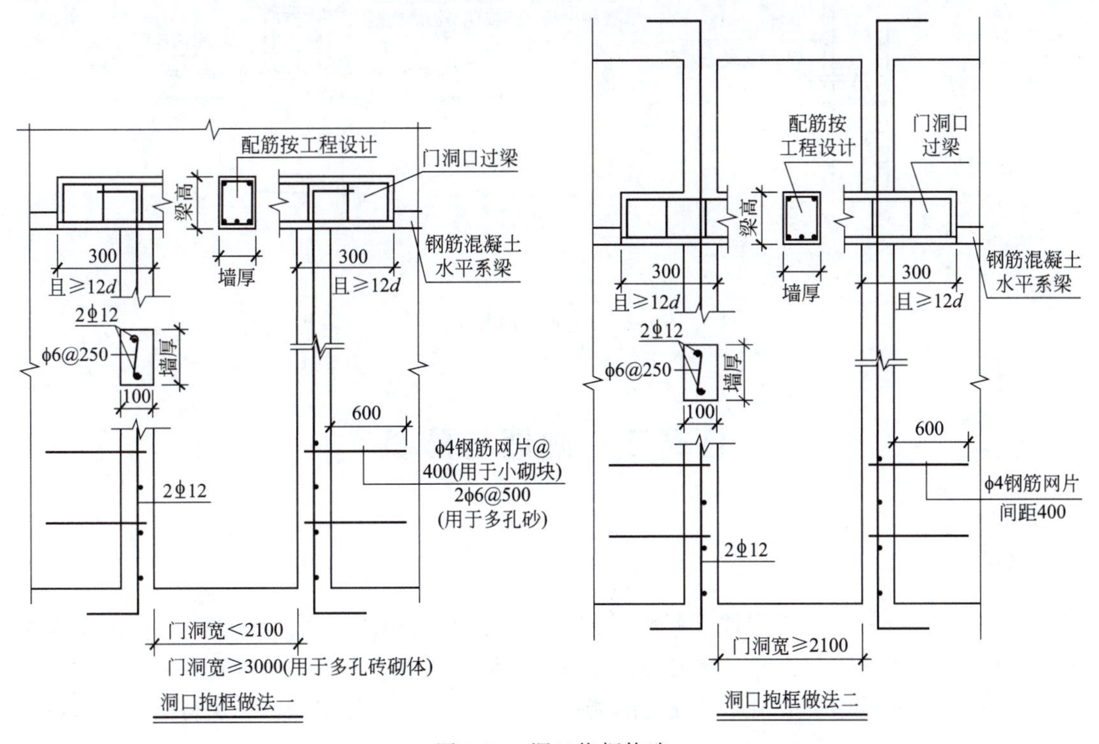

图 3-20　洞口抱框构造

（10）填充墙底部构造。底层填充墙的室内地面以下墙身应采用普通混凝土小型空心砌块或采用砖类砌筑，当采用多孔砖时多孔砖的孔洞应用水泥砂浆灌实。基础埋深及做法按具体工程确定。如图 3-21 所示。

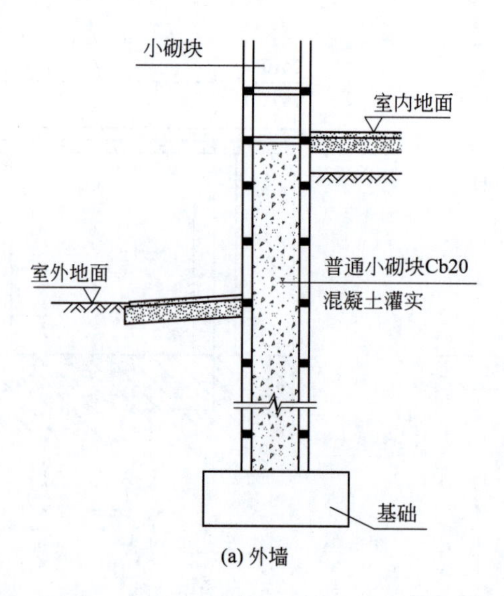

(a) 外墙

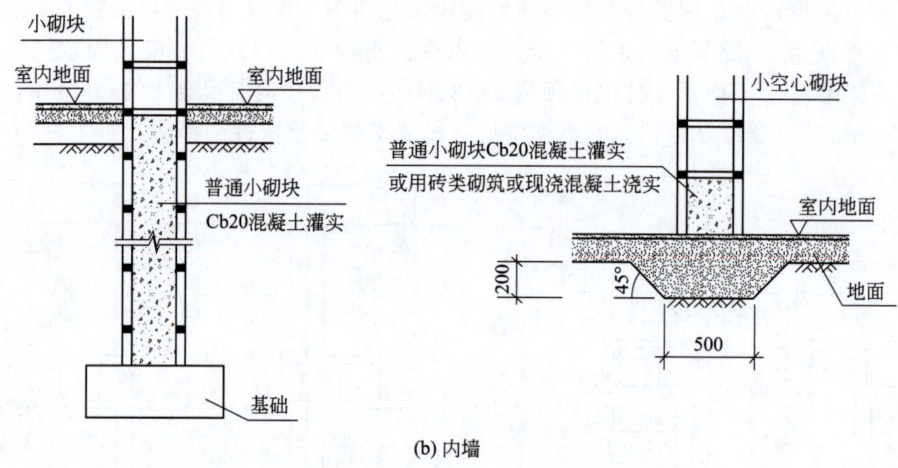

(b) 内墙

图 3-21　填充墙底部构造

任务三　隔墙与幕墙

一、隔墙

隔墙是建筑物的非承重构件，起水平方向分隔空间的作用，因此设计时要求隔墙重量轻、厚度薄，便于安装和拆卸，同时，根据房间的使用特点，还要具备隔音、防水、防潮和防火等性能，以满足建筑的使用功能。隔墙按其构造形式分为骨架隔墙、块材隔墙和板材隔墙三种主要类型。

1. 骨架隔墙

骨架隔墙又称为立筋式隔墙，它由轻骨架和面层两部分组成。

(1) 骨架　骨架有木骨架、轻钢骨架、石膏骨架、石棉水泥骨架和铝合金骨架等。

木骨架是由上槛、下槛、墙筋、横撑或斜撑组成，上、下槛截面尺寸一般为（40～50）

mm×(70～100)mm，墙筋之间沿高度方向每隔 1.2m 左右设一道横撑或斜撑。墙筋间距为 400～600mm，当饰面为抹灰时取 400mm，饰面为板材时取 500mm 或 600mm。木骨架具有自重轻、构造简单、便于拆装等优点，但防水、防潮、防火、隔音性能较差，并且耗费大量木材。

轻钢骨架是由各种形式的薄壁型钢加工制成的，也称轻钢骨架。它具有强度高、刚度大、重量轻、整体性好、易于加工和大批量生产以及防火、防潮性能好等优点。常用的轻钢有 0.6～1.0mm 厚的槽钢和工字钢，截面尺寸一般为 50mm×(50～150)mm×(0.63～0.8)mm。轻钢骨架和木骨架一样，也是由上槛、下槛、墙筋、横撑或斜撑组成。

安装过程是先用射钉将上、下槛固定在楼板上，然后安装木龙骨或轻钢龙骨（即墙筋和横撑）、竖龙骨（墙筋），竖龙骨（墙筋）的间距为 400～600mm。

（2）面层　骨架的面层有抹灰面层和人造板面层，抹灰面层常用木骨架，即传统的板条抹灰隔墙。人造板材可用木骨架或轻钢骨架。隔墙的名称就是依据不同的面层材料而定的。

① 板条抹灰隔墙。它是先在木骨架的两侧钉灰板条，然后抹灰。灰板条的尺寸一般为 1200mm×30mm×6mm，板条间留缝 7～10mm，以便让底灰挤入板条间缝背面咬住板条。同时为避免灰板条在一根墙筋上接缝过长而使抹灰层产生裂缝，一般板条的接头连续高度不应超过 500mm，如图 3-22 所示。

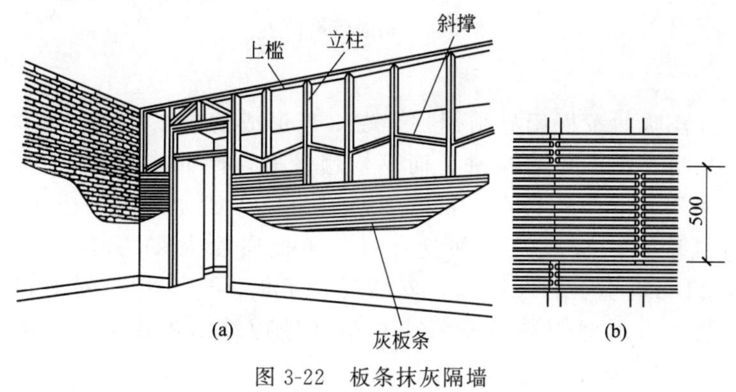

图 3-22　板条抹灰隔墙

② 人造板材面层骨架隔墙。它是骨架两侧镶钉胶合板、纤维板、石膏板或其他轻质薄板构成的隔墙，面板可用镀锌螺钉、自攻螺钉或金属夹子固定在骨架上，如图 3-23 所示。为提高隔墙的隔音能力，可在面板间填充岩棉等轻质有弹性的材料。

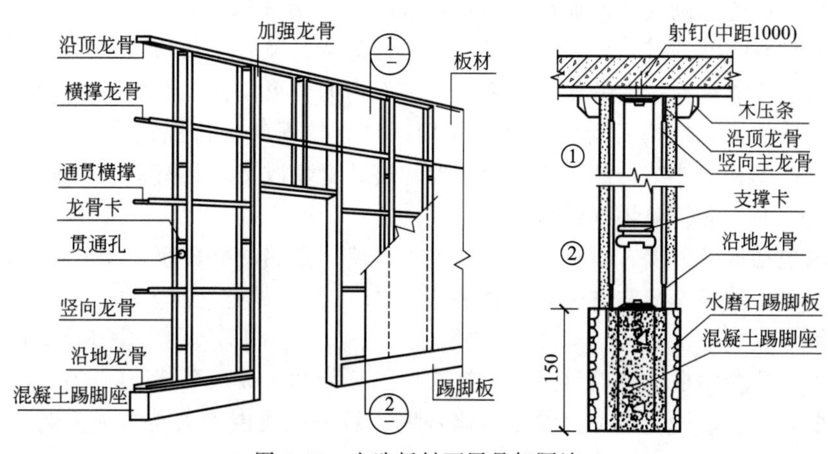

图 3-23　人造板材面层骨架隔墙

2. 块材隔墙

块材隔墙是指用空心砖、加气混凝土砌块等块材砌筑的墙。

为了减轻隔墙自重和节约用砖，可采用轻质砌块隔墙。目前常采用加气混凝土砌块、粉煤灰硅酸盐砌块以及水泥炉渣空心砖等砌筑隔墙。

砌块隔墙厚度由砌块尺寸决定，一般为 90～120mm。砌块隔墙吸水性强，故在砌筑时应先在墙下部实砌 3～5 皮黏土砖再砌砌块。砌块不够整齐时宜用普通黏土砖填补。砌块隔墙的构造如图 3-24 所示。

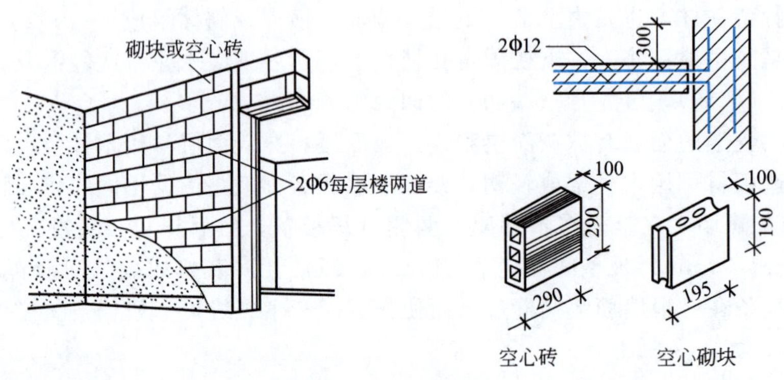

图 3-24　砌块隔墙构造

3. 板材隔墙

板材隔墙是指轻质的条板用黏结剂拼合在一起形成的隔墙。由于板材隔墙是用轻质材料制成的大型板材，施工中直接拼装而不依赖骨架，因此它具有自重轻、安装方便、施工速度快、工业化程度高的特点。目前多采用条板，如加气混凝土条板、石膏条板、炭化石灰板、石膏珍珠岩板以及各种复合板。条板厚度大多为 60～100mm，宽度为 600～1000mm，长度略小于房间净高。安装时，条板下部先用一对对口木楔顶紧，然后用细石混凝土堵严，板缝用黏结砂浆或黏结剂进行黏结，并用胶泥刮缝，平整后再做表面装修，如图 3-25 所示。

二、幕墙

现代化建筑，特别是现代化高层建筑与传统建筑相比较有许多区别，其外围护结构一般不再采用传统的砖墙和砌块墙，而是采用建筑幕墙。

建筑幕墙具有完整的结构体系，自身能承受风荷载、地震荷载和温差作用，并将它们传递到主体结构上；能承受较大的自身平面外和平面内的变形，并具有相对于主体结构较大的变形能力但不分担主体结构所受的荷载和作用；具有较强的抵抗温差作用和地震灾害的能力；能够节省基础和主体结构的费用和用于旧建筑的更新改造；具有安装速度快、施工周期短、维修更换方便、建筑效果好的特点。

建筑幕墙包括玻璃幕墙、石材幕墙、陶土板幕墙、金属薄板幕墙、光电幕墙、真空玻璃幕墙、彩色混凝土挂板幕墙和其他板材幕墙。

1. 玻璃幕墙

玻璃幕墙又分为明框式玻璃幕墙、隐框式玻璃幕墙和全玻璃幕墙。

(1) 明框式玻璃幕墙　也称为普通玻璃幕墙，是采用镶嵌槽夹持方法安装玻璃的幕墙，有整体镶嵌槽式、组合镶嵌槽式、混合镶嵌槽式、隐窗型、隔热型五种。

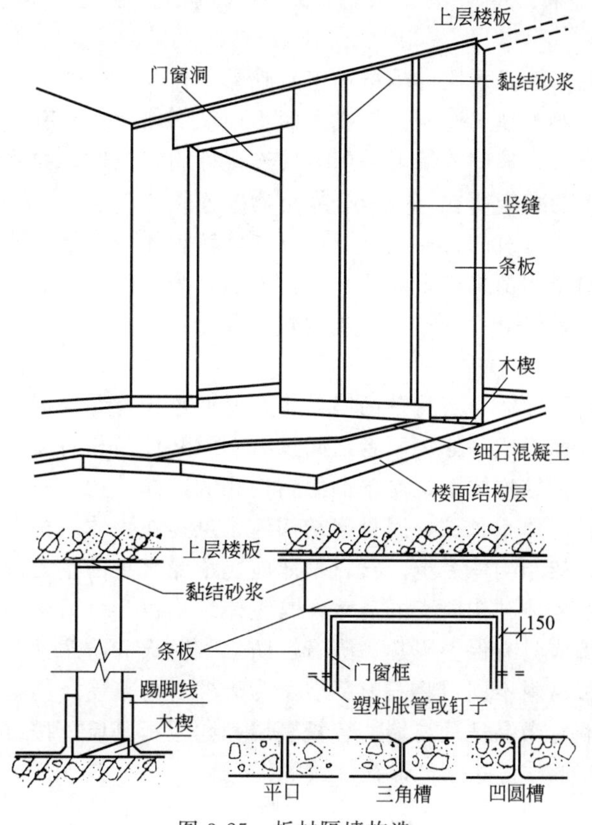

图 3-25　板材隔墙构造

① 整体镶嵌槽式。镶嵌槽和杆件是一整体，镶嵌槽外侧槽板与构件是整体连接的，在挤压型材时就是一个整体，采用投入法安装玻璃，整体镶嵌槽式普通玻璃幕墙。定位后有干式装配、湿式装配和混合装配三种固定方法，混合装配又分为从内侧和从外侧安装玻璃两种做法。

② 组合镶嵌槽式。镶嵌槽的外侧槽板与构件是分离的，采用平推法安装玻璃，玻璃安装定位后压上压板，用螺栓将压板外侧扣上扣板装饰。

③ 混合镶嵌槽式。一般是立梃用整体镶嵌槽，横梁用组合镶嵌槽，安装玻璃用左右投装法，玻璃定位后将压板用螺钉固定到横梁杆件上，扣上扣板形成横梁完整的镶嵌槽，可从外侧或内侧安装玻璃。

④ 隐窗型。将立梃两侧镶嵌槽间隙采用不对称布置，使一侧间隙大到能容纳开启扇窗框斜嵌入立梃内部，外观上固定部分与开启部分杆件一样粗细，形成上下左右线条一样大小，其余的做法均同整体镶嵌槽式。

⑤ 隔热型。一般普通玻璃幕墙的铝合金杆件有一部分外露在玻璃的外表面，杆件壁经过两块玻璃的间隙延伸到室内，形成传热量大的通路。为了提高幕墙的保温性能，可采用隔热型材来制作幕墙，隔热型材有嵌入式和整体挤压浇注式两种。

（2）隐框式玻璃幕墙　它有半隐框玻璃幕墙和全隐框玻璃幕墙两种形式。

半隐框玻璃幕墙利用结构硅酮胶为玻璃相对的两边提供结构的支持力，另两边则用框料和机械性扣件进行固定，垂直的金属竖梃是标准的结构玻璃装配，而上下两边是标准的镶嵌槽夹持玻璃。结构玻璃装配要求硅酮胶对玻璃与金属有良好的黏结力。这种体系看上去有一个方向的金属线条，不如全隐框玻璃幕墙简洁且立面效果较差，但安全度比较高。

全隐框玻璃幕墙的玻璃是采用硅酮结构密封胶黏结在金属框架上，一般情况下，不需再加金属连接件。铝框全部被玻璃遮挡，形成大面积全玻璃墙面。在有些工程上，为增加隐框玻璃幕墙的安全性，在垂直玻璃幕墙上采用金属连接件固定玻璃，如北京的希尔顿饭店。结构胶是连接玻璃与铝框的关键所在，两者全靠结构胶连接。

（3）全玻璃幕墙　在建筑的首层大堂、顶层和旋转餐厅，为增加玻璃幕墙的通透性，不仅仅玻璃板，包括支撑结构都采用玻璃肋，这类幕墙称为全玻璃幕墙。

全玻璃幕墙的支撑系统分为悬挂式、支撑式和混合式三种。

2. 石材幕墙

石材幕墙不是石材贴面墙，石材贴面墙是将石材通过拌有黏结剂的水泥砂浆直接贴在墙面上，石材面板和实墙面形成一体，两者之间没有间隙和任何相对运动或位移。而石材幕墙是独立于实墙之外的围护结构体系，对于框架结构式的主体结构，应在主体结构上设计安装专门的独立金属骨架结构体系，该金属骨架结构体系悬挂在主体结构上，然后采用金属挂件将石材面板挂在金属骨架结构体系上。石材幕墙应能承受自身的重力荷载、风荷载、地震荷载和温差作用，不承受主体结构所受的荷载，与主体结构可产生适当的相对位移，以适应主体结构变形。石材幕墙应具有保温隔热、隔音、防水、防火和防腐蚀等作用。

根据石材幕墙面板材料不同可将石材幕墙分为天然石材幕墙，如花岗岩石材幕墙和洞石幕墙等，人造石材幕墙有微晶玻璃幕墙、瓷板幕墙和陶土板幕墙。按石材金属挂件形式可分为背拴式、背槽式、L形挂件式、T形挂件式等。

3. 金属薄板幕墙

金属薄板幕墙类似于玻璃幕墙，它是由工厂定制的折边金属薄板作为外围护墙面，与窗一起组合成幕墙，形成闪闪发光的金属墙面，有其独特的现代艺术感。

金属薄板幕墙有两种体系，一种是幕墙附在钢筋混凝土墙体上的附着型金属薄板幕墙，即附着式体系；另一种是自成骨架体系的骨架型金属薄板幕墙，即骨架式体系。

（1）附着型金属薄板幕墙　其特点为：幕墙体系是作为外墙饰面而依附在钢筋混凝土墙体上，连接固定件一般采用角钢，混凝土墙面基层用金属膨胀螺栓来连接L形角钢，再根据金属板材的尺寸，将轻型钢材焊接在L形角钢上。而金属薄板之间用“[”形压条把板边固定在轻钢龙骨型材上，最后在压条上再用防水填缝密封胶填充。

（2）骨架型金属薄板幕墙　基本上类似于隐框式玻璃幕墙，即通过骨架等支撑体系，将金属薄板与主体结构连接。骨架式金属幕墙是较为常见的做法，其基本构造为：将幕墙骨架，如铝合金型材等，固定在主体的楼板、梁或柱等结构上；也可以将金属薄板先固定在框格型材上，形成框板，再按照玻璃幕墙的安装方式，将框板固定在主骨架型材上。这种金属幕墙结构可以与隐框式玻璃幕墙结合使用，只要协调好金属薄板内核玻璃的色彩，并统一划分立面，即可得到较理想的装饰效果。

4. 光电幕墙

光电幕墙是用特殊的树脂将太阳能电池粘在玻璃上，镶嵌于两片玻璃之间，通过电池可将太阳能转化成电能。除发电外，光电幕墙还具有明显的隔热、隔音、安全、装饰等功能，特别是太阳能电池发电不会排放二氧化碳或产生造成温室效应的有害气体，也无噪声，是一种清洁能源，与环境有很好的相容性。但因价格比较昂贵，光电幕墙现主要用于标志性建筑的屋顶和外墙。随着季节和环保的需要，我国正在逐渐接受这种光电幕墙。

5. 真空玻璃幕墙

真空玻璃幕墙是一个新名词，就是玻璃面板采用真空玻璃的幕墙。由于真空玻璃的热工性能、隔音性能和抗风压性能方面有特殊性，特别是真空玻璃幕墙极佳的保温性能，在强调建筑节能的今天，真空玻璃幕墙已越来越受到人们的瞩目，目前在国内已有通体真空玻璃幕墙问世。

任务四　墙面装修

一、墙面装修的作用

① 保护墙体，提高墙体的耐久性。

② 改善墙体的热工性能、光环境、卫生条件等使用功能。

③ 美化环境，提高建筑的艺术效果。

二、墙面装修的类型

墙面装修按其所处的位置，分为室外装修和室内装修。室外装修起保护墙体和美观的作用，应选用强度高、耐水性好以及有一定抗冻性和耐腐蚀、耐风化的建筑材料。室内装修主要是为了改善室内卫生条件，提高采光、音响效果，美化室内环境。内装修材料的选用应根据房间的功能要求和装修标准确定。同时，对一些有特殊要求的房间，还要考虑材料的防水、防火、防辐射等能力。

按材料和施工方式不同，常见的墙面装修可分为抹灰类、贴面类、涂料类、卷材类和铺钉类等，见表3-3。

表3-3　墙面装修分类

类　别	室外装修	室内装修
抹灰类	水泥砂浆、混合砂浆、聚合物水泥砂浆、拉毛、水刷石、干粘石、斩假石、假面砖、喷涂、滚涂等	纸筋灰、麻刀灰粉面、石膏粉面、膨胀珍珠岩灰浆、混合砂浆、拉毛、拉条等
贴面类	外墙面砖、马赛克、水磨石板、天然石板等	釉面砖、人造石板、天然石板等
涂料类	石灰浆、水泥浆、溶剂型涂料、乳液涂料、彩色胶砂涂料、彩色弹涂等	大白浆、石灰浆、油漆、乳胶漆、水溶性涂料、弹涂等
卷材类		塑料墙纸、金属面墙纸、木纹墙纸、花纹玻璃、纤维布、纺织面墙纸及锦缎等
铺钉类	各种金属饰面板、石棉水泥板、玻璃	各种木夹板、木纤维板、石膏板及各种装饰面板等

三、墙面装修的构造

墙面装修一般由基层和面层组成，基层即支托面层的结构构件或骨架，其表面应平整，并应有一定的强度和刚度。面层附着于基层表面起美观和保护作用，它应与基层牢固结合，且表面需平整均匀。通常将面层最外表面的材料名作为装修构造类型的命名。

1. 抹灰类

抹灰类墙面是指用石灰砂浆、水泥砂浆、水泥石灰混合砂浆、聚合物水泥砂浆、膨胀珍珠岩水泥砂浆，以及麻刀灰、纸筋灰、石膏灰等作为饰面层的装修做法。它主要的优点在于材料的来源广泛、施工操作简便和造价低廉。但也存在着耐久差、易开裂、湿作业量大、劳动强度高、工效低等缺点。一般抹灰按质量要求分为普通抹灰、中级抹灰和高级抹灰三级。

为了保证抹灰层与基层连接牢固，表面平整均匀，避免裂缝和脱落，在抹灰前应将基层表面的灰尘、污垢、油渍等清除干净，并洒水湿润。同时还要求抹灰层不能太厚，并分层完成。普通标准的抹灰一般由底层和面层组成，装修标准高的房间，当采用中级或高级抹灰时，还要在面层和底层之间加一层或多层中间层，如图 3-26 所示。墙面抹灰层的平均总厚度，施工规范中规定不得大于以下规定。

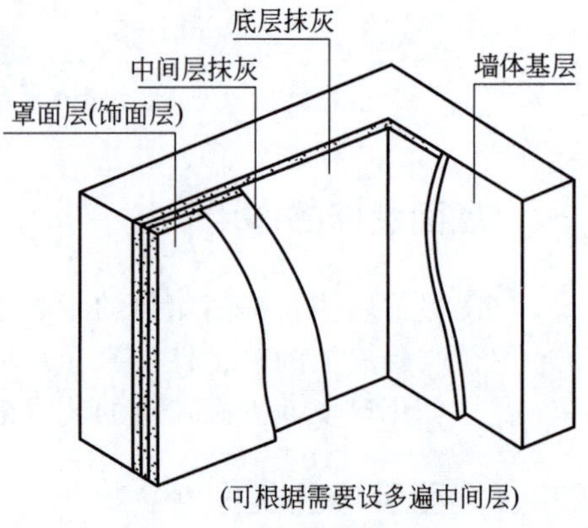

图 3-26 墙面抹灰分层

外墙：普通墙面为 20mm；勒脚及突出墙面部分为 25mm。

内墙：普通抹灰为 18mm；中级抹灰为 20mm；高级抹灰为 25mm。

(1) 底层抹灰 简称灰底，它的作用是使面层与基层粘牢和初步找平，厚度一般为 5～15mm。底灰的选用与基层材料有关，对黏土砖墙、混凝土墙的底灰一般用水泥砂浆、水泥石灰混合砂浆或聚合物水泥砂浆。板条墙的底灰常用麻刀石灰砂浆或纸筋石灰砂浆。另外，对湿度较大的房间或有防水、防潮要求的墙体，底灰宜选用水泥砂浆。

(2) 中层抹灰 其作用在于进一步找平，减少由于底层砂浆开裂导致的面层裂缝，同时也是底层和面层的黏结层，其厚度一般为 5～10mm。中层抹灰的材料可以与底灰相同，也可根据装修要求选用其他材料。

(3) 面层抹灰 也称罩面，主要起装饰作用，要求表面平整、色彩均匀、无裂纹等。根据面层采用的材料不同，除一般装修外，还有水刷石、干粘石、水磨石、斩假石、拉毛灰、彩色抹灰等做法，见表 3-4。

表 3-4 常见抹灰做法说明

抹灰名称	做法说明	适用范围
纸筋灰墙面(一)	1. 喷内墙涂料 2. 2mm 厚纸筋灰罩面 3. 8mm 厚的 1∶3 石灰砂浆 4. 13mm 厚的 1∶3 石灰砂浆打底	砖基层的内墙
纸筋灰墙面(二)	1. 喷内墙涂料 2. 2mm 厚的纸筋灰罩面 3. 8mm 厚的 1∶3 石灰砂浆 4. 6mm 厚 TG 砂浆打底扫毛,配比为水泥∶砂∶TG 胶∶水=1∶6∶0.2∶适量 5. 涂刷 TG 胶浆一道,配比为 TG 胶∶水∶水泥=1∶4∶1.5	加气混凝土基层的内墙
混合砂浆墙面	1. 喷内墙涂料 2. 5mm 厚的 1∶0.3∶3 水泥石灰混合砂浆面层 3. 15mm 厚的 1∶1∶6 水泥石灰混合砂浆打底找平	内墙
水泥砂浆墙面(一)	1. 6mm 厚的 1∶2.5 水泥砂浆罩面 2. 9mm 厚的 1∶3 水泥砂浆刮平扫毛 3. 10mm 厚的 1∶3 水泥砂浆打底扫毛或划出纹道	砖基层的外墙或有防水要求的内墙

续表

抹灰名称	做法说明	适用范围
水泥砂浆墙面(二)	1. 6mm厚的1∶2.5水泥砂浆罩面 2. 6mm厚的1∶1∶6水泥石灰砂浆刮平扫毛 3. 6mm厚的2∶1∶8水泥石灰砂浆打底扫毛 4. 喷一道107胶,水溶液配比为107胶∶水=1∶4	加气混凝土基层的外墙
水刷石墙面(一)	1. 8mm厚的1∶1.5水泥石子(小八里)或10mm厚的1∶1.25水泥石子(中八里)罩面 2. 刷素水泥浆一道(内掺3%～5% 107胶) 3. 12mm厚的1∶3水泥砂浆打底扫毛	砖基层外墙
水刷石墙面(二)	1. 8mm厚的1∶1.5水泥石子(小八里) 2. 刷素水泥浆一道(内掺3%～5% 107胶) 3. 6mm厚的1∶1∶6水泥石灰砂浆刮平扫毛 4. 6mm厚的2∶1∶8水泥石灰砂浆打底扫毛	加气混凝土基层的外墙
斩假石墙面(剁斧石)	1. 斧剁斩毛两遍成活 2. 10mm厚的1∶1.25水泥石子(米粒石内掺30%石屑)罩面赶平压实 3. 刷素水泥一道(内掺3%～5% 107胶) 4. 12mm厚的1∶3水泥砂浆打底扫毛或划出纹道	外墙
水磨石墙面	1. 10mm厚的1∶1.25水泥石子罩面 2. 刷素水泥浆一道(内掺3%～5% 107胶) 3. 12mm厚的1∶3水泥砂浆打底扫毛	墙裙、踢脚等处

在室内抹灰中，对人群活动频繁、易受碰撞的墙面，或有防水、防潮要求的墙身，常做墙裙对墙身进行保护。墙裙高度一般为1.5m，有时也做到1.8m以上。常见的做法有水泥砂浆抹灰、水磨石、贴瓷砖、油漆、铺钉胶合板等。同时，对室内墙面、柱面及门窗洞口的阳角，宜用1∶2水泥砂浆做护脚，高度不小于2m，每侧宽度不应小于50mm，如图3-27所示。

此外，在室外抹灰中，由于抹灰面积大，为防止面层裂纹和便于操作，或立面处理的需要，常对抹灰面层做分格，称为引条线。引条线的做法是在底灰上埋放不同形式的木引条，待面层抹完后取出木引条，再用水泥砂浆勾缝，以提高抗渗能力，如图3-28所示。

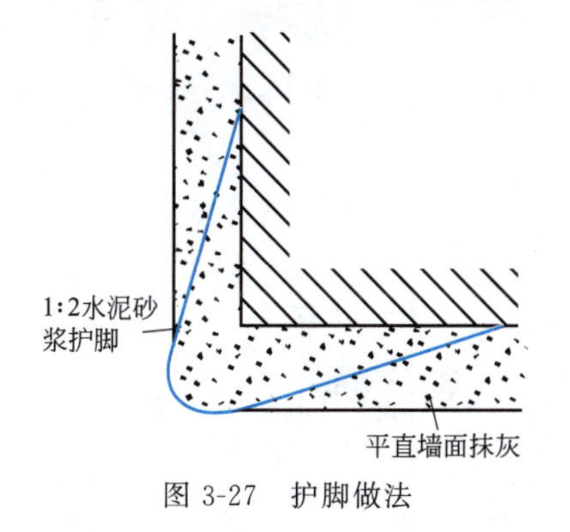

图3-27　护脚做法

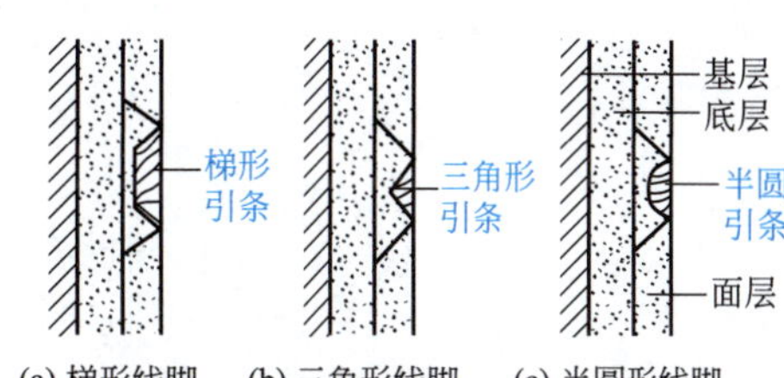

图3-28　外墙抹灰面的引条做法

2. 贴面类

贴面类是指利用各种天然石材或人造板、块，通过绑、挂或直接粘贴于基层表面的饰面做法。这类装修具有耐久性好、施工方便、装饰性强、质量高、易于清洗等优点。常用的贴面材料有陶瓷面砖、马赛克等预制板和天然的花岗石、大理石板等。其中，质地细腻、耐候性差的材料常用于室内装修，如瓷砖、大理石板等。而质感粗放、耐候性较好的材料，如陶瓷面砖、马赛克、花岗石板等，多用作室外装修。

(1) 陶瓷面砖、马赛克类装修　对陶瓷面砖、马赛克等尺寸小、重量轻的贴面材料，可用砂浆直接粘贴在基层上。用于外墙面时，其构造多采用 10～15mm 厚的 1∶3 水泥砂浆打底找平，用 8～10mm 厚的 1∶1 水泥细砂浆粘贴各种装饰材料。粘贴面砖时，常留 13mm 左右的缝隙，以增加材料的透气性，并用 1∶1 水泥细砂浆勾缝。用于内墙面时，多用 10～15mm 厚的 1∶3 水泥砂浆或 1∶1∶6 水泥石灰混合砂浆打底找平。用 8～10mm 厚的 1∶0.3∶3 水泥石灰砂浆粘贴各种贴面材料。

(2) 天然或人造石板类装修　常见的天然石板有花岗石、大理石板两类。它们具有强度高、结构密实、不易污染、装修效果好等优点。但由于加工复杂、价格昂贵，故多用于高级墙面装修中。

人造石板一般由白水泥、彩色石子、颜料等配合而成，具有天然石材的花纹和质感，同时有质量轻、表面光洁、色彩多样、造价较低等优点，常见的有水磨石板、仿大理石板等。

天然石板墙面的构造做法，应先在墙身或柱内预埋中距 500mm 左右、双向的 ϕ8 "Ω" 形钢筋，在其上绑扎 ϕ6～ϕ8 的钢筋网，再用 16 号镀锌铁丝或铜丝穿过事先在石板上钻好的孔眼，将石板绑扎在钢筋网上。固定石板用的横向钢筋间距应与石板的高度一致，当石板就位、校正、绑扎牢固后，在石板与墙或柱面的缝隙中，用 1∶2.5 水泥砂浆分层灌实，每次灌入高度不应超过 200mm。石板与墙柱间的缝宽一般为 30mm。天然石板的安装如图 3-29(a) 所示。人造石板装修的构造做法与天然石板相同，但不必在板上钻孔，而是利用板背面预留的钢筋挂钩，用铜丝或镀锌铁丝将其绑扎在水平钢筋上，就位后再用砂浆填缝，如图 3-29(b) 所示。

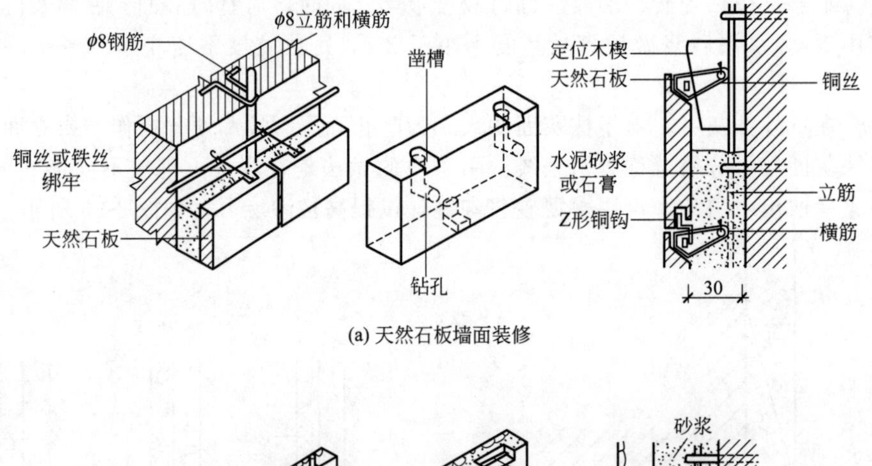

(a) 天然石板墙面装修

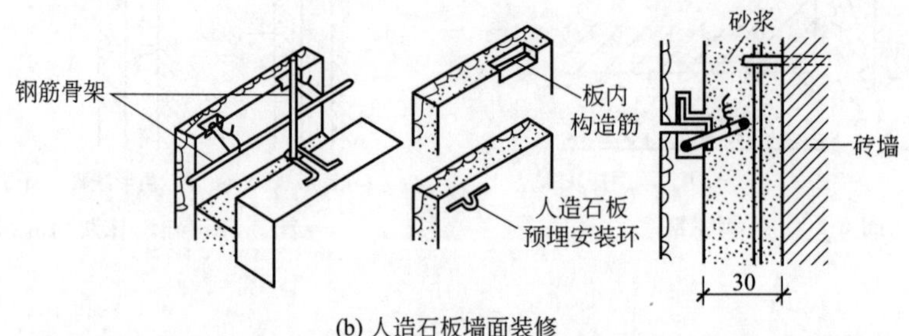

(b) 人造石板墙面装修

图 3-29　天然石板与人造石板墙面装修

近年来，为节省钢材，降低石板类墙面的装修的造价，在构造做法上，各地出现了不少合理的构造方法。如用射钉枪按规定部位，将钢钉打入墙身或柱内，然后在钉头上直接绑扎石板。

3. 涂料类墙面装修

（1）材料特点　涂料类墙面装修是指利用各种涂料敷于基层表面形成完整牢固的膜层，从而起到保护和装饰墙面作用的一种装修做法。它具有造价低、装饰性好、工期短、功效高、自重轻，以及操作简单、维修方便、更新、更快等特点，因而在建筑上得到广泛的应用和发展。

涂料按其成膜物的不同可分为无机涂料和有机涂料两大类。

① 无机涂料。无机涂料有普通无机涂料和无机高分子涂料。普通无机涂料，如石灰浆、大白浆等，多用于一般标准的室内装修。无机高分子涂料有JH 80-1型、JH 80-2型、JHN 84-1型、F 832型、LH-82型、HT-1性等。无机高分子涂料有耐水、耐酸碱、耐冻融、装修效果好、价格较高等特点，多用于外墙面装修和有耐擦洗要求的内墙面装修。

② 有机涂料。有机涂料依其主要成膜物质与稀释剂不同，有溶剂型涂料、水溶性涂料和乳液涂料三类。溶剂型涂料有传统的油漆涂料、苯乙烯内墙涂料、聚乙烯醇缩丁醛内（外）墙涂料、过氯乙烯内墙涂料等；常见的水溶性涂料有聚乙烯醇水玻璃内墙涂料（即106涂料）、聚合物水泥砂浆饰面涂料、改性水玻璃内墙涂料、108内墙涂料、ST-803内墙涂料、JGY-821内墙涂料、801内墙涂料；乳液涂料又称乳胶漆，常见的有乙丙乳胶涂料、苯丙乳胶涂料等，多用于内墙装修。

（2）构造做法　建筑涂料的施涂方法一般分涂刷、滚涂和喷涂。施涂溶剂型涂料时，后一遍涂料必须在前一遍涂料干燥后进行，否则易发生皱皮、开裂等质量问题。施涂水溶性涂料时，要求与做法同上。每遍涂料均应施涂均匀，各层结合牢固。当采用双组分和多组分的涂料时，施涂前应严格按产品说明书的规定配合比，根据使用情况可分批混合，并在规定的时间内用完。

在湿度较大，特别是遇明水部位的外墙和厨房、厕所、浴室等房间内施涂涂料时，为确保涂层质量，应选用耐洗刷性较好的涂料和耐水性能好的腻子材料（如聚醋酸乙烯乳液水泥腻子等）。涂料工程使用的腻子应坚实牢固，不得粉化、起皮和裂纹，待腻子干燥后，还应打磨平整光滑，并清理干净。

用于外墙的涂料，考虑到长期直接暴露于自然界中经受日晒雨淋的侵蚀，因此要求外墙涂料涂层除应具有良好的耐水性、耐碱性外，还应具有良好的耐洗刷性、耐冻融循环性、耐久性和耐玷污性。当外墙施涂涂料面积过大时，可以外墙的分格缝、墙的阴角处或落水管等处为分界线。在同一墙面应用同一批号的涂料，每遍涂料不宜施涂过厚，涂料要均匀，颜色应一致。

4. 卷材类墙面装修

卷材类是将各种装饰性墙纸、墙布等卷材裱糊在墙面上的一种饰面做法。在我国，利用各种花纸裱糊装饰墙面已有悠久的历史。由于普通花纸怕潮、怕火、不耐久，且脏了不能清洗，所以在现代建筑中已不再应用。但也随之出现了种类繁多的新型复合墙纸、墙布等裱糊用装饰材料。这些材料不仅具有很好的装饰性和耐久性，而且不怕水、不怕火、耐擦洗、易清洁。

凡是用纸或布作衬底，加上不同的面层材料，生产出的各种复合型的裱糊用装饰材料，习惯上都称为墙纸或壁纸。依面层材料的不同，有塑料面墙纸（PVC墙纸）、纺织物面墙纸、金属面墙纸及天然木纹纸等。墙布是指可以直接用作墙面装饰材料的各种纤维织物的总称，包括印花玻璃纤维墙面装饰布和锦缎等材料。

在卷材工程中，基层涂抹的腻子应坚实牢固，不得粉化、起皮和裂缝。当有铁帽等突出时，应先将其嵌入基层表面并涂防锈涂料，钉眼接缝处用油性腻子填平，干后用砂纸磨平。为达到基层平整效果，通常在清洁的基层上用胶皮刮板刮腻子数遍。刮腻子的遍数视基层的情况不同而定，抹完最后一遍腻子时应打磨，光滑后再用软布擦净。对有防水或防潮要求的墙体，应对基层作防潮处理，在基层涂刷均匀的防潮底漆。

墙面应采用整幅裱糊，并统一预排对花拼缝。不足一幅的应裱糊在较暗或不明显的部位。裱糊的顺序为先上后下、先高后低，应使饰面材料的长边对准基层上弹出的垂直准线，用刮板或胶辊赶平压实。阴阳转角应垂直，棱角分明。阴角处墙纸（布）顺光搭接，阳面处不得有接缝，并应包角压实。

5. 铺钉类

铺钉类是指利用天然板条或各种人造薄板借助于钉、胶粘等固定方式对墙面进行的饰面做法。选用不同的材质的面板和恰当的构造方式，可以使这类墙面具有质感细腻，美观大方，或给人以亲切感等不同的装饰效果。同时，还可以改善室内声学等环境效果，满足不同功能要求。铺钉类装修构造做法与骨架隔墙的做法类似，由骨架和面板两部分组成，施工时先在墙上立骨架（墙筋），然后在骨架上铺钉装饰面板。

骨架有木骨架和金属骨架，木骨架截面一般为50mm×50mm，金属骨架多为槽形冷轧薄钢板。木骨架一般借助于墙中的预埋防腐木砖固定在墙上，木砖尺寸为60mm×60mm×60mm，中距500mm，骨架间距还应与墙板尺寸相配合。金属骨架多用膨胀螺栓固定在墙上。为防止骨架和面板受潮，在固定骨架前，宜先在墙上抹10mm厚混合砂浆，然后刷两遍防潮防腐剂（热沥青），或铺一毡两油防潮层。

常见的装饰面板有硬木条（板）、竹条、胶合板、纤维板、石膏板、钙塑板及各种吸声墙板等。面板在木骨架上用圆钉或木螺钉固定。

任务五　墙体的保温、隔热与节能

一、墙体的保温、隔热

建筑物围护结构的保温和隔热性能，对于冬季、夏季室内热环境和采暖、空调能耗有着重要影响。围护结构保温隔热性能优良的建筑物，不仅冬暖夏凉、室内环境好，而且采暖、空调能耗低。

围护结构保温性能通常是指在冬季室内条件下，围护结构阻止由室内向室外传热，从而使室内保持适当温度的能力。围护结构的隔热性能通常是指在夏季自然通风情况下，围护结构在室外综合温度（由室外空气和太阳辐射合成）和室内空气温度作用下，其内表面保持较低温度的能力。

1. 几种墙体保温做法基本构造

（1）EPS板薄抹灰外保温系统　以EPS板为保温材料，玻璃纤维网格布增强抹面层和外饰面层为保护层，采用黏结方式固定，保护层厚度小于6mm的外墙保温系统。由于聚苯板的绝热作用，本系统在冬季可起保温作用，在夏季可起隔热作用，因此按设计需要冬季保温和（或）夏季隔热的地区都可以使用。白蚁对聚苯板有侵蚀作用，因此只能应用于无白蚁灾害的地区。可应用于面层装饰材料宜为涂料的建筑，新建、改建、扩建和既有建筑的外墙。

该系统的基本构造如图 3-30 所示。

(2) EPS 保温灰浆外保温系统　把 EPS 保温灰浆材料以现场抹灰方式固定在基层上，并以抗裂砂浆玻璃纤维网增强抹面层和饰面层为保护层的外墙外保温系统。也可用钢丝网代替玻璃纤维网形成可粘贴面砖材料的外墙外保温系统。胶粉聚苯颗粒外墙外保温技术有界面层、保温层、抗裂防护层和饰面层组成。保温层由胶粉料和聚苯颗粒轻骨料加水搅拌成浆料，抹于墙体表面，形成无空腔保温层；抗裂防护层增强了面层柔性变形、抗裂及防水性能；饰面做法有涂料做法、面砖做法和干挂石材等做法。该体系适用于各类新建建筑保温工程和既有建筑的节能改造工程。

(3) 现浇混凝土复合无网 EPS 板外保温系统　用于现浇混凝土基层，以 EPS 板为保温材料，以找平层、玻璃纤维网增强抹面层和饰面涂层为保护层，在现场浇灌混凝土时将 EPS 板置于外模板内侧，保温材料与基层一次浇注成型的外墙外保温系统。

现浇混凝土复合无网 EPS 板外保温技术采用带燕尾槽聚苯板现场一次浇注成型工艺；其配套使用的聚苯板涂刷界面处理剂避免了聚苯板表面的粉化降解，提高了黏结效果；采用胶粉聚苯颗粒保温浆料作为聚苯板表面整体找平材料，可弥补聚苯板施工过程中出现的孔洞及边角破损缺陷，提高保温效果。其基本构造如图 3-31 所示。

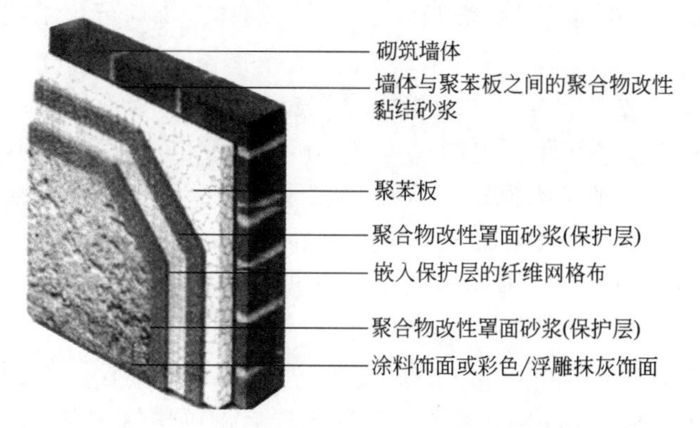

图 3-30　EPS 板薄抹灰外保温系统基本构造

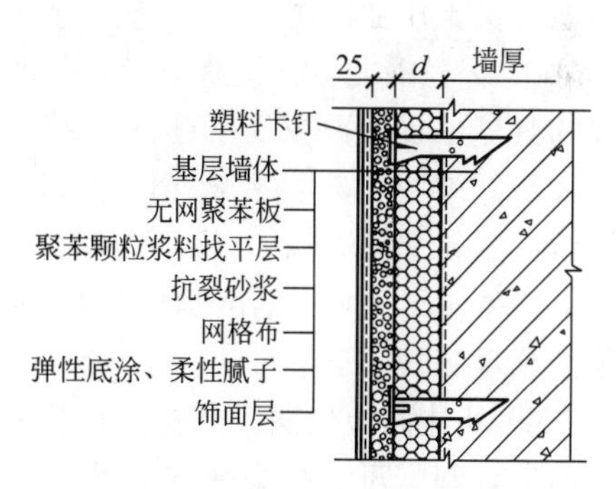

图 3-31　现浇混凝土复合无网聚苯板聚苯颗粒外墙外保温技术的基本构造

(4) 现浇混凝土复合 EPS 钢丝网架外保温系统　用于现浇混凝土基层，以 EPS 单面钢丝网架板为保温材料，在现场浇灌混凝土时将 EPS 单面钢丝网架板置于外模板内侧，保温材料与基层一次浇注成型，钢丝网架板表面抹聚合物水泥砂浆并可粘贴面砖材料的外墙外保温系统。

现浇混凝土复合有网聚苯板聚苯颗粒外墙外保温技术采用有网聚苯板与混凝土一次浇注成型，配套使用胶粉聚苯颗粒保温浆料阻断聚苯板斜插丝的热桥，提高有网聚苯板的保温效果。面层用抗裂砂浆网格布做法提高装饰面层的抗裂性能和抗震能力。饰面层做法主要有涂料做法和面砖做法。

(5) 硬泡聚氨酯保温系统　用聚氨酯现场发泡工艺将聚氨酯保温材料喷涂于基层墙面上，聚氨酯保温材料面层用轻质找平材料进行找平，饰面层可采用涂料和面砖等进行装饰。

聚氨酯现场喷涂外墙外保温技术的基本构造如图 3-32 所示。

(6) 岩棉板保温系统　以岩棉为主作为外墙材料与混凝土一次浇注成型或采取钢丝网架机械锚固件进行锚固，耐火等级高。岩棉外墙外保温技术采用钢丝网和锚固件将岩棉板固定

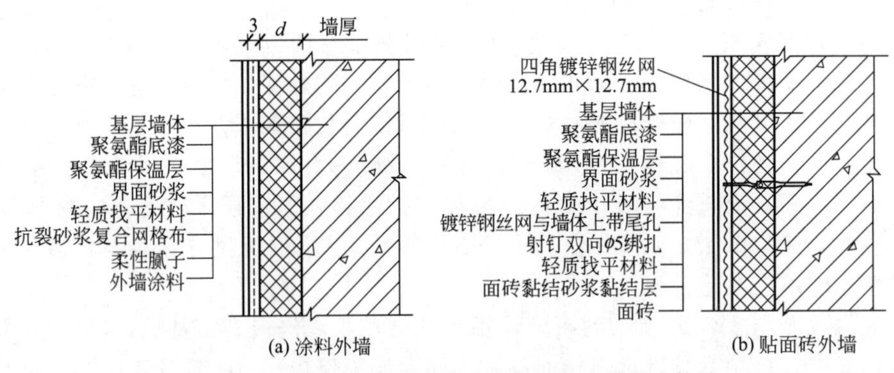

图 3-32　聚氨酯现场喷涂外墙外保温技术的基本构造

在基层墙面上，其配套使用的聚苯颗粒浆料能提高岩棉板面层的强度，可弥补岩棉板施工形成的孔洞以及墙体边角缺陷，同时作为岩棉板表面整体找平材料，提高保温效果。

（7）外挂预制复合保温板系统　本系统分为两种：一种采用轻钢龙骨通过可调节支架做骨架固定于基层墙体，外挂面板分带保温和不带保温，不带保温板内提前粘贴保温隔热材料；另一种采用经现场粘贴（辅以钉扣）直接将外挂保温板固定于基层墙体。饰面可预制或后做，属于作业法施工。

① 带轻钢龙骨保温板系统。墙面调节支架、龙骨，应根据窗洞口、阳台、板面伸缩缝等的具体位置和面板规格进行布置，龙骨横竖间距不得超过 1200mm。面板也可采用两种：一种是纤维增强硅酸钙板（代号 M1）；另一种是水泥加压平板（代号 M2）。纤维增强硅酸钙板用于首层厚 8mm，用于两层以上厚 6mm。水泥加压平板用于首层厚 7mm，用于两层以上厚 6mm。也可以用其他适合的面板，由个体工程设计说明。保温材料可以是聚苯板或硬泡聚氨酯板。

② 外挂面板做法。外挂面板尺寸不宜超过 1200mm×1200mm。后做饰面层做法：清理板面后，刮腻子并打磨平整，然后均匀涂刷封闭涂料，待封闭涂料干透后，再均匀涂刷两遍弹性涂料。

装配式预制外保温系统板缝需采用相应保温材料进行密封，表面应嵌耐候性能好的如硅酮耐候密封胶材料，满足防水及防裂要求。

（8）预制墙体保温系统　预制墙体保温系统是一种新型的外墙外保温施工技术。工厂化预制生产的各种保温幕墙板，采用配套的机械连接构件，现场进行装配化安装。形成外墙外保温系统。

预制墙体保温系统与其他墙体保温系统相比：采用工业化过程进行生产，产品质量能够得到严格的控制；减少了现场的湿作业；减少了大量的施工环节，缩短了施工工期；避免了施工过程中的环境污染以及噪声污染，符合绿色文明施工要求，具有显著的优点。预制保温系统施工不受季节及气候影响，在北方地区能够进行冬季施工，特别是在既有的建筑节能改造方面，预制墙体保温系统更显示出优势，即能够适应各种既有建筑的基层墙面，不必对原有基层墙面进行复杂的清除处理。预制墙体保温系统采取机械连接方式，固定在既有建筑外侧，还能够部分达到改造既有建筑外观面貌的目的。

预制墙体保温系统目前在国内的生产和应用刚刚开始。各种产品系统在结构构造、施工环节、性能特点以及造价上有较大的区别，还需在进一步的推广和应用过程中逐步成熟和完善，以满足各种环境条件下的建筑节能要求。

2. 墙体隔热基本措施

墙体隔热的任务就是在相同强度的太阳辐射下，尽量降低墙体表面的温度，从而减少向室内的传热。宜采取以下措施。

① 墙面做浅色且平滑，增加反射，减少围护结构对太阳辐射热的吸收。

② 对墙面做垂直绿化是降低墙面太阳辐射的好措施，而且还美化环境。

二、墙体的节能措施

围护结构的节能主要是依靠提高结构的保温隔热性能来实现。保温隔热性能的提高能改善房屋建筑的室内热环境和降低空调（供暖与制冷）使用能耗，而保温隔热措施的应用还有利于主体结构保护、新型墙体材料推广以及建设工程质量提高。

节能装饰承重砌块的应用如下所述。

① 310 节能砌块是集承重、保温、装饰于一体的新型墙体材料。

② 310 节能砌块的主要规格为 390mm×310mm×190mm，其主要原料为沙子、水泥、石子、聚苯板、金属拉钩和无机颜料，从功能上分为内叶承重部分、外叶装饰部分和中间保温部分，有金属连接件将这三部分连接为一体。

③ 从排砖上讲它和传统的混凝土小型空心砌块没有根本区别，它遵循的排砖原则为对孔错缝。310 节能砌块的模数一般为 2M 和 4M，也就是说建筑物从轴线到轴线为偶数，轴线到洞口边为奇数，窗间墙为偶数，竖向涉及砌块部分为偶数，门窗洞口水平、竖向尺寸为偶数。如果建筑物为混水墙时，那么水平和竖向尺寸也可以为奇数，但不能出现小于 100mm 的尺寸，并且在连续的阴阳转角处为偶数，在建筑物水平和竖向尺寸出现奇数时用户选用厂家生产的七分头块或 90 高砌块进行调节，七分头的砌筑部位应在没有芯柱的位置。

任务六　绿色墙体材料的发展方向和途径

一、我国墙体材料发展的现状

新型墙体材料是集轻质、高强、节能为一体的绿色高性能墙体材料，它可以很好地解决墙体材料生产和应用中资源、能源、环境协调发展的问题，是我国墙体材料发展的方向。近年来我国新型墙体材料发展迅速，取得了可喜的成绩。

二、配筋砌体发展迅速

配筋砌体是近几十年来在无筋砌体的基础上发展起来的一种强度高、延性好、抗震性能好、施工方便、造价较低的新型结构体系，目前在欧美发达国家已得到较广泛的应用。我国对设置构造柱和圈梁的约束砌体进行了一系列的试验研究，其成果列入了我国的抗震设计规范。研究结果表明，中高层配筋砌块建筑具有很好的社会效益和经济效益。

国内外工程实践和研究结果表明：配筋砌体结构具有强度高、良好的延性和抗震性能，良好的隔音能力和很高的耐火能力，可以改善传热性能且具有良好的经济指标。此外，配筋砌体结构施工方法简便，工艺技术可行，能在相同的荷载作用下有效减少结构配筋量，墙体无须使用模板，劳动强度大大降低。因此，配筋砌体是混凝土小型空心砌块应用发展的新趋势，它具有广阔的发展前景。在此基础上，中高层配筋砌体结构也发展迅速，通过在砖墙中加大加密构造柱形成强约束砌体建造了8～9层上百万平方米的中高层建筑结构。此外，配筋混凝土砌块在中、高层建筑中的应用也得到了发展。

三、墙体材料朝高性能化发展

高性能是指墙体材料具有自重轻、强度高、防火、防震、隔音性能好、保温隔热、装配化施工、机械加工性能好、防虫防蛀等多种功能，而外墙材料与内墙材料具有相同的功能要求，如：①外墙材料要求轻质、高强、高抗冲击、防火、抗震、保温、隔声、抗渗、美观等；②内墙材料要求轻质、有一定的强度、抗冲击、防火、隔声、杀菌、防霉、无放射性、作灵活隔断安装与易拆卸等。我国目前主要应用的高性能绿色墙体材料包括以下几种。

（1）新型泰柏板、3E轻质墙板等。具有重量轻、防火、防震、隔热、强度高、施工速度快、劳动强度低、对环境的污染少等优点，并且可利用工业废料，节约能源和资源，降低原料成本，既可用于室外墙体又能应用于室内墙体。

（2）加气混凝土砌块条板。具有容重小、热导率低、耐水性好、易加工等特点，但其抗冻性与抗风化性不如普通混凝土，用于外墙时应经一定的增水处理。

（3）混凝土空心砌块、加气混凝土砌块。具有重量轻、防火、隔热，施工速度快、劳动强度低，对环境的污染少等特点。

（4）压缩纤维增强水泥板与硅酸钙板。硅酸钙板与压缩纤维增强水泥板的主要差别在于前者的容重低、热导率低、可加工性更好等。

（5）蒸压灰砂砖。其主要生产规格为240mm×115mm×53mm，灰砂制品的主要特点是强度高、耐水性好、干缩率低、外表美观。

目前，我国墙体材料研发的重点在墙体材料的高性能化、墙体材料的系列化及材料的装配性和复合化，注重保温隔热、阻燃防火、杀菌除臭、调湿、隔音消声等功能。要保证墙体材料的高性能，首先要解决基础板材的构造、材质、生产技术及规模化、工艺装备的配套化和自动化；其次要解决板材的复合，包括功能复合和材质复合；另外还有轻质、超轻质发泡、空心、复合砌块的系列化和规格化，并使之具有装饰、保湿、隔热、呼吸、自修复、抗菌等功能。

四、墙体材料的绿色化

1. 绿色墙体材料的含义

绿色材料是绿色建筑、生态建筑发展的基础。所谓绿色墙材，是指在其生产和使用过程中具有以下特性。

① 节约资源和能耗：不毁地（田）取土作原料，所用原材料尽可能少用甚至不用天然资源，而多用甚至全部使用工业、农业或其他废弃物，其产品节约资源，节约生产能耗和使用能耗。

② 清洁生产：在其生产过程中不排放或极少排放废渣、废水、废气等对人类和环境有害的物质，减少噪声，且生产自动化程度较高。

③ 循环再生利用：到达其使用寿命后，可作为再生资源加以循环利用，这样既不污染环境，又能节省自然资源。

目前，市场上的煤矸石墙材、工业磷石膏墙材、水泥基珍珠岩轻质墙板等均为绿色墙体材料。

2. 发展绿色墙体材料的途径

从可持续发展的观点出发，绿色墙体材料的生产和自然资源是密切相关的。

① 政府应限制并逐步禁止高能耗、高资源消耗、高污染、低效益的墙体材料生产，鼓励开发、生产和推广应用新型高性能绿色墙材。

②利用工业废渣生产绿色墙体材料。目前我国每年工业废渣排放量已达7亿吨左右，是世界上第三大粉煤灰生产国，高炉矿渣都可以利用来生产墙体材料。据估算，若用工业废液代替黏土制造相当于1000亿块实心黏土砖的新型墙体材料，这些墙体材料价格低、容重小、质轻、防火性好、可调节室内空气湿度、机械加工性能好，其社会效益、经济效益和综合效益是很明显的。并可改善墙体的隔热、保温性能与抗震性能。利用工业废渣代替部分或全部天然资源生产的绿色墙体材料，有利于节约资源、降低墙体材料的成本，这是发展绿色墙材的重要途径。

③ 利用农业废弃物生产墙体材料。我国是农业大国，用农业废弃物代替木质纤维制造人造板，这类板材具有原料来源广、生产能耗低、自重小、热导率不大、防水、防蛀、防腐和可加工性好等特点，可用于二、三级耐火建筑物的隔墙板或外墙板。用农业废弃物代替部分或全部天然资源生产新型墙材，有利于保护山林，节省自然资源，减少废气排放，保护生态环境，变废为宝，符合可持续发展的理念。

④ 利用建筑垃圾生产墙体材料。随着我国城市化进程的加快，建筑业也得到了空前的发展，建筑垃圾也日益增多。建筑垃圾大部分为固体废弃物，其中大多可以作为再生资源重新利用。我国建筑垃圾用于墙体材料成功开发了一些产品，如利用废砖和废混凝土块制成混凝土砌块砖、花格砖等轻质砌块。这种砌块强度高、变化性强，可根据需要设计成各种形状和颜色的装饰条块。各项性能指标均能满足国家标准对产品质量的要求，可广泛应用于建筑物、构筑物的承重部位，具有极大的经济、环境和社会效益。

⑤ 大力研发和推广复合墙板。采用矿渣空心砖、灰砂砌块、混凝土空心砌块中的任何一种与绝热材料相复合，既满足建筑节能保温隔热要求，又满足外墙防水、强度的技术要求，如钢丝网水泥夹芯板、装配式复合大板等，墙板的自重、强度及保温、隔热、隔音效果大大改善，应用效果较好。其工程实践表明用于装配式复合大板建筑有着优越的结构技术性能、使用性能和良好的发展基础。因此，复合墙体材料也是今后的发展方向，我们应大力推广复合墙板，并进一步改善和完善其生产的配套技术。

五、结语

随着我国经济建设的高速发展，特别是城市化进程的加快，国家已经开始重视人们所生存的环境，意识到节约能源和资源的重要性，这为新型墙体材料发展提供了良好的机遇和带来了新的挑战。新型绿色墙体材料充分利用废弃物，减少环境污染，节约能源和自然资源，保护生态环境和保证人类社会的可持续发展，具有良好的经济效益、社会效益和环境效益。绿色高性能墙体材料是今后我国墙体材料的发展方向。因此，应合理利用资源，使绿色墙体材料向纵深方向发展，不断开发多功能的新型绿色墙体材料，使产品系列化与配套化，提高能源、资源的综合利用率，提高绿色墙材的生产技术水平和绿色化程度，使墙体材料向大型化、高强化、轻质化、配筋化、节能化和多功能化的绿色高性能方向发展。

能力训练题

一、基础考核

(一)填空题

1. 墙体按受力情况分为（　　）和（　　）两类。

2. 圈梁的作用可提高（　　　），增强（　　　），减少（　　　　　）。

3. 构造柱最小截面尺寸为（　　），钢筋采用（　　），构造柱与墙之间沿墙每（　　）高设拉结钢筋（　　），每边伸入墙内不少于（　　）。马牙槎尺寸为（　　）。

4. 防潮层种类有（　　　）、（　　　）、（　　　）。水平防潮层设在（　　　）。垂直防潮层设在内墙（　　　）。

5. 散水宽一般（　　　），若有挑檐应比自由落水檐口宽出（　　　），坡度（　　）。

(二)判断题

1. 砖墙是脆性材料，在地震区房屋的破坏程度随着层数增多而加重。（　　）

2. 自承重墙属于非承重墙。（　　）

3. 砖混结构应层层设置圈梁。（　　）

4. 构造柱下有独立基础。（　　）

(三)单选题

1. 钢筋混凝土过梁的长度应为洞口宽＋（　　）mm。

A. 20　　B. 60　　C. 240　　D. 500

2. 墙脚采用（　　）的材料可不设防潮层。

①黏土砖；②砌砖；③天然石材；④混凝土

A. ①，③，④　　B. ②，③，④　　C. ①，②，④　　D. ③，④

3. 构造柱的最小截面尺寸为（　　）。

A. 240mm×240mm　　B. 240mm×370mm

C. 240mm×180mm　　D. 370mm×370mm

4. 勒脚是墙身接近室外地面的部分，常用的材料为（　　）。

A. 混合砂浆　　B. 水泥砂浆　　C. 纸筋灰　　D. 膨胀珍珠岩

5. 对于有抗震要求的建筑，其墙身水平防潮层不宜采用（　　）。

A. 防水砂浆　　B. 细石混凝土（配 3Φ6）

C. 防水卷材　　D. 圈梁

6. 圈梁遇洞口中断，所设的附加圈梁与原圈梁（两梁的中心距为 H）的搭接长度应满足（　　）。

A. ≤$2H$ 且≤1000mm　　B. ≤$4H$ 且≤1500mm

C. ≥$2H$ 且≥1000mm　　D. ≥$4H$ 且≥1500mm

7. 下列哪种做法不是墙体的加固做法？（　　）

A. 当墙体长度超过一定限度时，在墙体局部位置增设壁柱。

B. 增设圈梁。

C. 设置钢筋混凝土构造柱。

D. 在墙体适当位置用砌块砌筑。

8. 散水的构造做法，下列（　　）是不正确的。

A. 在素土夯实上做60～100mm厚混凝土，其上再做5%的水泥砂浆抹面

B. 散水宽度一般为600～1000mm

C. 散水与墙体之间应整体连接，防止开裂

D. 散水宽度比采用自由落水的屋顶檐口宽出200mm左右

（四）简答题

1. 墙身防潮层的作用是什么？位置如何？有几种做法？在什么条件下需要设垂直防潮层？其做法是哪些？

2. 构造柱的作用、位置、做法分别是什么？

3. 圈梁的作用有哪些？设置位置如何？

二、联系实际

1. 绘制所在学校教学楼的勒脚。

2. 绘制所在学校教学楼的窗台。

3. 绘制某一个工程实例的墙身节点大样图。

三、链接执业考试

（2016年二级建造师考题）关于有抗震设防要求砌体结构房屋构造柱的说法，正确的是（　　）。

A. 房屋四角构造柱的截面应适当减小

B. 构造柱上下端箍筋间距应适当加密

C. 构造柱的纵向钢筋应放置在圈梁纵向钢筋外侧

D. 横墙内的构造柱间距宜大于两倍层高

项目四 楼地层

学习目标

1. 了解装配整体式钢筋混凝土楼板的构造特点；了解楼板的隔音要求；了解楼地层的现状及发展方向。

2. 理解装配式钢筋混凝土楼板的构造特点，理解楼面排水和楼板防水的构造要求；理解顶棚的构造特点；理解阳台和雨篷的类型及构造特点。

3. 掌握钢筋混凝土楼地层的组成与构造；掌握现浇整体式钢筋混凝土楼板的结构类型与构造特点；掌握常见民用建筑的楼地面装修构造。

能力目标

1. 能解释并理解相关名词。

2. 能读懂并理解施工图中楼地层的设计。

任务一 楼地层的基本构成及其分类

一、楼地层的组成与构造

楼地层包括楼板层和地层。楼板层是建筑物中用来分隔空间的水平构件，它沿着竖向将建筑物分隔成若干层；地层大多直接与地基相连，有时分割地下室。楼地层也是房屋主要的水平承重构件和水平支撑构件，它将荷载传递到墙、柱、墩、基础或地基上，同时又对墙体起着水平支撑作用，以减少水平风力和地震水平荷载对墙面的作用。

1. 楼板层的组成

楼板层通常由面层、结构层、顶棚三部分组成。为了满足不同的使用要求，可依据具体情况增设附加层，如找平层、结合层、防潮层、保温层、管道敷设层等，如图 4-1 所示。

(1) 面层　又称楼面，是楼板层最上面的构造层，是人们直接接触的部位，对下面的结构层起着保护作用，使结构层免受损坏，同时，也起装饰室内的作用，保证室内使用条件。面层应坚固、耐磨、平整、光洁、不易起尘，且应有较好的蓄热性和弹性。特殊功能的房间还要符合特殊的要求。根据各房间的功能要求不同，面层会有多种不同的做法，如水泥砂浆地面、石板地面、木地面等。

(2) 结构层　结构层位于面层和顶棚层之间，是楼板层的承重部分。结构层承受楼板层的全部荷载，并对楼板层的隔音、防火等起主要的作用。结构层包括板、梁等构件。按其材料不同有钢筋混凝土楼板、木楼板、压型钢板组合楼板等形式。

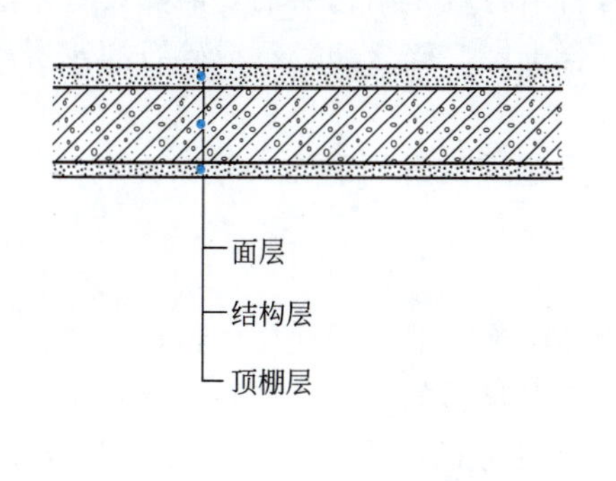

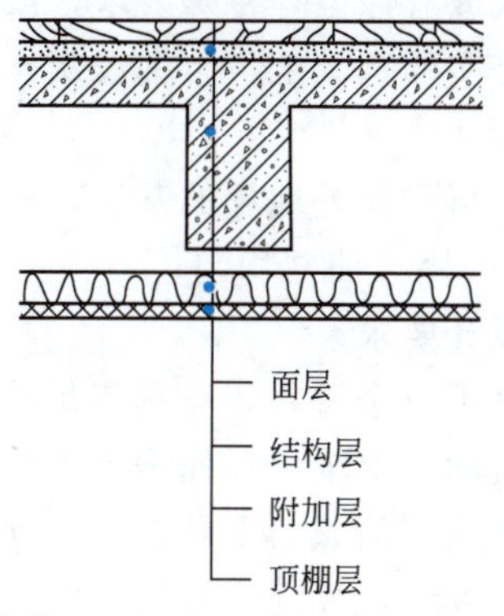

图 4-1　楼板层的组成

（3）顶棚层　又称天棚、天花板，是楼板层的最下面部分，是下表面的构造层，也是室内空间上部的装修层。顶棚的主要功能是保护楼板、安装灯具、遮掩各种水平管线和室内装修。在构造上可分直接式顶棚和吊顶棚等多种形式。

（4）附加层　附加层又称功能层，根据使用功能的要求不同可设置在结构层的上部或下部，主要有管线敷设层、隔音层、防水层、保温或隔热层等。

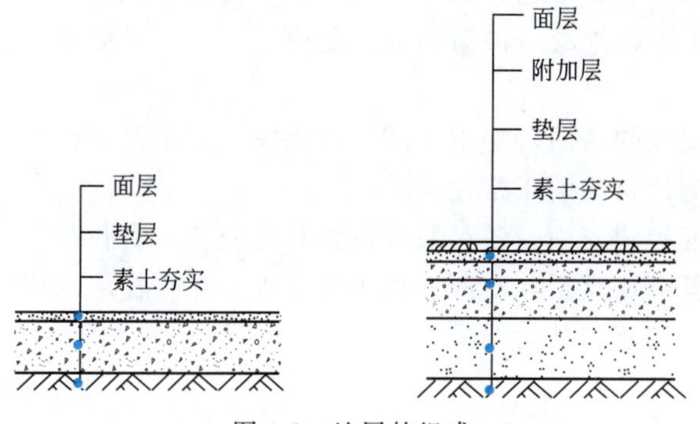

图 4-2　地层的组成

2. 地层的组成

地层也称地坪，是指建筑物底层与土壤相接触的水平结构部分。它由面层、垫层和基层构成。对有特殊要求的地坪，常在面层和垫层之间增设一些附加层，如图 4-2 所示。

（1）面层　又称地面，是地层上表面的构造层，也是室内空间下部的装修层，起着保护室内使用条件和装饰室内的作用。

（2）垫层　垫层是地坪的结构层。垫层承受地面荷载并将其均匀地传递给夯实的地基。垫层又分为刚性垫层和非刚性垫层两种。垫层通常采用 C10 混凝土、厚度 60～100mm。混凝土垫层为刚性垫层。在北方少雨地区也可用灰土、三合土等非刚性垫层，如表 4-1 所示。

表 4-1　垫层最小厚度

垫层名称	材料强度等级或配合比	厚度/mm
混凝土	≥C10	60
三合土	1∶3∶6(熟化石灰∶砂∶碎砖)	70～120
灰土	3∶7或2∶8(熟化石灰∶黏性土)	100
砂、炉渣、碎(卵)石		50～70
碎石灌浆		80～100
矿渣		80

注：表中熟化石灰可用粉煤灰、电石渣等代替，砂可用炉渣代替，碎砖可用碎石、矿渣、炉渣等代替。

（3）基层　基层多为垫层与地基之间的找平层或填充层，主要起加强地基、辅助结构层传递荷载的作用。对地基条件较好且室内荷载不大的建筑，一般可不设基层。当建筑标准较高或地面荷载较大或有保温等特殊要求，或面层材料本身就是结构层的，需要设置基层。基层通常是在素土夯实的基础上，再铺设灰土层、三合土层、碎（卵）石或碎石灌浆层等，以加强地基。

素土夯实层也可看作是地坪的基层，材料为不含杂质的砂石黏土，通常是将300mm的素土夯实成200mm厚，使之均匀传力。

3. 楼地层的设计要求

（1）楼地层必须安全可靠，应具有足够的强度和刚度　对于楼地层的设计，首先要求楼地层能满足坚固方面的要求。任何房屋的楼地层均应有足够的强度，能够承受自重的同时又能承受不同要求的使用荷载而不致损坏。同时还应有足够的刚度，在设计使用荷载作用下，不超过规定的挠度变形，保证房屋整体的稳定性。

（2）楼地层应具有一定的隔音能力　楼板的隔音包括隔绝固体传声和空气传声，其中以隔绝固体传声为主，可以采用空心楼板、多层构件铺垫焦渣等材料来达到隔音要求。

（3）楼地层应满足防火和热工要求　地面铺层材料要注意避免采用蓄热系数过小的材料，以免冬季容易传导人们足部的热量，使人体感到不适。在采暖建筑中，在地板、阁楼屋面等处设置保温隔热材料，尽量减少热量散失。楼地层应注意防火、防腐、防蛀，最终达到坚固、持久、耐用的目的。

（4）楼地层的防潮、防水要求　对有水侵袭的房间，如卫生间、淋浴室、厨房等，楼板要有防潮、防水能力，防止因水的渗漏而影响建筑物的正常使用。

（5）楼地层应宜于各种管线的敷设　在现代建筑中，各种服务设施日趋完善，有各种管道、线路将借楼板层来敷设，为保证室内布置更加灵活，空间使用更加合理，在楼板层的设计中，必须仔细考虑各种管线的布置走向，有利于各种管线的设置。

二、楼地层的分类

根据承重构件主要用料，楼地层可分为木楼地层、钢筋混凝土楼层或混凝土地层、钢楼板层等。木楼板是我国的传统做法，采用木梁承重，上做木地板，目前已很少采用。钢筋混凝土楼板是目前我国房屋建筑中广泛采用的一种楼板形式，它强度高、刚度大、耐久性和耐火性好、具有良好的可塑性、便于工业化生产和施工，本项目主要介绍钢筋混凝土楼板的主要类型和构造形式。压型钢板组合楼板是钢楼板层的一种常见形式，是在钢筋混凝土楼板基础上发展起来的，这种组合体系是利用凹凸相间的压型薄钢板作衬板，与混凝土浇筑在一起而形成的钢衬板组合楼板，提高了楼板的刚度和强度，加快了施工进度，近年来，随着我国经济的发展，主要用于大空间、高层民用建筑和大跨度工业厂房中。

任务二　钢筋混凝土楼板

钢筋混凝土楼板根据其施工方式的不同，可分为现浇整体式钢筋混凝土楼板、预制装配式钢筋混凝土楼板和装配整体式钢筋混凝土楼板三种。

一、现浇整体式钢筋混凝土楼板

现浇整体式钢筋混凝土楼板是在施工现场将整个楼板浇筑成整体，即在施工现场经支模、扎筋、浇灌混凝土、养护等施工程序而成型的楼板结构。由于是现场整体浇筑成型，结构整体性能良好，刚度大，有利于抗震，且制作灵活，适合于整体性要求较高、平面形式不规则、尺寸不符合模数或管道穿越较多的楼面。随着我国经济的发展，高层建筑的日益增多，施工技术的不断革新以及混凝土搅拌运输车的广泛使用，现浇整体式钢筋混凝土楼板的应用在我国已较广泛。

现浇整体式钢筋混凝土楼板按结构类型可分为板式楼板、梁板式楼板、无梁楼板、压型钢板组合式楼板、新型楼板等。

1. 板式楼板

当跨度不大时（一般在 2～3m 之间），将楼板现浇成一块平板，并直接支撑在墙上，楼板上的荷载通过楼板直接传给墙体，这种楼板称为板式楼板。板式楼板底面平整，便于支模施工，是最简单的一种形式，平面尺寸较小的房间（如混合结构住宅中的楼板或混合结构住宅中的厕所、厨房）以及走廊多采用这种形式的楼板。

2. 梁板式楼板（或肋梁楼板）

对于平面尺寸较大的房间，若仍采用板式楼板，会因板跨较大而需要增加板厚。这不仅使材料用量增多，板的自重加大，而且使板的自重在楼板荷载中所占的比重增加。为使楼板结构的受力与传力以及经济上较为合理，应采取措施控制板的跨度。通常可在板下设梁以增加板的支点，从而减小了板的跨度和板内配筋，这种情况下可采用梁板式楼板，这种由板和梁组成的楼板称为梁板式楼板。

梁有主梁与次梁之分。梁板式楼板一般由板、次梁、主梁组成，如图 4-3 所示，板、次梁、主梁现浇而成，主梁搁置在墙上或端部与柱整浇在一起，次梁支撑在主梁上，板支撑在次梁上，这样楼板上的荷载先由板传给梁，再由梁传给墙或柱。有时，钢筋混凝土结构由于功能和使用上的要求等，也可用反梁，即板在梁下相连。

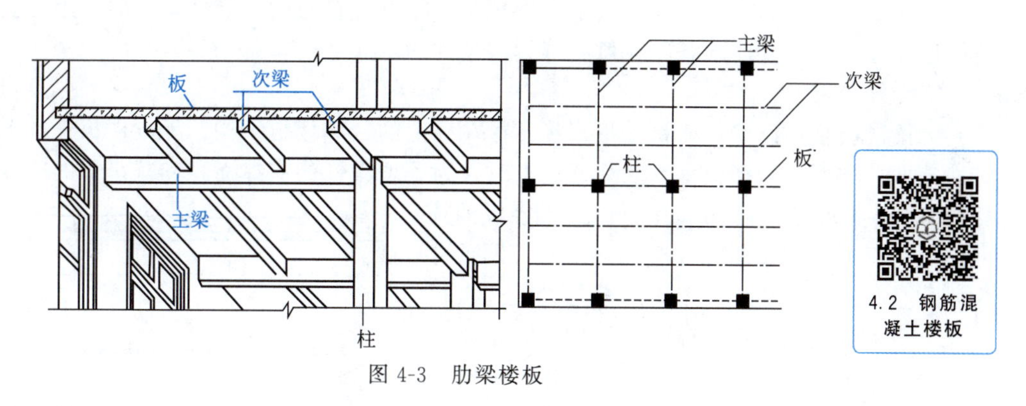

图 4-3 肋梁楼板

梁板式楼板依据受力和支撑情况的不同，又分为单向板肋梁楼板和双向板肋梁楼板。

（1）单向板与双向板 在板的受力和传力过程中，板的长边尺寸 l_{02} 与短边尺寸 l_{01} 的比值大小，对板的受力特性影响较大。当 $l_{02}/l_{01} \geqslant 3$ 时，在荷载作用下，楼板只在短边 l_{01} 方向弯曲，即荷载主要沿短跨方向传递，可忽略荷载沿长跨方向的传递，此类板称为单向板。当 $l_{02}/l_{01} \leqslant 2$ 时，楼板在两个跨度方向都弯曲，即荷载沿两个方向传递，此类板称为双向板。当 $2 < l_{02}/l_{01} < 3$ 时，可按单向板设计，但应增加沿长跨方向的构造配筋。

（2）楼板的结构布置 梁板式楼板通常在纵横两个方向都设置梁。主梁和次梁的布置应整齐有规律，并应考虑建筑物的使用要求、房间的大小形状以及荷载作用情况等。一般主梁沿房间短跨方向布置，次梁则垂直于主梁布置。

在结构布置中，还应考虑经济合理性。单向板肋梁楼板主梁支撑在柱上，主梁的经济跨度为5～8m，梁的高度为跨度的1/15～1/8。次梁跨度一般为4～6m，梁高为跨度的1/18～1/12。梁的宽与高之比一般为1/3～1/2。板的跨度一般为1.7～2.5m，板的厚度根据施工和使用要求不同，一般单向板应满足$h \geqslant 60$mm，尚应不小于跨度的1/40（连续板）、1/35（简支板）以及1/12（悬臂板）；双向板应满足$h \geqslant 80$mm，板厚尚应不小于短跨跨长的1/50（连续板）、1/45（简支板）。

（3）井式楼板　对平面尺寸较大，且平面形状为方形或接近于方形的房间或门厅，可将两个方向的梁等间距布置，并采用相同的梁高，梁不分主次，从而形成一种特殊的布置形式，梁相交呈井字形，形成井字形梁，这种楼板称为井式楼板。井式楼板是双向板肋梁楼板。如图4-4所示。

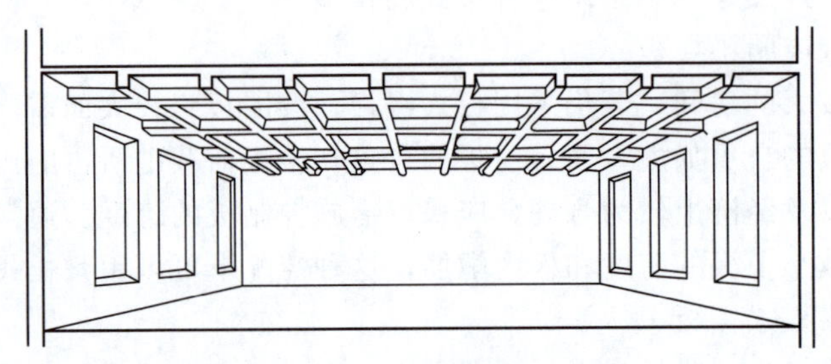

图4-4　井式楼板

井式楼板中板的跨度在3.5～6m之间，梁的跨度可达20～30m，梁的截面高度一般不小于梁跨的1/15，梁宽为梁高度的1/4～1/2，且不小于120mm。井式楼板的梁通常采用正交正放或正交斜放的布置方式，由于布置规整，故具有较好的装饰性，一般多用于公共建筑的门厅、大厅、会议厅、餐厅、舞厅等无需设柱的空间。

3. 无梁楼板

无梁楼板是不设梁，而将楼板直接支撑在柱上的一种楼板结构。无梁楼板分为无柱帽和有柱帽两种类型。当楼板承受的荷载很大时，为了增大柱的支撑面积和减小板的跨度，无梁楼板大多在柱顶设置柱帽和托板。无梁楼板的柱网通常为正方形或近似正方形，常用的柱网尺寸为6m左右，较为经济。无梁楼板与梁板式楼板相比，具有顶棚平整、室内净高大、采光通风好、施工简便等优点。无梁楼板多用于楼面荷载较大的商店、展览馆、仓库等建筑物中。如图4-5所示。

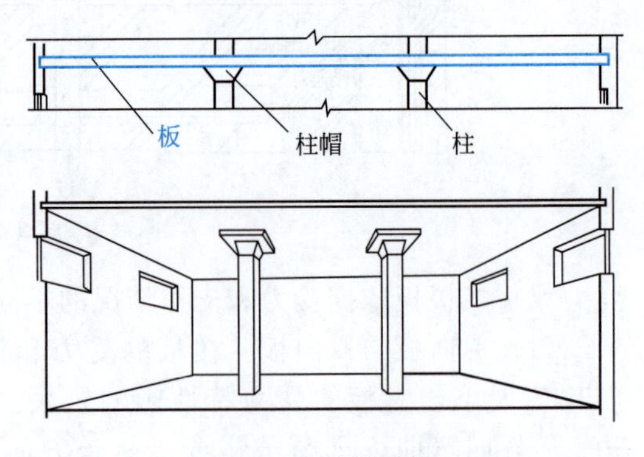

图4-5　无梁楼板

4. 压型钢板组合式楼板

压型钢板组合式楼板如图4-6所示。

5. 新型楼板

随着人们对建筑空间使用要求的多样化，大开间、大柱网建筑的应用需求越来越广。井字梁楼板、密肋楼板、现浇空心楼板等结构体系已经成熟，而且随着成套模壳模板体系的研制推广，这些结构体系也因施工简便可靠而得到广泛应用。

（1）现浇空心楼板　在密肋楼板的基础上，近年来国内大跨度楼板设计中出现了一种新结构体系——现浇钢筋混凝土空心楼板，是通过在传统的建筑结构形式中，将高强薄壁盒

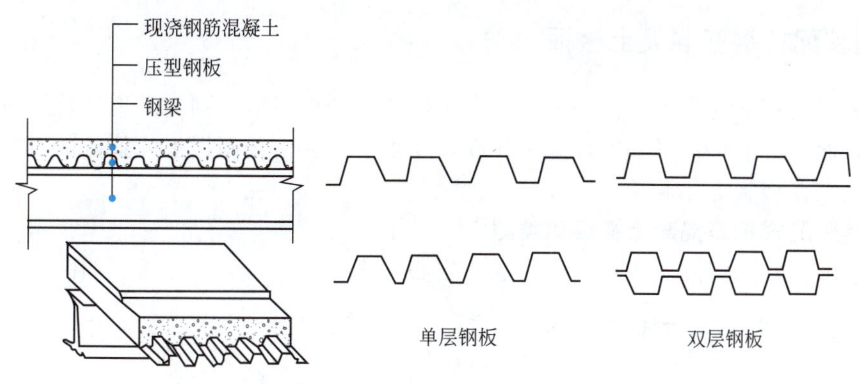

图 4-6　压型钢板组合式楼板

（管）等形式的内模埋入楼板内，并按一定方向排列，现场浇注成型，使原实心平板变成空心板，孔洞率可达 30%～40%，在 15m 跨度内现浇混凝土空心楼板结构技术可以达到不设任何明梁，造价与普通梁板基本持平。

（2）现浇钢筋混凝土夹芯楼板　其做法是在浇筑混凝土之前，将具有一定体积的轻质填充体按照一定的顺序、间距布置到楼板中，待混凝土浇筑之后即形成现浇钢筋混凝土夹芯板楼板。见图 4-7。

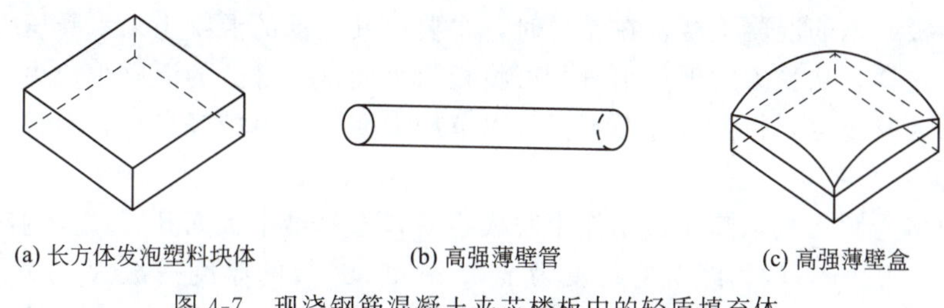

图 4-7　现浇钢筋混凝土夹芯楼板中的轻质填充体

（3）模壳型现浇钢筋混凝土楼板　该楼板（图 4-8）是较新型的现浇钢筋混凝土楼板，具体做法是在楼板层支模时，将预先设计好的模壳（通常为合成材料）按不同楼板层类型置于模板上，模壳之间形成的空隙部分由现浇钢筋混凝土与模壳整浇在一起而成为楼板层，因模壳形式不同（常用的有管形和箱形），可做成现浇钢筋混凝土空心楼板或现浇钢筋混凝土井格式、密肋式楼板层，由于模壳的采用，此种楼板层能充分发挥钢筋混凝土的性能，降低了自重，所以可适用较大的结构跨度，可达 20m 左右。其优点是节约了普通模板，施工较方便，缺点是结构层厚度偏大（房间净高偏小）、模壳增加了造价。

图 4-8　模壳型现浇钢筋混凝土楼板

二、预制装配式钢筋混凝土楼板

预制装配式钢筋混凝土楼板是将楼板在工厂预先制作好后，到施工现场装配而成。它能节省模板，促进工业化水平，加快施工速度，缩短工期。但预制楼板的整体性不好，不利于抗震，且不宜在楼板上穿洞。

1. 预制装配式钢筋混凝土楼板的类型

预制装配式钢筋混凝土楼板可分三类：实心平板、槽形板、空心板。如图 4-9 所示。

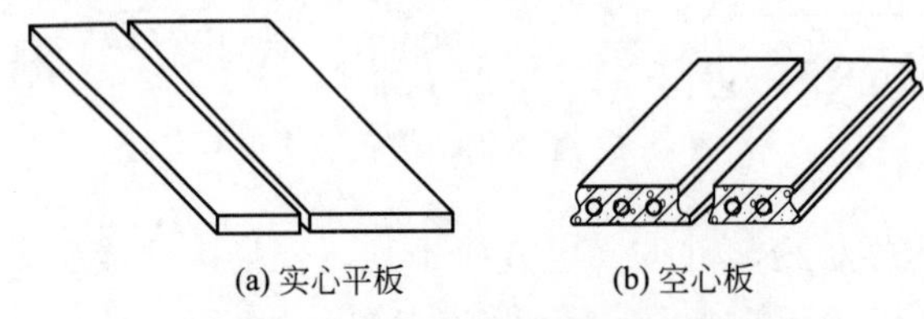

(a) 实心平板　(b) 空心板

图 4-9　预制装配式钢筋混凝土楼板

（1）实心平板　预制实心平板式楼板的宽度多为 500～1000mm，板的长度（即跨度）一般不超过 2.5m，板的厚度常用 50～80mm。实心平板式楼板的两端支撑在墙或梁上。板的上下表面平整，制作简单，构件小，易于安装，但板的跨度通常较小，一般用于走廊和跨度较小的房间，且板的隔音效果较差。

（2）空心板　钢筋混凝土楼板在受力时，主要由其上部的混凝土来承受压力，下部的钢筋承受拉力。这样，从受力的观点来看，可将板沿纵向这一部分的混凝土挖去，就形成了中部带孔的钢筋混凝土空心板。这样做不仅可以节约混凝土且可减轻自重，而且具有一定的隔音效果。

空心板中多为圆孔板，圆孔板制作中脱模容易，不易产生板面开裂，且刚度好。空心板板宽为 500～1200mm，较为经济的跨度为 2.4～4.2m，板的厚度一般为 110～240mm。空心板上下表面平整，节省材料，隔音、隔热性能好，是预制板中应用最广泛的一种类型。但空心板板面不能随意打洞，不能用于管道穿越较多的房间。

（3）槽形板　槽形板是由板和肋两部分组成，系梁板合一的槽形构件，常在板的两端设端肋与纵肋相连，跨度较大的板，还应在板的中部增设横肋。板宽为 600～1200mm，板跨为 3～7.2m，由于两侧有肋，则槽形板的板厚较小，一般为 30～35mm，肋高为 150～300mm。

2. 预制装配式钢筋混凝土楼板梁的断面形式

预制装配式钢筋混凝土楼板将板直接搁置在梁上，梁断面可制成矩形、锥形、T 形、十字形、花篮梁等形式。十字形或花篮梁可减少楼板所占的高度。梁的经济跨度为 5～9m。

3. 预制装配式钢筋混凝土楼板的细部构造

（1）板的结构布置　板的布置方式有两种：一种是将板直接搁置在承重纵墙或承重横墙上，为板式结构布置，多用于开间和进深都不大的住宅、宿舍、办公楼等建筑；另一种是将板搁置在梁上，梁支撑在墙或柱上，为梁板式布置，多用于教学楼、实验楼等较大空间的建筑物。

板的布置大多以房间短边为跨进行，狭长空间最好沿横向铺板。板的纵长边应靠墙布置，靠墙一侧的纵长边不应搁置在墙上，否则将形成三面支撑的板，与板的受力状态设计不符。对于板的选择，要受到空间大小、布板范围、经济合理等因素的制约，一般要求板的规格类型愈少愈好。若板的类型过多，则施工复杂且容易出错。

（2）板与墙、梁的连接　为保证结构的整体性，板与墙或梁应有可靠的连接。板在墙或梁上应有足够的搁置长度，在墙上不宜小于100mm，在梁上不宜小于80mm，对于抗震区，要求更加严格。

为使板与墙或梁有较好的连接，受力均匀，在板安装时，应先在墙或梁上铺设厚度不小于10mm的水泥砂浆，即坐浆。若采用的是多孔空心板，板孔的两端必须用砖块或混凝土填实，以防止板端在搁置处被压坏，也可避免板缝灌浆时混凝土会进入孔内。

（3）板缝的处理　预制板在铺设时，板与板相拼，之间会有缝隙存在，为加强楼板的整体性，板的侧缝内应用细石混凝土灌实。整体性要求较高时，可在板缝内配筋。板间侧缝的形式有V形缝、U形缝和槽形缝三种形式。当缝隙较小时，可调整增大房间板块之间的缝隙，必要时，应在缝隙内配筋；缝宽为60～120mm时，可将缝留在靠墙处沿墙挑砖填缝；当缝宽大于120mm时，必须另行现浇混凝土，并配置钢筋，形成现浇板带，此时，可将穿越楼板的管道设在现浇板带处；若缝隙大于200mm，则应重新选择板的规格。如图4-10所示为板缝的处理。

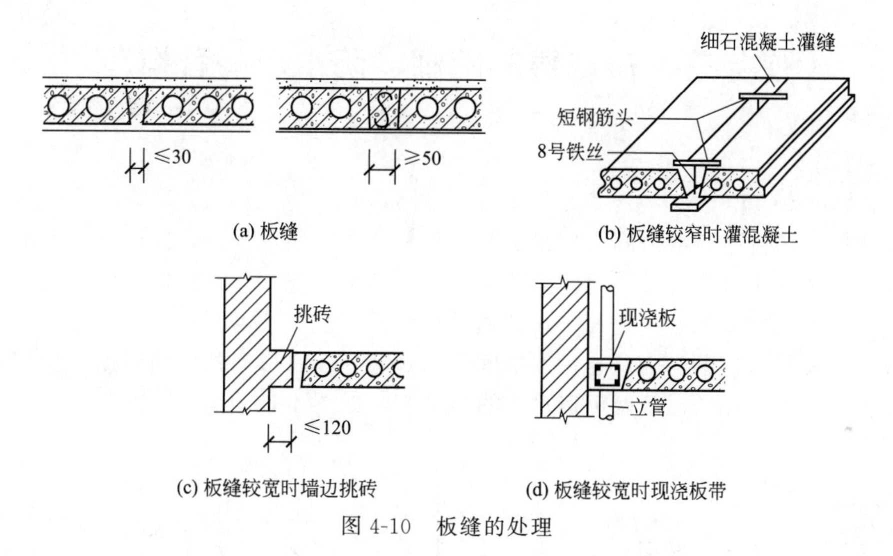

图4-10　板缝的处理

（4）预制板上设立隔墙的处理　当在预制钢筋混凝土板上设立隔墙时，宜采用轻质隔墙，并尽量避免使隔墙的重量完全由一块板承担。当隔墙与板跨平行时，通常将隔墙设置在两块板的接缝处、槽形板的纵肋上或在墙下设梁来支撑隔墙。当隔墙与板跨垂直时，应尽量将墙布置在楼板的支撑端；否则，应进行结构设计，在板面内加配构造钢筋。

三、装配整体式钢筋混凝土楼板

装配整体式钢筋混凝土楼板是将楼板中的部分构件预制，现场安装后，再浇筑混凝土面层而形成的整体楼板。这种楼板的整体性较预制楼板要好，与现浇楼板相比要节省模板，而且施工速度也较快，其最广泛的一种应用形式是叠合式楼板。

叠合式楼板是由预制薄板与现浇钢筋混凝土面层叠合而成的装配整体式楼板。叠合式楼板的钢筋混凝土薄板既是整个楼板的组成部分，也是现浇钢筋混凝土叠合层的永久性模板。为使预制薄板与现浇钢筋混凝土叠合层结合牢固，预制薄板的表面应做适当的处理，以加强两者的结合。预制薄板的表面处理通常有两种形式，一种是表面刻槽，另一种是板面上留出三角形结合钢筋。

叠合式楼板的跨度一般为4～6m，最大跨度可达9m，薄板的宽度一般为1.1～1.8m，薄板厚度通常为50～70mm，叠合楼板的总厚度一般为150～250mm，视板的跨度而定，以薄板厚度的两倍为宜。叠合式楼板的现浇混凝土叠合层内，配以少量的支座负弯矩钢筋，并可敷设水平设备管线。叠合楼板的预制薄板形式如图4-11所示。

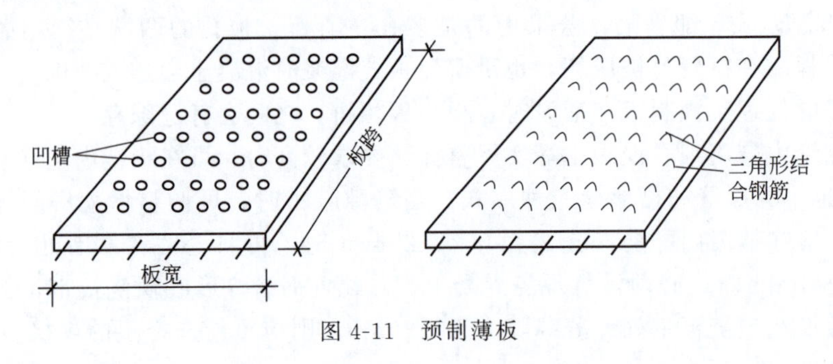

图4-11　预制薄板

任务三　楼地层的防潮、防水及隔音构造

一、楼面排水

由于厕所、盥洗室、淋浴间等用水房间内设置了各种用水设备，使得室内积水的机会较多，容易发生渗漏水现象，影响房间的正常使用，甚至会损坏建筑结构。楼面通畅的排水措施，能较好地解决此类问题。楼面排水的通常做法是将楼面按需要设置一定的坡度，一般为1%～1.5%，并设置地漏。为防止用水房间积水外溢，用水房间的地面应比其相邻房间或走道等地面低20～30mm，也可做阻挡水流的门槛等。如图4-12所示。

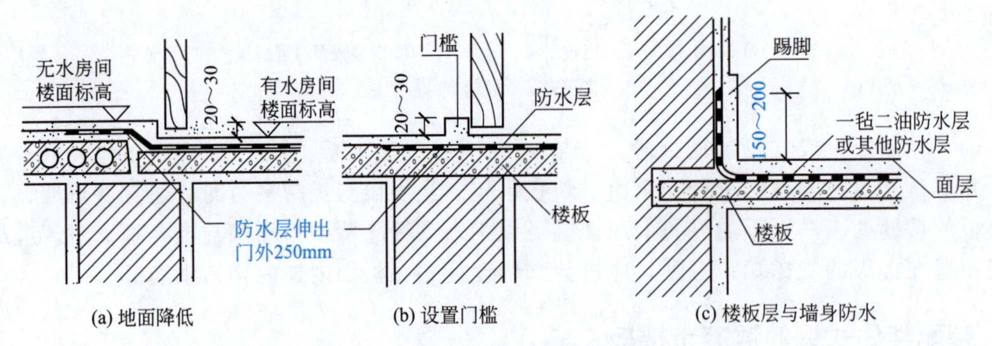

图4-12　用水房间楼板的排水与防水

二、楼板防水

楼板防水要考虑多种情况和多方面因素，现浇板是楼板防水的首选。当房间防水要求较高时，还需要在现浇板上设置一道防水层，如卷材防水层、防水砂浆防水层或防水涂料防水层等，然后再做楼板面层。为了防止水沿房间四周侵入墙身，应将防水层沿墙角处向上翻起成泛水，泛水高度一般高出楼面150～200mm，对淋水墙面如浴室等，可将泛水高度适当增

加。如图 4-12 所示。

当房间内有设备管穿过防水楼板时，必须做好防水密封处理。一般在管道穿过的楼板孔洞周围用 C20 干硬性细石混凝土捣实，再用防水涂料做密封处理。当热力管道穿过楼板时，还需增设防止温度变化引起的混凝土开裂的热力套管，保证热水管自由伸缩，套管应比楼面高 20～30mm 左右。

三、楼面隔音

噪声的传播途径有空气传声和固体传声两种。楼板的隔音包括对撞击声和空气声的隔绝性能。隔绝空气传声可采取使楼板密实、无裂缝等构造措施来达到。一般来说，达到楼板的空气声隔音标准不难，目前常用的钢筋混凝土材料具有较好的隔绝空气声性能。固体传声是通过固体振动传递的。据测定，厚 120mm 的钢筋混凝土空气隔声量在 48～50dB，如果再加上其他构造措施效果就更好，但 120mm 厚的钢筋混凝土对隔绝撞击声则显得不足。据测定，撞击声压级在 80dB 以上，远达不到要求。所以，楼板层隔音主要是针对固体传声。隔绝固体传声的方法有三种。

① 在楼板面铺设弹性面层。如铺设地毯、橡皮、塑料等。

② 在楼板下设置吊顶棚。

③ 设置弹性垫层，形成浮筑式楼板。在一些隔音要求较高的工程中，采用隔音垫、矿棉、玻璃棉做垫层的楼板，撞击声改善量可达 15～30dB。如图 4-13 所示。

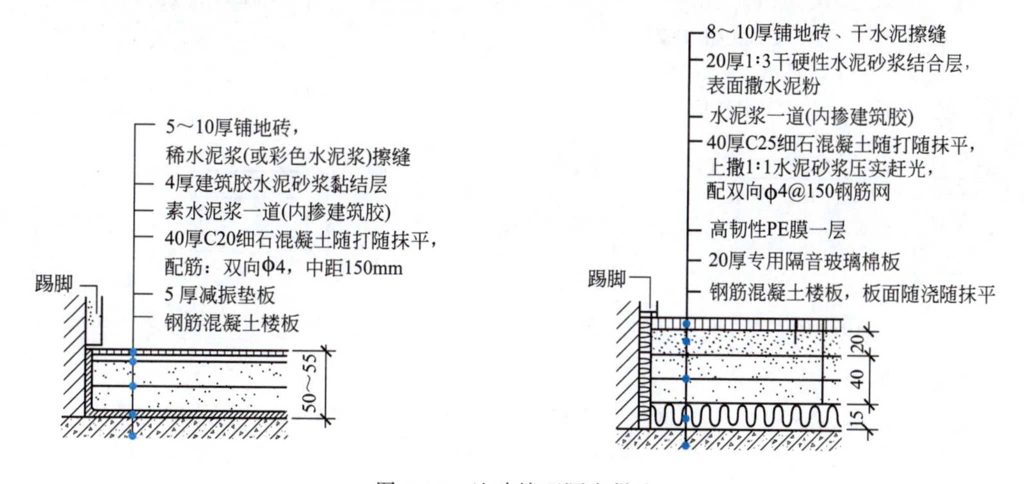

图 4-13　地砖楼面隔音做法

各项楼面隔音做法，均考虑钢筋混凝土楼面比较平整，可直接铺隔音减振垫层，若楼板平整度差，在铺设隔音减振垫层前，需做 1∶3 水泥砂浆找平层，厚度根据不平整度确定

任务四　楼地面装修

楼地面包括楼面和地面，是指楼板层和地坪层的面层。它们在设计要求和构造做法上基本相同，对室内装修而言，统称为地面。

楼地面的装修按其材料和做法不同可分为四大类：整体浇筑地面、板块地面、卷材地面和涂料地面。楼地面的装修应根据房间的使用要求和装修标准等加以选用。

一、整体浇筑地面

整体浇筑地面指用现场浇筑的方法做成的整片地面，包括水泥砂浆地面、细石混凝土地面、水磨石地面等现浇地面。水泥类整体面层需严格控制裂缝时，应在混凝土面层顶面下20mm处配置ϕ4～ϕ8@100～200mm的双向钢筋网；其下垫层及面层宜分仓浇筑或留缝。

1. 水泥砂浆地面

水泥砂浆地面即是用水泥砂浆抹压而成的整体浇筑地面。一般采用（1∶2）～（1∶2.5）的水泥砂浆抹光压平，厚度15～20mm，这是单层做法。为了减少由于水泥砂浆干缩而产生裂缝，提高地面的耐磨性，可采用双层做法，即先用1∶3水泥砂浆打底找平，厚度为15～20mm，再用（1∶1.5）～（1∶2.0）水泥砂浆抹面，厚为5～10mm。

水泥砂浆地面构造简单、坚固耐用、防水性好、造价低；但热导率较大，热工性能较差，易起尘、易产生凝结水，无弹性，且装饰效果较差，一般用于装修标准较低的建筑物中，如图4-14所示。

2. 细石混凝土地面

细石混凝土地面即在基层上刷素水泥浆结合层一道，然后铺30～40mm厚C20细石混凝土随打随抹光。此种地面强度高、干缩小、地面的整体性好，耐久性好，克服了水泥地面干缩大、易起灰等缺点。如图4-15所示。

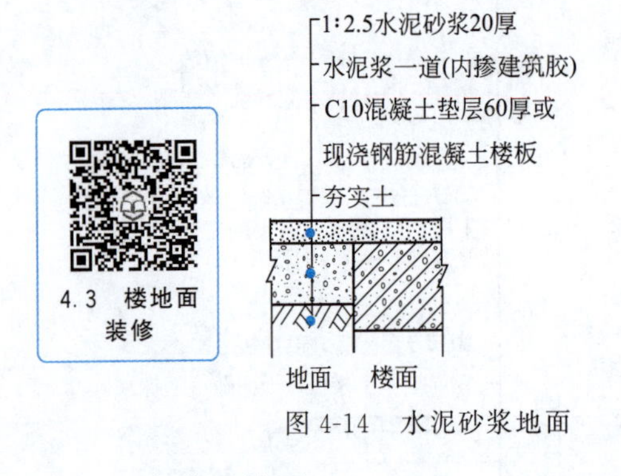

图4-14 水泥砂浆地面

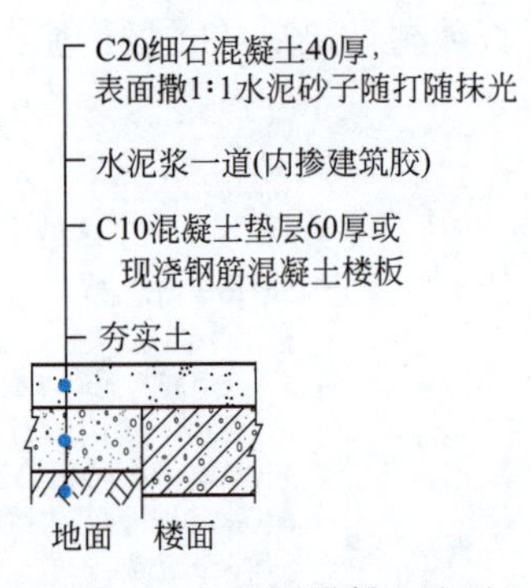

图4-15 细石混凝土地面

3. 水磨石地面

水磨石地面是以水泥为胶结材料，大理石或白云石等中等硬度石子做骨料而形成的水泥石屑浆浇抹结硬后，经磨光、打蜡而成的一类整体地面。其常见做法是：先用15～20mm厚1∶3水泥砂浆找平，再用10～15mm厚1∶1.5～1∶2的水泥石渣浆抹面压实，经浇水养护后磨光、打蜡。如图4-16所示。为了防止面层因温度变化等引起的开裂，适应地面变形，常用玻璃、铜条、铝条将地面分隔成若干小块或各种图案。也可以用白水泥替代普通水泥，并掺入颜料，形成美术水磨石地面，但造价较高。

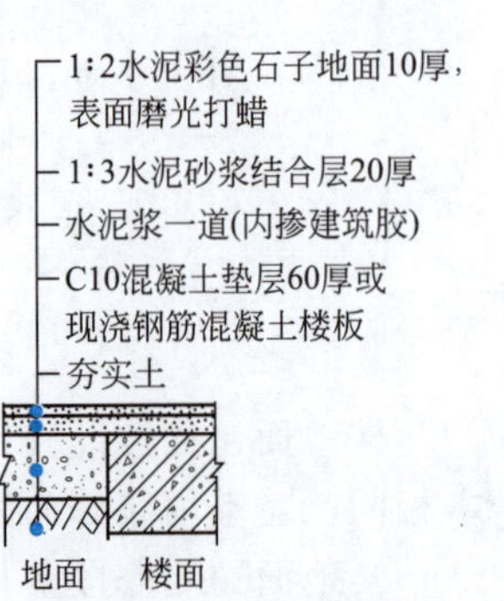

图4-16 水磨石地面

水磨石地面具有坚硬耐磨、耐久防水、防火、表面光洁，不起尘、易清洁等优点，装饰效果也优于水泥砂浆地面，多用于人流量较大的公共建筑的大厅、走廊、楼梯以及候车厅等。但水磨石地面无弹性，热导率较大，热工性能较差，造价高于水泥砂浆地面，且施工较复杂，这使它的应用受到一定的限制。

二、板块地面

板块地面是指用板材或各种块材铺贴而形成的地面。按材料不同分为铺砖地面、陶瓷板块地面、石板地面和木地面等。

1. 铺砖地面

铺砖地面是用普通实心砖、预制混凝土块等砌筑的地面。砌筑方式有平砌和侧砌两种，常用干铺法。当预制块尺寸较大且较厚时，将砖块等直接平铺在一层细砂或细炉渣上，待校正找平后，用砂浆嵌缝；当预制块小且薄时，用水泥砂浆做结合层，铺好后再用水泥砂浆嵌缝。铺砖地面造价低，适用于庭院小道和要求不高的地面。

2. 陶瓷板块地面

陶瓷板块地面包括陶瓷地砖、陶瓷锦砖等。陶瓷板块地面的常用做法是：先用15～20mm厚1∶3水泥砂浆找平，再用5～8mm厚的1∶1水泥砂浆粘贴地砖、锦砖等，并用素水泥浆扫缝。如图4-17～图4-19所示。

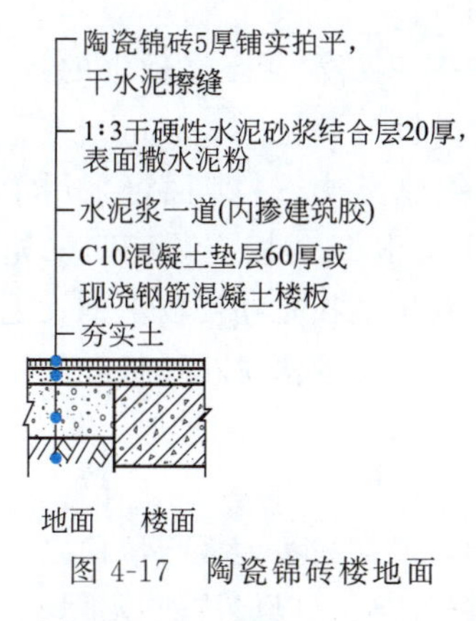

图4-17　陶瓷锦砖楼地面

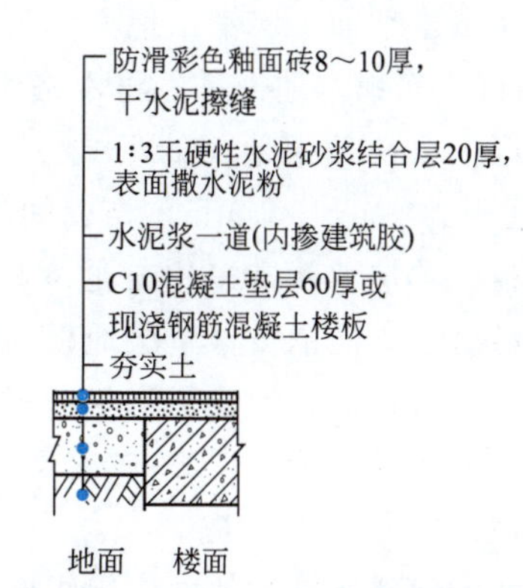

图4-18　防滑彩色釉面砖楼地面

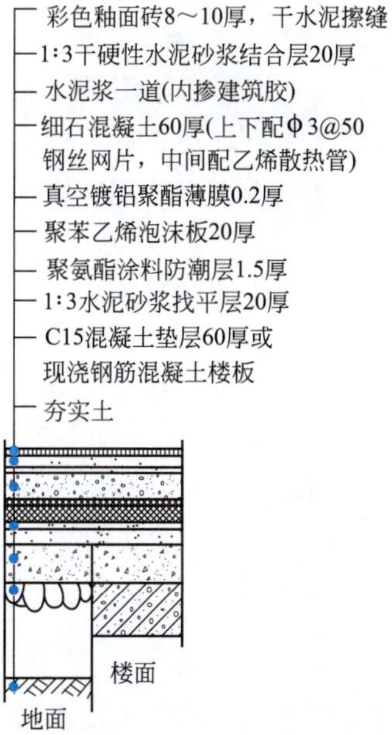

图4-19　彩色釉面砖楼地面

陶瓷板块地面坚硬耐磨、色泽稳定、易于保持清洁，而且具有较好的耐水、耐腐蚀的性能。陶瓷地砖分为有釉面、无釉面、防滑及抛光等多种类型。方形的规格尺寸一般较大，如200mm×200mm、400mm×400mm等，其色彩丰富，抗腐耐磨，施工方便，装饰效果好，常用于门厅、餐厅、营业厅等。陶瓷锦砖又称马赛克，是优质瓷土烧制的小尺寸瓷砖，有各种颜色、多种几何形状，并可拼成各种图案。陶瓷锦砖面层薄、自重轻，不宜踩碎，正面贴在牛皮纸上，反面有小凹槽，便于施工，常用于厕所、盥洗室、浴室和实验室等。但陶瓷板块地面没有弹性，吸热性大，不宜用于人们长时间停留的房间。同时，陶瓷板块地面属于刚性地面，只能铺贴在整体性和刚性较好的混凝土垫层或钢筋混凝土楼板上。

3. 石板地面

石板地面包括天然石板地面和人造石板地面。

天然石板地面包括花岗岩和大理石等。它们质地坚硬、色泽艳丽、美观，属于高档地面装修材料。一般做法是，先用

20～30mm 厚的 1∶3 或 1∶4 干硬性水泥砂浆找平，再用 5～10mm 厚的 1∶1 水泥砂浆作结合层铺贴石板，板缝宽不大于 1mm，撒干水泥粉浇水扫缝。天然石板地面多用于装修标准较高的建筑物的门厅、大厅等。

人造石板有预制水磨石板、人造大理石板等，价格低于天然石板，做法同天然石板。如图 4-20 所示。

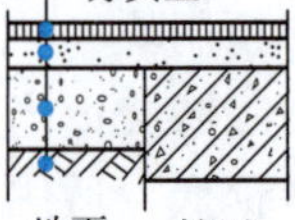

磨光大理石板20厚，干水泥擦缝
1:3干硬性水泥砂浆结合层20厚，表面撒水泥粉
水泥浆一道(内掺建筑胶)
C10混凝土垫层60厚或现浇钢筋混凝土楼板
夯实土
地面　楼面

图 4-20　磨光大理石楼地面

4. 木地面

木地面是由木板铺钉或粘贴形成的一种地面形式。木地板有普通木地板、硬木条形地板和硬木拼花地板等。木地面具有较好的弹性、吸声能力、蓄热性和接触感，不起尘，易清洁，一般用于装修标准较高的住宅、宾馆、体育馆、舞台等建筑中。但木地面耐火性差，易腐朽，且造价较高。

木地面按其构造做法有实铺木地面和空铺木地面两种。

（1）实铺木地面　实铺木地面分为铺钉式和粘贴式两种。

① 铺钉式实铺木地面是先将木格栅固定在混凝土垫层或钢筋混凝土楼板上的找平层上，然后在格栅上钉长条木地面的形式。木格栅的断面尺寸一般为 50mm×50mm 或 50mm×70mm，间距为 400～500mm，格栅间的空当可用来安装各种管线。木地面可采用单层地板或双层地板。单层地板常采用普通木地板和硬木条形地板，长条地板应顺房间采光方向铺设，走道沿行走方向铺设，单层地板的做法应用比较多；双层地板是在格栅上铺设毛板再铺地板的形式，弹性好，但较费木料。双层地板的面层地板常采用硬木拼花地板和硬木条形地板，毛板与面板最好成 45°或 90°交叉铺钉，毛板与面板之间可衬一层油纸，作为缓冲层，以减小摩擦。

此外，铺钉式实铺木地面应组织好板下架空层的通风，通常在木地板与墙面之间，留有 10～20mm 的空隙，在踢脚板处设通风口，使地板下的空气流通，以保持地板干燥。实铺木地面如图 4-21 所示。

② 粘贴式实铺木地面是在混凝土垫层或钢筋混凝土楼板上做好找平层，然后用黏结材料将木板直接粘贴上去的一种木地板形式。这种做法不用格栅，节约了木材，造价低，施工简单，结构高度小，在目前应用较多。但这种木地板弹性差，使用中维修困难，施工中应注意粘贴质量和基层的平整。

实铺木地面若为底层地面，应防止木地板受潮腐烂，铺钉式实铺木地面或粘贴木地面时应做好防潮处理。通常是在混凝土垫层或其找平层上做防潮层。如图 4-22 所示。

（2）空铺木地面　空铺木地面常用于底层地面，是将木格栅架空搁置在地垄墙或砖墩上等的一种木地面形式。不使木格栅与基层接触，防止木板变形或腐烂。空铺木地面应组织好架空层的通风，使地板下的潮气能通过空气对流排至室外。空铺木地面构造复杂，耗费木材较多，实际中较少采用。空铺木地面做法如图 4-23 所示。

三、卷材地面

卷材地面是由成卷的铺材粘贴而成的一种地面形式。常见的有塑料地面、橡胶地面及各种地毯等。

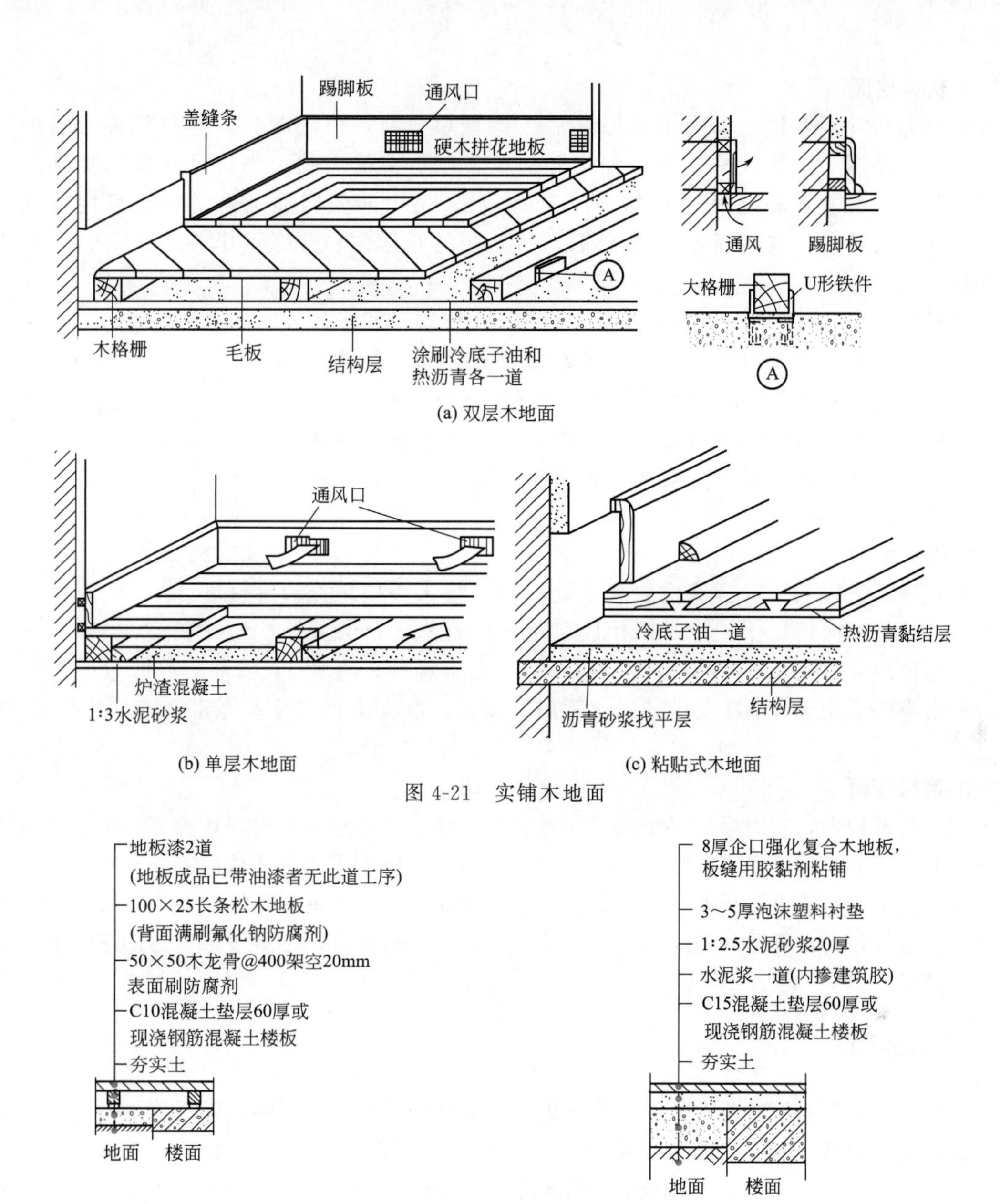

(a) 双层木地面

(b) 单层木地面

(c) 粘贴式木地面

图 4-21 实铺木地面

图 4-22 木地面做法

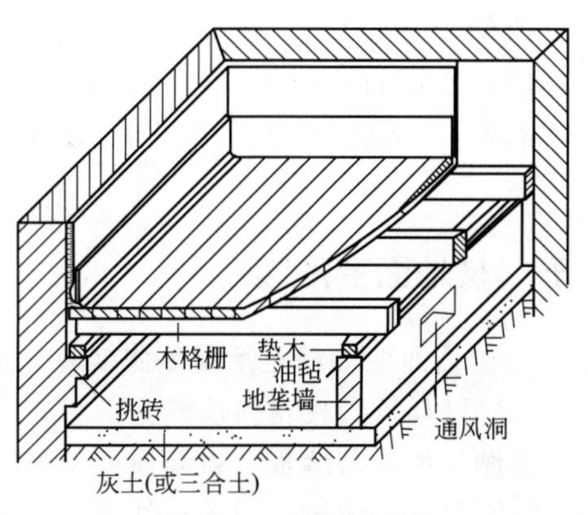

图 4-23 空铺木地面

1. 塑料地面

塑料地面常用聚氯乙烯为主要原料加入适量填充料，掺入颜料，经热压而成。施工时，先清理基层，除去找平层上的油污和灰尘，然后根据房间大小设计排料，在基层上弹线定位后，在塑料板底满涂胶黏剂 1～2 遍后，由中间向四周铺贴，或者可用干铺方法。在其拼接缝处，先将板缝切成 V 形，然后用三角形塑料焊条、电热焊枪焊接，并均匀加压 24h。

塑料地面的品种多样：有卷材和块材之分，有软质和半硬质之分，有单色和复色之分等。塑料地面经济性好，施工简便，且色泽鲜艳、表面光亮、装饰效果好，同时具有较好的防水、消声、保温等性能，弹性好，行走舒适，易清扫，适用于有洁净要求的工业厂房、宾馆、会议室、阅览室、展览馆和实验室等建筑。如图 4-24 所示。

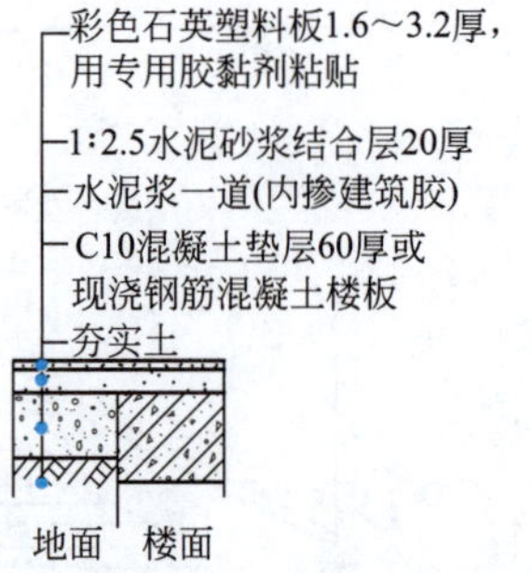

图 4-24 彩色石英塑料板地面

2. 橡胶地面

橡胶地面是以天然或合成橡胶为主要原料，掺入一些填充料而制成。橡胶地面可以干铺也可以用胶黏剂粘贴在水泥砂浆找平层上。这种地面的特点与塑料地面相似，并有电绝缘性，有利于隔绝撞击声。适用于有洁净要求的工业厂房、宾馆、展览馆和实验室等建筑以及各类球场、跑道等。

3. 地毯地面

地毯类型较多，按面层材料组成不同有化纤地毯、羊毛地毯和棉织地毯等。用于建筑物内满铺或局部铺设，可以直接干铺或固定铺设。固定式铺设即是将地毯用胶黏剂粘贴在地面上，四周用倒钩钉或带钉板条和金属条将地毯四周固定。地毯具有良好的弹性、吸声及隔音能力，保温好，行走舒适，美观大方，施工简便，但价格较贵，不易清理，适用于住宅和宾馆等高档场所。

四、涂料地面

涂料地面是在水泥砂浆地面或混凝土地面的表面上涂刷或涂刮涂料而形成的一种地面形式。涂料地面耐磨、防水性能好，易清洁，可根据需要做成各种几何图案，可以改善水泥砂浆地面在使用和装饰方面的不足。涂料的种类繁多，按材料和施工方法的不同，面层薄厚会不同。较薄的涂料地面施工简便，造价低，但在人流多的部位磨损较快，不适于人流较多的公共场所。较厚的涂料地面耐磨、耐腐蚀、抗渗、有弹性，多用于实验室、医院手术室等有卫生和耐腐蚀要求的地面，如图 4-25 所示。

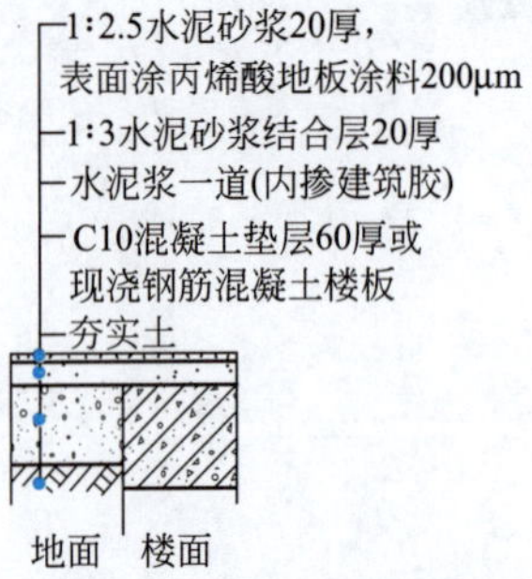

图 4-25 涂料地面

五、楼地面变形缝

楼地面变形缝包括温度伸缩缝、沉降缝和防震缝。

底层地面变形缝内一般用沥青麻丝等弹性材料填缝，楼层处多选用经过防腐处理的金属调节片遮住缝隙，并在面层和顶棚处加设盖缝板，盖缝板可用钢板、预制水磨石块、金属盖缝板和木盖缝板等进行处理，但不得妨碍缝隙两边的构件变形。如图 4-26 所示。

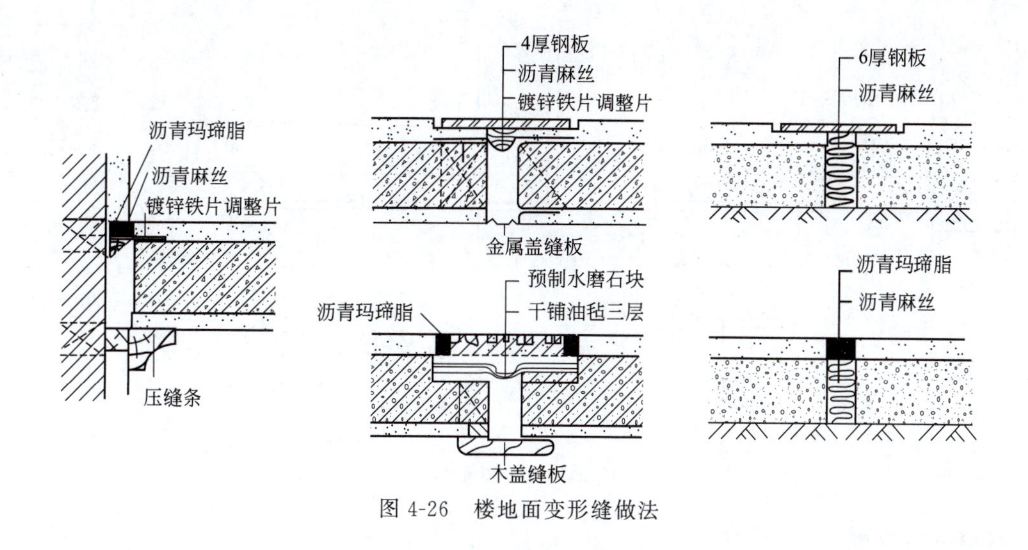

图 4-26　楼地面变形缝做法

六、顶棚

顶棚也称天棚、天花板，是楼层的组成部分之一，位于楼层中结构层的下面，是室内空间最上部的装修层，顶棚应满足室内使用和美观等方面的要求。根据室内用途不同，顶棚的平面形状有弧形、折线形等。按照构造方式的不同，一般有直接式顶棚和悬吊式顶棚两种类型，详见项目七任务五。

任务五　雨篷与阳台

一、雨篷

雨篷是设在建筑物出入口的上部，起遮挡雨雪、保护大门、突出入口位置等作用，并对建筑物的立面起到一定的装饰效果。雨篷的形式多种多样，根据建筑的风格、当地气候状况选择而定。雨篷多为现浇钢筋混凝土悬挑构件，其悬挑长度可以根据建筑和结构设计的不同而定，一般应大于等于 0.6m，若雨篷外伸尺寸较大，可采用柱子支撑。雨篷只承受雪荷载与自重。在结构上，雨篷有板式和梁板式两种。板式雨篷多做成变厚度的，一般根部板厚为 1/10 挑出长度，但不小于 70mm，板端不小于 50mm。梁板式雨篷为使其底面平整、美观易清洁，常采用翻梁的形式，即板在梁的底部。雨篷梁与雨篷板面不应在同一标高上，梁面必须高出板面至少 60mm，或设一小凸沿，以防雨水渗入室内。板面需做防水和排水处理，并在靠墙处做泛水。雨篷构造如图 4-27 所示。目前，也有很多建筑的雨篷采用轻型材料的形式，这种雨篷美观轻盈，造型丰富，体现出现代建筑技术的特色。

二、阳台

阳台是多高层建筑中特殊的组成部分，是室内外的过渡空间，是人们接触室外的平台，可以在上面休息、眺望，满足人的精神需求。同时阳台的造型也对建筑物的立面起到装饰的作用。

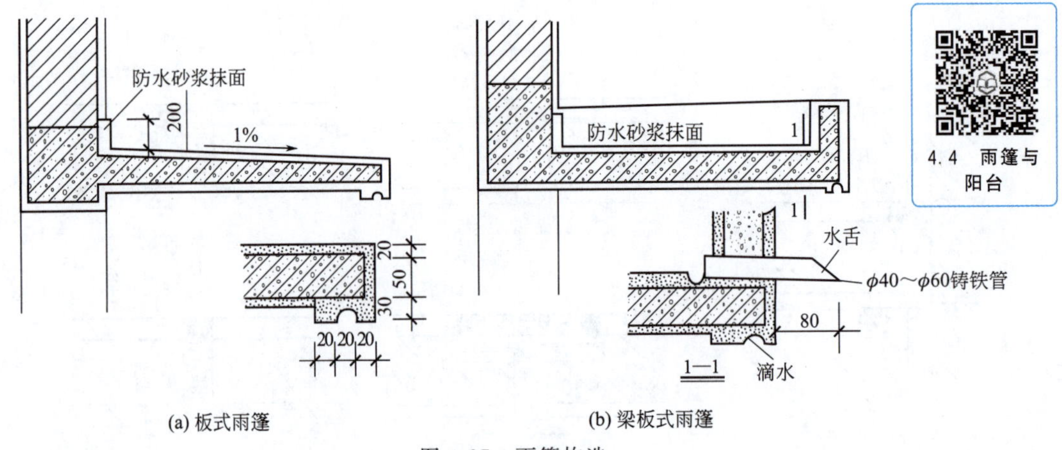

(a) 板式雨篷　　(b) 梁板式雨篷

图 4-27　雨篷构造

1. 阳台的类型

阳台按其与建筑物外墙的相对位置可分为挑阳台（凸阳台）、半挑半凹阳台和凹阳台，如图 4-28 所示，此外还有转角阳台。按阳台栏板上部的形式又可分为封闭式阳台和开敞式阳台等。当阳台宽度占有两个或两个以上开间时，被称为外廊。按施工形式可分为现浇式和预制装配式；按悬臂结构的形式又可分为板悬臂式与梁悬臂式等。

2. 阳台的组成及设计要求

阳台由承重结构（梁、板）和围护结构（栏杆或栏板）组成。作为建筑物的特殊组成部分，阳台要满足以下的要求。

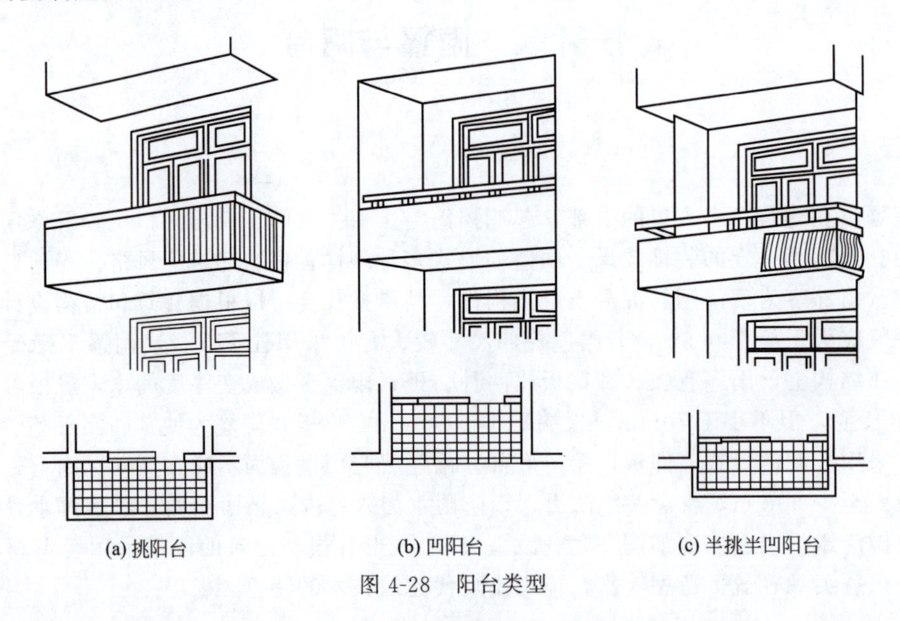

(a) 挑阳台　　(b) 凹阳台　　(c) 半挑半凹阳台

图 4-28　阳台类型

（1）阳台应安全坚固　阳台出挑部分为悬臂结构，挑出长度应满足结构抗倾覆的要求，以保证结构安全。阳台栏杆、扶手是阳台的围护构件，应坚固、安全、耐久，同时，阳台栏杆应有一定的安全高度，多层住宅阳台栏杆净高不低于 1.05m，中高层住宅阳台栏杆不低于 1.1m。此外，空花栏杆其垂直杆件之间的净距离不大于 110mm，以防止儿童钻过而发生危险。

(2) 阳台应满足适用性和美观的要求　阳台的出挑长度要根据使用要求确定，并不能大于结构允许出挑长度，一般为1.0～1.5m，以1.2m最为常见。开敞式的阳台地面要低于室内地面60mm，以免雨水倒流入室内，并做排水设施。阳台造型应满足立面设计要求。

3. 阳台的结构布置

现浇钢筋混凝土阳台分为挑板式和挑梁式等形式。

挑板式是由楼板挑出阳台板构成，此时出挑长度不宜过多，这种方式的阳台板底平整，造型简洁，还可以将阳台平面制成半圆形、弧形、多边形等形式，增加建筑物的整体美观。

挑梁式是在挑出的悬臂梁上现浇阳台板的形式。这种结构布置受力合理，悬挑长度可适当大些。

4. 阳台的细部构造

(1) 阳台栏杆（板）和扶手　阳台、外廊、室内回廊、内天井、上人屋面及室外楼梯等临空处应设置防护栏杆，并应符合下列规定［详见《民用建筑设计统一标准》(GB/T 50352—2019)］：

① 栏杆应以坚固、耐久的材料制作，并能承受荷载规范规定的水平荷载。

② 临空高度在24m以下时，栏杆高度不应低于1.05m，临空高度在24m及24m以上（包括中高层住宅）时，栏杆高度不应低于1.10m。

注：栏杆高度应从楼地面或屋面至栏杆扶手顶面垂直高度计算，如底部有宽度大于或等于0.22m，且高度低于或等于0.45m的可踏部位，应从可踏部位顶面起计算。

③ 栏杆离楼面或屋面0.10m高度内不宜留空。

④ 住宅、托儿所、幼儿园、中小学及少年儿童专用活动场所的栏杆必须采用防止少年儿童攀登的构造，当采用垂直杆件做栏杆时，其杆件净距不应大于0.11m。

(2) 阳台排水处理　开敞式阳台为避免阳台的雨水泛入室内，地面应低于室内地面30～60mm，并应沿排水方向做排水坡。同时，在阳台的一端或两端设泻水管直接将雨水排出，雨水管管口外伸至少80mm。

任务六　工程现状及展望

目前，在我国的工程建设中，现浇钢筋混凝土楼板结构广泛应用，在一些超高层建筑中，采用了钢和混凝土的组合楼板形式。近年来，预应力混凝土在高层建筑中的应用有很大发展，尤其是无黏结预应力混凝土平板和预应力混凝土扁梁用于高层建筑的楼盖，具有降低层高、简化模板、加快施工等明显效果，受到建设单位、设计和施工单位的普遍欢迎。

从功能上说，对楼地层的功能设计要求还比较简单。防水层、隔音层只应用在特殊的房间，建筑保温、隔热等的效果不理想。随着我国经济的发展，人们对建筑物的使用功能要求越来越高，对楼板的保温、隔热、防水功能要求更加普遍。比如，地热楼地面的普遍应用，如图4-29所示。

地热采暖全称为低温地板辐射采暖，是以不高于60℃的热水为热媒，在加热管内循环流动，加热地板，通过地面以辐射和对流的传导方式向室内供热的供暖方式。

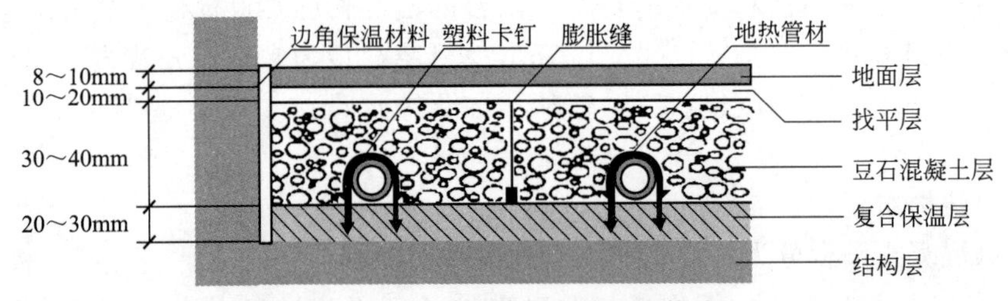

图 4-29　地热采暖地板楼地面构造

其特点为：地热采暖地面可节省居室面积，减少了常规采暖方式暖气所在的空间面积；节约能源，房间内沿高度方向上温度分布比较均匀减少了无效热损失；温度均匀，传统供暖方式靠外墙仅能布置有限数量的暖气片，热空气上升，上热下冷，很难保证工作地带的室温，而低温地板辐射供暖方式则较好地解决了这一难题，这种供暖方式在 1.8m 以下形成一个热气层，既保证室温，又能使房间温度分布均匀；卫生舒适，当人们滞留在温暖的地板上时，脚暖而身体上部又不受冷辐射的作用，故感到十分舒适，同时，避免了对流供暖方式导致室内空气急剧流动，从而减少了尘埃飞扬；运行费用低；隔音性好，避免走动、小孩跑动、移动物品时的噪声影响楼下邻居的休息。早在 20 世纪 70 年代，低温地板辐射采暖技术就在欧美、韩国、日本等国家得到迅速发展，经过时间和使用验证，低温地板辐射采暖节省能源，技术成熟，热效率高，是科学、节能、保健的一种采暖方式。

地热采暖地板地面构造由楼板或与土壤相接触的地面、绝热层、加热管、填充层、找平层和面层组成。如图 4-29 和图 4-30 所示。

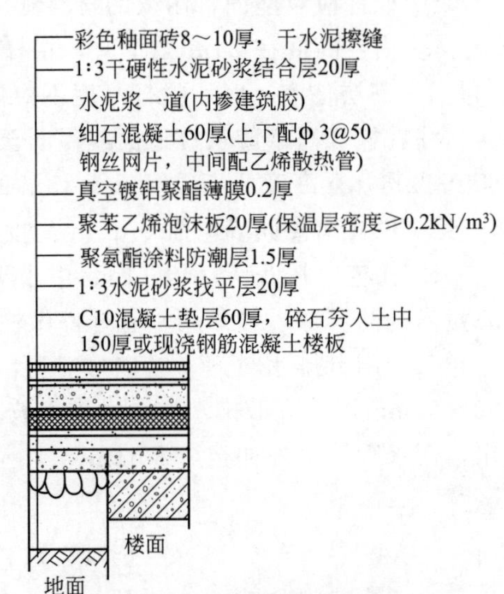

图 4-30　彩色釉面砖面层采暖地面做法

铺设绝热层的地面应平整、干燥、无杂物。墙面根部应平直，且无积灰现象。绝热层相互间接合应严密。直接与土壤接触或有潮湿气体侵入的地面，在铺放绝热层之前应先铺一层防潮层。当工程允许地面按双向散热进行设计时，各楼层间的楼板上部可不设绝热层。

填充层的材料宜采用 C15 豆石混凝土，豆石粒径宜为 5 ～ 12mm。加热管的填充层厚度不宜小于 50mm。对卫生间、洗衣间、浴室和游泳馆等潮湿房间，在填充层上部应设置隔离层。面层施工前，填充层应达到面层需要的干燥度。装饰地面宜采用下列材料：水泥砂浆、混凝土地面，瓷砖、大理石、花岗岩等地面，符合国家标准的复合木地板、实木复合地板及耐热实木地板。瓷砖、大理石、花岗岩面层施工时，在伸缩缝处宜采用干贴。以木地板作为面层时，木材必须经过干燥处理，且应在填充层和找平层完全干燥后，才能进行地板施工，如图 4-31 所示。

现代建筑的设计思想强调以人为本，强调科技为人服务的理念。能源危机也已是当今世界无法回避的严峻现实问题，建筑节能在全球范围内得到了普遍重视。随之而来的智能建筑、生态建筑、节能建筑等现代建筑的出现，使得楼地层的设计更加复杂，也都对设计师提出了更高的挑战。

图 4-31　地热采暖地面施工

能力训练题

一、基础考核

(一)填空题

1. 楼板层通常由（　　　）、（　　　）、（　　　）组成，有特殊要求时应由（　　　）四部分组成。

2. 现浇钢筋混凝土楼板有（　　　　　　）、（　　　　　　）、（　　　　　　）、（　　　　　　）。

3. 地坪层一般由（　　　）、（　　　）、（　　　）组成，有特殊要求的可在面层和垫层之间增设（　　　）。

4. 阳台的结构布置方式有（　　　　　）、（　　　　　）、（　　　　　）。

(二)判断题

1. 对于四边支承的板，当长短边之比为 1.5 时，属于单向板。（　　）
2. 无梁楼板有利于室内的采光、通风，且能减少楼板所占的空间高度。（　　）
3. 地面与墙面交接处通常设踢脚线，目的就是为了美观。（　　）
4. 梁板式楼板由板、主梁、次梁组成。（　　）
5. 楼板层通常由面层、楼板、顶棚组成。（　　）

(三)单选题

1. 下面属整体地面的是（　　）。

A. 釉面地砖地面、抛光砖地面　　B. 抛光砖地面、水磨石地面
C. 水泥砂浆地面、抛光砖地面　　D. 水泥砂浆地面、水磨石地面

2. 下面属块料类地面的是（　　）。

A. 黏土砖地面、水磨石地面　　B. 抛光砖地面、水磨石地面
C. 马赛克地面、抛光砖地面　　D. 水泥砂浆地面、耐磨砖地面

3. 商店、仓库及书库等荷载较大的建筑，一般宜布置成（　　）楼板。

A. 板式　　B. 梁板式　　C. 井格式　　D. 无梁

4. 用于公共建筑的门厅或大厅的楼板类型为（　　）楼板。

A. 板式　　B. 梁板式　　C. 井格式　　D. 无梁

（四）简答题

1. 钢筋混凝土楼板按施工方法分有哪些类型？各有何特点？

2. 现浇钢筋混凝土楼板有哪些类型？各自的使用范围是什么？

3. 常用的地面的种类及特点是什么？

二、联系实际

1. 对所在学校校园内做各处楼地面种类调研。

2. 仔细观察一户住宅的阳台属于哪个类型？有保温措施吗？

三、链接执业考试

1.（2018 年二级建造师考题）受强烈地震作用的多层砌体房屋，通常破坏最严重的部位是（　　）。

A. 基础　　B. 楼盖　　C. 墙身　　D. 圈梁

2. 在室内地坪标高以下的墙身中设置（　　）是阻止地下水沿基础墙上升至墙身，以保持室内干燥卫生，提高建筑物的耐久性。

A. 勒脚　　B. 地圈梁　　C. 防潮层　　D. 块料面层

项目五　楼梯与电梯

学习目标

1. 掌握楼梯的分类、组成、相关尺度；掌握现浇钢筋混凝土楼梯的构造、楼梯的细部构造。

2. 了解装配式钢筋混凝土楼梯构造、室外台阶与坡道的有关知识，电梯与自动扶梯的简单构造。

能力目标

1. 能熟练识读楼梯的建筑施工图，将楼梯的相关知识应用于施工中。

2. 能处理楼梯施工时所遇到的一般性问题。

在建筑中，各个不同楼层之间以及不同高差之间的房间需要有垂直交通设施，这些设施中包括楼梯、电梯、自动扶梯、台阶、坡道等。楼梯是建筑各楼层间垂直交通的主要设施，在设有电梯或自动扶梯的建筑中必须设置楼梯，以备火灾等紧急情况下使用。电梯主要用于层数较多或有特殊需要的建筑（如医院病房楼、宾馆等）中。自动扶梯一般用于人流量较大的公共建筑中（商场、超市等）。在建筑出入口处用于解决室内外局部高差的踏步称为台阶；坡道用于有通行车辆要求的高差之间的交通联系，以及无障碍要求的高差之间的联系；爬梯则主要用于消防检修。因此楼梯既要满足使用功能要求，也要确保使用安全需要。本项目重点介绍楼梯的相关知识。

任务一　楼梯的类型及相关要求

一、楼梯的类型

楼梯类型、形式的选择，主要根据建筑物的使用性质、楼层高度、楼梯的位置、楼梯间的平面形状、材料的提供、人流的多少与缓急等因素综合考虑。

楼梯按使用性质分为主要楼梯、辅助楼梯、疏散楼梯和消防楼梯等；按位置分为室内楼梯和室外楼梯；按使用的结构材料分为木楼梯、钢筋混凝土楼梯和金属楼梯等；按楼梯间的平面形式分为开敞式楼梯间、封闭式楼梯间和防烟楼梯间等。

楼梯按楼梯段的布置方式、数量等分为以下几种。

（1）直行单跑楼梯　此种楼梯只有一个梯段，中间没有休息平台，因此踏步数不宜过多，一般不超过 18 级，故主要用于层高不大的建筑中，如图 5-1(a) 所示。

（2）直行多跑楼梯　此种楼梯是在直行单跑楼梯的基础上增设了中间平台，一般为双跑梯段。直行多跑楼梯给人以直接顺畅的感觉，导向性强，庄重、气派，适用于层高较大的建

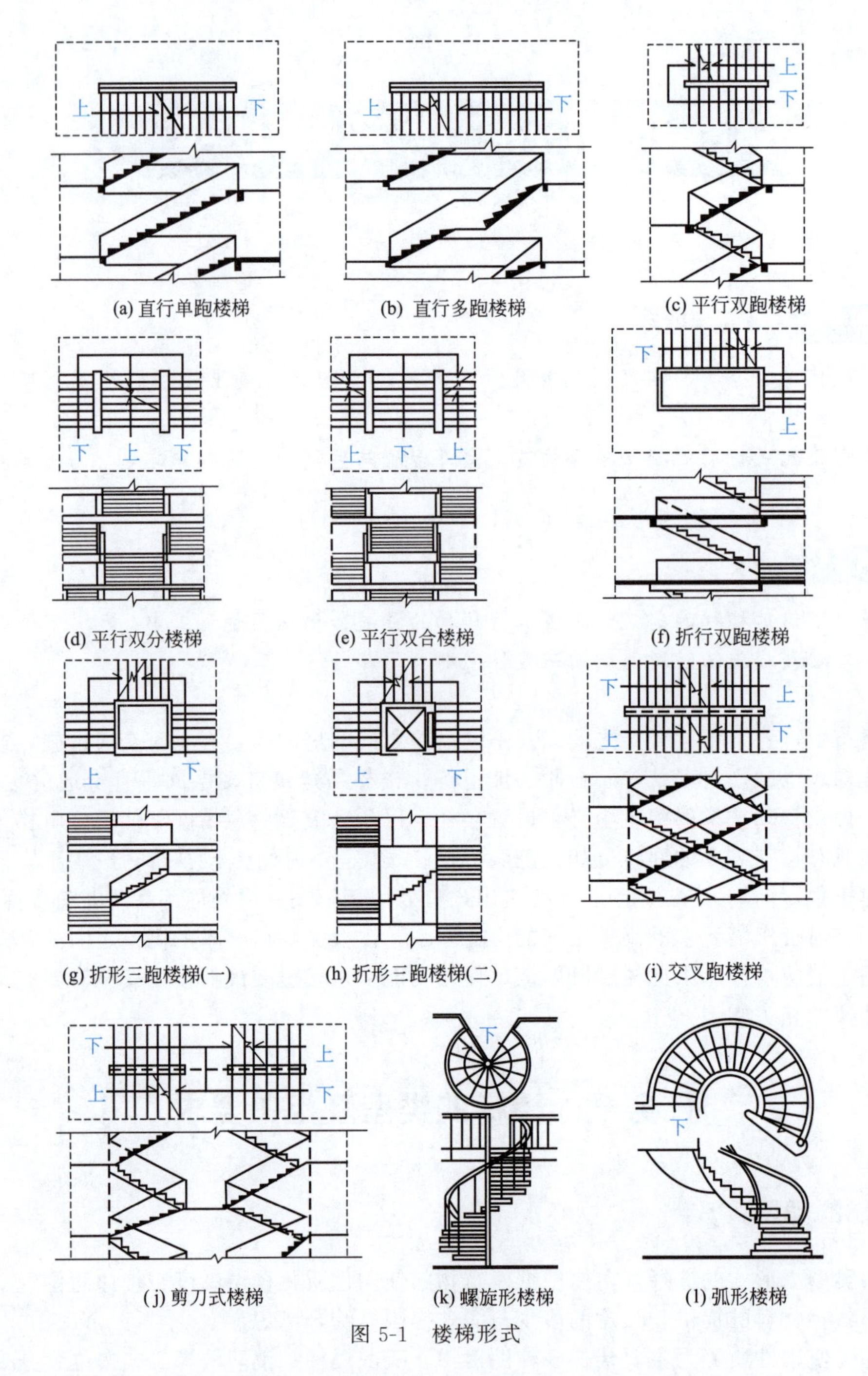

(a) 直行单跑楼梯　(b) 直行多跑楼梯　(c) 平行双跑楼梯

(d) 平行双分楼梯　(e) 平行双合楼梯　(f) 折行双跑楼梯

(g) 折形三跑楼梯(一)　(h) 折形三跑楼梯(二)　(i) 交叉跑楼梯

(j) 剪刀式楼梯　(k) 螺旋形楼梯　(l) 弧形楼梯

图 5-1　楼梯形式

筑，多用于公共建筑中人流量较大的大厅或气氛庄重的会堂和纪念性建筑中，如图 5-1(b) 所示。

(3) 平行双跑楼梯　是第二跑楼梯段折回和第一跑楼梯段平行的楼梯。平面形状和尺寸与一般房间相近，是便于平面组合的楼梯形式。楼梯间进深小，布置紧凑，比直跑楼梯节省面积，并缩短人流行走距离，是一般建筑物中常见的楼梯，如图 5-1(c) 所示。

5.1　楼梯类型与组成

(4) 平行双分、双合楼梯　①平行双分楼梯是第一跑在中间，为一较宽梯段，经过休息平台后，向两边分为两跑，各以第一跑一半的梯宽上到楼层。通常在人流多，楼梯间宽度较大时采用，如图 5-1(d) 所示。②平行双合楼梯是楼梯第一跑在楼梯间的两边为两个平行较窄的梯段，经过休息平台后，合成一个宽度为第一跑的两个梯段宽度之和的梯段上至楼层。此种楼梯多用于人流量大、楼梯间宽度较大的情况，如商场、医院等建筑的主要楼梯，如图 5-1(e) 所示。

(5) 折行多跑楼梯　①折行双跑楼梯的第一跑和第二跑之间成 90°或其他角度。常用于布置在靠房间一侧的转角处，如图 5-1(f) 所示。②折行三跑楼梯一般用于楼梯间接近方形的公共建筑，由于它有较大的楼梯井，因而不用于住宅、中小学、幼儿园等儿童经常使用楼梯的建筑，如图 5-1(g)、(h) 所示。但在设有电梯的建筑中，可利用梯井作为电梯井位置。

(6) 交叉跑楼梯　此种楼梯，可认为是由两个直行单跑楼梯交叉并列布置而成，其通行的人流量较大，且为上下层的人流提供了两个方向，对于空间开敞、楼层人流多方向进入有利，但仅适合层高小的建筑，如图 5-1(i) 所示。

(7) 剪刀式楼梯　此种楼梯相当于两个平行双跑楼梯对接，中间的大平台为人流变换行进方向提供了条件，适用于层高较大的建筑且有人流多向性选择要求的建筑，如商场、多层食堂等，如图 5-1(j) 所示。

(8) 螺旋形楼梯　此种楼梯的踏步围绕一根中央立柱布置（或无中柱），占空间小，其平台和踏步均为扇形平面，内窄外宽，行走不安全，不能作为主要人流交通和疏散的楼梯，但由于螺旋形楼梯造型优美、活泼，常用于供观赏的楼、台、亭、阁等公共场所以及室内，如图 5-1(k) 所示。

(9) 弧形楼梯　此种楼梯的梯段为圆弧形，造型优美、自由，可丰富室内（或室外）空间艺术效果。但结构受力复杂，材料用量较多，施工烦琐，故一般用于美观要求较高的公共建筑中，如图 5-1(l) 所示。

楼梯形式的选择取决于其所处的位置、楼梯间的平面形状与大小、楼层的高低与层数、人流的多少与缓急等，设计时需综合考虑这些因素。

二、楼梯的组成

楼梯一般由楼梯段、平台、栏杆（板）及扶手三部分组成，如图 5-2 所示。

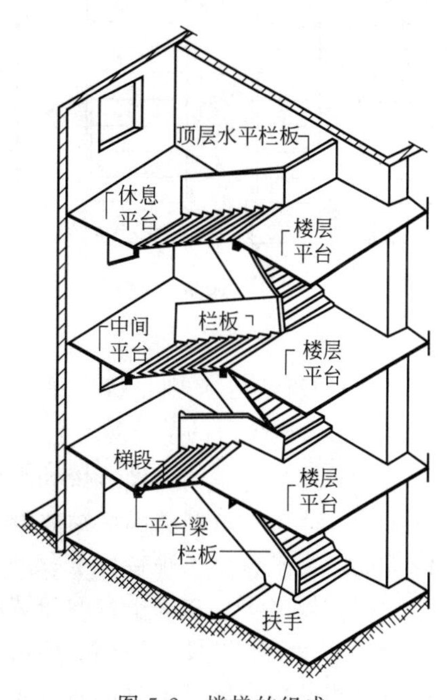

图 5-2　楼梯的组成

(1) 楼梯段　楼梯段是由若干踏步组成的联系两个不同标高平台的倾斜构件，它连接楼层和休息平台，是楼梯主要的使用和承重部分。为减少人们上下楼梯时的疲劳和适应人们的习惯，一段楼梯的踏步级数一般不宜超过 18 级，也不宜少于 3 级。

(2) 平台　指两楼梯段间的水平板，起缓解行人疲劳和改变行进方向的作用。两楼层之间的平台让人们在连续上楼时可稍加休息，故称为中间平台或休息平台。与楼层地面标高相同的平台还有用来缓冲、分配从楼梯到达各楼层的人流的功能，称为楼层平台。

(3) 栏杆（板）及扶手　指楼梯段及平台边缘的安全保护构件，供上下楼梯时倚扶之用，要可靠、坚固，并有足够的安全高度。当楼梯宽度不大时可只在梯段临空面设置；当楼梯宽度较大时（大于 1.4m），非临空面也应加设扶手；当楼梯宽度很大时（大于 2.1m）时，还应在梯段中间加设扶手。

实心的称栏板，漏空的称栏杆。栏杆、栏板上部供人们倚扶的配件称为扶手。

三、楼梯的尺度

（1）楼梯的坡度　楼梯的坡度是由踏步的高宽比（踢面高与踏面宽之比）决定的。踏步的宽度越大，高度越小，则坡度越缓，楼梯所占面积也越大，所以在决定踏步尺寸时，应考虑楼梯间的尺度、面积，人流行走的舒适、安全等因素。坡度大小应根据建筑物的使用性质和层高来确定，楼梯的坡度一般为 20°～45°，以 30°左右较为舒适。坡度小于 20°时为台阶或坡道；坡度大于 45°时为爬梯，如图 5-3 所示。

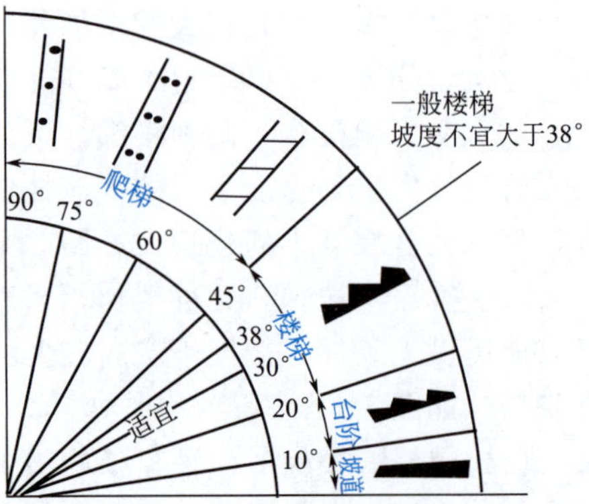

图 5-3　楼梯、爬梯、台阶和坡道的坡度范围

（2）楼梯段的尺度　包括楼梯段宽度和楼梯段长度。楼梯段宽度主要是由通过该梯段的人流股数确定的，还应考虑建筑的类型、层数、耐火等级及疏散要求来确定，如图 5-4 所示。通常情况下，作为主要通行用的楼梯，其梯段的宽度应至少满足两股人流相对通行。每股人流宽度按 0.55m＋(0～0.15)m 计算，其中(0～0.15)m 为人流在行进中人体的摆幅，人流较多的公共建筑应取上限值。非主要通行楼梯，应满足单人携带物品通过的需要，楼梯段的净宽一般不应小于 0.9m。

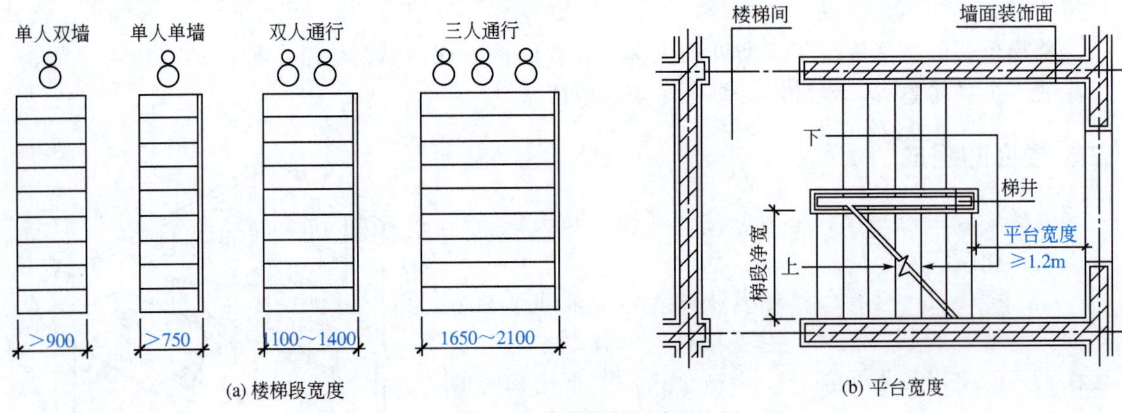

图 5-4　楼梯段的尺度

楼梯长度（L）则是每一梯段的水平投影长度，其值为 $L=b\times(n-1)$，其中 b 为踏面宽度，n 为该梯段的踏步数。

（3）休息平台的尺度　楼梯平台宽度系指墙面装饰面至扶手中心之间的水平距离。当楼梯平台有凸出物或其他障碍物影响通行宽度时，楼梯平台宽度应从凸出部分或其他障碍物外缘算起。当平台梁底距楼梯平台地面高度小于 2.00m 时，如设置与平台梁内侧面齐平的平台栏杆（板）等，楼梯平台的净宽应从栏杆（板）内侧算起。当梯段改变方向时，扶手转向端处的平台最小宽度不应小于梯段净宽，并不得小于 1.20m，以确保通过楼梯段的人流和货物也能顺利地在休息平台上通过，避免发生拥挤堵塞。当有搬运大型物件需要时应再适量加宽，则应比中间平台更宽松一些，以利人流分配和停留，如图 5-4 所示。对于楼层平台宽度应区别不同的楼梯形式而定：开敞式楼梯楼层平台可以与走廊合并使用，但为了避免走廊和楼梯上的人流相互干扰，并且为了便于使用，应留有一定的缓冲宽度，一般为一个踏步宽；封闭式楼梯间，楼层平台应比中间平台更宽松些，以便于人流疏散和分配。双分平行楼梯扶手转向端处的平台最小宽度也不应小于梯段（窄梯段）计算最小净宽，并不得小于 1.20m；直跑楼梯的中间平台主要供人员行进途中休息用，不影响疏散宽度，故未要求与梯段净宽一致，但 0.90m 为最低宽度。

（4）踏步尺寸　包括踏步的宽度（踏面宽度）及踏步高度（踢面高度），踏面宽度以 300mm 左右为宜，不应窄于 250mm；踢面高度成人以 150mm 左右较适宜，不应高于 175mm。当踏步过宽时，将导致梯段水平投影面积的增加。而踏步宽度过窄时，会使人流行走不安全。为了在踏步宽度一定的情况下增加行走舒适度，常将踏面挑出或踢面倾斜 20～40mm，使踏步实际宽度大于其水平投影宽度，如图 5-5 所示。

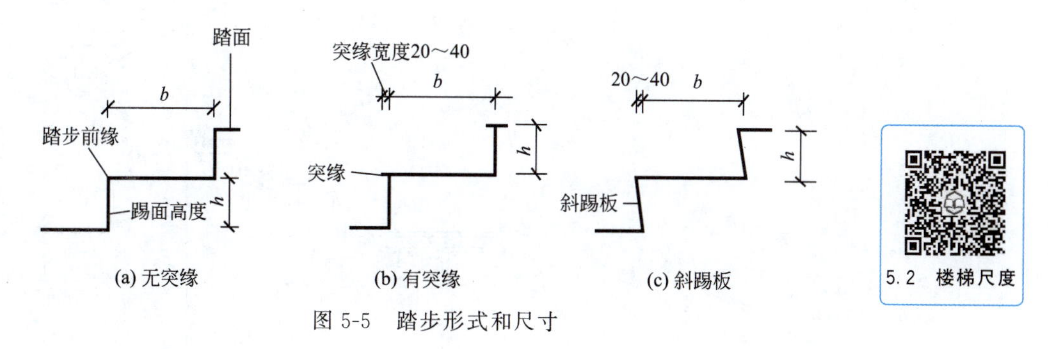

(a) 无突缘　(b) 有突缘　(c) 斜踢板

图 5-5　踏步形式和尺寸

踏步尺寸可按下列公式计算：

$2h+b=560\sim630\text{mm}$，少年儿童在 560mm 左右，成人平均在 600mm 左右。

式中　h——踢面高度；

　　　b——踏面宽度。

一般民用建筑的楼梯踏面宽、踢面高可参考表 5-1 选择。

表 5-1　楼梯踏步最小宽度和最大高度　　单位：m

楼梯类别		最小宽度	最大高度
住宅楼梯	住宅公用楼梯	0.260	0.175
	住宅套内楼梯	0.220	0.200
人员密集且竖向交通繁忙的建筑和大、中学校楼梯		0.280	0.165
宿舍楼梯	小学宿舍楼梯	0.260	0.150
	其他宿舍楼梯	0.270	0.165
老年人建筑楼梯	住宅建筑楼梯	0.300	0.150
	公共建筑楼梯	0.320	0.130
托儿所、幼儿园楼梯		0.260	0.130
小学校楼梯		0.260	0.150
其他建筑楼梯		0.260	0.175

(5) 栏杆（板）、扶手尺度　室内楼梯扶手高度自踏步前缘线量起不宜小于0.9m。靠楼梯井一侧（顶层扶手）水平段长度超过0.5m时，其高度不应小于1.05m；托儿所、幼儿园等儿童专用场所，扶手高度500～600mm；如图5-6所示。梯段宽度达三股人流（＞1400mm）时应设两侧扶手，达四股人流（＞2100mm）时，应加设中间扶手。扶手顶面宽，一般不大于80mm，常取60～80mm，以满足使用要求。

(6) 梯井宽度　所谓梯井是指楼梯段及平台围合成的空间，此空间从顶层到底层贯通。梯井宽度一般为60～200mm，当梯井超过200mm时，应在梯井部位设水平防护措施。

(7) 楼梯净空高度　包括平台净空高度和楼梯段净空高度。平台净空高度是指平台一定范围的表面至竖直上方突出构件下缘的垂直距离，应满足不小于2.0m。楼梯段的任何一级踏步前缘至竖直上方梯段突出构件下缘的垂直距离，应满足不小于2.2m，如图5-7所示。

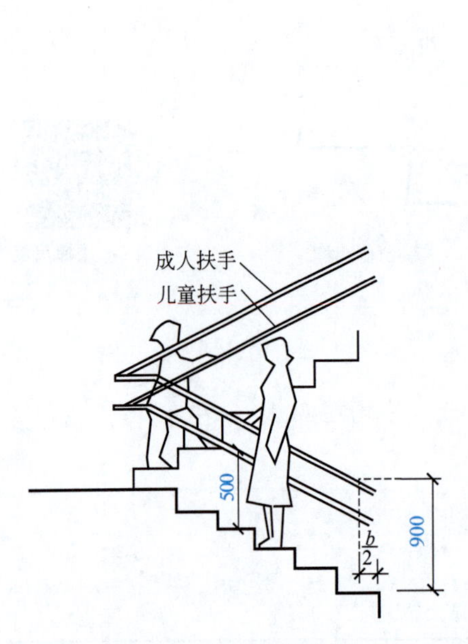

图5-6　扶手高度位置

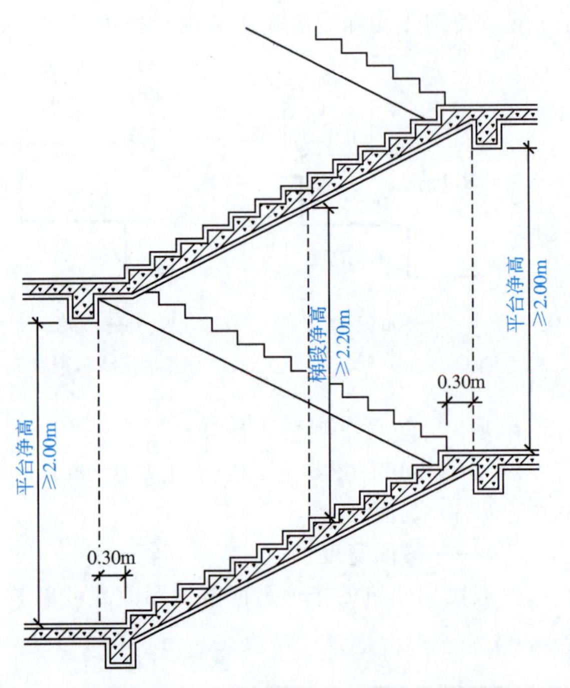

图5-7　楼梯净空高度

在大多数居住建筑中，常利用楼梯间作为出入口，当一层休息平台下作通道不能满足平台净高要求时，一般可采取以下措施解决。

① 局部降低一层休息平台下楼梯间地坪标高，使其低于底层室内地坪标高，以满足净空高度要求，如图5-8(a) 所示。但必须保证降低后地坪标高仍高于室外地坪标高，以免雨水内溢。这种处理方式可保持等跑梯段，使构件统一。但增大了室内外高差，而提高了房屋的造价。

② 将底层等跑梯段设计为长短跑梯段。起步第一跑为长跑，以提高中间平台标高，但这种方式会使楼梯间进深加大，如图5-8(b) 所示。

③ 综合以上两种方式，在采取长短跑的同时，又降低底层休息平台下地坪标高。这种方式兼有两种方式的优点，并尽可能地避开其缺点，如图5-8(c) 所示。

④ 底层用直行单跑或直行双跑楼梯直接从室外上二层。这种方式不利于防水、卫生及防寒保温，多用于南方地区的住宅建筑，如图5-8(d) 所示。

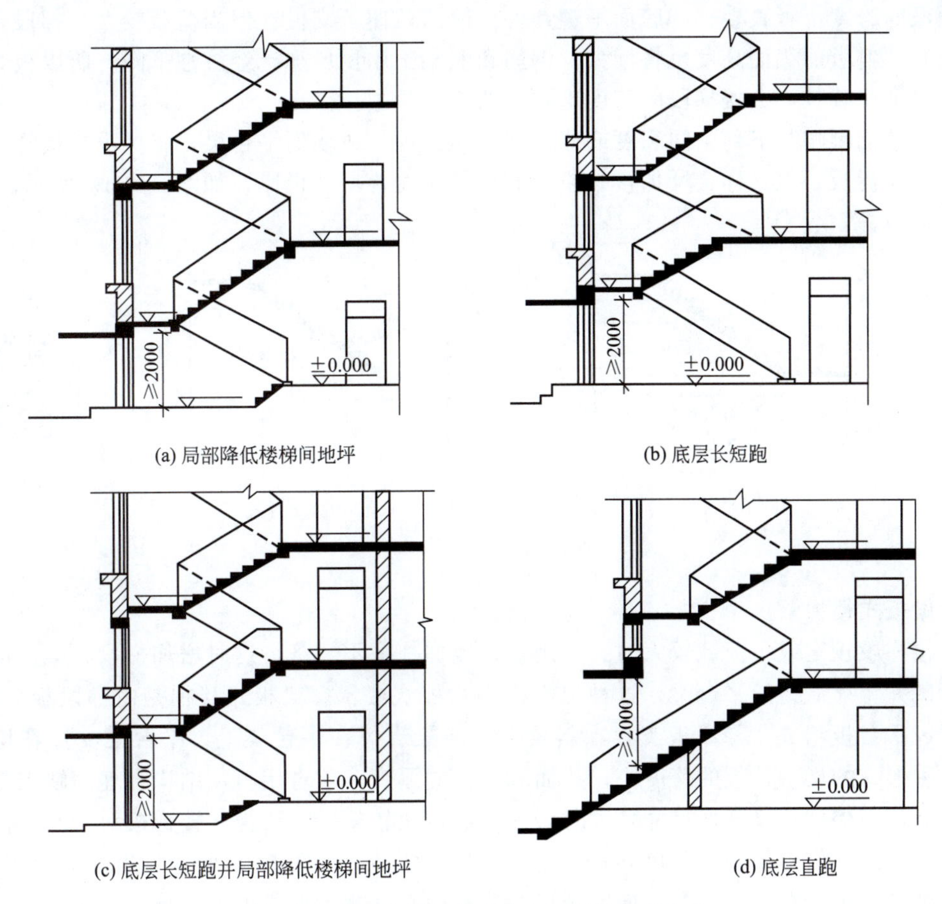

(a) 局部降低楼梯间地坪　(b) 底层长短跑

(c) 底层长短跑并局部降低楼梯间地坪　(d) 底层直跑

图 5-8　底层中间平台下作入口时的处理方式

任务二　钢筋混凝土楼梯

由于钢筋混凝土的耐火、耐久性能均比其他材料好，并且具有较高的强度和刚度，因此在一般建筑中采用最为广泛。按其施工方法可分为现浇式（亦称整体式）和预制装配式两类。

一、现浇钢筋混凝土楼梯

现浇钢筋混凝土楼梯是指楼梯段、楼梯平台等整体浇注在一起的楼梯。它整体性好，刚度大，坚固耐久，可塑性强，对抗震有利，能适应各种楼梯形式。但在施工过程中，要经过支模、绑扎钢筋、浇灌混凝土、振捣、养护、拆模等作业，受外界环境影响较大，并且施工速度慢、施工周期长，同时不便做成空心构件，所以混凝土用量和自重较大。故多用于工程比较大、抗震设防要求高或形状复杂的楼梯形式。现浇式钢筋混凝土楼梯按结构形式分为板式楼梯和梁板式楼梯两种。

1. 板式楼梯

板式楼梯段是由梯段板、平台梁、平台板组成，如图 5-9(a) 所示。梯段板是一块带踏步的斜置的板，其两端支撑在平台梁上，平台梁支撑在砖墙上。两个平台梁的距离就是板式楼梯梯段的跨度。板式楼梯的底面平整，外形简洁，便于支模。但当荷载较大、梯段斜板跨度较大时，斜板的截面高度也将增大，钢筋和混凝土用量增加，经济性下降。所以板式楼梯常用于楼梯荷载较小、楼梯段的跨度也较小的建筑物中。

若平台梁影响其下部空间高度或认为视觉不美观，或取消平台梁，将梯段与楼梯平台形成一块整体折板，但这样会增加楼梯段板的计算跨度，增加板厚，如图 5-9(b) 所示。

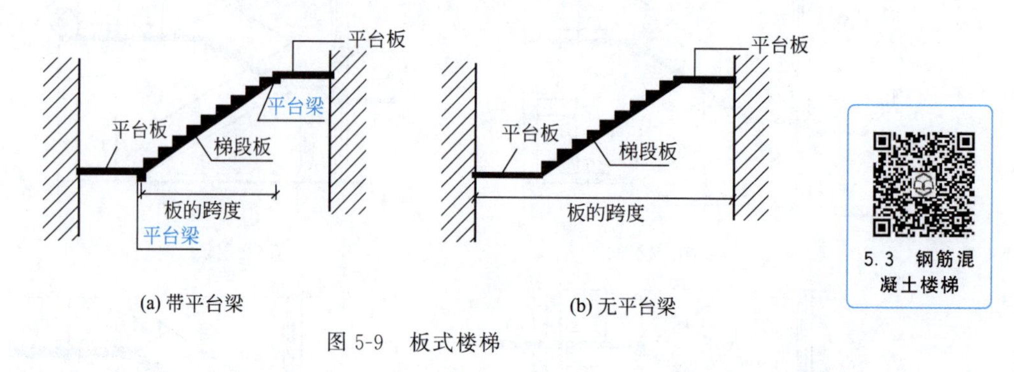

(a) 带平台梁　　(b) 无平台梁

图 5-9　板式楼梯

2. 梁板式楼梯

当楼梯段较宽或负荷载较大时，采用板式楼梯往往不经济，这时增加梯段斜梁，以承受板的荷载并将荷载传给平台梁，这种梯段称为梁板式楼梯。梁板式楼梯是由梯段板、斜梁、平台梁、平台板组成。梯段板支撑在斜梁上，斜梁支撑在平台梁上，平台梁支撑在墙或柱上。这种形式的楼梯，板的跨度小，从而减小板的厚度，节省用料，结构合理。缺点是模板比较复杂，当楼梯斜梁截面尺寸较大时，造型显得比较笨重。梁板式楼梯按斜梁所在位置不同分为正梁式（俗称明步）和反梁式（俗称暗步）两种，如图 5-10 所示。当其宽度不大时，可只在踏步中央设置一根斜梁，使踏步板的左右两端悬挑，形成单梁挑板式楼梯。

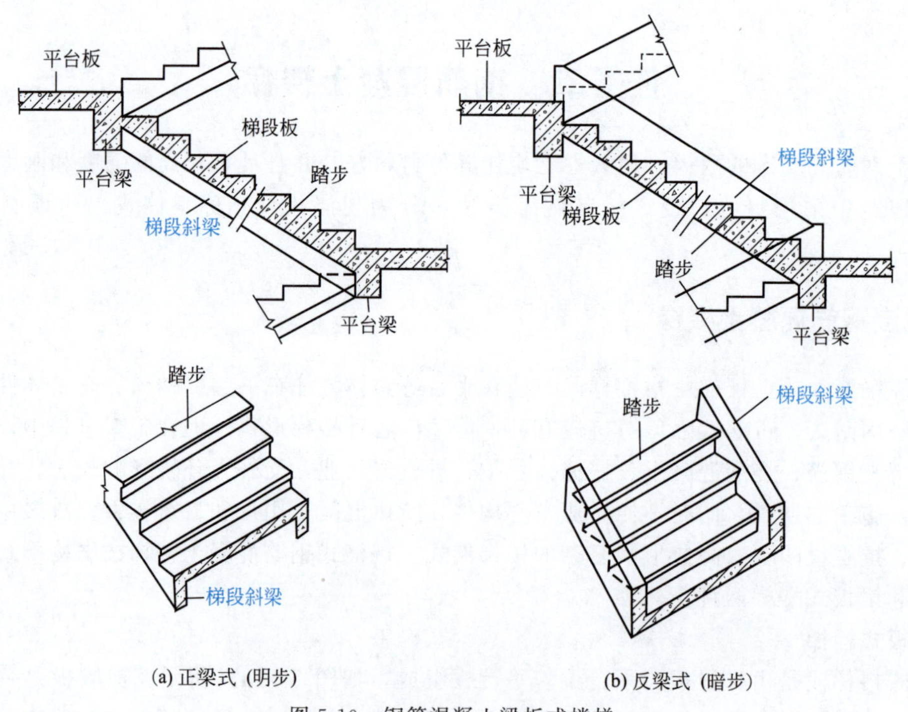

(a) 正梁式 (明步)　　(b) 反梁式 (暗步)

图 5-10　钢筋混凝土梁板式楼梯

二、预制钢筋混凝土楼梯

预制钢筋混凝土楼梯是装配式钢筋混凝土楼梯，是将楼梯分成若干个构件，在工厂或工地现场预制，施工时将预制构件进行装配。这种楼梯工业化程度高，施工速度快，现场湿作业少，节约模板，且施工不受季节限制，有利于提高施工质量。但预制装配式钢筋混凝土楼梯的整体性、抗震性及设计灵活性差，故应用受到一定的限制。

预制钢筋混凝土楼梯按组成构件的大小分为：小型构件装配式钢筋混凝土楼梯、中型构件装配式钢筋混凝土楼梯和大型构件装配式钢筋混凝土楼梯三类。

1. 小型构件装配式钢筋混凝土楼梯

小型构件装配式钢筋混凝土楼梯一般是由踏步板、梯段梁、平台梁、平台板等组成。构件体积小、重量轻，易于制作，便于运输和安装。但安装工序多，速度慢，湿作业多，适用于施工条件较差的地区及机械化程度低的施工现场。

（1）基本预制构件

① 预制踏步板。钢筋混凝土预制踏步板的构件断面形式有一字形、正 L 形、反 L 形和三角形，如图 5-11 所示。一字形踏步板制作方便，可用立砖作踢面，也可镂空，踏步的高宽较自由，适用较广。L 形踏步板有正反两种，一种是踢板在踏板的上面，另一种是踢板在踏板的下面。其受力相当于带肋板，结构合理。这种踏步用料较省，自重轻，但拼装后梯段底部呈锯齿形，不平整，易积灰。三角形踏步板有实心和空心两种，最大的优点是安装后底面平整，但踏步尺寸较难调整。

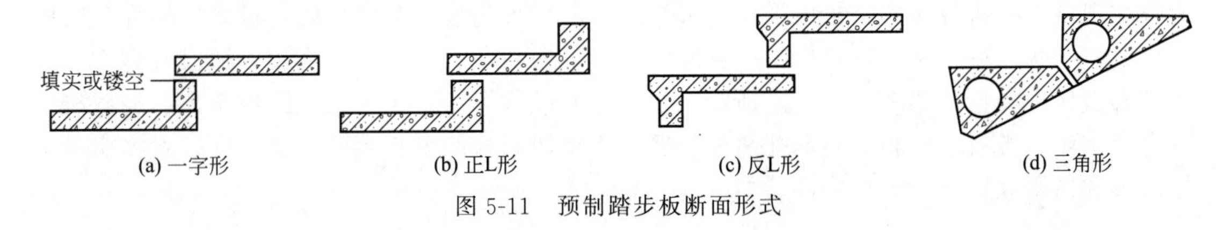

图 5-11　预制踏步板断面形式

② 梯段斜梁。梯段斜梁有矩形截面和锯齿形截面两种，矩形截面为等截面构件，用于搁置三角形断面踏步板，锯齿形变截面梯段斜梁主要用于搁置一字形、正 L 形、反 L 形的踏步板，如图 5-12(a)、(b) 所示。

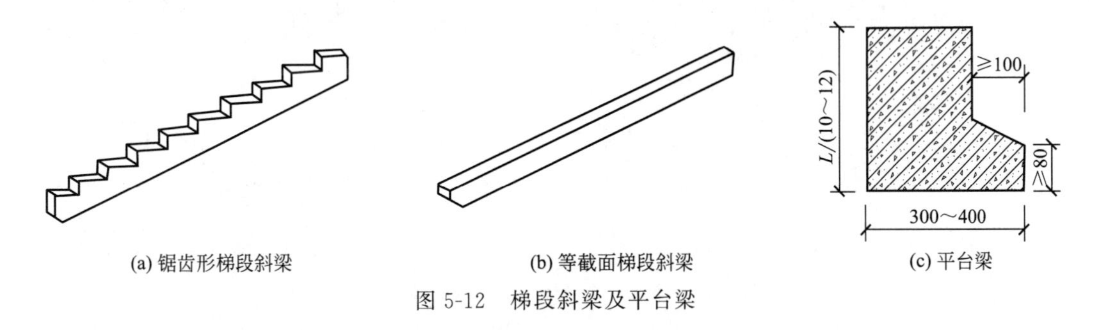

图 5-12　梯段斜梁及平台梁

③ 平台梁。平台梁一般为 L 形断面，如图 5-12(c) 所示。将梯段斜梁搁置在 L 形平台梁的翼缘上，这样就不会由于梯段斜梁的搁置导致平台梁底面低而平台下净高变小。

④ 平台板。可根据需要采用预制钢筋混凝土空心板、槽形板或平板，搭在楼梯间承重墙上或平台梁上。在平台上有管道井处，不宜布置空心板。

（2）按基本构件的连接方式分类　可分为梁承式楼梯、墙承式楼梯、悬挑式楼梯三种，下面仅介绍梁承式楼梯。

梁承式楼梯是由梯段、平台梁、平台板组成。预制踏步搁置在斜梁上形成梯段，梯段斜梁搁置在平台梁上，平台梁搁置在两边的墙或柱上，如图 5-13 所示。梯段斜梁截面有矩形、L 形和锯齿形三种。矩形截面斜梁用于搁置三角形断面踏步板形成明步楼梯；L 形截面斜梁用于搁置三角形断面踏步板形成暗步楼梯；锯齿形截面斜梁主要用于搁置一字形、正 L 形、反 L 形的踏步板。

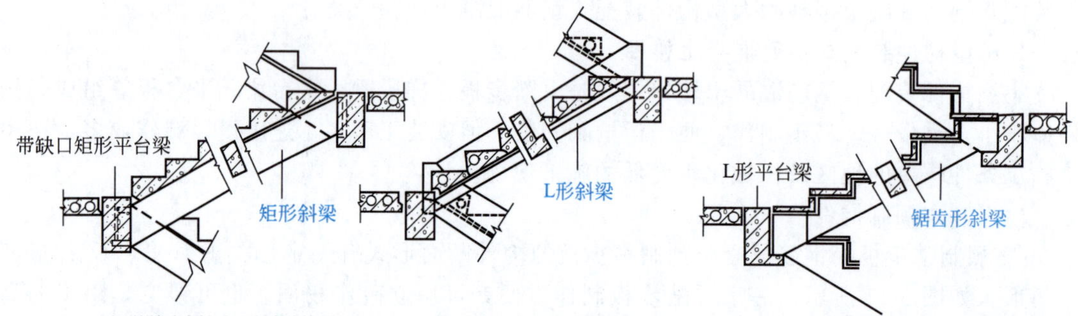

图 5-13　预制踏步梁承式钢筋混凝土楼梯

2. 中型构件装配式钢筋混凝土楼梯

中型构件装配式钢筋混凝土楼梯是将楼梯段和楼梯平台分别预制成整体构件，利用起吊设备在现场进行拼装而成。按楼梯段的结构形式不同分为板式和梁板式。板式楼梯为预制整体梯段板，两端搁置在平台梁出挑的翼缘上，将梯段荷载直接传给平台梁。梯段板有实心板和空心板两种类型，如图 5-14(a) 所示。实心板自重大，只适用于梯段跨度不大、荷载较轻的房屋。空心板有纵向和横向抽孔两种，适用于梯段斜板跨度较大的房屋。梁板式楼梯是由梯段板和梯梁共同组成一个构件，如图 5-14(b) 所示。

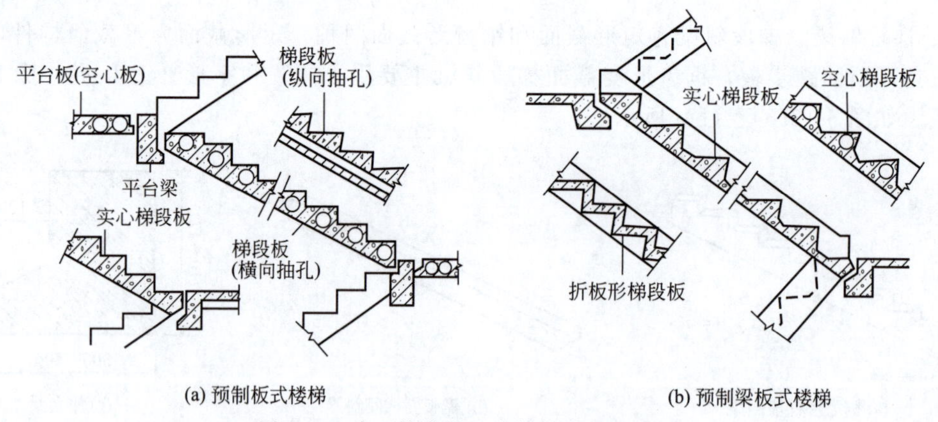

图 5-14　中型构件装配式钢筋混凝土楼梯

3. 大型构件装配式钢筋混凝土楼梯

大型构件装配式钢筋混凝土楼梯是把整个梯段和平台预制成一个构件。按结构形式不同有板式楼梯和梁板式楼梯两种，如图 5-15 所示。大型构件装配式楼梯，构件数量少，装配化程度高，施工速度快，但施工时需要大型的起重运输设备，主要用于装配式工业化建筑中。

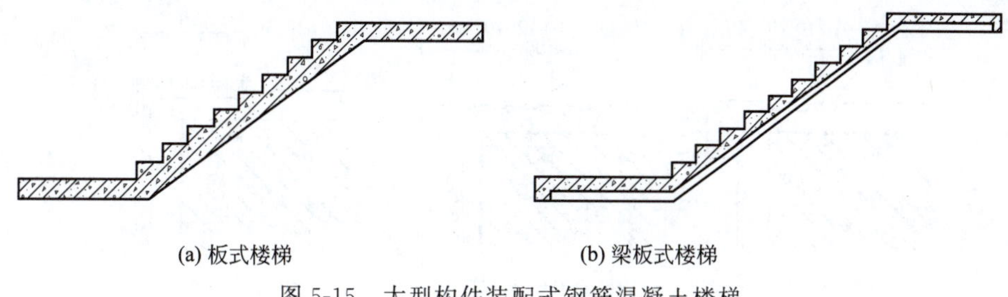

(a) 板式楼梯　　(b) 梁板式楼梯

图 5-15　大型构件装配式钢筋混凝土楼梯

任务三　楼梯细部构造

一、踏步面层及防滑处理

楼梯踏步应采取防滑措施，可采用饰面防滑、设置防滑条等。防滑措施的构造应注意舒适与美观，构造高度可与踏步平齐、凹入或略高。

踏步的面层要求耐磨、耐冲击、防滑、美观和便于清扫，常采用水泥砂浆抹面、水磨石或缸砖贴面，也可做大理石面层，如图 5-16 所示。

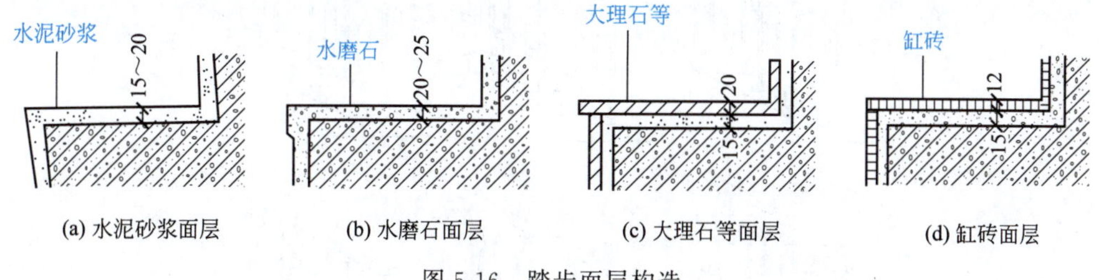

(a) 水泥砂浆面层　　(b) 水磨石面层　　(c) 大理石等面层　　(d) 缸砖面层

图 5-16　踏步面层构造

为防止行人在上下楼梯时滑倒，尤其是人流较集中拥挤的楼梯中，踏步表面应采取防滑和耐磨处理，一般是在踏步近踏口处用不同于面层的材料，如铁屑水泥、金刚砂、塑料条、橡胶条、金属条、马赛克等，做出略高出踏面的防滑条；在有些高级或特殊要求的建筑中，可铺地毯或防滑塑料或橡胶贴面，如图 5-17 所示。

二、栏杆（栏板）和扶手

楼梯栏杆（栏板）和扶手是上下楼梯的安全防护设施，也是建筑中装饰性较强的构件。栏杆（栏板）、扶手在设计和施工时应考虑坚固、安全、适用、美观等。

1. 栏杆（栏板）的形式与构造

按其材料和做法不同可分为空花式栏杆、实心式栏板、组合式栏杆等类型。

（1）空花式栏杆　空花式栏杆多采用方钢、圆钢、扁钢或钢管等型材焊接或铆接成各种图案，既起防护作用又起装饰作用，如图 5-18 所示。有时也采用木材、铝合金型材、铜材和不锈钢等制作。这种类型的栏杆重量轻、空透、轻巧。一般用于室内楼梯。空花式栏杆的空格尺寸不宜过大，通常控制在 120～150mm，以避免不安全，特别是供少儿使用的楼梯应加竖杆间距不大于 110mm。当梯井净宽大于 200 时，应设防攀滑措施。

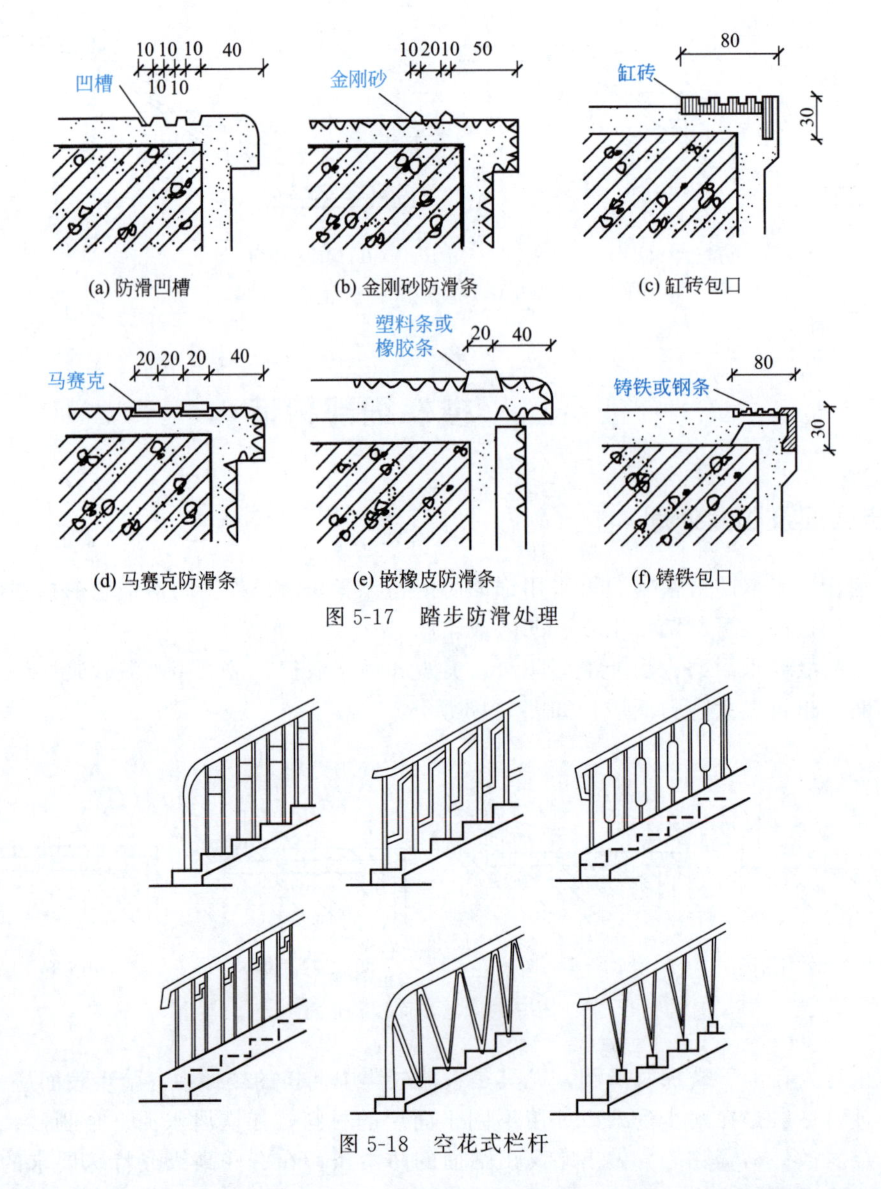

(a) 防滑凹槽　(b) 金刚砂防滑条　(c) 缸砖包口

(d) 马赛克防滑条　(e) 嵌橡皮防滑条　(f) 铸铁包口

图 5-17　踏步防滑处理

图 5-18　空花式栏杆

栏杆与踏步、平台应有可靠的连接，连接的方法主要有预埋铁件焊接、预留孔洞插接（锚接）和螺栓连接三种，如图 5-19 所示。焊接则是在踏步或平台面上预埋铁件与栏杆焊接；锚接是在踏步或平台面上预留孔洞，孔宽 50mm×50mm，深至少 80mm，将栏杆插入孔内，用水泥砂浆或细石混凝土嵌固，在折板式楼梯中宜栓接，利用螺栓将栏杆固定在踏步上。为了保护栏杆免受锈蚀和增强美观，常在竖杆下部装设套环，覆盖住栏杆与踏步或平台的交界处。

（2）组合式栏杆　组合式栏杆是将空花栏杆和栏板组合在一起构成的一种栏杆，栏杆竖杆作为主要抗侧力构件，栏板则作为防护和装饰构件，其栏杆竖杆常采用钢材或不锈钢等材料，其栏板部分常采用轻质美观材料制作，如木板、塑料贴面板、铝板、有机玻璃板和钢化玻璃板等，如图 5-20 所示。

2. 扶手的形式与构造

扶手位于栏杆顶部，是供人们上下楼梯倚扶之用的，扶手的断面形式及尺寸的选择，既

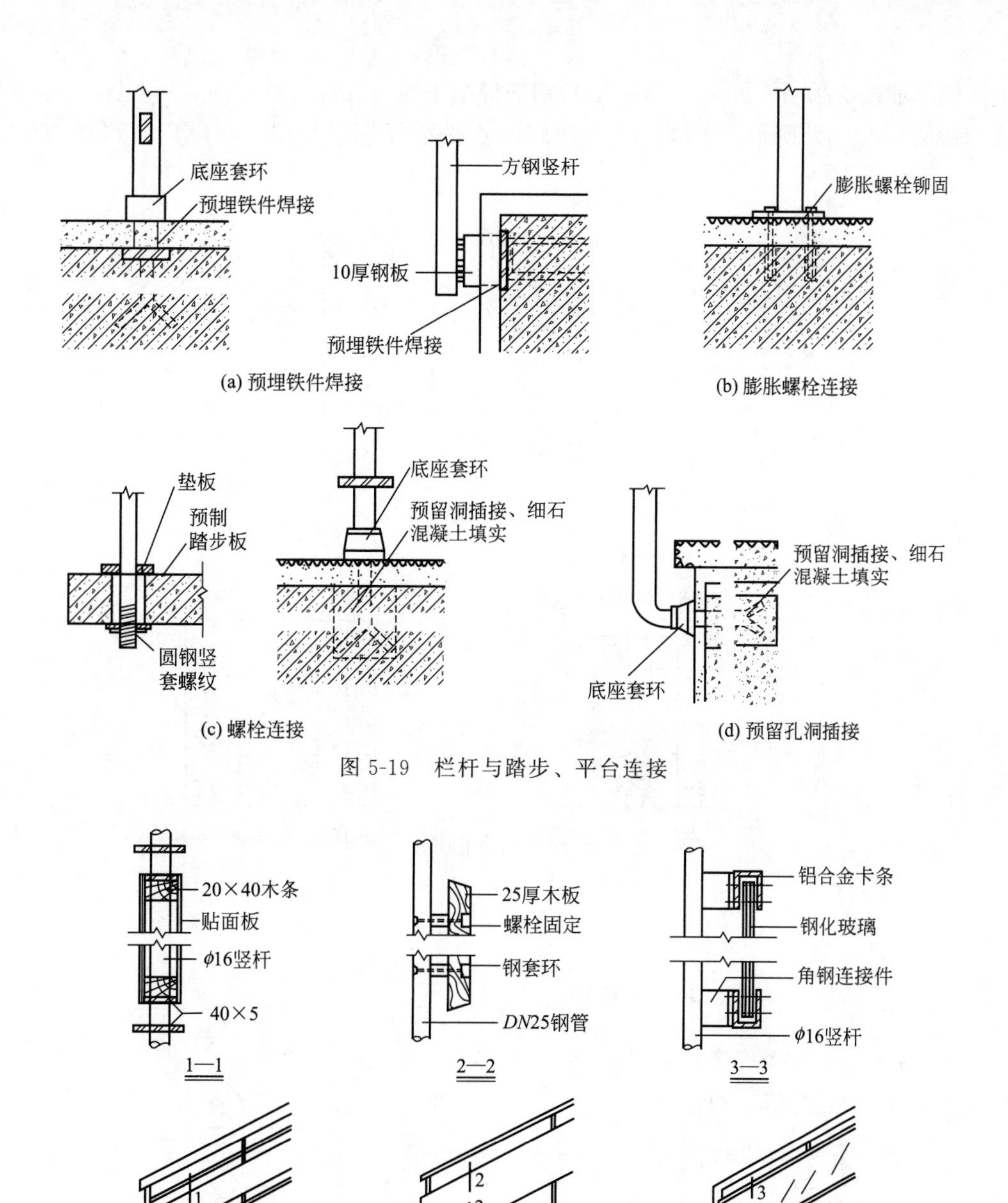

图 5-19　栏杆与踏步、平台连接

图 5-20　组合式栏杆

要考虑人体尺度和使用要求，又要考虑与楼梯的尺度关系及加工制作的可能性。一般顶面宽度不宜大于 80mm，常用木材、塑料、金属管材（钢管、铝合金管、铜管和不锈钢管等）制作。栏板顶部的扶手多用水磨石或水泥砂浆抹面形成，也可用大理石、花岗岩或人造石材贴面形成，如图 5-21 所示。

扶手与栏杆的连接方法视扶手材料而定，硬木扶手与金属栏杆的连接，一般是在栏杆竖杆顶部设通长扁钢与扶手底面或侧面的槽口榫接，用木螺钉固定。塑料扶手与金属栏杆的连接方法和硬木扶手类似。金属管材扶手与金属栏杆多采用焊接。

扶手与砖墙面的连接一般是在砖墙上预留孔洞，将扶手的连接杆件伸入洞内，用细石混凝土嵌固，如图 5-22(a) 所示。当扶手与钢筋混凝土墙（或柱）连接时，一般采用预埋钢板焊接，如图 5-22(b) 所示。靠墙扶手或顶层的水平栏杆扶手与墙、柱也应有可靠连接，如图 5-22(c)、(d) 所示。

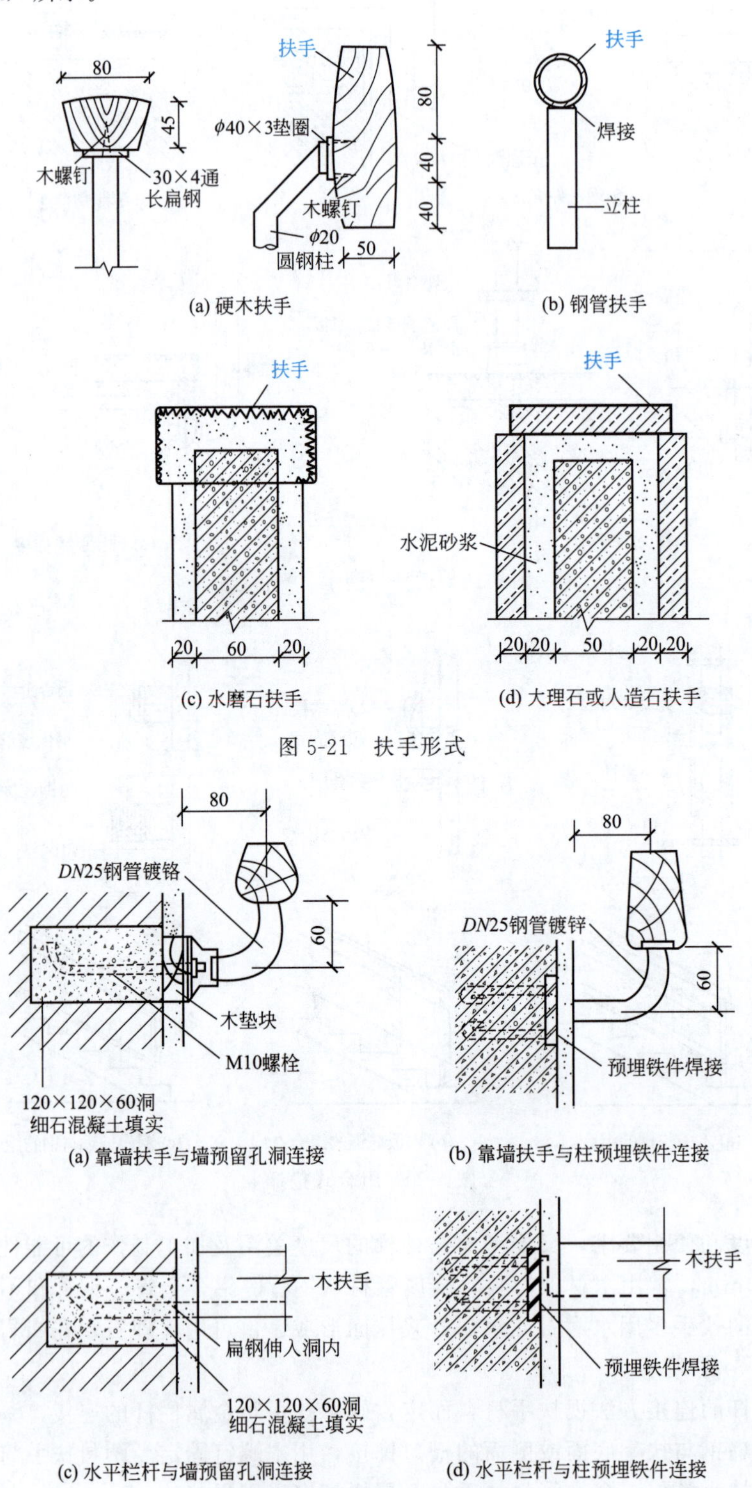

图 5-21　扶手形式

图 5-22　扶手与墙、柱的连接

3. 楼梯转折处扶手处理

在平行双跑楼梯的平台转折处，当上行楼梯和下行楼梯的第一个踏步口设在一条线上，如果平台栏杆紧靠踏步口设置，则栏杆扶手的顶部高度会出现高差，这时可以将楼梯扶手进行处理，做成一个较大的弯曲线，以解决扶手的高差变化，即鹤颈扶手。也可以将平台处栏杆移至距踏步口约半步的地方，或将上下行梯段的第一步踏步口错开一步布置，这样扶手连接较为顺畅，但减小了平台的有效宽度；还可将上下行扶手在转折处断开各自收头，因扶手断开的整体性受到影响，需在结构上互相联系，如图 5-23 所示。

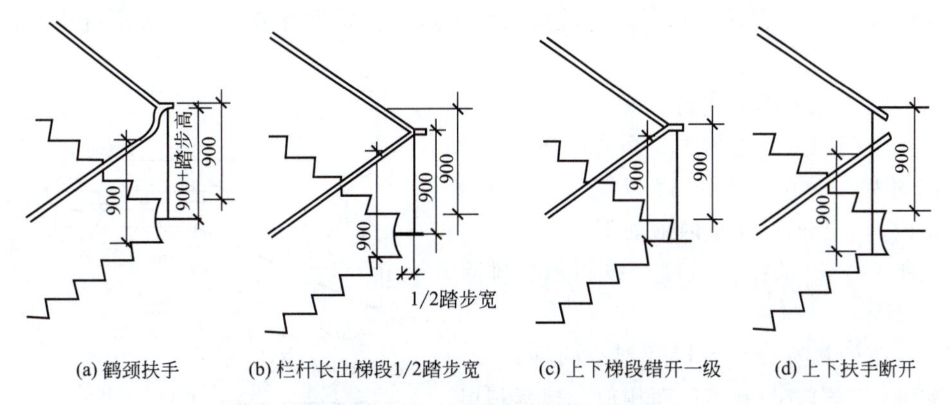

(a) 鹤颈扶手　(b) 栏杆长出梯段1/2踏步宽　(c) 上下梯段错开一级　(d) 上下扶手断开

图 5-23　转折处扶手高差处理方法

任务四　台阶、坡道

台阶与坡道是连接两个不同标高地坪的构件。在一般民用建筑中，是在车辆通行及专为残疾人使用的特殊情况下才设置坡道，有时在走廊内为解决小尺寸高差时也用坡道。台阶和坡道在入口处对建筑物的立面还具有一定的装饰作用，因而设计时既要考虑实用，还要注意美观。

一、台阶的尺度与构造

台阶有室内台阶和室外台阶之分。楼房首层地面到楼梯间储藏室的台阶为室内台阶；室外台阶是建筑出入口处室内地面与室外地面高差之间的交通联系构件。本任务仅介绍室外台阶。

台阶由踏步和平台两部分组成。其形式有单面踏步、三面踏步、坡道、踏步与坡道结合，如图 5-24 所示。

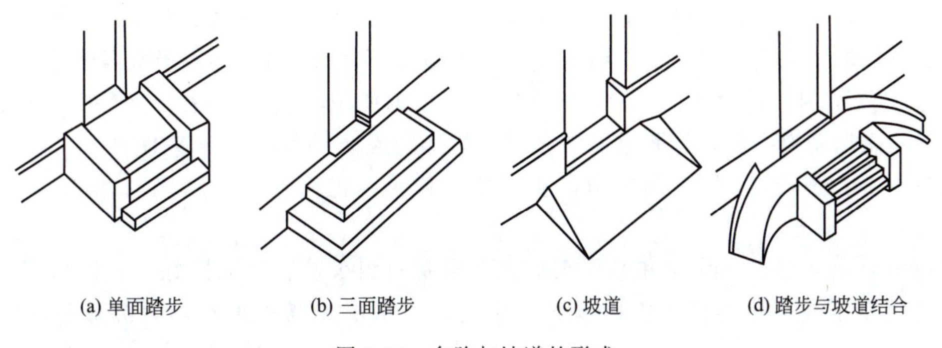

(a) 单面踏步　(b) 三面踏步　(c) 坡道　(d) 踏步与坡道结合

图 5-24　台阶与坡道的形式

台阶设置应符合下列规定［详见《民用建筑设计统一标准》（GB/T 50352—2019）规定］：

① 公共建筑室内外台阶踏步宽度不宜小于0.3m，踏步高度不宜大于0.15m，且不宜小于0.1m；

② 踏步应采取防滑措施；

③ 室内台阶踏步数不宜少于2级，当高差不足2级时，宜按坡道设置；

④ 台阶总高度超过0.7m时，应在临空面采取防护设施；

⑤ 阶梯教室、体育场馆和影剧院观众厅纵走道的台阶设置应符合国家现行相关标准的规定。

台阶的踏步数根据室内外高差确定。平台的长度应不小于门洞宽每边各加500mm，平台的宽度应为门扇宽加300～600mm。为防止雨水积聚或溢入室内，平台面应比室内地面低20～60mm，并向外做1%～4%的排水坡度，以利积水排除，如图5-25所示。

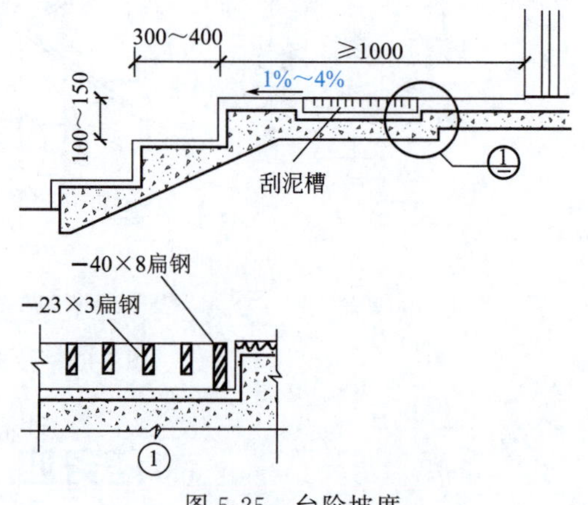

图5-25　台阶坡度

室外台阶的构造分为实铺和架空两种，多为实铺。实铺台阶构造与底层地面相似，包括基层、垫层、面层三部分，如图5-26(a)、(b)所示。基层是素土夯实；垫层多采用混凝土、碎砖混凝土或砌砖，其强度和厚度应根据台阶的尺寸相应调整；面层有整体式和铺贴式两大类，如水泥浆、水磨石、剁斧石、缸砖、天然石材等。

当台阶尺寸较大或在严寒地区，为保证台阶不开裂，往往选用架空台阶或换土处理。架空台阶的平台板和踏步板一般采用预制钢筋混凝土板，并用梁或砖砌地垄墙做支撑，如图5-26(c)所示。换土是将台阶下部一定深度范围内的土换掉，改设砂石垫层，如图5-26(d)所示。

5.4　台阶与坡道

二、坡道

当室外门前有车辆经常出入或不适宜做台阶的部位常做成坡道，如医院、宾馆、幼儿园等处应设置坡道，有些大型公共建筑应考虑车辆能在出入口处通行，或在有残疾人轮椅车通行的建筑门前，常采用台阶与坡道相结合的形式，以方便出入。坡道的坡度要方便车辆和行人出入，室内坡道坡度不宜大于1∶8，室外坡道坡度不宜大于1∶10；当室内坡道水平投影长度超过15.0m时，宜设休息平台，平台宽度应根据使用功能或设备尺寸所需缓冲空间而定，坡道应采取防滑措施，将坡道面层做成锯齿形或设防滑条，如图5-27所示。当坡道总高度超过0.7m时，应在临空面采取防护设施［详见《民用建筑设计统一标准》（GB/T 50352—2019）规定］。

坡道也是由面层、结构层和基层组成，要求材料耐久性、抗冻性好、表面耐磨。常见结构层有混凝土或石块等，面层以水泥砂浆居多，基层注意防止不均匀沉降和冻胀土的影响。

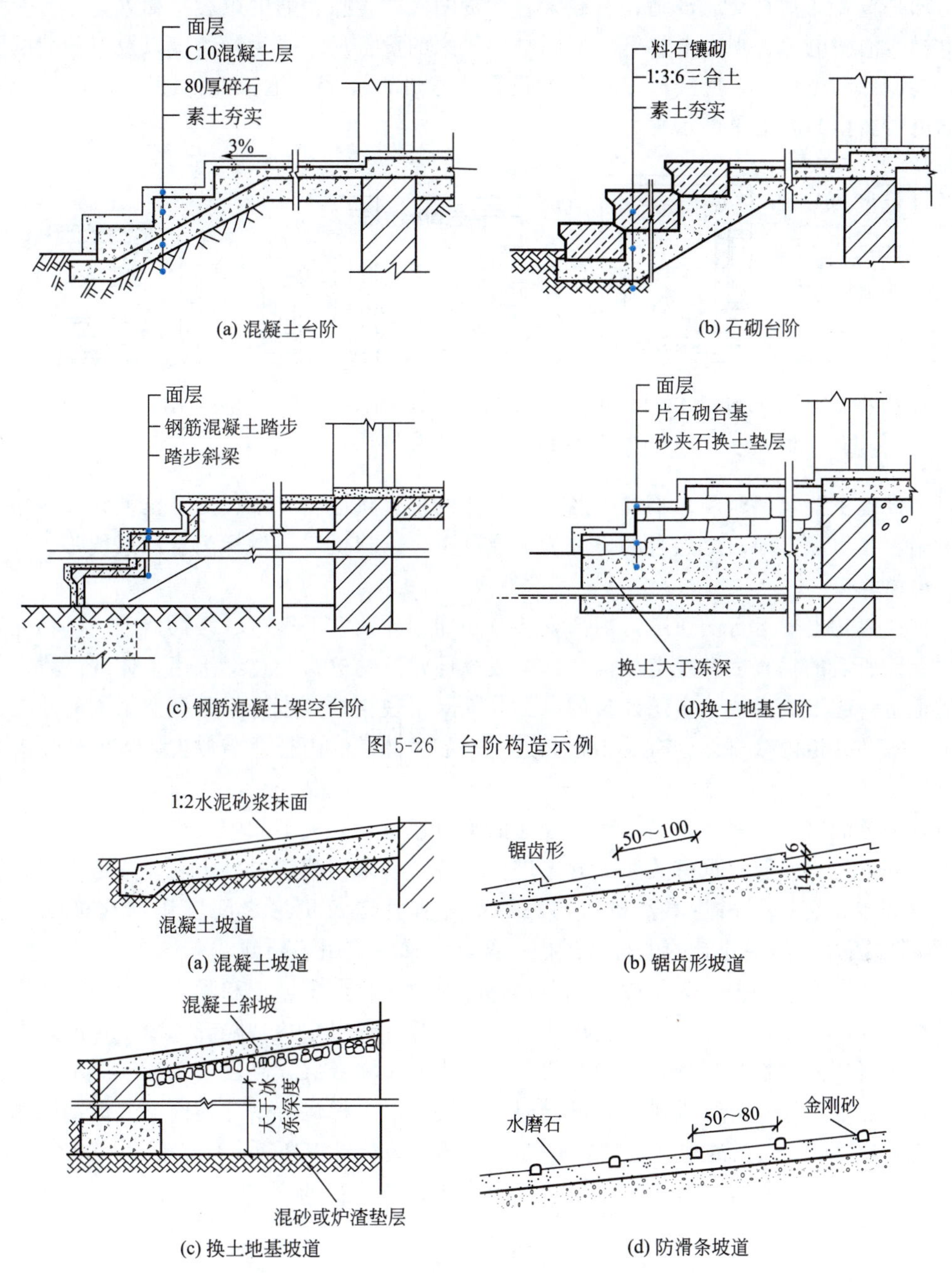

(a) 混凝土台阶　(b) 石砌台阶

(c) 钢筋混凝土架空台阶　(d)换土地基台阶

图 5-26　台阶构造示例

(a) 混凝土坡道　(b) 锯齿形坡道

(c) 换土地基坡道　(d) 防滑条坡道

图 5-27　坡道的构造

任务五　电梯及自动扶梯

一、电梯

四层及四层以上住宅或住户入口层楼面距室外设计地面超过 10m 时必须设置电梯。十二层及以上的住宅，每单元设置不少于两台电梯。

电梯是重要的垂直交通设施，有载人、载货两大类，除普通的乘客电梯外，还有专用的病床电梯、消防电梯、观光电梯等。不同电梯厂家的设备尺寸、运行速度以及对土建的要求不同，在设计和施工时，应按厂家提供的设备尺寸进行设计、施工。如图 5-28 所示为不同类型的电梯类型与井道平面示意。

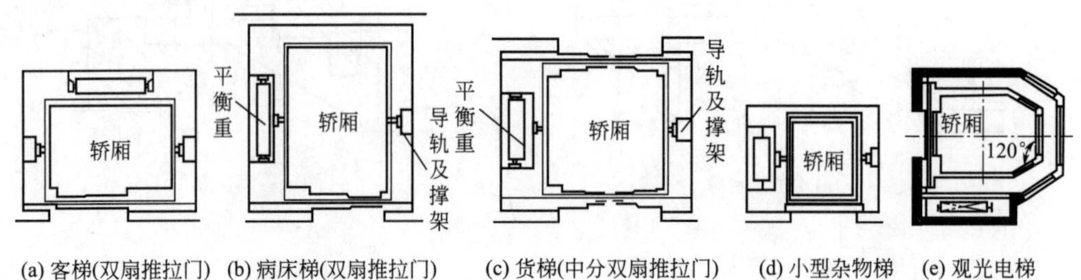

图 5-28　电梯类型与井道平面示意

电梯设备主要包括轿厢、平衡重及它们各自的垂直轨道与支架、提升机械和一些相关的其他设施，在土建方面与之配合的设施为电梯井道、电梯机房、电梯门套和地坑等。

1. 电梯井道

电梯井道是电梯运行的通道，内部安装有轿厢、导轨、平衡重、缓冲器等。电梯井道要求必须保证所需的垂直度和规定的内径，一般高层建筑的电梯井道都采用整体现浇式，与其他交通枢纽一起形成内核。多层建筑的电梯井道除了现浇外，也有采取框架结构的，在这种情况下，电梯井道内壁可能会有突出物，这时，应将井道的内径适当放大，以保证设备安装及运行不受妨碍。

（1）井道的防火　井道是高层建筑穿通的垂直通道，火灾事故中火焰及烟气容易从中蔓延。因此井道的构件应根据有关防火规定进行设计，多采用钢筋混凝土墙。井道内严禁铺设可燃气、液体管道；电梯井道及机房与相邻的电梯井道及机房之间应用耐火极限不低于 2.5h 的隔墙隔开；高层建筑的电梯井道内，两部电梯时应用墙隔开。

（2）井道隔音、隔振　为了减轻机器运行时对建筑物产生振动和噪声，应采取适当的隔音和隔振措施。一般情况下，只在机房机座下设置弹性垫层来达到隔音和隔振目的，电梯运行速度超过者，除弹性垫层外，还应在机房和井道间设隔音层，高度为 1.5～1.8m。

（3）井道的通风　井道设排烟口的同时，还要考虑电梯运行中井道内空气流动问题。一般运行速度在 2m/s 以上的乘客电梯在井道的顶部和地坑应有不小于 300mm×600mm 的通风孔，上部可以和排烟口结合，排烟口面积不小于井道面积的 3.5%。层数较多的建筑，中间也可酌情增加通风孔。

2. 电梯机房

电梯机房一般设置在电梯井道的顶部，少数设在顶层、底层或地下，如液压电梯的机房位于井道的底层或地下。机房尺寸须根据机械设备尺寸及管理、维修等需要来确定，可向两个方向扩大，一般至少有两个方向每边扩出 600mm 以上的宽度，高度多为 2.5～3.5m。机房应有良好的采光和通风，其围护结构应具有一定的防火、防水和保温、隔热性能。为了便于安装和检修，机房和楼板应按机器设备要求的部位预留孔洞。

3. 电梯门套

电梯门套装修的构造做法应与电梯厅的装修统一考虑，可用水泥砂浆抹灰，水磨石或木板装修，高级的还可采用大理石或金属装修，如图 5-29 所示。

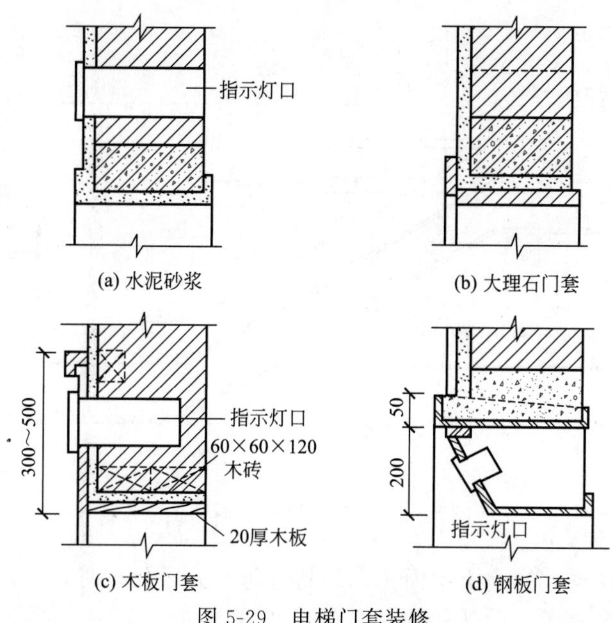

图 5-29　电梯门套装修

电梯门一般为双扇推拉门，宽 800～1500mm，有中央分开推向两边的和双扇推向同一边的两种。推拉门的滑槽通常安置在门套下楼板边梁如牛腿状挑出的部分，如图 5-30 所示。

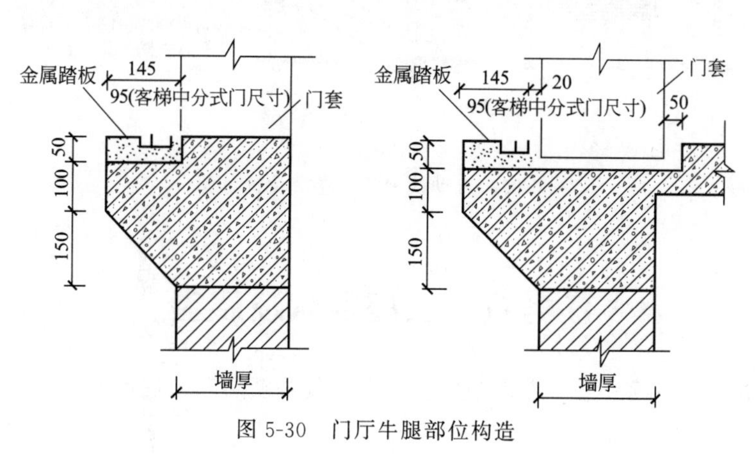

图 5-30　门厅牛腿部位构造

二、自动扶梯

自动扶梯适用于有大量人流上下的公共场所，如车站、商场等。自动扶梯是建筑物楼层间联系效率最高的载客设备。一般自动扶梯均可正、逆两个方向运行，可作提升及下降使用，机器停转时可作普通楼梯使用。平面布置可单台设置或双台并列，当双台并列时，两者之间应留有足够的间距，以保证装修方便及使用安全。

自动扶梯的坡度比较平缓，一般 30°左右，运行速度为 (0.5～0.7)m/s，宽度按输送能力有单人和双人两种。自动扶梯由电动机械牵动梯段、踏步连同栏杆扶手带一起运转，机房悬挂在楼板下面，楼层下做装饰外壳处理，底层做地坑。在其机房上部自动扶梯的入口处，应做活动地板，以利检修。地坑也应做防水处理。如图 5-31 所示为自动扶梯基本尺寸。

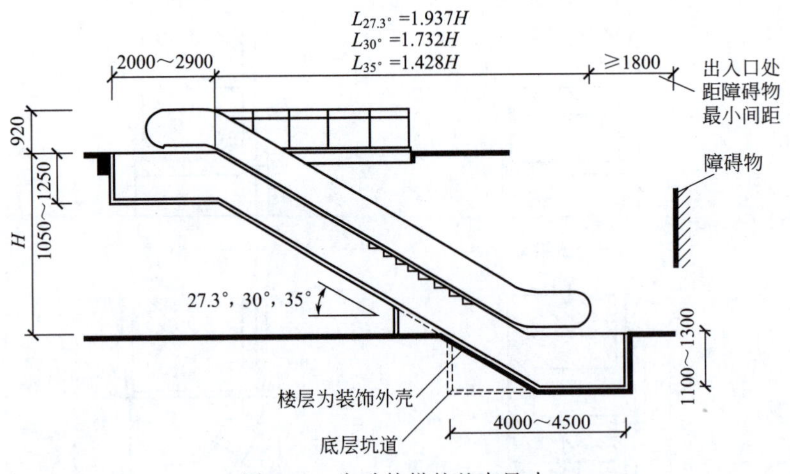

图 5-31　自动扶梯的基本尺寸

建筑物设置自动扶梯，当上下层面积总和超过防火分区面积时，应按防火要求设置防火隔断或复合式防火卷帘封闭自动扶梯井，如图 5-32 所示。

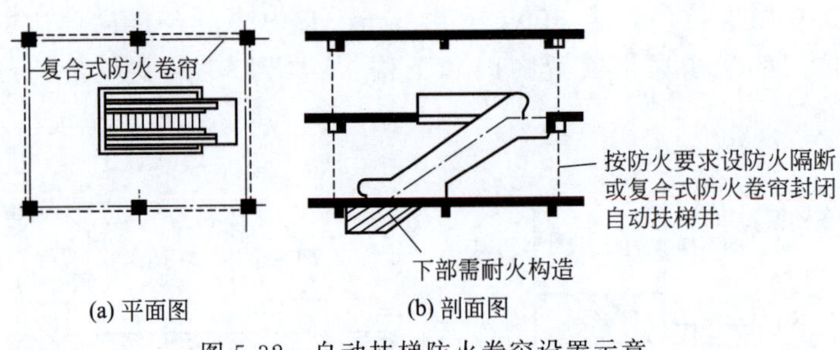

图 5-32　自动扶梯防火卷帘设置示意

任务六　工程现状及展望

随着高档楼市的持续升温，楼市中独立别墅、复式跃层和错层的房子多了起来，楼梯开始家具化。

(1) 木制楼梯　在未来的家具设计发展中，楼梯的家具化将是一个必然的趋势，这是市场占有率最大的一种，消费者喜欢的原因主要是木材本身有温暖感，加之与地板材质和色彩容易搭配，施工相对也比较方便。

(2) 铁制楼梯　此种楼梯多了一份活泼的情趣。它实际上是木制品和铁制品的复合楼梯。楼梯护栏中锻打的花纹选择余地较大，有柱式的，也有各类花纹组成的图案；色彩有仿古，也有以铜和铁的本色出现的，这类楼梯扶手都是专门定制的，加工复杂，价格较高。铸铁的楼梯相对来说款式少一些，一般厂商有固定制造的款式，客户可以从中选择，色彩可根据客户要求加工。追求形式多变的人会选择这类楼梯。

(3) 大理石楼梯　此种楼梯适用于楼地面已铺设大理石，为保持室内色彩和材料的统一性，用大理石继续铺设楼梯，但在扶手的选择上大多保留木制品，使冷冰冰的空间增加一点暖色材料，给人以够档次的感觉。

（4）玻璃楼梯　这是比较新的款式，适合年轻人。玻璃大都用磨砂的，不全透明，厚度在10mm以上。这类楼梯也有用木制品做扶手，价格比进口大理石低一点。

（5）钢制楼梯　这是比较另类的选择，并可折叠、推拉，但目前已成为风尚。一般在材料的表面喷涂颜料，因为这种颜料是亚光的，没有闪闪发光的刺眼感觉。这类楼梯的材料和加工费都较高。除此之外，还有钢丝、麻绳等作护栏的，配上木制楼板和扶手，看上去感觉也不错。这类既新潮又有点回归自然的装饰楼梯，价格低廉，但却颇为时尚。

能力训练题

一、基础考核

（一）填空题

1.楼梯由（　　　　）、（　　　　）、（　　　　）组成。

2.楼梯的平台处净高为（　　　　），梯段处净高为（　　　　）。

3.休息平台的宽度应该（　　　　）。

4.常用的防滑条材料有（　　　　）、（　　　　）、（　　　　）、（　　　　）、（　　　　）、（　　　　）等。

（二）判断题

1.任何类型的楼梯均可作为疏散楼梯。（　　）

2.设有电梯的建筑可不设有疏散楼梯。（　　）

3.商场的自动扶梯在紧急情况下可作为疏散楼梯。（　　）

4.楼梯栏杆扶手的高度一般为900mm，供儿童使用楼梯应在500～600mm高度增设扶手。（　　）

（三）单选题

1.楼梯栏杆扶手的高度一般为（　　），供儿童使用的楼梯应在（　　）左右高度增设扶手。

A. 1000mm，400mm　　B. 1000mm，500mm

C. 900mm，600mm　　D. 900mm，400mm

2.室外台阶的踏步高一般为（　　）。

A. 150mm　　B. 180mm　　C. 120mm　　D. 100～150mm

3.为防儿童跌落，栏杆垂直杆件间净距不应大于（　　）。

A. 150mm　　B. 130mm　　C. 110mm　　D. 100mm

4.当楼梯梯段通行人数达四股人流时，扶手设置要求为（　　）。

A.除两侧设扶手外还应加设中间扶手　　B.只设两侧扶手

C.只设中间扶手　　D.只临空设

（四）简答题

1.楼梯是由哪些部分组成的？各组成部分的作用及要求如何？

2.楼梯净高有何规定？当在平行双跑楼梯底层中间平台下，需设置通道时，为保证平台下净高满足要求。一般可采用哪些解决办法？哪种办法较合理？

3.楼梯段宽度、平台宽度有何规定？

二、联系实际

1.调研所在学校三幢建筑物的楼梯类型。

2. 观察以上三幢建筑物的楼梯平台高度、梯段高度、扶手高度分别是多少？

3. 观察以上三幢建筑物的楼梯踏步的防滑措施是什么？

三、链接执业考试

1.（2017 年二级建造师考题）关于民用建筑构造要求的说法，错误的是（　　）。

A. 阳台、外窗、室内回廊等应设置防护

B. 儿童专用活动场的栏杆，其垂直栏杆间的净距不应大于 0.11m

C. 室内楼梯扶手高度自踏步前缘线量起不应大于 0.80m

D. 有人员正常活动的架空层的净高不应低于 2m

2.《住宅设计规范》规定在什么情况下，高层住宅每幢楼至少需要设置两部电梯？（　　）

A. 12 层及以上　　B. 15 层及以上　　C. 18 层及以上　　D. 24m 及以上

项目六　门　窗

❖ 学习目标

1. 掌握门窗的作用、类型和构造要求。
2. 掌握平开木门窗的组成和构造方法。
3. 了解塑钢门窗、铝合金门窗的组成和基本构造原理。
4. 熟悉建筑中遮阳的作用、要求和遮阳板的基本形式。
5. 训练相应门窗图的识读与绘制。

❖ 能力目标

1. 能熟练识读门窗的建筑施工图，将门窗的相关知识应用于施工中。
2. 能处理门窗施工时所遇到的一般问题。

在建筑中，门和窗是建筑物的重要组成部分，也是主要围护构件之一。门窗类型有很多种，包括木门窗、铝合金门窗、塑钢门窗等。本项目着重介绍木门窗的构造及构造原理，并对铝合金门窗、塑钢门窗和特种门窗侧重介绍其特点和节点连接构造。

任务一　门窗的作用及类型

一、门窗的作用

门的主要作用是内外联系（交通和疏散）、围护和分隔空间、建筑立面装饰和造型并兼有采光和通风作用。窗的主要作用是采光、通风、围护和分隔空间、联系空间（观望和传递）、建筑立面装饰和造型以及在特殊情况下交通和疏散等。在构造上门窗还要有一定的保温、隔热、防雨、防火、防风沙等能力，以及满足开启灵活、关闭紧密、坚固耐久、便于擦洗、符合模数等方面的要求。实际工程中，门窗的制作生产已具有标准化、规格化和商品化的特点，各地都有标准图供设计者选用。

二、门窗的类型

6.1　门窗的作用及类型

1. 按开启方式分类

（1）窗　窗按其开启方式的不同，常见的有以下几种（图 6-1）。

① 平开窗。平开窗有内开和外开之分。它构造简单，制作、安装、维修、开启等都比较方便，在一般建筑中应用最广。见图 6-1(a)。

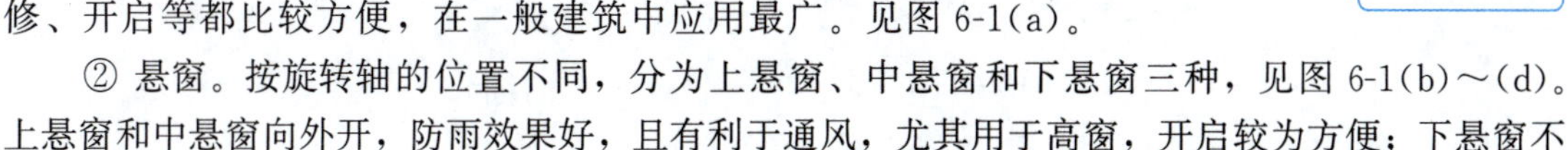

② 悬窗。按旋转轴的位置不同，分为上悬窗、中悬窗和下悬窗三种，见图 6-1(b)～(d)。上悬窗和中悬窗向外开，防雨效果好，且有利于通风，尤其用于高窗，开启较为方便；下悬窗不

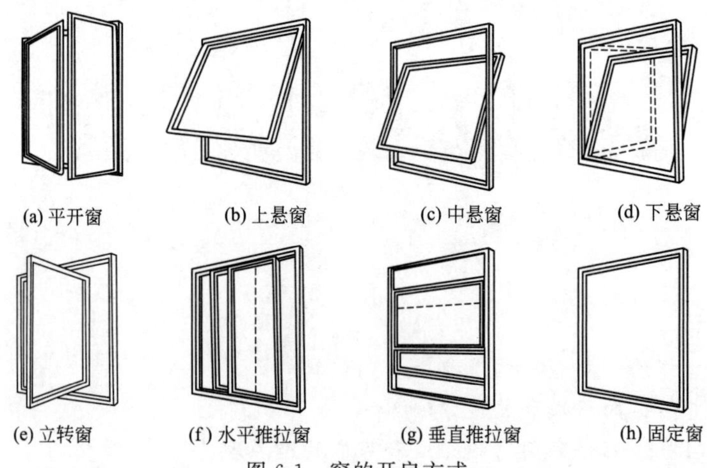

图 6-1 窗的开启方式

能防雨，且开启时占据较多的室内空间，或与上悬窗组成双层窗用于有特殊要求的房间。

③ 立转窗。立转窗为窗扇可以沿竖轴转动的窗。竖轴可设在窗扇中心，也可以略偏于窗扇一侧。立转窗的通风效果好。见图 6-1(e)。

④ 推拉窗。推拉窗分为水平推拉和垂直推拉两种，见图 6-1(f)、(g)。水平推拉窗需要在窗扇上下设轨槽，垂直推拉窗要有滑轮及平衡措施。推拉窗开启时不占据室内外空间，窗扇和玻璃尺寸可以较大，但它不能全部开启，通风效果受到影响。推拉窗对铝合金窗和塑料窗比较实用。

⑤ 固定窗。固定窗为不能开启的窗，仅作采光和通视用，玻璃尺寸较大，见图 6-1(h)。

(2) 门　按其开启方式的不同，常见的门有以下几种（图 6-2）。

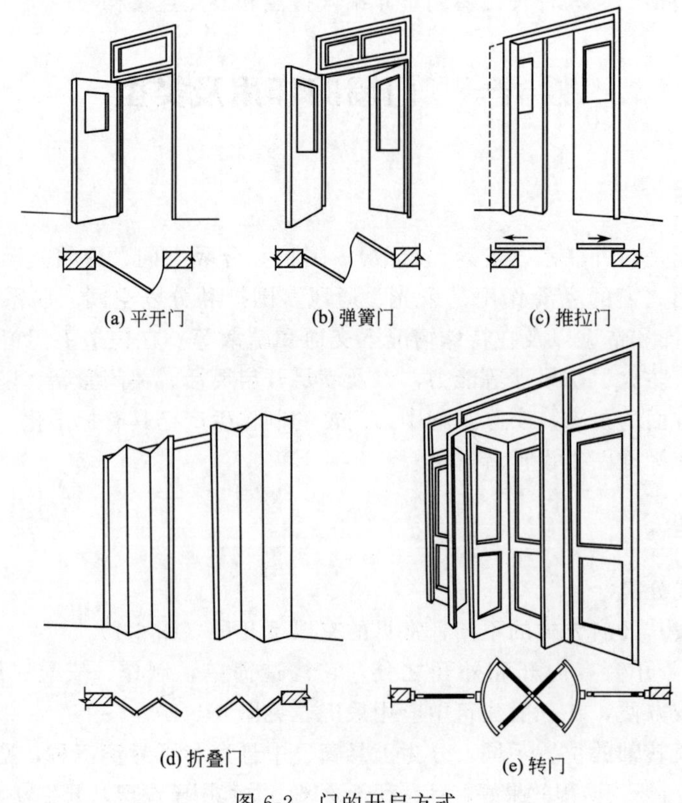

图 6-2 门的开启方式

① 平开门。平开门具有构造简单，开启灵活，制作安装和维修方便等特点。分单扇、双扇和多扇，内开和外开等形式，是一般建筑中使用最广泛的门。见图 6-2 (a)。

② 弹簧门。弹簧门的形式同平开门，区别在于侧边用弹簧铰链或下边用地弹簧代替普通铰链，开启后能自动关闭。单向弹簧门常用于有自动关闭要求的房间，如卫生间的门、纱门等。双向弹簧门多用于人流出入频繁或有自动关闭要求的公共场所，如公共建筑门厅的门等，双向弹簧门应在可视高度部分装透明玻璃，供出入的人相互观察，以免碰撞。见图 6-2 (b)。

③ 推拉门。门扇沿上下设置的轨道左右滑行，有单扇和双扇两种，见图 6-2(c)。推拉门占用面积小，受力合理，不易变形，但构造复杂。

④ 折叠门。门扇可拼合，折叠推移到洞口的一侧或两侧，少占房间的使用面积。简单的折叠门，可以只在侧边安装铰链，复杂的还要在门的上边或下边装导轨及转动五金配件。见图 6-2(d)。

⑤ 转门。转门是三扇或四扇用同一竖轴组合成夹角相等、在弧形门套内水平旋转的门，对防止内外空气对流有一定的作用。它可以作为人员进出频繁且有采暖或空调设备的公共建筑的外门。在转门的两旁还应设平开门或弹簧门，以作为不需要空气调节的季节或大量人流疏散之用。转门构造复杂，造价较高，一般情况下不宜采用。见图 6-2(e)。

此外，还有上翻门、升降门、卷帘门等形式，一般适用于洞口较大、有特殊要求的房间，如车库的门等。

2. 按门窗的材料分类

按生产门窗用的材料不同，常见的门窗有木门窗、钢门窗、铝合金门窗及塑料门窗等类型。木门窗加工制作方便，价格较低，应用较广，但木材耗量大，防火能力差。钢门窗强度高，防火好，挡光少，在建筑上应用很广，但钢门窗保温较差，易锈蚀。铝合金门窗美观，有良好的装饰性和密闭性，但成本高，保温差。塑料门窗同时具有木材的保温性和铝材的装饰性，是近年来为节约木材和有色金属发展起来的新品种，国内已有相当数量的生产，但在目前，它的成本较高，其刚度和耐久性还有待进一步完善。另外，还有一种全玻璃门，主要用于标准较高的公共建筑中的主要入口，它具有简洁、美观、视线无阻挡及构造简单等特点。

任务二　门窗的构造与尺度

一、木门的构造

1. 木门的组成

门由门框、门扇、亮子、五金零件及附件组成。木门框由上框、边框、中横框、中竖框组成，一般不设下槛。门扇有镶板门、夹板门、拼板门、玻璃门、百叶门和纱门等。亮子又称腰窗，它位于门的上方，起辅助采光及通风的作用。有时有贴脸板和筒子板等附件，如图 6-3 所示。

2. 平开木门的构造

(1) 门框　门框是由两个竖向边框和上框组成的，门上设亮子时还有中横框，两扇以上的门还设有中竖框，有时根据需要下部还设有下框，即一般称为门槛。设门槛时有利于保温、隔音、防风雨，无门槛时有利于通行和清扫。

门框断面尺寸与门的总宽度、门扇类型、厚度、重量及门的开启方式有关，如图 6-4 所示。

（2）门扇　木门扇主要由上冒头、中冒头、下冒头、门框边梃、中梃及门芯板等组成。按门板的材料，木门又有镶板门、夹板门、拼板门、玻璃门、百叶门和纱门等。在此，仅对镶板门和夹板门作简单介绍。

① 镶板门。这种门应用最为广泛。门扇的骨架由边梃、上冒头、中冒头、下冒头组成，在骨架内镶门芯板，门芯板可为木板、胶合板、硬质纤维板、玻璃、百叶等，如图 6-5 所示。这种门扇的构造简单，加工制作方便，适用于一般民用建筑的内门和外门。

木门芯板一般用 10～15mm 厚的木板拼装成整块，镶入边梃和冒头中，板缝应结合紧密，不能因木材干缩而产生裂缝。门芯板的拼接方式有四种，分别为平缝胶合、木键拼缝、高低缝和企口缝，如图 6-6 所示。工程常用的为高低缝和企口缝。

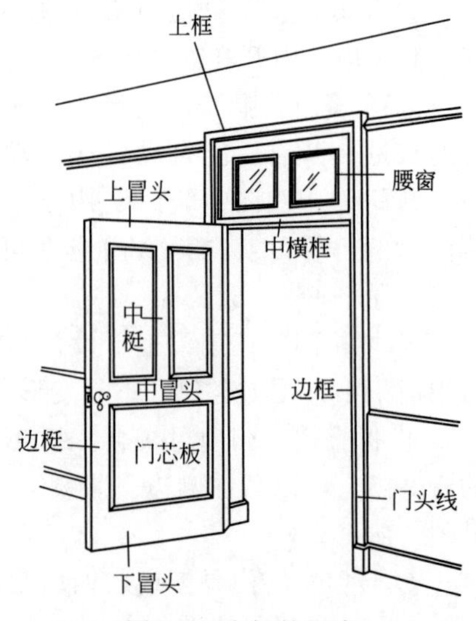

图 6-3　木门的组成

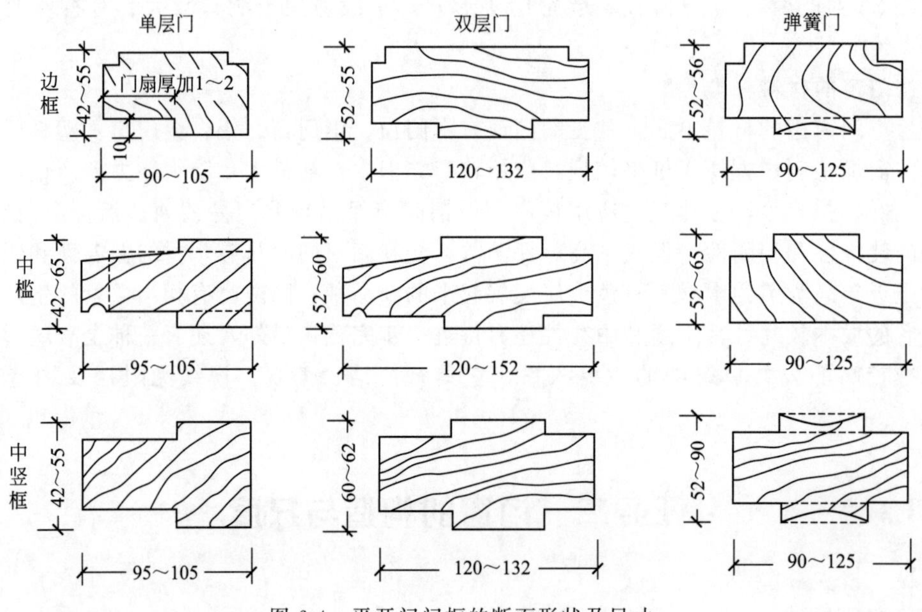

图 6-4　平开门门框的断面形状及尺寸

门芯板与框的镶嵌，可用暗槽、单面槽和双边压条做法。玻璃的嵌固用油灰或木压条，塑料纱则用木压条嵌固。

门扇的安装通常在地面完成后进行，门扇下部距地面应留出 5～8mm 缝隙。

② 夹板门。夹板门门扇由骨架和面板组成，骨架通常用（32～35）mm×（33～60）mm 的木料做框子，内部用（10～25）mm×（33～60）mm 的小木料做成格形纵横肋条，肋距视木料尺寸而定，一般为 200～400mm，为使门扇内通风干燥，避免因内外温度、湿度差而产生变形，在骨架上设通风孔，为节约木材，也可用浸塑蜂窝纸板代替木骨架。如图 6-7 所示是夹板门骨架的几种形式。

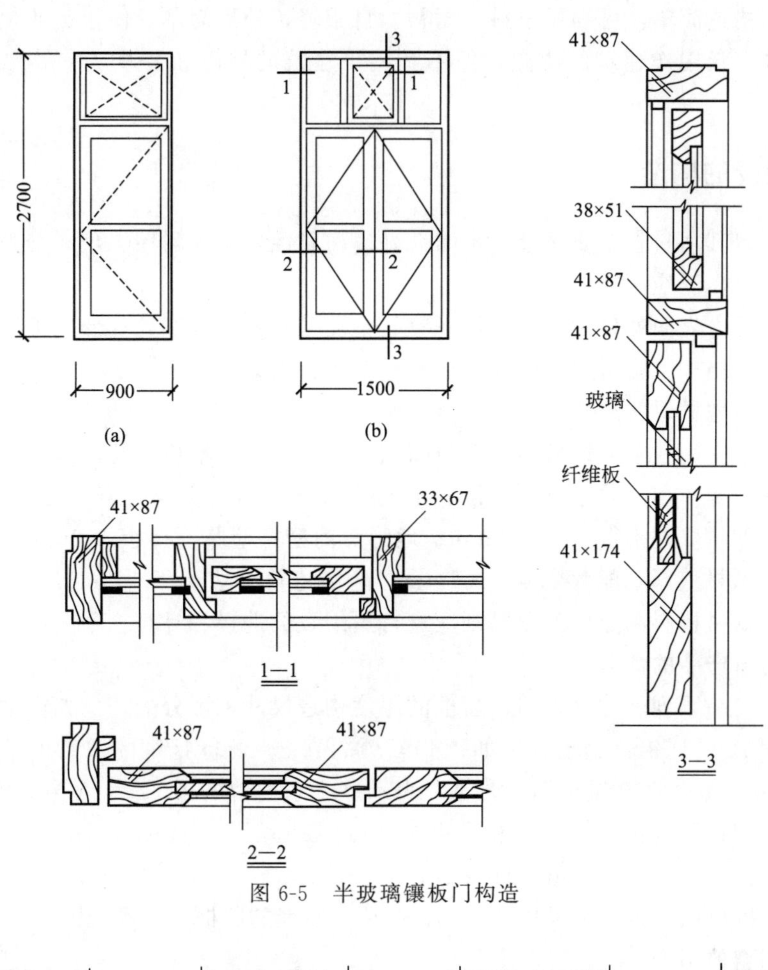

图 6-5　半玻璃镶板门构造

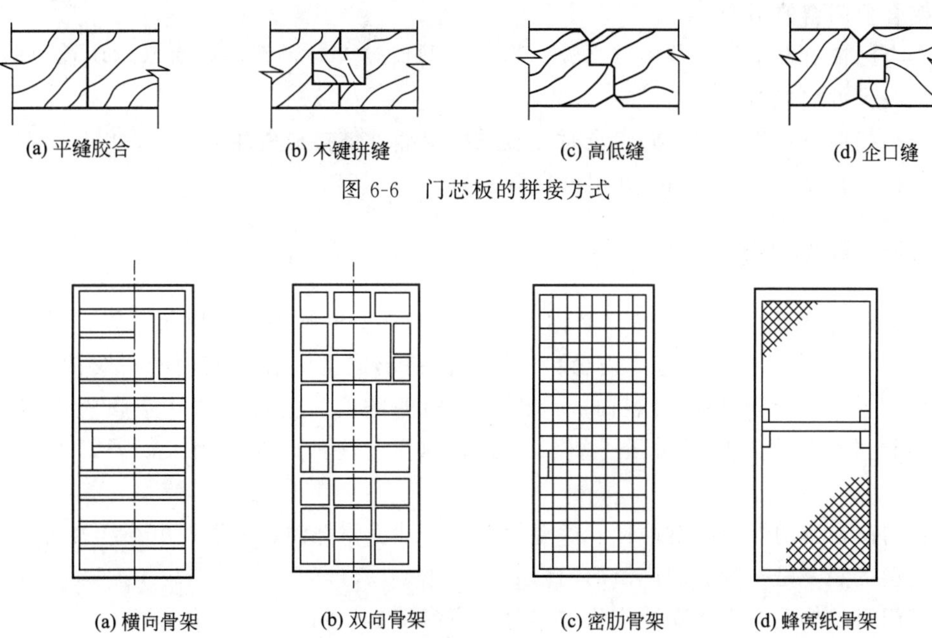

(a) 平缝胶合　(b) 木键拼缝　(c) 高低缝　(d) 企口缝

图 6-6　门芯板的拼接方式

(a) 横向骨架　(b) 双向骨架　(c) 密肋骨架　(d) 蜂窝纸骨架

图 6-7　夹板门骨架形式

由于夹板门构造简单，可利用小料、短料，自重轻，外形简单，便于工业化生产，在一般民用建筑中被广泛用作建筑的内门，但不宜用于建筑的外门和公共浴室等湿度较大的房间门。

二、铝合金门窗的构造

铝合金门窗以其用料省、质量轻、密闭性好、耐腐蚀、坚固耐用、色泽美观、维修费用低等优点已经得到广泛应用。

铝合金门窗是由表面处理过的铝材经下料、打孔、铣槽、攻螺纹等加工工序，制作成门窗框料，然后与连接件、密封件、门窗五金件一起组合而成的。

1. 铝合金门窗型材用料尺寸

铝合金门窗型材用料系薄壁结构，型材断面中留有不同的槽口和孔，它们分别起着空气对流、排水、密封等作用。对于不同部位、不同开启方式的铝合金门窗，其壁厚均有规定：普通铝合金门窗型材壁厚不得小于 0.8mm；地弹簧门型材壁厚不得小于 2mm；用于多层建筑外铝合金门窗型材壁厚一般为 1.0～1.2mm；高层建筑不应小于 1.2mm；必要时可增设加固件。组合门窗拼樘料和竖梃的壁厚则应进行更细致的选择和计算。

2. 铝合金门窗产品的命名

铝合金门窗产品系列名称是以门、窗框的厚度构造尺寸来区分的，例如窗框厚度构造尺寸为 70mm，称 70 系列铝合金窗；再如，TLC70-32A-S，此标记中的“TLC”代表“推拉铝合金窗”，“70”表示“70 系列”，“32A”表示这一系列中的第 32 号 A 窗，字母“S”表示纱扇。平开窗窗框厚度构造尺寸一般采用 40mm、50mm、70mm 的厚度；推拉窗窗框采用 55mm、60mm、70mm、90mm 的厚度；平开铝合金门框一般采用 50mm、55mm、70mm 的厚度；推拉铝合金门则采用 70mm、90mm 厚度的门框。

3. 铝合金门窗的组合

铝合金门窗有基本门、基本窗之分。当门窗洞口较大时，则需要对基本门窗进行组合，形成一樘较大的门或窗。

铝合金门窗进行横向和竖向组合时，应采取套插、搭接形成曲面结合，以保证门窗的安装质量。搭接长度宜为 10mm，并用密封膏密封。

三、塑钢门窗的构造

塑钢门窗是以改性聚氯乙烯（简称 UPVC）或其他树脂为主要原料，以轻质碳酸钙为填料，添加适量助剂或改性剂，经双螺杆挤压机挤出成型的各种截面的空腹门窗异型材，以专门的组装工艺将异型材组装而成。由于塑料的刚度较差，一般在空腹内嵌装型钢或铝合金型材进行加强，从而增强了塑料门窗的刚度，这种门窗即为人们通常所说的塑钢门窗。

塑钢门窗在密闭性、耐腐蚀性、保温性、隔音性、耐低温、阻燃、电绝缘性等方面性能良好，造型美观，是一种应用广泛的门窗。

塑钢门窗的构造原理和安装方法与铝合金门窗基本相同。

塑钢门窗采用后塞口安装，不允许采用立口法安装。塑钢门窗框与墙体洞口的间隙可视墙体的饰面材料而定，见表 6-1。

表 6-1 墙体洞口与门窗框之间的缝隙

墙体饰面材料	洞口与门窗框间隙/mm
清水墙	10
墙体外饰面抹水泥砂浆或贴马赛克	15～20
墙体外饰面贴釉面瓷砖	20～25
墙体外饰面贴大理石或花岗石板	40～50

塑钢门窗在安装前先核准洞口尺寸、预埋木砖位置和数量。安装时必须校正前后、左右的平直度，并按设计要求调整高度和墙面距离，做到横平竖直、高低一律、里外一致，然后用木楔塞紧，临时定位。塑钢门窗与墙体的固定应采用金属固定片，固定片的位置应距门窗角、中竖框和中横框 150～200mm，固定片之间的间距应不大于 600mm，而且门窗框每边固定点不应少于 3 个。塑钢门窗型材系中空多腔、壁薄、材质较脆，因此应先钻孔后用自攻螺钉拧入。

不同的墙体材料，门窗安装固定的方法也不完全一样。

① 混凝土墙体洞口应采用射钉或塑料膨胀螺钉固定。

② 砖墙洞口应采用塑料膨胀螺钉或水泥钉固定，并不得固定在砖缝处；当采用预埋木砖与墙体连接时，木砖应进行防腐处理。

③ 加气混凝土墙体洞口，应先预埋胶黏原木，然后用木螺钉将金属固定片固定于胶黏原木之上。

④ 设有预埋铁件的洞口，应采用焊接的方式固定，也可以在预埋件上按紧固件规格打基孔，然后用紧固件固定。

安装固定检查无误后，在窗框和墙体间的缝隙处填如毛毡卷或泡沫塑料，注意要分层填塞，填塞不宜过紧，以保证塑钢门窗安装后可以自由胀缩。对于保温、隔音等级要求较高的工程，应采用相应的隔热、隔音材料填塞。最后在门窗框四周内外侧与窗框之间用 1∶2 水泥砂浆嵌实、抹平，用嵌缝膏进行密封处理。安装完毕后 72h 内防止碰撞震动。

四、门窗的尺度

1. 门的尺度

门的尺度通常是指门洞的高宽尺寸。门作为交通疏散通道，其尺度取决于人的通行要求、家具器械的搬运及与建筑物的比例关系等，并要符合现行《建筑模数协调标准》（GB/T 50002—2013）的规定。供人通行的门，高度一般不低于 2m，再高也不宜超过 2.4m，若考虑造型、通风、采光需要时，可在门上加亮子，其高度从 0.4m 起，但也不宜过高。供车辆或设备通过的门，要根据具体情况决定，其高度宜较车辆或设备高出 0.3～0.5m，以免车辆因颠簸或设备需要垫滚筒搬运时碰撞门框。门宽尺寸一般住宅分户门 0.9～1m，分室门 0.8～0.9m，厨房门 0.8m 左右，卫生间门 0.7～0.8m，由于考虑现代家具的搬入，现今多取上限尺寸。公共建筑的门宽一般单扇门 1m，双扇门 1.2～1.8m，再宽就要考虑门扇的制作，双扇门或多扇门的门扇宽以 0.6～1.0m 为宜。

2. 窗的尺度

窗的尺度主要取决于房间的采光、通风、构造做法和建筑造型等要求，并要符合现行《建筑模数协调标准》（GB/T 50002—2013）的规定。一般采用 3M 数列作为模数。一般住宅建筑中，窗的高度为 1.5m，加上窗台高 0.9m，则窗顶距楼面 2.4m，还留有 0.4m 的结构高度。在公共建筑中，窗台高度由 1.0～1.8m 不等，开向公共走道的窗扇，其底面高度不应低于 2.0m。至于窗的高度则根据采光、通风、空间形象等要求来决定，但要注意过高窗户的刚度问题，必要时要加设横梁或“拼樘”。此外，窗台高低于 0.8m 时，应采取防护措施。窗宽一般由 0.6m 开始，宽到构成“带窗”。

五、门窗框的安装

1. 门窗框的安装方法

门窗框是墙与窗（门）扇之间的联系构件，施工时安装方式一般有立框法和塞框法。

（1）立框法　立框法又称立口，施工时先将窗（门）框立好后再砌窗（门）间墙，为加强窗（门）框与墙的拉结，在窗（门）框上下各档伸出半砖长的木段，同时在边框外侧 400～600mm 设一木拉砖或铁脚砌入墙身。这种做法的优点是窗（门）框与墙的连接紧密，缺点是施工不便。窗（门）框及临时支撑易被碰撞，有时会产生移位、破损，如图 6-8 所示。

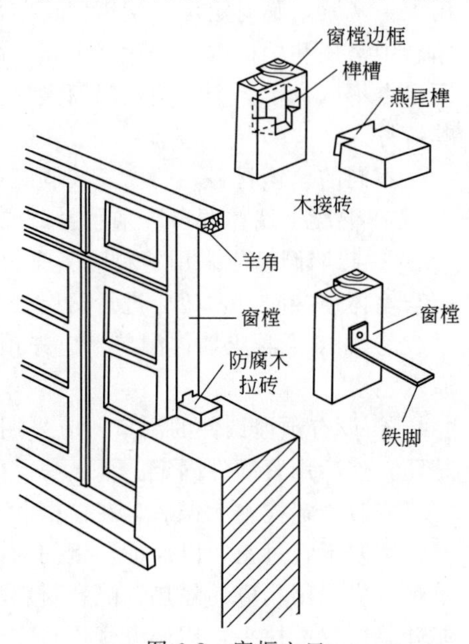

图 6-8　窗框立口

（2）塞框法　塞框法又称塞口，是在砌墙时先留出窗（门）洞，在抹灰前将窗（门）框安装好，为了加强窗（门）框与墙的连接，砌墙时应在窗（门）框两侧每隔 400～600mm 砌入半块的防腐木砖。窗（门）洞每侧不少于 2 块木砖，安装窗（门）框时用木螺钉将窗（门）框钉在木砖上。这种方法的优点是，墙体施工与窗（门）框安装分开进行，避免相互干扰，墙体施工时窗（门）框未到现场，也不影响施工进度。缺点是，为了安装方便，一般窗（门）洞净尺寸应大于窗（门）框外包尺寸 20～30mm，故窗（门）框与墙体之间缝隙较大，若洞口较小则窗（门）框安装不上，所以施工时洞口尺寸要留准确，如图 6-9 所示。

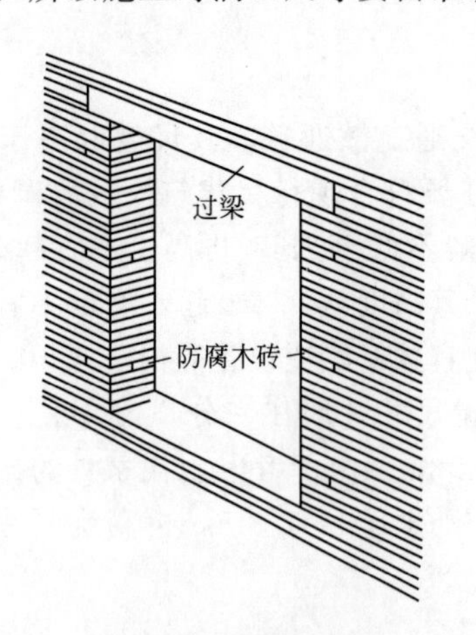

(a) 木门窗框安装塞口法

(b) 铝合金门窗框安装塞口法

图 6-9　窗框塞口

1—玻璃；2—橡胶条；3—压条；4—内扇；5—外框；6—密封膏；7—砂浆；8—地脚；9—软填料；10—塑料垫；11—膨胀螺栓

2. 门窗框与墙的关系

塞框法的窗（门）框每边应比窗洞口小10～15mm，窗（门）框与墙之间的缝需进行处理，为了抗风雨，外侧需用砂浆嵌缝。寒冷地区为了保温和防止灌风，窗（门）框与墙之间的缝需用毛毡、矿棉等堵塞。木窗（门）框靠墙侧易受潮变形，常在窗（门）框外侧开槽，并做防腐处理，以减少木材伸缩变形造成的裂缝，如图6-10所示。

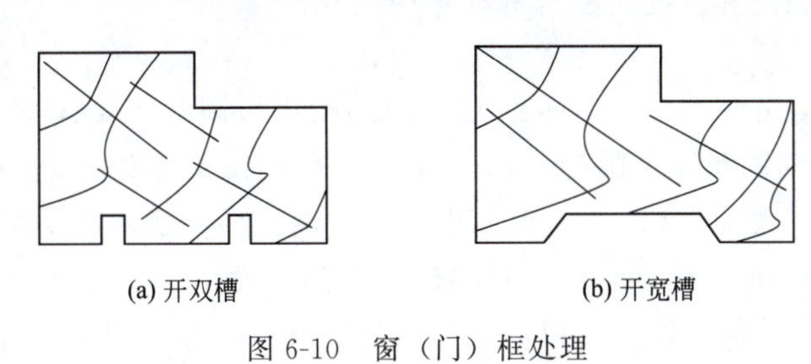

(a) 开双槽　　(b) 开宽槽

图6-10　窗（门）框处理

任务三　特殊要求的门窗

一、密闭窗

密闭窗用于有防尘、保温、隔音等要求的房间。密闭窗的构造应尽量减少窗缝（包括墙与窗框之间、窗框与窗扇之间、窗扇与玻璃之间的缝隙），对缝隙采取密闭措施，选用适当的窗扇及玻璃的层数、间距、厚度，以保证达到密闭效果。

对缝隙一般用富有弹性的垫料嵌填，如毛毡、厚绒布、橡胶、海绵橡胶、硅橡胶、聚氯乙烯塑料、泡沫塑料等，并将弹性材料制成条状、管状以及适宜密闭的各种断面。玻璃与窗扇间可用各种防水油膏、压条、卡条、油灰等进行密闭处理。

窗扇与窗框的密闭处理有贴缝式、内嵌式、垫缝式三种方式。

由于单层玻璃保温、隔热、隔音性能均较差，因此，密闭窗户多采用增加窗扇或玻璃层数的做法来提高隔音保温效果。隔音窗可采用中空玻璃、双层及三层玻璃的固定窗。双层玻璃间距为80～100mm，玻璃安装在弹性材料上，在窗四周应设置吸声材料，或将其中一层玻璃斜置，以防止玻璃间的空气层发生共振现象。

二、隔声门

隔声门常用于室内噪声要求较高的房间中，如播音室、录音室等。主要的构造问题是保证门扇的隔音能力和门缝隙密闭性能。

隔声门门扇越重隔音效果越好，但过重又不便于开启。通过采用多层复合结构、合理利用空腔构造及吸声材料的方法来提高门扇的隔音效果。饰面材料采用整体板材，如硬质木纤维板、胶合板、钢板等，不宜采用拼接的木板。

隔声门的门缝隙之间应密闭而连续，主要应考虑门扇与门框之间，对开门门扇之间以及门扇与地面之间的缝隙处理。

在同一门框中做两道隔声门，或在建筑平面内布置具有吸声处理的隔声间，都是提高隔音效果的好办法。

三、防火门

根据防火规范要求，为了减少火灾在建筑物内蔓延，在建筑空间内，设置防火墙和防火门，将建筑物划分成几个防火区。防火门应与烟感、光感、温感报警器和喷淋器等消防报警装置配套设置，洞口高度和宽度按建筑标准常用尺寸设计。

1. 防火门类型

防火门按耐火极限分三个等级：甲级防火门的耐火极限为 1.2h，乙级防火门的耐火极限为 0.9h，丙级防火门的耐火极限为 0.6h。甲级防火门门扇不设玻璃小窗，乙、丙级防火门可在门扇上设面积不大于 $200cm^2$ 的玻璃小窗，玻璃为夹丝玻璃或复合防火玻璃。

按面材及芯材的不同，防火门可分为木板铁皮门、骨架铁皮填充门、金属门和木质门等。按防火门的开启方式有一般开启和自动开启两种。一般开启的如平开门、弹簧门和推拉门。自动防火门常悬挂于倾斜的铁轨上，门宽应较门洞每边大出至少 100mm 以上，门旁另设平衡锤，用钢缆将门拉开，钢缆另一端装置易熔性合金片，以易熔性材料焊接，连于门框边上。

2. 防火门构造

木质防火门是采用优质的云杉，经过难燃化学浸渍处理后做成门扇骨架，面板采用涂有防火漆的阻燃胶合板或镀锌铁皮，内填阻燃材料而成。

钢木质防火门是采用钢木组合制造，门扇采用钢骨架，面板采用阻燃胶合板，内填阻燃材料，门扇总厚度为 45mm，门框料采用 1.5mm 厚钢板冷弯成型。

钢制防火门是采用优质冷压钢板，经冷加工成型。一般采用框架组合式结构，门扇料钢板厚度为 1mm，门框料厚度为 1.5mm，门扇总厚度为 45mm，表面涂有防锈剂。根据需要配置耐火轴承合页、不锈钢防火门锁、闭门器、电磁释放开关等。这种防火门整体性好、高温状态下支撑强度高。

四、防火卷帘门

防火卷帘门是由帘板、卷筒体、导轨、电力传动等部分组成。帘板由 1.5mm 的钢带轧制成 C 形钢口片，重叠连锁而成。也可采用钢制 L 形串联式组合构造。这种门刚度和密闭性能优异，还可配置温感、烟感、光感报警系统和水幕喷淋系统。

防火卷帘门一般安装在墙体预埋铁件上或混凝土门框预埋件上。

任务四　门窗遮阳与保温节能

一、门窗遮阳

遮阳是为了避免阳光直射室内，防止局部过热，减少太阳辐射热或产生眩光以及保护物品而采取的建筑措施。建筑遮阳方法很多，如室外绿化、室内窗帘、设置百叶窗等均是有效方法，但对于太阳辐射强烈的地区，特别是朝向不利的墙面上建筑的门窗等洞口，应设置专用的遮阳设施。

在窗外设置遮阳设施对室内通风和采光均会产生不利影响，对建筑造型和立面设计也会产生影响。因此，遮阳构造设计时应根据采光、通风、遮阳、美观等统一考虑。

1. 遮阳的形式

建筑遮阳设施有简易活动遮阳和固定遮阳两种。简易活动遮阳是利用苇席、布篷、竹帘等措施进行遮阳，简易活动遮阳简单、经济、灵活，但耐久性差，如图 6-11 所示。

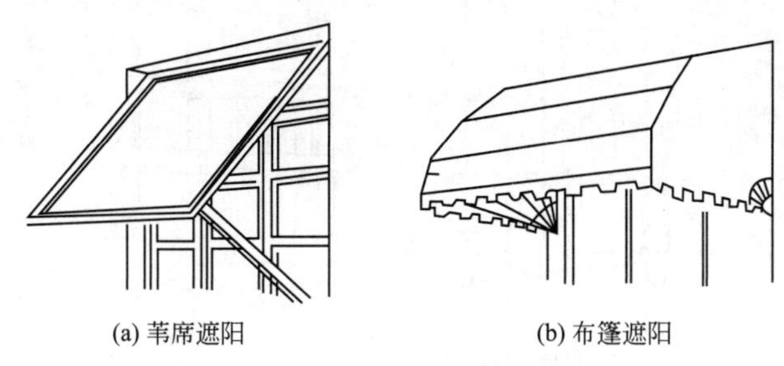

图 6-11　简易活动遮阳

固定遮阳板在布置时有水平遮阳板、垂直遮阳板、综合遮阳板及挡板遮阳四种形式，如图 6-12 所示，在工程中应根据太阳光线的高度角及方向选择遮阳板的尺寸和布置形式。

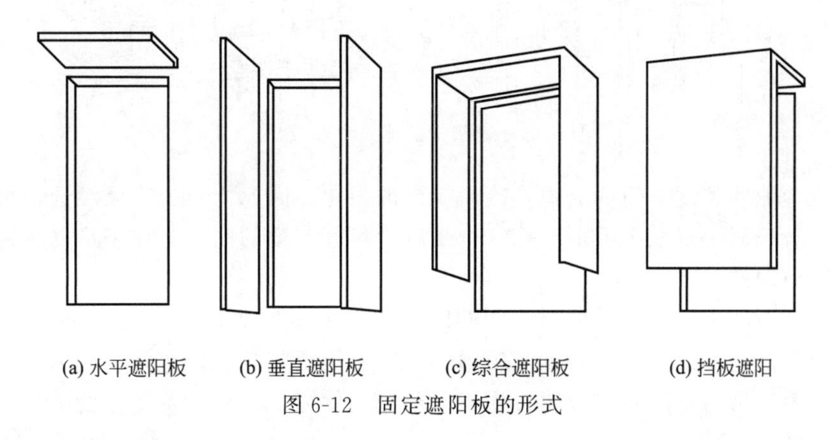

图 6-12　固定遮阳板的形式

2. 遮阳板的构造及建筑处理方法

遮阳板一般采用混凝土板，也可以采用钢构架石棉瓦、压型金属板等构造。

建筑立面上设置遮阳板时，为兼顾建筑造型和立面设计要求，遮阳板布置宜整齐有规律。建筑中通常将水平遮阳板或垂直遮阳板连续设置，形成较好的立面效果，如图 6-13 所示。

二、门窗保温与节能

1. 门窗保温与节能

建筑外门窗是建筑保温的薄弱环节，我国寒冷地区外窗的传热系数比发达国家大 2～4 倍，我国寒冷地区住宅，在一个采暖周期内通过窗与阳台门的传热和冷风渗透引起的热损失，占房屋能耗的 45％～48％左右，因此门窗节能是建筑节能的重点。

造成门窗热损失有两个途径：一是门窗面由于热传导、辐射以及对流所造成的，二是通过门窗各种缝隙冷风渗透所造成的，所以门窗保温应从以上两个方向采取构造措施，具体做法如下：

（1）增强门窗的保温　寒冷地区外窗可以通过增加窗扇层数和玻璃层数来提高保温性能，以及采用特种玻璃，如中空玻璃、吸热玻璃、反射玻璃等措施达到节能要求。

图 6-13　遮阳板的建筑立面效果

（2）减少缝隙的长度　门窗缝隙是冷风渗透的根源，因此为减少冷风渗透，可采用大窗扇，扩大单块玻璃面积以减少门窗缝隙。合理减少可开窗扇的面积，在满足夏季通风的条件下，扩大固定窗扇的面积。

（3）采用密封和密闭措施　框和墙间的缝隙密封可用弹性软型材料（如毛毡）、聚乙烯泡沫、密封膏以及边框设灰口等。框与窗扇的密闭可用橡胶条、橡塑条、泡沫密封条以及高低缝、回风槽等，扇与扇之间的密闭可用密闭条、高低缝及缝外压条等。窗扇与玻璃之间的密封可用密封膏、各种弹性压条等。

（4）缩小窗口面积　在满足室内采光和通风的前提下，在我国寒冷地区的外窗应尽量缩小窗口面积，以达到节能要求。

2. 新型节能门窗

房子的对外交流需要门窗，但是如果门窗与外界“交流”过多，那就会导致房子的保温不足，过多的散失热量，浪费能源。节能门窗使用的玻璃比普通单片玻璃节能 75%，比普通中空玻璃节能 50%，还具有隔热、隔音、低温无霜露三大特点。即使靠近路边的房子再也不会受到窗外噪声的侵扰，让你远离城市噪声；同时，此节能门窗所使用的温屏玻璃还具备对可见光适中的透过率，可见光反射率很低，这样就避免光污染的产生，在大量使用温屏产品的玻璃幕墙上，以往惹人厌烦的反射强光现象能得到有效缓解。

该节能门窗可以让房子自动达到“冬暖夏凉”效果：夏季，可以阻止室外地面、建筑物发出的热辐射进入室内，有效减少热量的进入，节约了空调的制冷费用；冬季，对室内暖气及室内物体散发的热量，可以像一面热反射镜一样，将绝大部分反射回室内，保证室内热量不向室外散失，从而节约取暖费用。

新型节能门窗就是将舒适与节能结为一体，能有效降低空调病的发生概率，这是受到欢迎的重要原因。新型节能门窗在民用建筑及公共建筑都适用，并能起到非常好的节能效果。

3. 断桥铝门窗

断桥铝门窗是指隔断冷热桥，因为铝合金是金属，导热比较快，所以室内外温度相差很多时，铝合金就成了为热量传递的“桥”了，断桥就是将铝合金从中间断开，采用硬塑与两边的铝合金相连，而塑料导热慢，这样热量就不容易传递了，所以叫断桥铝合金。

断桥铝门窗的性能：

(1) 防火性好：铝合金为金属材料，因此，它不易燃烧。

(2) 防撬防盗性能好：铝塑复合窗配置高级装饰锁及优良的五金配件（如平开上悬五金件），安全性更高。

(3) 耐冲击：由于铝塑复合型材外表面为铝合金材料，超强硬度，刚性好，因此它比塑钢窗型材的耐冲击性强大得多。

(4) 免去维护的麻烦：铝塑复合型材不易受酸碱侵蚀，使用断桥铝门窗不会变黄褪色，几乎不必保养。

(5) 它具有很好的密封性能，真正做到了冬暖夏凉。

任务五　新型隔热断桥铝合金窗简介

隔热（隔热断桥）铝合金窗是近几年从国外引进到我国的新产品，它是由隔热铝合金型材加工制成。隔热铝合金型材又分为两大类：一类是穿条式隔热断桥铝合金，一类是注胶式隔热断桥铝合金。

隔热断桥铝合金窗采用创新型结构形式，以塑料型材作为两面型材间的断热材料，不仅将铝合金和塑料材料的优点加以继承，而且其在强度上和装饰效果上都有明显的提高。断桥铝型材采用气水等压平衡的方式，来保证门窗的密封性，不仅具有良好的防水防尘性能，而且其防噪声性也很好，使居民具有更安静的居住环境。

一、断桥铝合金窗的优点

1. 降低热量传导

采用中空玻璃结构，其传热系数为 3.17～3.59W/(m^2·K)，大大低于普通铝合金型材的传热系数 6.69～6.84W/(m^2·K)，对通过窗户传导的热量能有效降低；采用隔热断桥铝合金型材，其传热系数为 1.8～3.5W/(m^2·K)，大大低于普通铝合金型材的传热系数 140～170W/(m^2·K)。

2. 防止冷凝

带有隔热条的室内温度与型材内表面的温度接近，降低室内水分因过饱和在型材表面而冷凝的可能性。

3. 节能

在夏季有空调的情况下，带有隔热条的窗框对能量的损失能够更多地减少；带有隔热条的窗框在冬季，通过窗框散失的热量能够减少 1/3。

4. 保护环境

通过隔热系统的应用，减少了由于暖气和空调产生的环境辐射，同时能够减少能量的消耗。

5. 有益健康

人体与环境交换热量取决于空气流动速度、室内空气的温度和室外空气温度。通过调节门窗室内温度，使其要高于 12～13℃，以达到最舒适的环境。

6. 降低噪声

采用厚度不同的隔热断桥铝型材空腔结构和中空玻璃结构，声波的共振效应能够有效降低，阻止声音的传递，噪声可以降低 30dB 以上。

7. 颜色丰富多彩

采用粉末喷涂、阳极氧化表面处理后能够生产 RAL 色系 200 多款不同颜色的铝型材，经滚压组合后，使隔热铝合金窗产生室外、室内不同颜色的双色窗户。

二、新一代绿色环保保温隔音断桥铝合金窗

在建筑物中，门窗、墙体、屋面、地面为建筑能耗较大的四个部位，其中门窗列首位，约占 50%，因此在开发新型结构门窗时首先是要适应建筑节能的要求。而断桥铝合金窗基本满足了在建工程的需要，保温、隔热、隔音性能好，且防结露，节能 50%左右，是真正的绿色环保产品。它具有如下几个特性。

(1) 抗风压及结构变形性能。断桥铝合金窗之所以被广泛推广，主要在于它本身高强度的性能。适合各层次建筑物的要求，氟碳喷涂、静电喷涂及阳极氧化处理等各种工艺为产品提供了缤纷的色彩，具有较强的装饰效果。

(2) 隔热及隔音性能。断桥铝合金门窗是在特定设计的铝合金空腔之中灌注有隔热王之称的 PU 树脂，再将铝壁分离形成断桥，阻止了热量的传导。使冬季居室取暖与夏季空调制冷节能 40%以上。即使温差达 50℃的寒冷冬季，窗户也不会产生结露现象。同时在 30～40dB 之间保持窗户的隔音性能，在闹市中使人们也能拥有一个宁静温馨的空间。

(3) 新一代断桥铝断桥铝合金窗采用绿色建材，循环经济。断桥铝合金窗在生产过程中不仅不会产生有害物资，所有材料均可回收循环再利用，属绿色建材环保产品，符合可持续发展要求。

(4) 断桥铝合金窗防结露、结霜。断桥铝型材可实现窗户的三道密封结构，合理分离水汽腔，成功实现气水等压平衡，显著提高窗户的水密性和气密性，达到窗净明亮的效果。

总之，新型断桥铝合金窗的节能性能相较于普通窗户具有明显的优势，特别是在隔热与保温，以及抗风压方面。在现代社会中，基于可持续发展的理念之下，推广和应用新型断桥铝合金窗，不但可以取得节能环保方面的成绩，还具备很好的社会效益。

能力训练题

一、基础考核

(一)填空题

1. 窗框的安装方式有（　　　　）、（　　　　）。

2. 窗按开启方式可分为（　　　　）、（　　　　）、（　　　　）、（　　　　）、（　　　　）、（　　　　）。

3. 木窗主要是由（　　　　）、（　　　　）、（　　　　）等组成。

4. 门主要作用是（　　　　），窗主要作用是（　　　　）。

(二)判断题

1. 夹板门通常用于内门。（　　）

2. 旋转门多用于大型公共建筑的外门，也可用做紧急疏散门使用。(　　)

3. 门的开启不应跨越变形缝。(　　)

(三)单选题

1. 住宅入户门、寒冷地区公共建筑外门应分别采用（　　）开启方式。

A. 平开门、推拉门　　B. 推拉门、弹簧门　　C. 平开门、转门　　D. 折叠门、转门

2. 下列陈述正确的是（　　）。

A. 转门可作为寒冷地区公共建筑的外门

B. 推拉门是建筑中最常见、使用最广泛的门

C. 转门可作为疏散门

D. 住宅分户门常为水平推拉门

3. 设计中为了减少窗的类型，窗的洞口宽度通常以（　　）为基本模数。

A. 3M　　B. 1M　　C. 6M　　D. 2M

(四)简答题

1. 门按开启方式的分类及其特点、适用范围分别是什么？

2. 简述木门窗框的安装方法及其简要步骤。

二、联系实际

1. 抄绘门窗构造示意图。

2. 所在学校教室的门属于（　　），教学楼的大门属于（　　），图书馆的大门属于（　　）。

A. 木门　　B. 金属防盗门　　C. 玻璃门　　D. 铝合金门

E. 平开门　　F. 推拉门　　G. 转门　　H. 折叠门

3. 校园门窗形式调研。

三、链接执业考试

(2015 年二级建造师考题）关于民用建筑构造要求的说法，错误的是（　　）。

A. 阳台、外窗、室内回廊等应设置防护

B. 儿童专用活动场的栏杆，其垂直栏杆间的净距不应大于 0.11m

C. 室内楼梯扶手高度自踏步前缘线量起不应大于 0.80m

D. 有人员正常活动的架空层的净高不应低于 2m

项目七 屋 顶

学习目标

1. 了解屋顶的作用、类型、排水方式及顶棚构造。

2. 熟悉平屋顶和坡屋顶有保温层和无保温层的构造做法。

3. 掌握平屋顶的卷材防水屋面、刚性防水屋面及涂膜防水屋面的细部构造；掌握坡屋顶的细部构造。

能力目标

1. 能熟练识读屋顶的构造图。

2. 能处理屋顶施工所遇到的一般问题。

屋顶是房屋最上部的构造部分，主要用于抵御风、雨、雪、日晒等自然界的影响，以使屋顶下面的空间有一个良好的使用环境；屋顶也是房屋的承重结构，承担其自重及风、雨、雪荷载以及施工荷载或维修荷载，并对房屋上部起水平支撑作用；另外，屋顶又是整个建筑外形的重要组成部分，对建筑造型也起着一定作用。

任务一 屋顶的类型和设计要求

一、屋顶的类型

屋顶的类型很多，主要可以根据其屋面所使用的材料、屋顶的外形和坡度等方面加以分类。

1. 按屋面防水材料的不同分类

(1) 柔性防水屋面　用防水卷材或制品做防水层，如高聚物改性沥青防水卷材、合成高分子防水卷材等，这种屋面的耐变形能力较好。

(2) 刚性防水屋面　用细石混凝土、防水砂浆等刚性材料做防水层，构造简单，施工方便，造价低；但这种屋面耐变形能力差，易产生裂缝而渗漏，在寒冷地区应慎用。

(3) 涂膜防水屋面　屋面板采用涂料防水，板缝用嵌缝材料防水的一种屋面。

(4) 粉剂防水屋面　是用一种憎水、松散粉末状防水材料做防水层的屋面，具有良好的耐久性和应变性。

(5) 瓦屋面　有单块尺寸较小的，如陶土瓦、沥青瓦等按上下顺序排列做防水层；也有以单块尺寸较大的，如石棉水泥波瓦、镀锌铁皮波瓦、铝合金波瓦、玻璃钢波瓦、块瓦形钢板彩瓦及油毡瓦等做防水材料。尺寸较小的防水材料，接缝多房屋易渗漏，所以屋面排水坡度常在50%左右；而尺寸较大的防水材料，其覆盖面积较大，屋面排水坡度可以小一些，一般为 25%～40%。

(6) 金属薄板屋面　用镀锌铁皮、涂塑薄钢板、铝合金板和不锈钢板等做屋面，常采用折叠接合，使屋面形成一个密闭的覆盖层。该屋面的坡度可小些，为 10%～20%。

(7) 玻璃屋面　采用有机玻璃、夹层玻璃、钢化玻璃等作具有采光的功能防水屋面。

2. 根据屋顶的外形和坡度的不同分类

(1) 平屋顶　平屋顶指屋面坡度小于 10%的屋顶，常用坡度为 2%～5%。其优点是节约材料，屋面可以利用，做成露台、花园绿地、游泳池，甚至停机坪等，应用极为广泛。常见的平屋顶形式如图 7-1 所示。

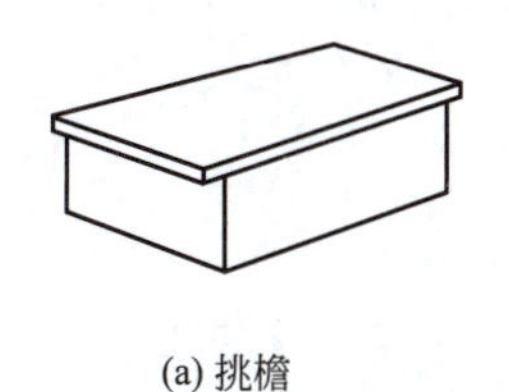

(a) 挑檐

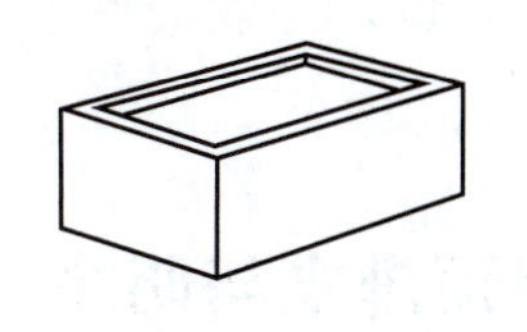

(b) 女儿墙

(c) 挑檐女儿墙

图 7-1　平屋顶的形式

7.1　屋顶的类型及排水方式

(2) 坡屋顶　坡屋顶指屋面坡度大于 10%的屋顶，由于坡度较大，防水、排水性能较好。坡屋顶是我国传统的建筑形式，而现代城市为满足景观环境、建筑风格及功能要求也常采用。坡屋顶有单坡、双坡及四坡等形式，分别如图 7-2 所示。

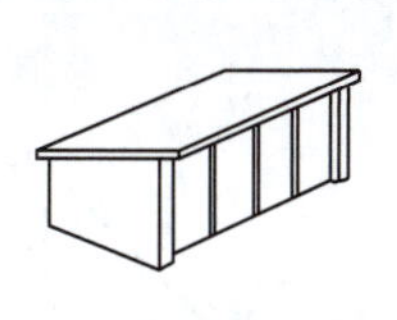

(a) 单坡顶

(b) 悬山双坡顶

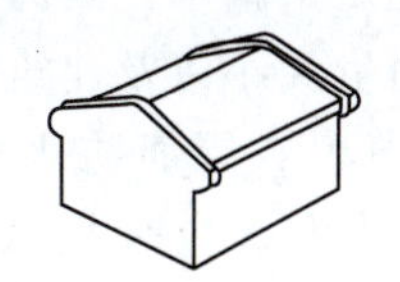

(c) 硬山双坡顶

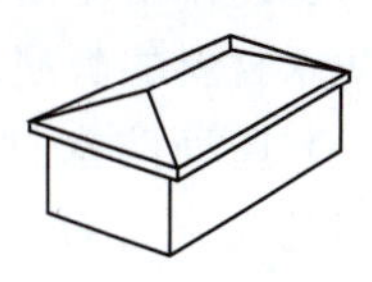

(d) 四坡顶

图 7-2　坡屋顶的形式

(3) 其他形式的屋顶　随着科学技术的发展和社会的进步，出现许多新型的屋顶结构形式，例如拱结构屋顶、悬索结构屋顶、薄壳结构屋顶、网架结构屋顶、膜结构屋顶等，如图 7-3 所示。这些屋顶主要用于建筑跨度较大的公共建筑。

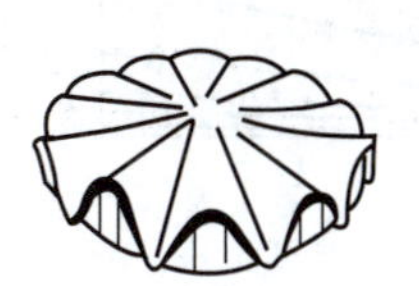

(a) 抛物线壳屋顶

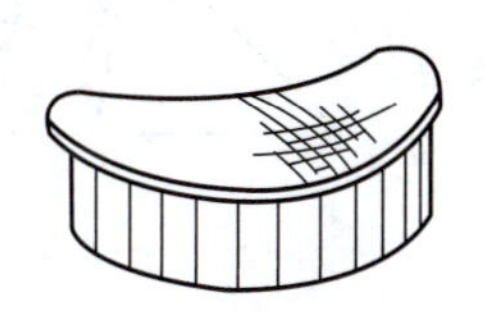

(b) 鞍形悬索屋顶

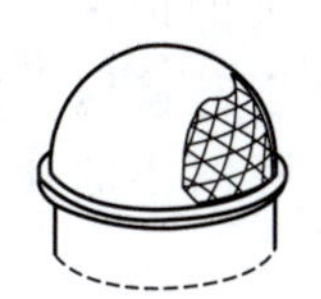

(c) 球形网壳屋顶

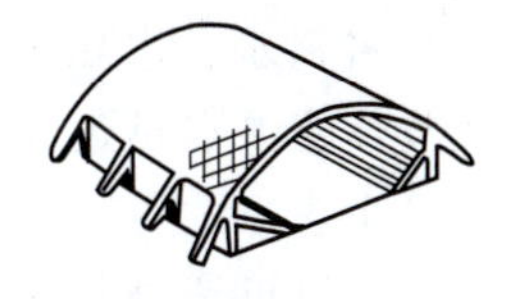

(d) 落地拱网架屋顶

图 7-3　其他形式的屋顶

二、屋顶的设计要求

1. 强度和刚度的要求

屋顶是房屋的承重结构，所以必须具有足够的强度，以承受自身及其上部各种荷载的作用；同时应具有足够的刚度，防止因结构变形过大引起的屋面防水层开裂造成渗漏。

2. 防水和排水要求

屋顶的防水排水是屋顶构造设计应满足的基本要求。防水是通过选择不透水屋面材料，以合理的构造处理来达到目的；排水是利用屋面的合适坡度，使屋面的雨水被迅速排走。

3. 保温隔热要求

屋顶作为建筑物最上部的维护结构，根据地区的不同，保温或隔热则是屋顶设计中必须解决的主要内容。在寒冷地区，屋顶应满足冬季的保温要求，减少室内热量的损失，以节约能源；在炎热地区，屋顶应满足夏季的隔热要求，避免室外高温对室内产生的不利影响。

4. 美观要求

屋顶是整个建筑物外形的重要组成部分，其形式在很大程度上影响建筑艺术效果，在设计中应注重其表现力。

任务二　屋顶排水与防水

一、屋面的坡度及表示方法

1. 影响坡度的因素

屋顶是建筑的围护结构，在有降雨时，屋面在具有防水的能力的前提下，应在短时间内将雨水迅速排出屋面，以免发生漏水，因此屋面应具有一定的坡度。决定屋面坡度的因素有屋面防水材料的类型、降雨量大小以及建筑造型和屋面使用要求等。

（1）屋面防水材料的类型　屋面防水材料接缝较多的房屋，漏水可能性大，应采用大坡度，使排水速度加快，减少漏水机会，所以瓦屋面常采用较陡的屋面形式。整体防水层的接缝较少，屋面坡度可以小一些，如卷材屋面和混凝土防水屋面常用平屋顶形式。恰当的坡度既能满足防水要求，又能做到经济适用。图 7-4 表示各种屋面材料与坡度大小的关系。

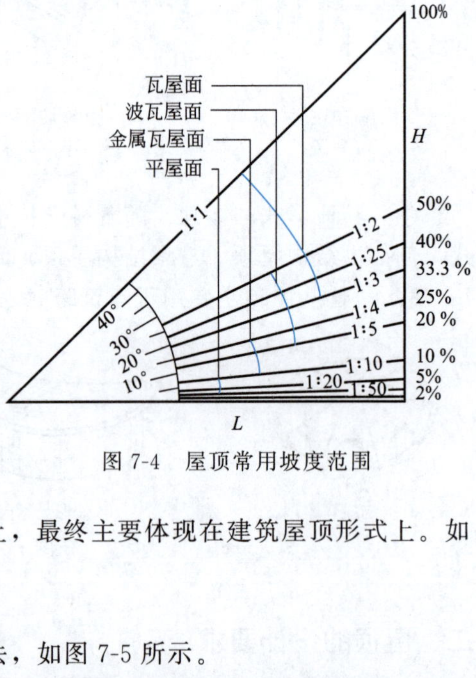

图 7-4　屋顶常用坡度范围

（2）降雨量大小　降雨大的地区，为防止屋面有过多积水、水压力增大引起渗漏，屋顶坡度应大些，使雨水迅速排出；降雨小的地区，屋顶坡度可小些。

（3）建筑造型和屋面使用要求　使用功能决定建筑的外形，结构形式不同也体现在建筑的造型上，最终主要体现在建筑屋顶形式上。如上人屋面，坡度就不能过大，否则使用不方便。

2. 屋顶的坡度形成方法

屋顶的坡度形成有材料找坡和结构找坡两种方法，如图 7-5 所示。

（1）材料找坡　材料找坡也称垫置坡度，是指在水平搁置的屋面板上用轻质材料，如炉渣、膨胀珍珠岩等垫置出所需要的坡度，一般用于坡度较小的屋面。材料找坡所形成的屋面顶棚平整，施工方便，但增加了屋面荷载。因此，当保温材料为松散材料时，常利用保温层兼作找坡层以减轻屋顶自重。

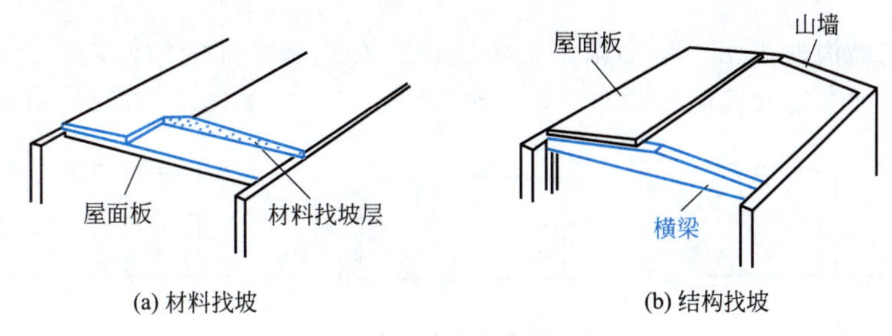

图 7-5 屋顶坡度的形成

（2）结构找坡　结构找坡也称搁置坡度，它是将屋面板按所需的坡度倾斜搁置。这种做法不需另加找坡材料，不增加荷载，构造简单，缺点是室内的顶棚倾斜，空间不规整，因此以往多用于工业建筑及需要吊顶的公共建筑。

3. 屋顶坡度的表示方法

表示屋顶坡度的方法主要有百分比法、角度法和斜率法三种。百分比法是以屋顶倾斜面垂直投影长度与其水平投影长度之比的百分比表示，用符号“i”表示，如 $i=2\%$，百分比法多用于表示平屋顶的坡度；角度法是以屋顶倾斜面与水平面的夹角表示，用符号“α”表示，如 $\alpha=45°$，角度法多用于表示坡度较大的坡屋顶的坡度；斜率法是以屋顶倾斜面垂直投影长度与其水平投影长度之比表示，如坡度为 1∶3，即 $H:L=1:3$，斜率法既可用于表示平屋顶的坡度也可用于表示坡屋顶的坡度。

二、屋面排水方式及选择

1. 屋面的排水方式

屋面排水方式分为无组织排水和有组织排水两大类。

（1）无组织排水　无组织排水指雨水顺屋面坡度经檐口直接落至地面的一种排水方式，也称自由落水。这种排水方式因屋面不设天沟、雨水口等导流雨水，所以构造简单、造价低、屋顶排水通畅、不易渗漏和堵塞且施工方便；但墙体容易被雨水浸湿，降低了墙体的耐久性，并可能影响建筑周围行人通行。因此，高层建筑或年降雨量大的地区或寒冷地区均不宜采用无组织排水。

（2）有组织排水　有组织排水是将屋面雨水通过排水系统，将屋面雨水有组织地排至地面或地下集水井的一种排水方式。排水系统是把屋面划分成若干排水区，使雨水有组织地排到檐沟中，通过雨水口排至雨水斗，再经雨水管排至地面或地下集水井。这种排水方式构造复杂，造价高，但雨水不浸湿墙面，不影响人行道交通。

有组织排水可分为内排水和外排水。

① 内排水。屋面雨水顺坡流向位于屋面中间区域的檐沟或中间天沟，经雨水斗由室内雨水管排往地下雨水管网的排水方式称为内排水，如图 7-6(a) 所示。内排水的管路长、造价高，转折处易堵塞，占用了室内使用空间且不美观，维修也不方便。因此，只有当屋顶面积大、多跨、高层以及在檐口有结冰危险的屋顶可做成内排水方式。

② 外排水。屋面雨水经设置在建筑外墙面上的雨水管排至室外地面的排水方式称为外排水。这种排水方式又可分为挑檐沟外排水和女儿墙内檐沟外排水。

a. 挑檐沟外排水　屋面雨水汇集到悬挑在墙外的檐沟内，再经雨水管排下，如图

7-6(b) 所示。

b. 女儿墙内檐沟外排水　屋面雨水汇集到设在女儿墙根部的檐沟内，檐沟内垫出的纵向坡度将雨水引向穿过女儿墙的雨水口，再经雨水管排下，如图 7-6(c) 所示。

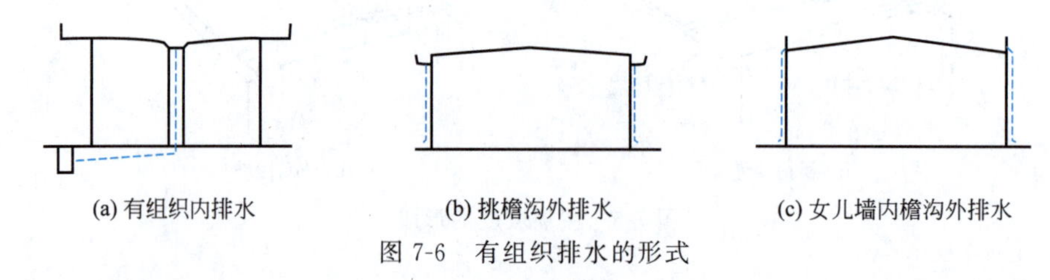

图 7-6　有组织排水的形式

2. 排水方式的选择

确定屋面排水方式应根据气候条件、建筑物的高度和周边环境、使用性质、屋顶面积大小等因素综合予以考虑，并尽可能以外排水方式为首选。一般可按下列原则进行选择。

① 严寒地区宜采用内排水。

② 集灰多的屋顶应采用无组织排水。

③ 临街建筑雨水排向人行道一侧时宜采用有组织排水。

④ 多跨建筑尽可能采用外排水或四周外排水与中间内排水相结合的排水方式。

⑤ 湿陷性黄土地区应尽可能采用外排水。

⑥ 表 7-1 情况应采用有组织排水。

表 7-1　应采用有组织排水的情况

年降雨量/mm	檐口离地/m	天窗跨度/m	相邻屋面
≤900	8～10	9～12	高差不小于 4m 的高处檐口
>900	5～8	6～9	高差不小于 3m 的高处檐口

任务三　屋顶构造

一、平屋顶构造

平屋顶按屋面防水材料的不同可分为柔性防水屋面、刚性防水屋面、涂膜防水屋面及粉剂防水屋面等类型。

1. 柔性防水屋面

柔性防水屋面也称卷材防水屋面，是将柔性防水卷材以胶结材料粘贴在屋面上，形成一个大面积封闭的防水覆盖层。这种防水层整体性好，具有一定延伸性，能较好地适应结构、温度等引起的变形，但施工操作比较复杂。

(1) 柔性防水屋面的材料

① 高聚物改性沥青防水卷材。以玻纤毡、聚酯毡、黄麻布、聚乙烯膜、聚酯无纺布、金属箔或者两种复合材料为胎基，以掺量不少于 10% 的合成高分子聚合物改性沥青、氧化沥青为浸涂材料，以粉状、片状、粒状矿质材料、合成高分子薄膜、金属膜为覆面材料制成的可卷曲的片状类防水材料。这种防水材料克服了传统沥青卷材温度稳定性差、延伸率低的缺点，具有高温不流淌、低温不脆裂、拉伸强度高、延伸率大、抗老化、黏结力强、施工方

便等优异性能，特别适合寒冷地区的防水屋面。常见的有 SBS 改性沥青防水卷材、APP 改性沥青防水卷材、PVC 改性焦油防水卷材、再生胶改性沥青防水卷材等。这类防水材料按厚度可分为 2mm、3mm、4mm、5mm 等规格。

② 合成高分子防水卷材。是以合成橡胶、合成树脂或两者的混合物为主要原料，加入适量化学助剂和填充料，经不同工序加工而成的可卷曲的片状防水卷材。合成高分子防水卷材具有重量轻、适用温度范围宽、拉伸强度和抗撕裂强度高、延伸率大、耐腐蚀、耐老化、能冷施工等一系列优异性能，是新型高档防水材料。目前常用的品种有三元乙丙橡胶防水卷材、氯化聚乙烯防水卷材、聚氯乙烯防水卷材、氯化聚乙烯-橡胶共混体防水卷材等。这类防水材料按厚度可分为 1.0mm、1.2mm、1.5mm、2.0mm 等规格。

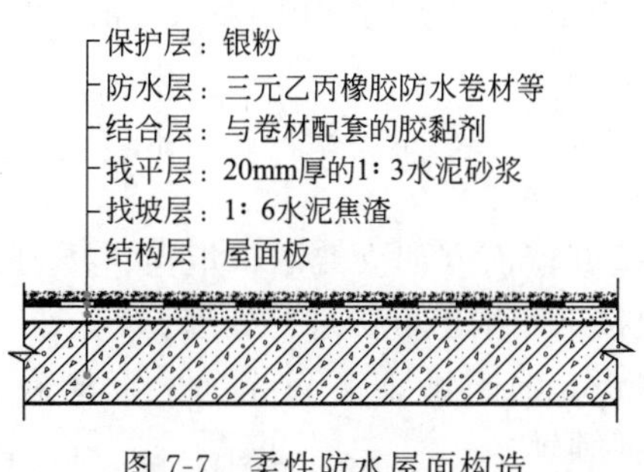

图 7-7　柔性防水屋面构造

（2）柔性防水屋面的构造　柔性防水屋面是由多层材料叠合而成，按各层的作用不同可分为结构层、找坡层、找平层、结合层、防水层和保护层等，其构造如图 7-7 所示。

① 结构层。结构层通常为现浇或预制钢筋混凝土屋面板，要求具有足够的强度和刚度。

② 找坡层　当屋顶采用材料找坡时，应选用轻质材料形成所需要的坡度，通常是在结构层上铺设 1∶6 的水泥焦渣或 1∶8 水泥膨胀珍珠岩或其他轻骨料混凝土等。当屋顶采用结构找坡时，则不设找坡层。

③ 找平层。找平层的作用是保证防水层的基层表面平整且坚固，以防止卷材凹陷而被拉断或被刺破，降低其防水性能。一般用 1∶3 水泥砂浆或 1∶8 的沥青砂浆做找平层，厚度为 20mm，抹平收水后应二次压光。

④ 结合层。结合层的作用是使卷材防水材料与其基层粘接牢固。结合层所使用的材料应根据卷材防水层材料的不同来选择，如聚氯乙烯防水卷材用冷底子油（将沥青用柴油等稀释而成）或稀释乳化沥青做结合层；三元乙丙橡胶卷材则采用与其配套的基层处理剂。

⑤ 防水层。防水层是使用胶结材料将防水卷材黏合而形成的整体的不透水层。

a. 卷材铺贴方法　高聚物改性沥青防水卷材的铺贴方法有冷粘法和热熔法两种。冷粘法是用胶黏剂将卷材黏结在其基层上，或利用某些卷材的自黏性进行铺贴；热熔法是用火焰加热器将卷材均匀加热至表面发黑发亮出现熔融层后，立即滚铺卷材使之平展，并辊压牢实。合成高分子卷材防水层（以三元乙丙卷材防水层为例）是先在基层上薄涂且均匀地涂刮基层处理剂［如（C）X-404 胶等］，干燥不粘手后即可铺贴卷材。

在做防水层时应注意，铺卷材之前，必须保证找平层干透，如果找平层含有一定水分，做上防水层后，在太阳的照射下，水就会蒸发变成水蒸气，因受到上面防水层的阻挡，水蒸气无法排出，就会聚集，防水层就会鼓泡，导致这些部位的防水层出现皱折甚至破裂。因此，应在防水层和找平层之间有一个能让水蒸气扩散流动的场所和渠道。在工程实际操作中，一般是将第一层黏结剂涂成点状或条状，然后铺贴防水卷材。

b. 卷材铺贴方向　对于合成高分子防水卷材，当屋面坡度小于 3%时，卷材宜从檐口到屋脊向上平行屋脊铺贴，以形成顺水搭接；当屋面坡度在大于 3%时，卷材可以平行也可以垂直屋脊铺贴。而对于高聚物改性沥青防水卷材则不受此限制。

c. 卷材的搭接长度　对于高聚物改性沥青防水卷材的长短边搭接长度均不小于 80mm。

对于合成高分子防水卷材的长边搭接长度不小于 50mm，短边搭接长度不小于 70mm。

多层卷材铺贴时，上下层卷材的接缝应错开。

⑥ 保护层。设置保护层的目的是保护防水层以延长其使用寿命。保护层的材料及做法应根据防水层所用材料和屋面的利用情况而定。

a. 不上人屋面　高聚物改性沥青防水卷材及合成高分子卷材一般采用浅色、黏结力强、耐风化的保护涂料（一般由卷材生产厂家提供）；如果卷材面自带保护层，则不另设。

b. 上人屋面　上人屋面的保护层具有保护防水层和兼作行走面层的双重作用，因此该构造层应满足坚固、耐磨、平整、防水等要求。其构造做法有两种，一是在防水层上浇筑 30～40mm 厚细石混凝土面层，为防止屋面变形而导致保护层开裂，应每 2m 左右留一分格缝，并用油膏嵌缝；二是在 20mm 厚的水泥砂浆或沥青砂浆结合层上铺贴预制的 30mm 厚混凝土板或缸砖做面层，并用水泥砂浆嵌缝。

(3) 柔性防水屋面细部构造　柔性防水屋面细部是指屋面上的泛水、檐口、雨水口、变形缝、伸出屋面管道等防水薄弱部位。

① 泛水构造。泛水是指屋面防水层与突出于屋面的垂直墙面（如女儿墙、烟囱、楼梯间等）交接处的构造处理。为防止上述位置出现渗漏，应按下列构造方法进行处理。

a. 屋面与垂直面交接处应用砂浆抹成直径为 20～100mm 的圆弧形或 45°斜面，满刷卷材黏结剂，将附加的一层卷材及屋面的防水卷材沿斜面继续铺至墙的垂直面上。屋面防水卷材及附加防水卷材在迎水的墙面上铺设高度不得小于 250mm，在非迎水的墙面上铺设高度不得小于 180mm；附加防水卷材在屋面铺设的长度不应小于 250mm，如图 7-8 所示。

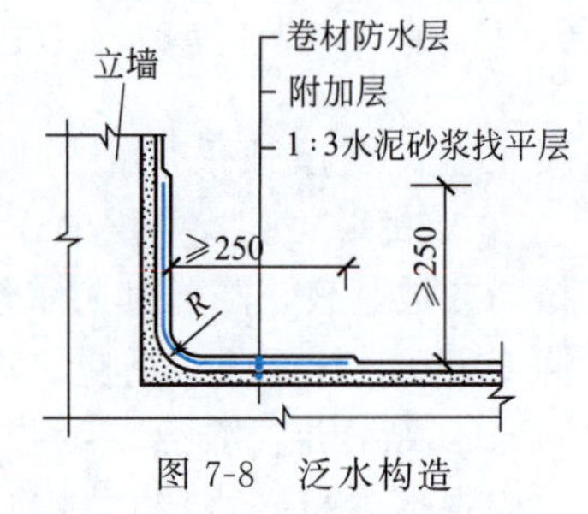

图 7-8　泛水构造

b. 贴在墙上的卷材端部易脱离墙面或张口，导致漏水，因此应做好泛水上口的卷材收头固定及其顶部挡雨的构造处理。卷材收头可压入砖墙凹槽内，然后采用钉木条、压铁皮、嵌砂浆、嵌油膏或盖镀锌铁皮等处理方法压住卷材端头，或在泛水上口挑出 1/4 砖用于挡水，并抹水泥砂浆滴水线，如图 7-9(a) 所示；若墙体为混凝土时，卷材收头可采用金属压条钉压，并用密封材料封牢，如图 7-9(b) 所示。

7.2　柔性防水屋面—泛水构造

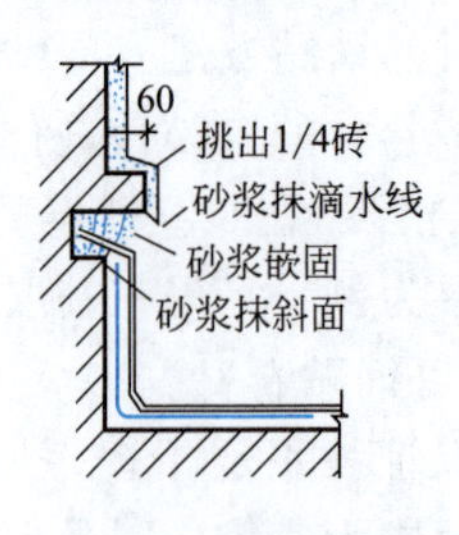

(a) 砖墙之油膏嵌固收头

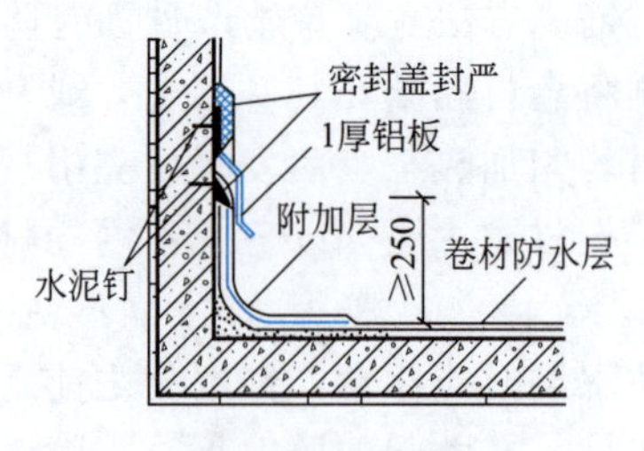

(b) 混凝土墙卷材收头

图 7-9　泛水收头处理

② 檐口构造。檐口构造有自由落水挑檐、挑檐沟、女儿墙外排水等多种。自由落水檐口的卷材收头极易开裂渗水，需采用油膏嵌缝，同时，应抹好檐口的滴水，使雨水迅速垂直下落，如图 7-10(a) 所示。挑檐沟的檐口在檐沟内用轻质材料向雨水口做出不小于 1% 纵向坡度，并要附加一层卷材，沟口处的卷材（包括附加卷材）收头每隔 500mm 用水泥钉或射钉垫 20mm×20mm×0.7mm 的镀锌垫片钉牢，并用油膏封牢；附加卷材铺入屋面的长度不

应小于 200mm，如图 7-10(b) 所示。女儿墙外排水一般直接利用屋顶倾斜坡面在靠近女儿墙屋面最低处做成天沟，沟内防水卷材应铺设到女儿墙上形成泛水，并做纵向排水坡度，如图 7-10(c) 所示。

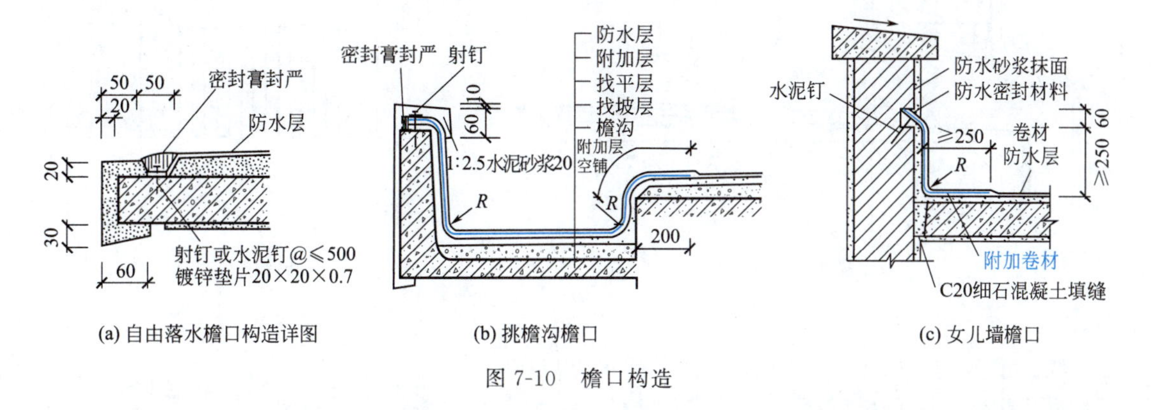

(a) 自由落水檐口构造详图　(b) 挑檐沟檐口　(c) 女儿墙檐口

图 7-10　檐口构造

③ 雨水口构造。雨水口是屋面雨水排至落水管的连接构件，通常为定型产品，雨水口过去一般用铸铁制作，易生锈，现在多为不锈钢及硬质聚氯乙烯塑料制作。雨水口分为直管式和弯管式两大类。直管式用于内排水中间天沟和外排水挑檐等，弯管式只适用女儿墙外排水天沟。

87 型直管式雨水口由套管、套管压板及雨水分流罩组成。套管安装在钢筋混凝土板的预留孔中，为防止套管四周漏水，套管与基层接触处应用密封膏封严，然后将防水卷材和附加的一层卷材弯入套管的承口内，填满密封膏，即将压板盖上，并插入螺栓以固定压板，最后盖上导流罩。压板底面应与套管顶面齐平、密合。另外，雨水口周围直径 500mm 范围内坡度应不小于 5%，如图 7-11 所示。

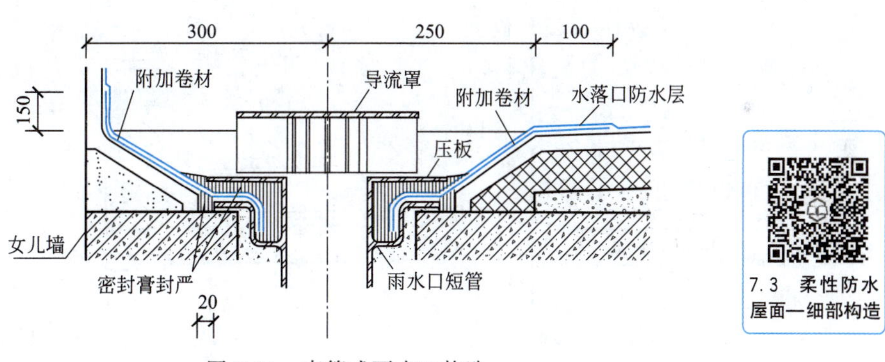

图 7-11　直管式雨水口构造

弯管式雨水口呈 90°弯状，由弯曲套管和箅子两部分组成。首先将弯曲套管置于女儿墙预留的孔洞中，然后将屋面和泛水的防水卷材及附加的一层卷材铺到套管的内壁四周。其中，附加卷材铺入的深度不小于 50mm，屋面和泛水的卷材铺入长度不小于 100mm；最后安装箅子，以防止杂物堵塞雨水口，如图 7-12 所示。

④ 屋面变形缝构造。屋面变形缝有等高屋面和不等高屋面两种形式，其构造处理原则是既不能影响变形缝的功能，又要防止雨水从变形缝处渗入室内。

a. 等高屋面变形缝　等高屋面变形缝的做法是先用铝板或镀锌板盖上变形缝，然后在变形缝两边的屋面板上砌筑高度不小于 250mm 的半砖厚矮墙，墙的缝隙内填塞沥青麻丝或泡沫塑料；屋面卷材防水层（包括附加的一层卷材）应铺至矮墙上，盖上泡沫塑料后，用铝板

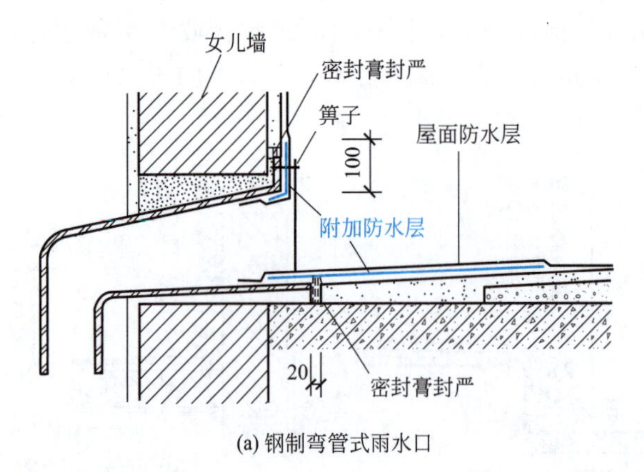

(a) 钢制弯管式雨水口

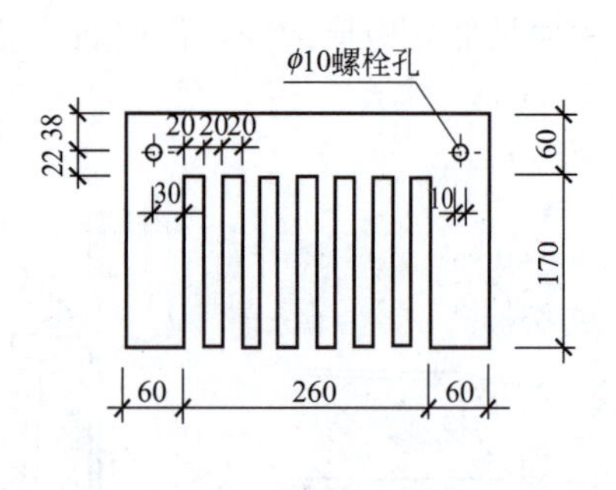

(b) 铁箅子详图

图 7-12　雨水口构造

或镀锌铁皮盖缝，如图 7-13 所示；缝上部也可以铺一层卷材后用混凝土盖板压顶。

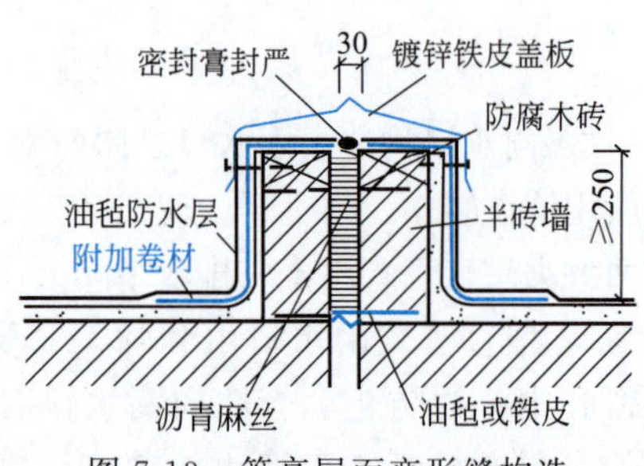

图 7-13　等高屋面变形缝构造

b. 不等高屋面变形缝　不等高屋面变形缝的做法是在低侧屋面板上砌筑矮墙，墙的高度、屋面卷材构造处理及缝隙内填塞材料等同等高屋面变形缝的构造处理。盖缝板有两种方法，一种是用固定在高侧墙上的铝板或镀锌铁皮盖缝，如图 7-14(a) 所示；另一种是高墙面上有出入口，此时，可用从高侧墙上悬挑钢筋混凝土板盖住变形缝，如图 7-14(b) 所示。

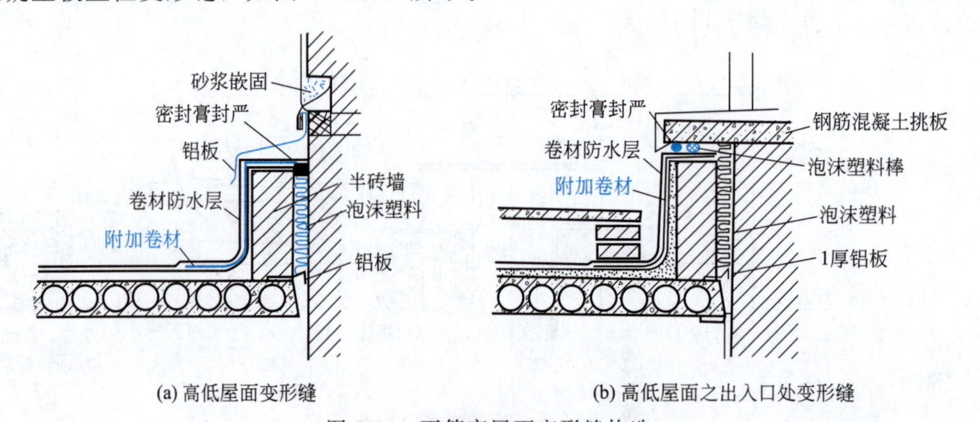

(a) 高低屋面变形缝　　(b) 高低屋面之出入口处变形缝

图 7-14　不等高屋面变形缝构造

⑤ 伸出屋面管道。伸出屋面管道周围应用水泥砂浆做成圆锥台形，顶部与管道接触处留凹槽并用密封材料嵌塞。防水层收头处用金属箍箍紧，并用密封材料填实，如图 7-15 所示。

2. 刚性防水屋面

刚性防水屋面是用刚性防水材料铺成的屋面防水层，这种屋面构造简单，施工方便，造价较低，耐久性好，维修方便，但易开裂，对气温变化适应性较差，尤其对结构变形较为敏感。

(1) 刚性防水屋面的材料　刚性防水屋面主要采用防水砂浆或细石混凝土等刚性材料，因砂浆和混凝土的抗拉强度远低于其抗压强度，属于脆性材料，因此称为刚性防水屋面。刚性防水层多用于日温差较小或防水等级较低的屋面，也可用作防水等级较高屋面多道设防中的一道防水层，不宜用在有高温、有振动和基础有较大不均匀沉降的建筑中。

(2) 刚性防水屋面的构造　刚性防水屋面一般由结构层、找平层、隔离层和防水层、保护层组成，如图 7-16 所示。

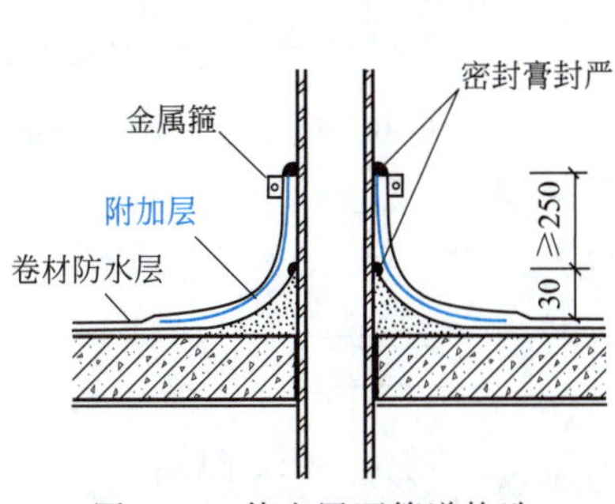

图 7-15　伸出屋面管道构造

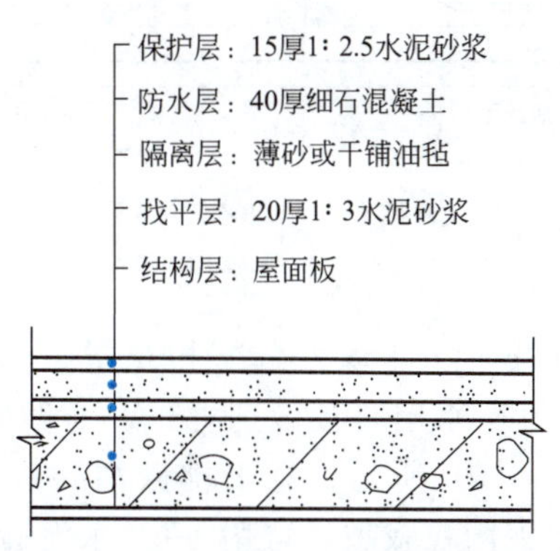

图 7-16　刚性防水屋面构造

① 结构层。结构层一般采用现浇或预制钢筋混凝土屋面板。

② 找平层。当结构层采用预制钢筋混凝土板时，应做 20mm 厚的 1∶3 水泥砂浆找平层，若采用现浇钢筋混凝土屋面板，可以不做找平层。

③ 隔离层。为减少结构层变形及温度变化对防水层的不利影响，应在防水层下设置隔离层。隔离层可采用纸筋灰、低标号砂浆或干铺一层油毡等，如果防水层中加有膨胀剂等添加剂时，其抗裂性有所改善，也可不做隔离层。

④ 防水层。刚性防水屋面常用防水砂浆抹面或细石混凝土等材料做屋面防水层。其中，细石混凝土防水层有掺减水剂的普通混凝土、掺塑化膨胀剂的补偿收缩混凝土、掺合成纤维和塑化膨胀剂的合成纤维补偿收缩混凝土及掺钢纤维和塑化膨胀剂的钢纤维混凝土。混凝土强度不应低于 C20，厚度不宜小于 40mm；除钢纤维补偿收缩混凝土外，其余各种混凝土均应配置直径为 6mm、间距为 150mm 的双向钢筋网片（分格缝处应断开）。如果不配置钢筋网，应在相同的混凝土防水层上做 15mm 厚的 1∶2.5 的水泥砂浆保护层。

(3) 刚性防水屋面细部构造　刚性防水屋面的细部构造包括屋面防水层的分格缝、泛水、檐口、雨水口、变形缝等部位的构造处理。

① 屋面分格缝。分格缝又称分仓缝，是一种设置在刚性防水层中的变形缝。其作用是防止大面积现浇混凝土防水层受温度变化或屋面板产生弯曲变形而引起刚性防水层开裂。

分格缝应设在装配式屋面板的支撑端、屋面的转折处、防水层与立墙交接处，并与板缝对齐，其纵横间距不宜大于 6m，分隔出的面积为 15～25m^2。为防止从分格缝处漏水，缝内应用泡沫塑料或沥青麻丝填塞，缝口应用防水密封膏嵌实，外表用防水卷材盖缝条盖住，如图 7-17 所示。在灌注密封膏(胶)之前，应用钢丝刷将分格缝两壁水泥浮浆刷掉，以保证密封胶黏结牢固。

② 泛水构造。为使混凝土防水层可以自由变形而不受墙体的影响，突出屋面的墙体与防水层间留 30mm 宽的分格缝，缝内用油膏嵌缝，缝外用铺贴在墙体上的卷材做附加防水，铺贴在墙上和屋面上的长度均不小于 250mm，如图 7-18 所示。附加卷材的收头处理，与柔性防水屋面泛水的处理方法相同。

③ 檐口构造。刚性防水屋面檐口的形式一般有自由落水悬挑檐口、有组织挑檐沟外

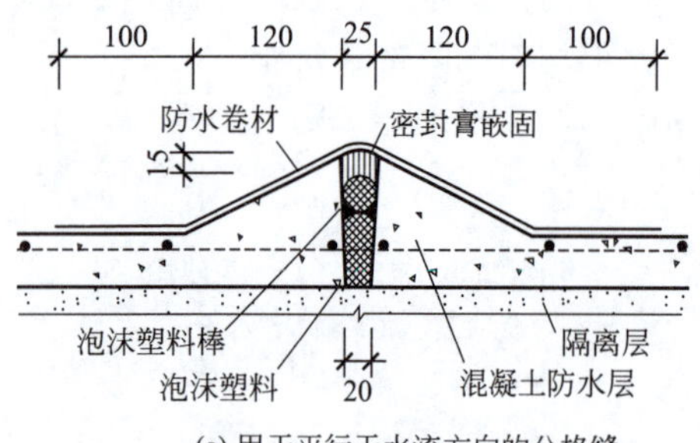

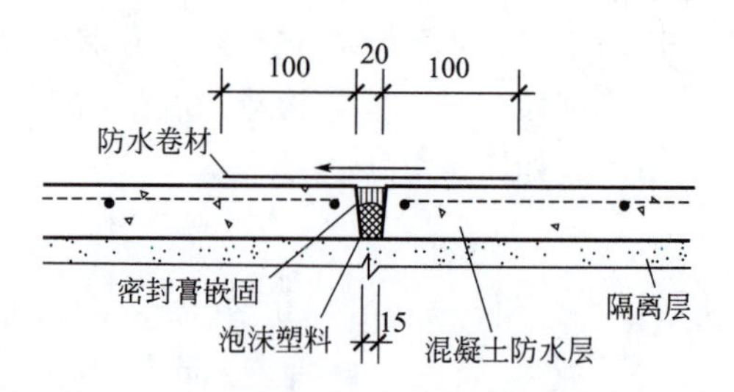

图 7-17　刚性屋面分格缝构造

排水檐口和女儿墙外排水檐口等。对于自由落水挑檐，可将刚性防水层直接做到檐口，并做好收口处的滴水线，如图 7-19(a) 所示。对于挑檐沟外排水，在檐沟沟底用 1∶8 水泥陶粒找坡，再用 1∶3 水泥砂浆找平，然后将屋面刚性防水层做到檐口处，并用密封胶封住防水端头；也可采用屋面为刚性防水，檐沟内为柔性防水的方法处理，如图 7-19(b) 所示。对于女儿墙外排水，通常在檐口处做成矩形断面天沟，其构造处理与女儿墙泛水做法基本相同，天沟内需铺设纵向排水坡。

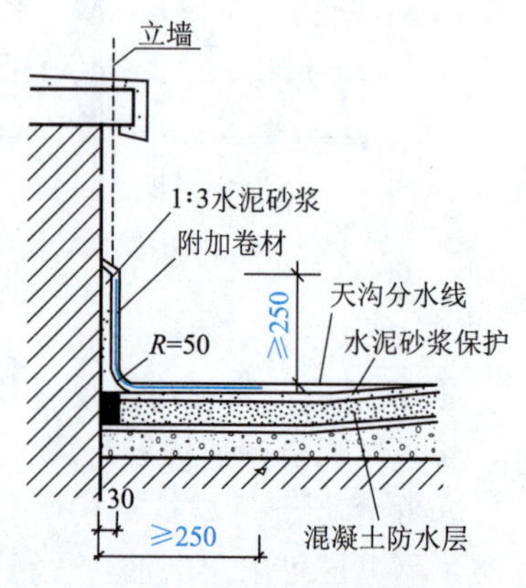

图 7-18　刚性屋面泛水构造

④ 雨水口。刚性防水雨水口有直管式和弯管式两种，而其构造处理又有柔性防水处理和刚性防水处理两种方法。直管式和弯管式的柔性防水处理方法与其柔性防水屋面的雨水口处理方法基本相同，即在雨水口周围卷材防水处理完后，再浇筑屋面刚性防水层，其构造如图 7-20 所示（以弯管式雨水口为例）。刚性防水处理方法均是在雨水口与刚性防水层接触的位置用密封膏封严即可。刚性防水处理方法其构造比较简单，但易产生渗漏现象。

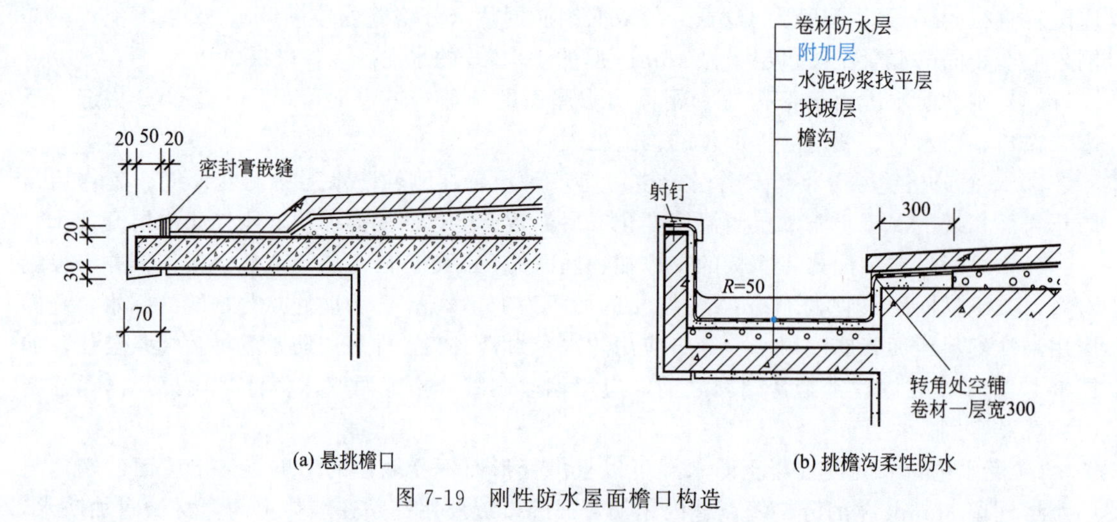

图 7-19　刚性防水屋面檐口构造

⑤ 变形缝。刚性防水屋面变形缝的构造处理与前述柔性防水屋面变形缝的构造处理基本相同，只是刚性防水层与变形缝两侧或一侧砌筑的矮墙交接处应按刚性防水的泛水处理方法进行处理。

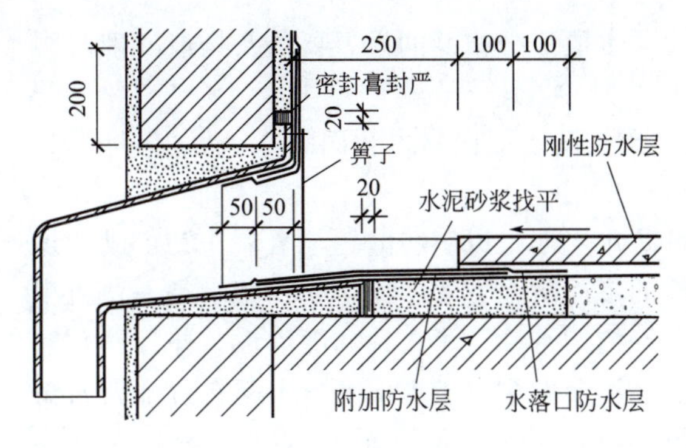

图 7-20　刚性防水雨水口构造

3. 涂膜防水屋面

涂膜防水屋面又称涂料防水屋面，是以在常温下呈黏稠液态的高分子沥青材料为主体，经涂布、刮涂或喷涂等工艺，经溶剂或水分挥发或各组分的化学反应能在结构物表面结成坚韧、连续的防水薄膜，使表面与水隔断，以达到防水目的的一种屋面做法。涂膜防水屋面具有自重轻、防水性好、抗渗性强、黏结力强、延伸性大、耐腐蚀、耐老化、冷施工、易维修、施工方便等优点；但防水材料的价格较高，且应注意防止硬杂物对防水层可能造成的破坏。涂膜防水屋面主要适用于防水等级为Ⅲ级、Ⅳ级的屋面防水，也可作为Ⅰ级、Ⅱ级屋面多道防水设防中的一道防水层。

(1) 涂膜防水屋面的材料　涂膜防水屋面的材料主要有各种涂料和胎体增强材料两大类。

① 涂料。防水涂料按液态的类型可分为溶剂型、水乳型和反应型三种；按成膜物质的主要成分可分为沥青类、高聚物改性沥青类及合成高分子类。其中，沥青防水涂料有沥青胶、石灰乳化沥青、水性石棉沥青防水涂料等；高聚物改性沥青防水涂料有再生橡胶防水涂料、水乳型氯丁橡胶防水涂料、SBS橡胶改性沥青防水涂料等；合成高分子防水涂料有聚氨酯防水涂料、丙烯酸酯防水涂料、硅橡胶防水涂料等。

② 胎体增强材料。防水涂料一般需要与胎体增强材料（即所谓的布）配合，以增强涂层的贴附覆盖能力和抗变形能力。目前，使用较多的胎体增强材料为中性玻璃纤维网格布或中碱玻璃布、聚酯无纺布等。

(2) 涂膜防水屋面的构造层次和做法　涂膜防水屋面的构造层次有结构层、找坡层、找平层、结合层、防水层和保护层等，如图 7-21 所示。

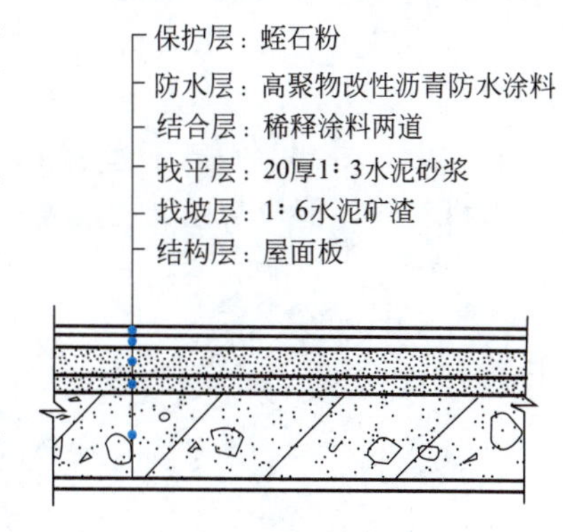

图 7-21　涂膜防水屋面构造

① 结构层、找坡层及找平层。在涂膜防水屋面中，结构层和找坡层的材料和做法与柔性防水屋面相同；为使防水层的基层有足够的刚度，找平层通常为 20mm 厚的 1∶3 水泥砂浆。

② 结合层。结合层通常为经稀释的与防水层相同的材料，为保证防水层与基层黏结牢固，结合层应满刷在基层上。

③ 防水层。防水层需分多次涂刷防水材料，厚度要求一般为 1.2mm 或以上。对于乳剂性防水材料，手涂一般需 3 遍可达到 1.2mm 的厚度；对于溶剂型防水材料，手涂一般需 4～5 遍可达到 1.2mm 的厚度。

④ 保护层。对于不上人屋面，合成高分子防水涂膜的保护层为浅色、黏结力强、耐风化的保护涂料（由生产厂家提供）；高聚物改性沥青防水涂膜及沥青胶等可用粒径不大于 1mm 的细砂、云母或蛭石作保护层。对于上人屋面，保护层做法与柔性防水上人屋面做法相同。

(3) 涂膜防水屋面细部构造

① 分格缝构造　为了避免温度变化和结构变形而引起基层开裂，致使屋面渗漏，一般

应在涂膜防水屋面的找平层上设置分格缝。涂膜防水屋面分格缝的设置要求及构造处理与刚性防水屋面分格缝基本相同。

② 泛水构造　涂膜防水屋面泛水构造要点与柔性防水屋面基本相同。

4. 粉剂防水屋面

防水粉亦称憎水粉、拒水粉或镇水粉。这种防水屋面是以脂肪酸钙与氢氧化钙组成的复合型粉状防水材料加保护层的防水屋面。与其他的屋面防水方法相比，粉剂防水是一种新型防水形式，这种屋面防水层透气而不透水，有良好的憎水性、耐久性和随动性，并且具有构造简单、施工快、造价低、寿命长等优点，特别是不会发生由于屋面变形引起自身开裂而丧失抗渗性能的现象。粉剂防水屋面主要适用于坡度不大于10%的屋面。

二、坡屋顶构造

1. 坡屋顶的承重结构

坡屋顶的承重结构常用的有横墙承重、屋架承重等多种。房屋开间较小的建筑，如住宅、宿舍等，常采用横墙承重；要求有较大空间的建筑，如食堂、礼堂、俱乐部等，常采用屋架承重；钢筋混凝土梁承重是钢筋混凝土梁由柱支撑形成空间框架，其中屋面梁是倾斜的，这种结构体系的整体性好、抗震性能高，是现代坡屋顶建筑中最为常见的承重结构形式。

(1) 横墙承重　横墙承重是按屋顶要求的坡度将横墙上部砌成三角形，在墙上直接搁置檩条或钢筋混凝土屋面板来承受屋面重量的一种结构形式，如图 7-22 所示。横墙承重做法简单、经济，适用于开间较小的住宅、宿舍、宾馆等建筑。

(2) 屋架承重　屋架承重是将屋架搁置在建筑物纵墙或柱上，檩条或钢筋混凝土屋面板搁置在屋架上，以传递屋面荷载，使建筑物内有较大的使用空间，如图 7-23 所示。屋架间距通常为3～4m，一般不超过6m。屋架的材料主要有木、钢木、钢筋混凝土或钢等，其高度和跨度的比值应与屋面的坡度一致。

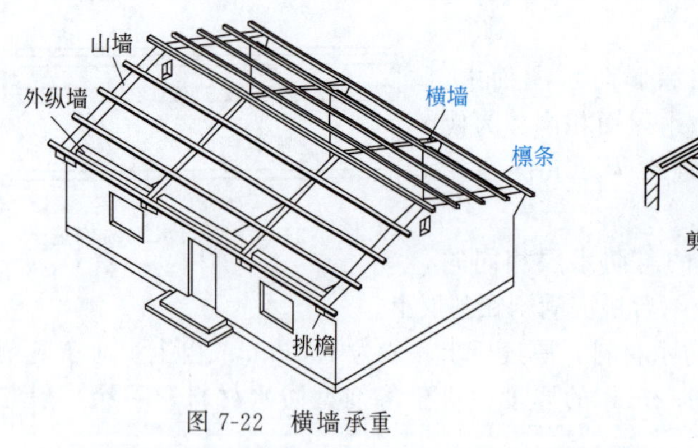

图 7-22　横墙承重

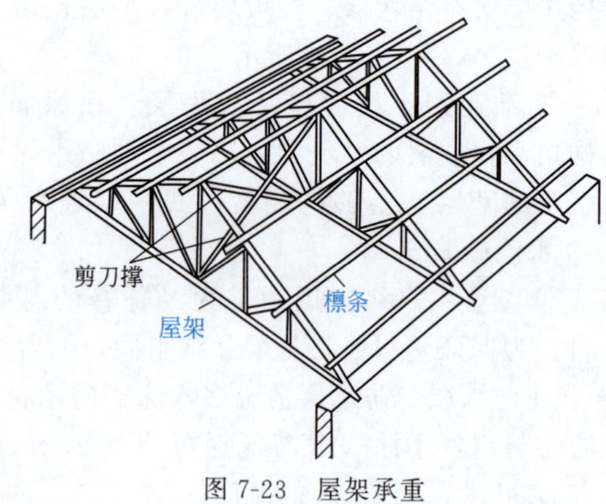

图 7-23　屋架承重

2. 坡屋顶的屋面构造

(1) 屋面材料及其坡度　坡屋顶的屋面防水材料有陶土瓦、沥青瓦、彩钢瓦、钢筋混凝土大型屋面板构件自防水、玻璃屋顶等；使用坡度一般大于10%。

陶土瓦主要代表就是琉璃瓦，通过高温烧制而成，颜色多样，艳丽丰富，也是目前市面上较常用的一种屋面瓦。但是琉璃瓦单张面积非常小，铺装工序繁琐，消耗大量的人力和时间，人工费用很高。又因其是高温烧制而成，经雨水冲刷容易开裂漏水，需要经常翻修维护。

沥青瓦也叫油毡瓦，优点方面：a. 造型多样，适用范围广；b. 隔热、保温；c. 屋顶承重轻，安全可靠；d. 施工简便，综合成本低；e. 经久耐用，无破碎之忧；f. 色彩丰富，美观环保；g. 防水，耐腐蚀；h. 抗风，防尘自洁。但沥青瓦易老化。

彩钢瓦主要适用于工业与民用建筑、仓库、特种建筑、大跨度钢结构房屋的屋面、墙面以及内外墙装饰等，具有质轻、高强、色泽丰富、施工方便快捷、抗震、防火、防雨等优点。其缺点是容易生锈腐蚀，使用年限不是很长。

钢筋混凝土大型屋面板多用于工业建筑中，屋面板跨度多在 6m 以上，一般直接搭在钢屋架或钢筋混凝土屋架上。

（2）坡屋面的基本构造

① 实铺瓦屋面。实铺瓦屋面也称木望板屋面，是在檩条上铺钉一层厚 15～20mm 的平口木板（称木望板），板间留 10～20mm 的缝，在板上平行屋脊从檐口到屋脊铺一层油毡，油毡上下左右间的搭接长度不小于 80mm，再用 30mm×10mm 垂直于屋脊方向的板条（称顺水条或压毡条）将油毡钉牢，然后在顺水条上钉挂瓦条并挂瓦，如图 7-24 所示。木望板屋面较冷摊瓦屋面不仅增强屋面的防水性能，而且也提高了屋面的保温隔热性能，但耗用木材多，防火性能较差。

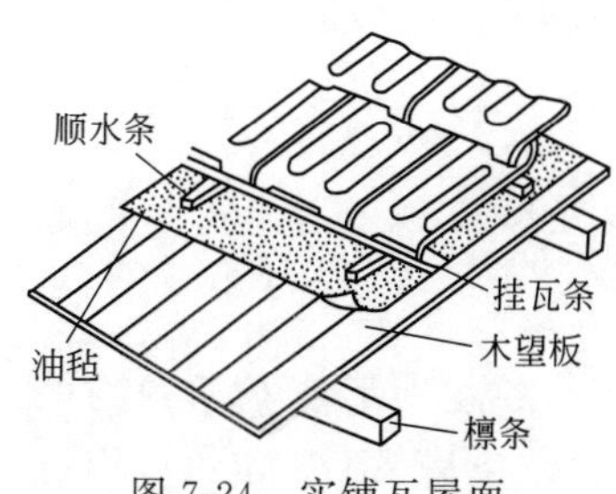

图 7-24　实铺瓦屋面

② 钢筋混凝土屋面板瓦屋面。将预制或现浇钢筋混凝土板搁置在横墙或屋架上做瓦屋面的支撑结构，然后在上面挂瓦。这种屋面是现代坡屋顶建筑最常见的一种形式。钢筋混凝土屋面板瓦屋面的挂瓦方法有两种，一种是将瓦挂在固定于屋面板的木材或钢材的挂瓦条上，如图 7-25(a)、(b) 所示；另一种是用水泥砂浆卧瓦，如图 7-25(c) 所示。

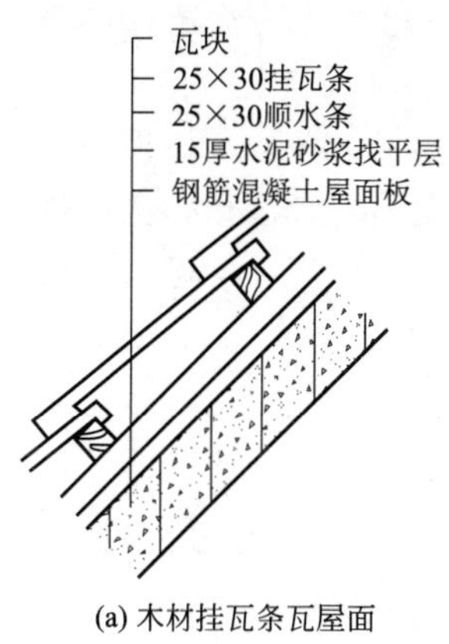

(a) 木材挂瓦条瓦屋面

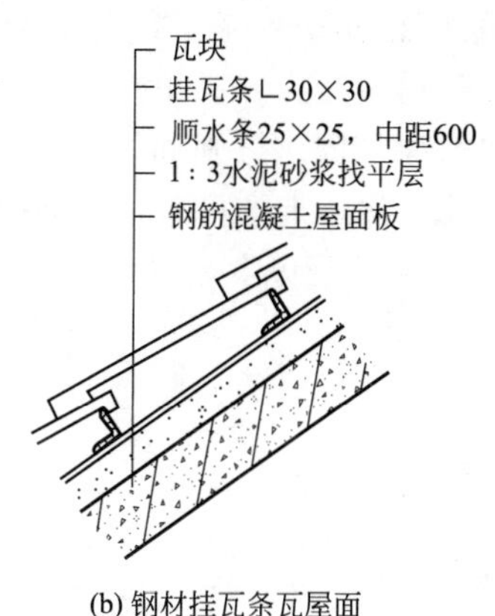

(b) 钢材挂瓦条瓦屋面

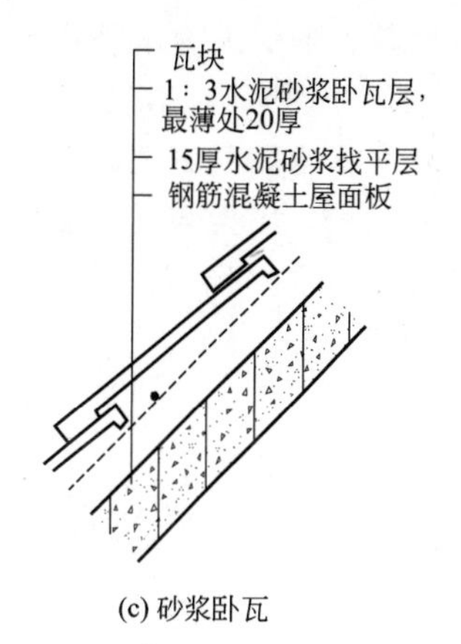

(c) 砂浆卧瓦

图 7-25　钢筋混凝土屋面板瓦屋面

钢筋混凝土屋面板瓦屋面不仅有上述所提到的传统瓦材，近几年来又涌现出诸如瓦块形钢板彩瓦及油毡瓦等瓦材。

瓦块形钢板彩瓦屋面即彩板屋面，自重轻、强度大、耐久性好、安装方便，而且色彩绚丽、质感好，能有效地增加建筑艺术效果。瓦块形钢板彩瓦按其构造形式可分为单层彩瓦和保温夹心彩瓦；按其断面形状又可分为波形、梯形和带肋梯形等。单层彩瓦屋面大多将板材用不锈钢自攻螺钉紧固于檩条上，檩条一般为槽钢、工字钢等型材。为防止漏水，在板材连接处，应使用通长双面自粘密封胶条密封；螺钉孔应设在屋面板的波峰上，并在钉帽下用橡胶垫圈垫置，如图 7-26 所示。保温夹心板是由彩色涂层钢板作表层，自熄性聚苯乙烯泡沫塑料或硬质聚氨酯泡沫作芯材，通过加压加热固化制成的夹心板，具有防寒、保温、体轻、防水、装饰、承力等多种功能，是一种高效的结构材料，多用于公共建筑、工业厂房屋面及活动板房等。

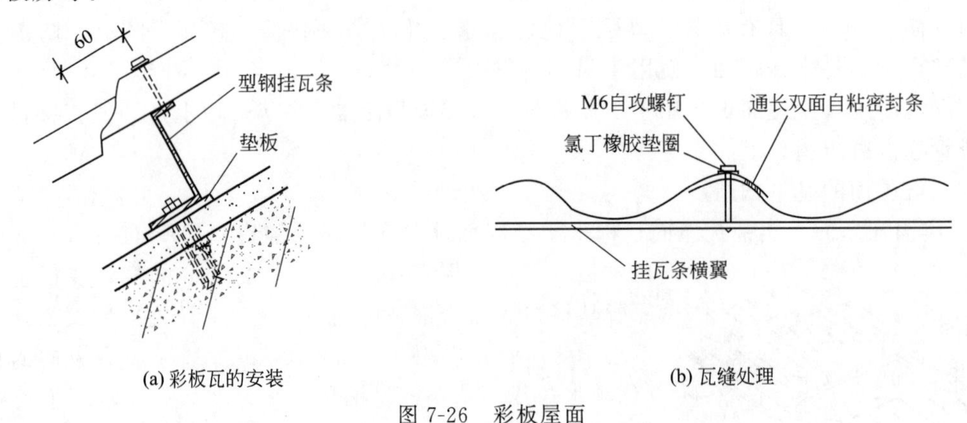

(a) 彩板瓦的安装　　(b) 瓦缝处理

图 7-26　彩板屋面

油毡瓦是将玻璃纤维和沥青分层胶合成片状，上敷天然矿石粒，即形成对沥青的保护层，并带上了天然石材的质感和色彩。油毡瓦可以用黏结剂直接贴在基层上，也可以用钉子钉在屋面防水层上。这种瓦屋面与传统瓦屋面相比，重量轻、构造层少、防水效果好，但价格较高，多适用于大型公共建筑或档次较高的居住建筑。

(3) 坡屋面的细部构造

① 纵墙檐口。纵墙檐口根据建筑造型有挑檐和包檐两种。

挑檐的方法主要有：当外挑的尺寸较小时，可采用砖砌外挑或椽条外挑；当外挑的尺寸较大时，可采用挑檐木外挑或钢筋混凝土屋面板外挑。钢筋混凝土屋面板外挑构造如图 7-27 所示。

包檐常用的方法有女儿墙包檐和檐沟包檐，分别如图 7-28 及图 7-29 所示。如果采用女儿墙包檐，屋架与女儿墙相接处必须设天沟，天沟可采用钢筋混凝土预制天沟板，沟内铺油毡防水层，并将油毡一直铺到女儿墙上形成泛水。泛水的做法与柔性防水屋面泛水的做法相同。

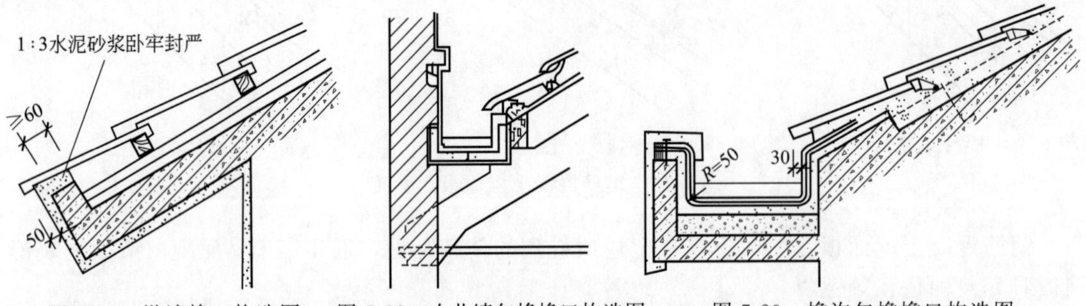

图 7-27　纵墙檐口构造图　　图 7-28　女儿墙包檐檐口构造图　　图 7-29　檐沟包檐檐口构造图

② 山墙檐口。山墙檐口按屋面形式可分为硬山和悬山两种。硬山有山墙与屋面齐平和高出屋面两种形式。当山墙与屋面齐平时，可用水泥砂浆抹出披水线将瓦封牢，如图 7-30(a) 所示；当山墙高出屋面时，女儿墙和屋面交接处应做泛水处理，常见构造有：用水

泥砂浆粘贴小青瓦或用水泥砂浆抹灰泛水，分别如图 7-30(b)、(c) 所示。悬山檐口是将檩条或屋面板外挑形成悬山，沿山墙挑檐的一行瓦，应用 1∶2.5 水泥砂浆抹出披水线将瓦封牢。

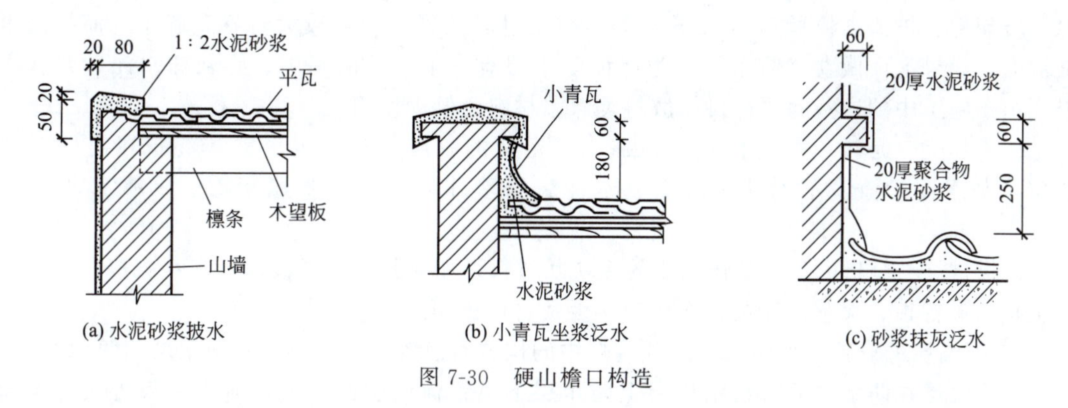

图 7-30　硬山檐口构造

③ 管道泛水。穿过屋面的管道应有外套管，外套管高出屋面不小于 250mm，并作全高 20mm 厚的聚合物水泥砂浆泛水，其上部用铝板罩封盖，如图 7-31 所示（如果采用挂瓦，套管根部应用密封膏封严）。

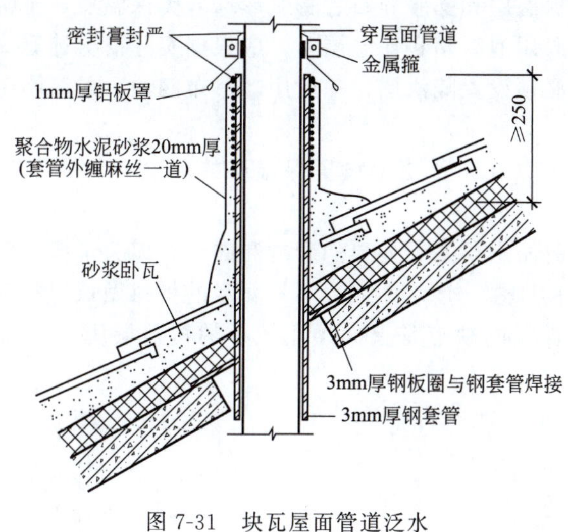

图 7-31　块瓦屋面管道泛水

任务四　屋顶的保温与隔热

一、平屋顶的保温与隔热

1. 平屋顶的保温

寒冷地区或装有空调设备的建筑，为减少室内热能从屋顶的损失，节约能源，其屋顶应设置保温层。

柔性防水保温屋顶构造如下：

① 保温材料类型。保温材料的选用要根据屋顶结构形式、气候条件、保温效果、工程

造价等综合考虑，必须是密度小、疏松、热导率小的多孔材料，一般可分为散料、整体类和板材类三种材料。

a. 散料类　常用的松散保温材料有膨胀珍珠岩、膨胀蛭石（粒径 3～15mm）、矿棉、岩棉、玻璃棉、炉渣（粒径 5～40mm）等。材质过轻的材料在风较大时不宜施工；而炉渣重量较大，如果上面做卷材防水层，为保证防水层有一个较好的基层，必须抹水泥砂浆找平层，由于施工中的这些问题，目前散料类保温材料已较少使用。

b. 整体类　是指以散料作骨料，掺入一定量的胶结材料，现场整体浇筑在需保温的部位，如水泥炉渣、水泥膨胀蛭石、水泥膨胀珍珠岩及沥青膨胀蛭石、沥青膨胀珍珠岩等。

c. 板材类　是指由工厂制作而成的板块状材料，如膨胀珍珠岩板、膨胀蛭石板、加气混凝土板、矿棉板、聚苯乙烯板、泡沫塑料板及岩棉板等。

② 保温层的设置。保温层在屋顶构造中的位置有设置在防水层下和防水层上两种方式。

a. 保温层在防水层下　在结构层上防水层下设置保温层的屋顶，通常称正置式保温屋顶，其构造如图 7-32 所示。

保温材料多属于松软材料，表面不平整，受压易变形，且与防水材料无法黏结，因此，在保温层上需铺设找平层作为其上面防水层的基层。根据计算，凡在钢筋混凝土屋面结构层上，采用微孔混凝土类保温层和膨胀蛭石、膨胀珍珠岩类保温层，正常情况下，我国大部分地区可不设隔汽层；当采用泡沫塑料保温层时，应根据实际情况计算确定是否需设置隔汽层及其材料和厚度。如果必须设置隔汽层，一般用“一布四油”或涂刷防水涂料等不透水材料作为隔汽层。

b. 保温层在防水层上　在防水层上设置保温层的屋顶，通常称倒置式保温屋顶，其构造如图 7-33 所示。

倒置式保温的优点是防水层不受外界的影响和破坏，但为了保证保温层的耐久年限，必须使用吸湿性低、耐气候性强、憎水性强、不易腐烂的材料做保温材料，如聚氨酯和聚苯乙烯泡沫材料等；倒置式保温的缺点是上面须用较重的覆盖层压住，如混凝土块、卵石、砖等，增加了屋面荷载。

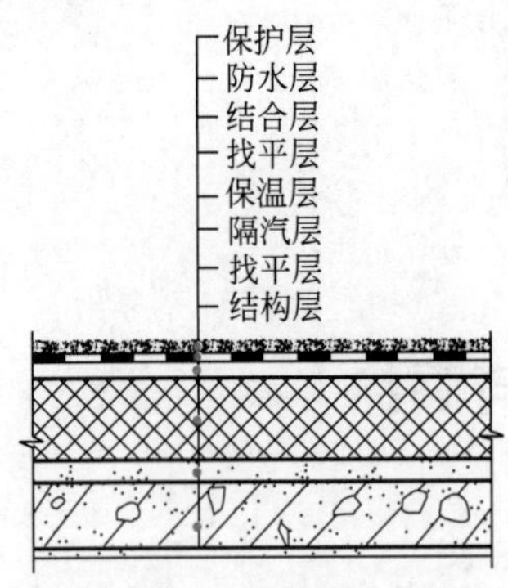

图 7-32　正置式保温屋顶构造

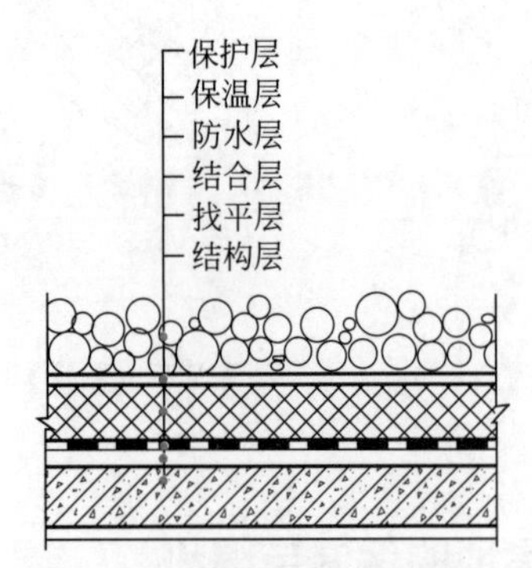

图 7-33　倒置式保温屋顶构造

2. 平屋顶的隔热

炎热地区夏季太阳辐射大，会使屋顶温度急剧升高，为减轻高温对室内的影响，平屋顶须设隔热层或采取降温措施。屋顶隔热降温主要有通风降温、蓄水、植被、反射阳光等方法。

（1）通风降温屋顶　通风降温屋顶在屋顶设置空气能够流动的间隔层，利用空气的流动带走热量。一般分两种方式：一种是在墙上设通风口，将屋面和顶棚之间的空间做通风层，如图 7-34(a) 所示；另一种是在屋面上做架空通风间隔层，一般是将预制混凝土板架空搁置在防水层上形成架空层，架空高度为 200mm 左右，如图 7-34(b) 所示。

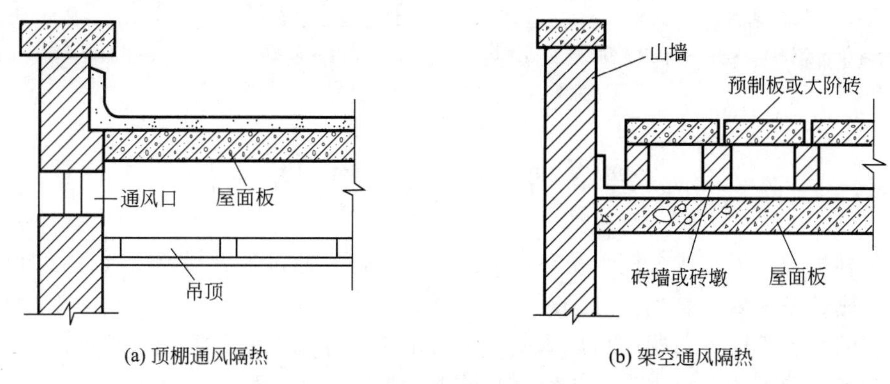

图 7-34　通风降温屋顶

（2）蓄水隔热屋顶　在屋顶上设置蓄水池，利用其所蓄的水来达到屋顶隔热的目的。这种屋面造价高、构造复杂，特别是后期维护费用高。

（3）植被隔热屋顶　近年来，各地较多地采用了在屋顶上种植植物，利用植物的光合作用吸收热量，降低屋顶温度。这种屋顶不仅能有效地起到隔热作用，还可以美化环境，是值得推广的环保做法。

（4）反射隔热屋顶　即利用材料对阳光的反射作用，减少屋顶所接受的热辐射，从而达到隔热的目的，如铺浅色砾石、刷白色涂料等。

二、坡屋顶的保温与隔热

1. 坡屋顶的保温

坡屋顶的保温有屋面保温和顶棚保温两种。

（1）屋面保温　传统的坡屋顶屋面保温是将稻草等铺在檩条或木望板上，然后用稻草泥粘贴瓦块。这种形式比较经济，但防火性能差，保温效果也不好。而现在的坡屋顶建筑广泛采用与平屋顶相同的材料和方法进行屋面保温，如图 7-35 所示。如果屋面不做保温，也可采用顶棚保温的形式。

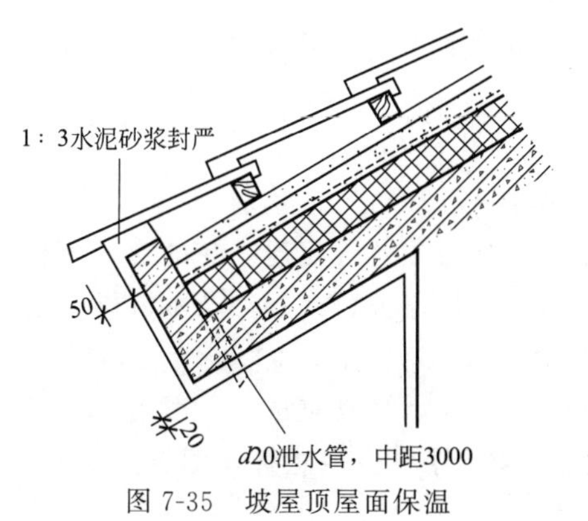

图 7-35　坡屋顶屋面保温

（2）顶棚保温　在设有吊顶的坡屋顶，常将保温层设在顶棚上面，保温材料可选块状或散状材料，如泡沫塑料、膨胀珍珠岩等。为防止蒸汽渗透，保温材料下面宜用防水材料做一层隔汽层。

2. 坡屋顶的隔热

炎热地区坡屋顶中一般设进气口和出入口，利用屋顶内外热压差和迎背风面的压力差，组织空气对流，形成屋顶内的自然通风，以把屋面的太阳辐射热带走，从而达到降温隔热的目的。进气口一般设在檐墙上、屋檐部位或室内顶棚上；出气口最好设在屋脊处，以增大高差，从而有利于加速空气流通，如图 7-36 所示。

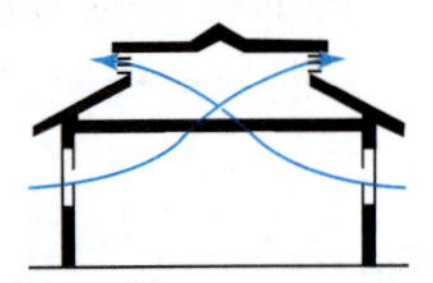
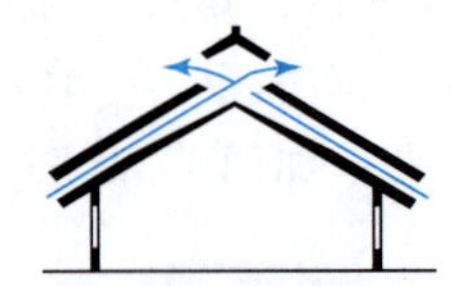
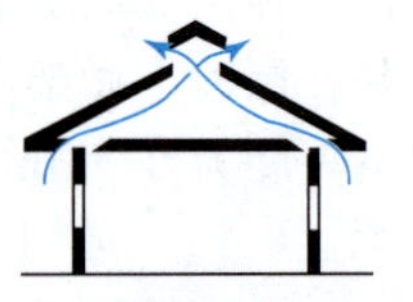
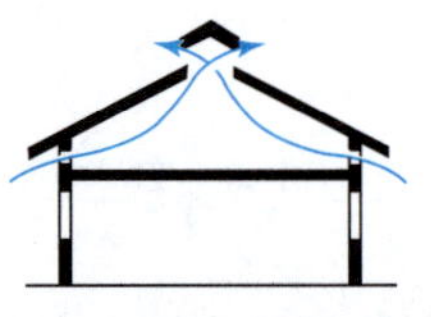
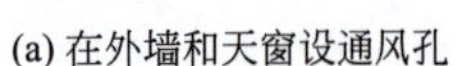

(a) 在外墙和天窗设通风孔　(b) 在顶棚和天窗设通风孔　(c) 在屋面设通风夹层　(d) 在挑檐和天窗设通风孔

图 7-36　坡屋顶的通风隔热

任务五　顶 棚 构 造

顶棚又称吊顶、天花或天棚，是楼板或屋面板下面，通过各种材料或其组合而形成的装饰层。对顶棚的基本要求是光洁、美观，能通过反射光照来改善室内采光和卫生状况。根据构造和选用的材料不同，顶棚还可以满足防火、隔声、保温及隐蔽管线等功能。

顶棚按其构造不同可分为直接式和悬挂式两种。

一、直接式顶棚

直接式顶棚是在楼板底面直接做装饰面层而形成的顶棚。这种顶棚构造简单、造价低、施工方便，一般用于对装饰性要求不高的住宅、学校等民用建筑。常见的直接式顶棚有直接喷浆顶棚和抹灰顶棚。

1. 直接喷浆顶棚

当楼板底面较为平整，且对室内装饰要求不高时，可在楼板底面直接喷刷大白浆、石灰浆等各种内墙涂料，以改善室内美观效果。

2. 抹灰顶棚

当要求楼板底面平整，或室内装饰要求较高时，可在楼板底面抹灰后再喷刷各种内墙涂料。顶棚抹灰可用水泥砂浆和混合砂浆，其中混合砂浆在非防水要求的房间中最为常见。顶棚的抹灰厚度一般为 10～15mm，不应超过 20mm。另外，为增加美观效果，抹灰顶棚常在墙与顶棚的交接处做线脚。线脚的材料有塑料、金属及石膏，其中，石膏线脚目前最为常见。

二、悬挂式顶棚

悬挂式顶棚即吊顶，是指悬挂在楼板或屋面板下面，由骨架和面板组成的顶棚。这种顶棚多用于标准较高的房间及大型公共建筑中。

1. 悬挂式顶棚的组成

悬挂式顶棚是由吊杆、龙骨（亦称格栅）、面层三部分组成。

（1）吊杆　吊杆上端与楼板或屋面等承重结构相连，下端与主龙骨相连。它的形式和材料与龙骨的形式、材料及吊顶重量有关，常用的有金属吊杆（包括镀锌铁丝）及木方等。吊杆与楼板的连接如图 7-37 所示。

（2）龙骨　龙骨是吊顶中承上启下的部分，用来固定面层并承受其重量，一般由主龙骨和次龙骨组成。常用的龙骨：对普通的不上人吊顶一般用木龙骨、轻钢龙骨及铝合金龙骨，上人吊顶的龙骨常用型钢或大断面木龙骨。

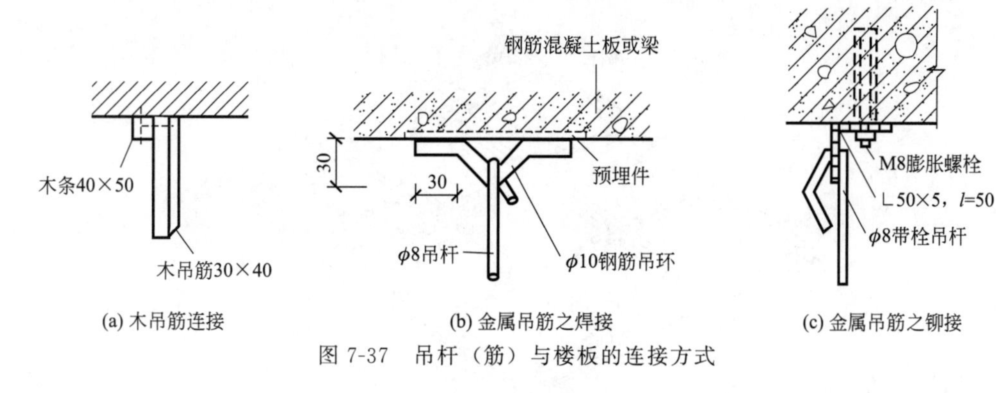

图 7-37　吊杆（筋）与楼板的连接方式

（3）面层　面层是吊顶的表面层，常用的材料有石膏板（如装饰石膏板、纸面石膏板、吸声穿孔石膏板及嵌装式装饰石膏板等）、金属板（如金属微穿孔吸声板、铝合金装饰板、铝塑板等）及其他材料面板（如纤维板、胶合板、塑料板及矿棉板等）。

2. 吊顶构造

（1）轻钢龙骨吊顶　轻钢龙骨吊顶是一种新型轻质装饰结构，以薄壁轻钢龙骨为支撑骨架，配轻型面板组合而成的顶棚体系。这种吊顶具有设置灵活、拆卸方便、重量轻、防火、隔音、美观等特点。

① 龙骨构成　轻钢吊顶龙骨分为主龙骨、次龙骨（中、小龙骨）及连接件三部分。龙骨按外形可分为U形龙骨和T形龙骨两种。

主龙骨是轻钢吊顶龙骨体系中主要受力构件，整个吊顶的荷载通过主龙骨传给吊杆；次龙骨的主要功能是固定饰面板，而其间距是由饰面板的规格所决定的；连接件是用来连接主、次龙骨，使它们组成一个骨架。

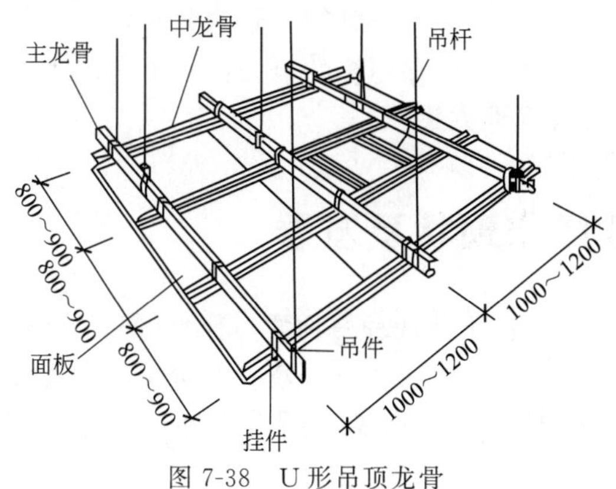

图 7-38　U形吊顶龙骨

② 龙骨构造

a. U形吊顶龙骨的构造　U形吊顶龙骨主要用于需做造型的隐蔽式吊顶中，其构造如图 7-38 所示。U形吊顶主龙骨通过挂件和吊杆相连，承担吊顶全部负荷，其中距一般不大于 1200mm；不上人吊顶的吊杆一般采用 $\phi 8$ 或 $\phi 6$ 的钢筋，并按 900～1500mm 的间距进行布置，具体间距视龙骨和挂件规格而定；中龙骨在主龙骨之下并与之垂直，其中距为 800～900mm；小龙骨（即横撑）安置于两个中龙骨之间，中距视实际情况而定。

b. T形吊顶龙骨的构造　T形吊顶龙骨有铝合金龙骨和以轻钢为内骨、外套铝合金或彩色塑料型材两种，其构造如图 7-39 所示。T形吊顶龙骨由U形主龙骨和T形大、小龙骨及配件组成骨架，其中，主龙骨的中距都不大于 1200mm，吊点间距为 900～1200mm，吊杆一般采用 $\phi 6$ 或 $\phi 8$ 的钢筋；中龙骨垂直固定于大龙骨下，小龙骨垂直搭在中龙骨翼缘上，构成中距为 600mm 的骨架。如果无主次龙骨之分，那么吊杆就可吊在通长的龙骨上。

③ 面板。面板的安装通常有螺钉固定、搁置平放两种方法。

a. 螺钉固定安装法　当采用U形轻钢龙骨时，面板（多为纸面石膏板）可用镀锌自攻螺钉与U形中、小龙骨固定。钉眼用腻子找平，再用与板面颜色相同的色浆修补。

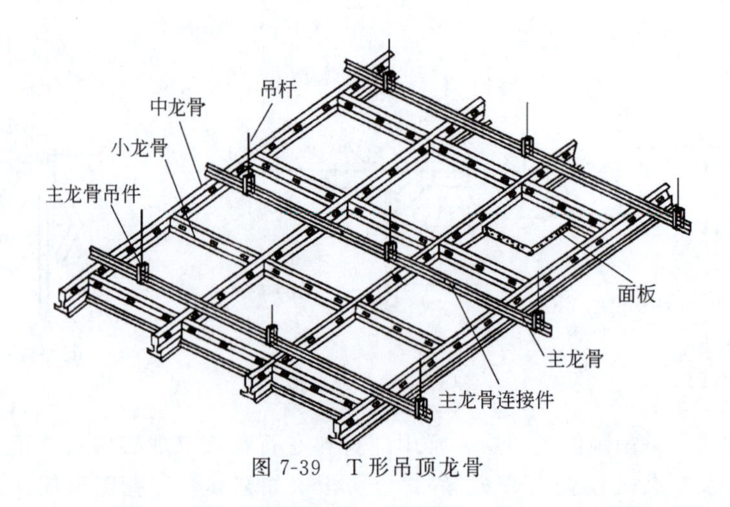

图 7-39　T 形吊顶龙骨

b. 搁置平放法　当采用 T 形吊顶龙骨时，面板（多为正方形的装饰石膏板和矿棉板）可直接搁置在由 T 形龙骨组成的格栅框内，即完成吊顶施工。

(2) 木龙骨吊顶　木龙骨吊顶是在楼板下吊挂由主龙骨、次龙骨及横撑龙骨组成的木骨架，并在木骨架下铺钉各种面板而成的悬挂式顶棚，如图 7-40 所示。

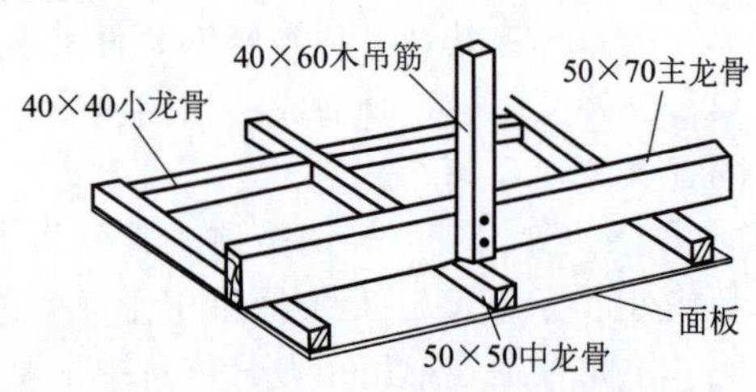

图 7-40　木龙骨吊顶

主龙骨截面一般为 50mm×(70～80)mm，通过螺杆或木吊筋吊挂，吊筋间距一般为 900～1200mm，在龙骨下或与之齐平钉截面为 50mm × 50mm 或 40mm×40mm 的中龙骨及小龙骨。木龙骨吊顶的面板一般有传统的板条抹灰顶棚，或铺钉胶合板、纤维板、PVC 等板材，或吊挂金属面板等多种方式。

任务六　我国屋顶绿化现状及发展

屋顶绿化是以建筑物顶部平台为依托进行蓄水、覆土并栽种植物的一种绿化形式。屋顶绿化的重要意义是：增加城市绿地面积，改善日趋恶化的人类生存环境；改善城市高楼大厦林立、众多道路的硬质铺装取代自然土地和植物的现状；开拓人类绿化空间，建造田园城市；改善居住条件，提高生活质量，美化城市环境。

一、屋顶绿化方式

目前屋顶绿化方式主要有三种。一是草坪式，针对承载力较弱、事前没有绿化设计的轻型屋面。二是针对承载力较强的屋面，种植乔灌木树种的花园式绿化。三是组合式，即自由摆放。选用何种方式要根据屋顶的荷载量、载重墙的位置、人流量、周边环境、用途等来确定。

二、屋顶绿化技术

1. 种植区构造

种植区在屋顶防水层以上包括种植基质层、过滤层、排水层三部分。种植基质层使用人造轻质土，配置的基质需要具备以下特性：质轻、保水、透气、保肥、低成本，不易被雨水冲走。过滤层的作用是防止种植基质随雨水或灌溉流失堵塞排水管道，可用玻璃纤维、尼龙布、金属丝网、无纺布等。排水层的作用是排去多余雨水和灌溉水分，可用陶粒、碎石、泡沫块、蛭石、塑料粒等。为充分利用雨水，减少灌溉，可将排水层下部作为蓄水层来储存水分。除溢水孔、天沟外，还应设置出水口、排水管道等，满足日常排水及暴雨时泄洪的需要。

2. 屋顶防水抗渗漏措施

植物根有很强的穿刺能力，特别是树根，年代越久，扎得越深，并且分泌一种腐蚀力强的液汁，许多防水材料经受不住它的腐蚀。科学合理设计好保护层、防水层、隔离层等尤为关键。

保护层用来保护防水层，它处在防水层和排水层之间。其作用有两个：一是防止铺作排水层的卵石伤害防水层；二是防止植物根扎伤害防水层。防水层在种植屋面应为二级建筑设防，至少作两道防水。在屋顶绿化实施过程中，无论加砌花台、水池及安装水、电管线等，均不得打开或破坏屋面的防水层或保护层，宜在建筑物设计时同步设计绿化屋顶，预置管线和亭、台、架、立柱等设施位置。有时候出现耐根穿刺层和防水层不相容的现象，为此需在中间加一道隔离层，隔离层采用聚乙烯膜、纤维布、无纺布或抹一道水泥砂浆均可。

三、屋顶绿化前景与展望

屋顶绿化是节约土地、开拓城市空间、“包装”建筑的有效办法，是建筑与绿化艺术的有机结合，也是人类与自然的有机结合，是一种融建筑物的空间潜能与绿色植物的多种效益完美结合和充分发挥的产物。

可以预见，若干年后，屋顶绿化这朵建筑与园艺相结合的奇葩，将为都市空间增添更绚丽的色彩。无疑，我国发展屋顶绿化的前景很广，也很有必要，但是，必须坚持实事求是、因地制宜和科学合理地发展。

总之，屋顶绿化是21世纪绿化、美化城市的主要手段。对有建筑“第五立面”之称的屋顶进行绿化，是城市三维立体绿化的重要部分，也是城市环境景观的一大飞跃。当今，国外屋顶绿化普及迅速，美国、澳大利亚、日本、荷兰、意大利等国家的屋顶绿化项目十分走俏，市场繁荣。虽然我国的屋顶绿化存在一些不利因素，但它的发展是大势所趋。

能力训练题

一、基础考核

(一)填空题

1. 屋顶的类型按外观形式与坡度分为（　　　　）、（　　　　）及（　　　　）等。
2. 屋面排水方式分为（　　　　）和（　　　　）两类。
3. 屋顶由（　　　　）、（　　　　）、（　　　　）组成。
4. 泛水高度不小于（　　　　），通常取（　　　　）。
5. 屋顶坡度形成的方式有（　　　　）、（　　　　）两种。

(二)判断题

1. 隔离层的设置是为了防止防水层与基层更好地粘接牢固。（　　）

2. 卷材防水屋面中防水层与其下的基层之间应设结合层。（　　）

3. 屋面防水层与垂直面（包含女儿墙）交接处的防水处理称为泛水。（　　）

4. 隔汽层应设在保温层上面。（　　）

（三）单选题

1. 坡屋顶多用（　　）来表示坡度，平屋顶常用（　　）来表示。

A. 斜率法、百分比法　　B. 角度法、斜率法

C. 百分比法、百分比法　　D. 角度法、角度法

2. 平屋顶坡度的形成一般为（　　）。

A. 纵墙起坡　　B. 山墙起坡　　C. 材料找坡　　D. 结构找坡

3. 保温屋顶为了防止保温材料受潮，应采取（　　）措施。

A. 加大屋面斜度　　B. 用钢筋混凝土基层

C. 保温层上设隔汽层　　D. 保温层下设隔汽层

4. 下列哪种建筑的屋面采用有组织排水方式？（　　）

A. 高度较低的简单建筑　　B. 积灰多的屋面

C. 有腐蚀介质的屋面　　D. 降雨量较大地区的屋面

（四）简答题

1. 泛水构造特点？

2. 什么是无组织排水和有组织排水？它们的优缺点和适用范围分别是什么？

3. 根据保温层与防水层的相对位置不同，屋面类型分哪几种？各有何特点？

4. 简述卷材防水屋面基本构造层次、各层次的作用及做法。

二、联系实际

1. 参照图纸或图集抄绘女儿墙卷材泛水构造节点详图，标注泛水构造做法、构造要求。

2. 调研校园建筑屋顶排水方式。

3. 调研校园建筑雨篷的种类。

三、链接执业考试

1.（2012年二级建造师考题）平屋顶的排水坡度一般通过（　　）实现。

A. 材料找坡　　B. 搁置找坡　　C. 结构找坡　　D. 屋面板找坡

2.（2015年二级建造师考题）关于防水卷材施工说法错误的是（　　）。

A. 基层阴阳角做成圆弧或钝角后再铺贴

B. 泛水上翻250高

C. 铺贴双层卷材时，上下两层卷材应垂直铺贴

D. 泛水处应加铺卷材一层

项目八　变形缝

学习目标

1. 掌握变形缝的类型、特点、作用与要求、变形缝的设置原则和典型构造。
2. 训练相应变形缝图的识读和绘制，从而进一步掌握变形缝的重点知识。

能力目标

1. 能熟练识读变形缝的建筑施工图，将变形缝的相关知识应用于施工中。
2. 能处理变形缝施工时所遇到的一般问题。

变形缝根据其影响因素的不同，分为伸缩缝、沉降缝和抗震缝三大类。

任务一　伸缩缝

一、伸缩缝的设置原则

当建筑物长度超过一定限度、建筑平面变化较多或结构类型较多时，建筑物会因热胀冷缩变形较大而产生开裂。为预防这种情况的发生，常常沿建筑物长度方向每隔一定距离或在结构变化较大处预留伸缩缝，将建筑物断开。

伸缩缝要求把建筑物的墙体、楼板层、屋顶等基础以上的部分全部断开，基础部分因受温度变化影响较小，不必断开。伸缩缝的最大间距，应根据不同材料、结构类型和屋盖刚度而定，详见有关规范。砌体房屋和钢筋混凝土结构伸缩缝的最大间距参见表 8-1 和表 8-2 的规定。

表 8-1　砌体房屋伸缩缝的最大间距

屋盖或楼盖类别		间距/m
整体式或装配整体式钢筋混凝土结构	有保温层或隔热层的屋盖、楼盖	50
	无保温层或隔热层的屋盖	40
装配式无檩体系钢筋混凝土结构	有保温层或隔热层的屋盖、楼盖	60
	无保温层或隔热层的屋盖	50
装配式有檩体系钢筋混凝土结构	有保温层或隔热层的屋盖、楼盖	75
	无保温层或隔热层的屋盖	60
瓦材屋盖、木屋盖或楼盖、轻钢屋盖		100

二、伸缩缝的构造

1. 缝宽

伸缩缝是将基础以上的构件全部断开并留出适当的缝隙，以保证伸缩缝两侧的建筑构件

表 8-2　钢筋混凝土结构伸缩缝最大间距

结构类别		室内或土中/m	露天/m
排架结构	装配式	100	70
框架结构	装配式	75	50
	现浇式	55	35
剪力墙结构	装配式	65	40
	现浇式	45	30
挡土墙、地下室墙壁等类结构	装配式	40	30
	现浇式	30	20

能在水平方向自由伸缩，缝宽一般为 20～30mm。

2. 结构处理

① 砖混结构。砖混结构的楼板及屋顶可采用单墙或双墙承重方案，如图 8-1(a) 所示。

② 框架结构。框架结构的伸缩缝构造一般采用悬臂梁方案，如图 8-1(b) 所示，也可采用双梁双柱方案，如图 8-1(c) 所示，但施工较复杂。

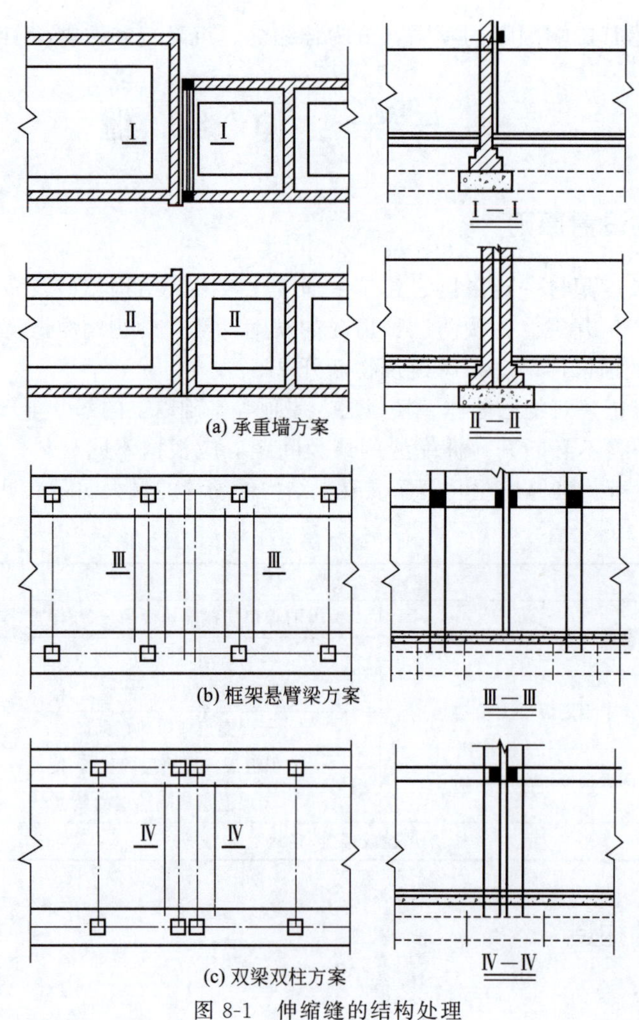

(a) 承重墙方案

(b) 框架悬臂梁方案

(c) 双梁双柱方案

图 8-1　伸缩缝的结构处理

8.1 伸缩缝

3. 构造要求

（1）墙体伸缩缝构造　墙体伸缩缝视墙体材料、厚度及施工条件不同，可做成平缝、错口缝、凹凸缝等截面形式，如图 8-2 所示。

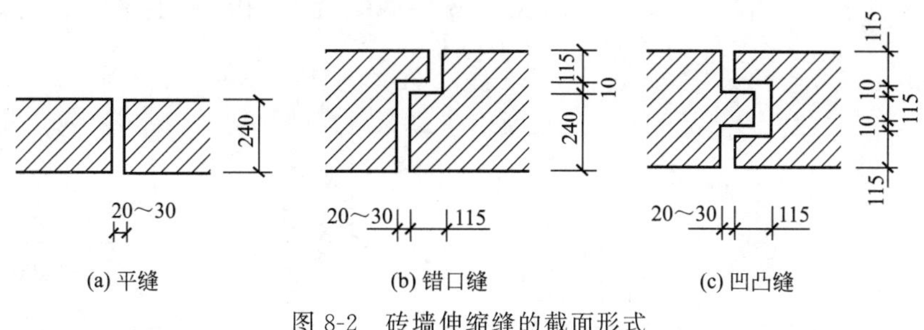

图 8-2　砖墙伸缩缝的截面形式

为防止外界自然条件对墙身及室内环境的侵袭，可以采取如下措施。

① 变形缝外墙一侧常用浸沥青的麻丝或木丝板及泡沫塑料条、橡胶条、油膏等有弹性的防水材料塞缝。当缝隙较宽时，缝口可用镀锌铁皮、彩色薄钢板、铝皮等金属调节片做盖缝处理。

② 内墙可选用金属片、塑料片或木盖缝条覆盖。所有填缝及盖缝材料和构造应保证结构在水平方向自由变形而不破坏，钢筋混凝土墙伸缩缝构造如图 8-3 所示。图 8-3(a) 适用于内墙伸缩缝构造；图 8-3(b)、(c) 适用于外墙伸缩缝构造。

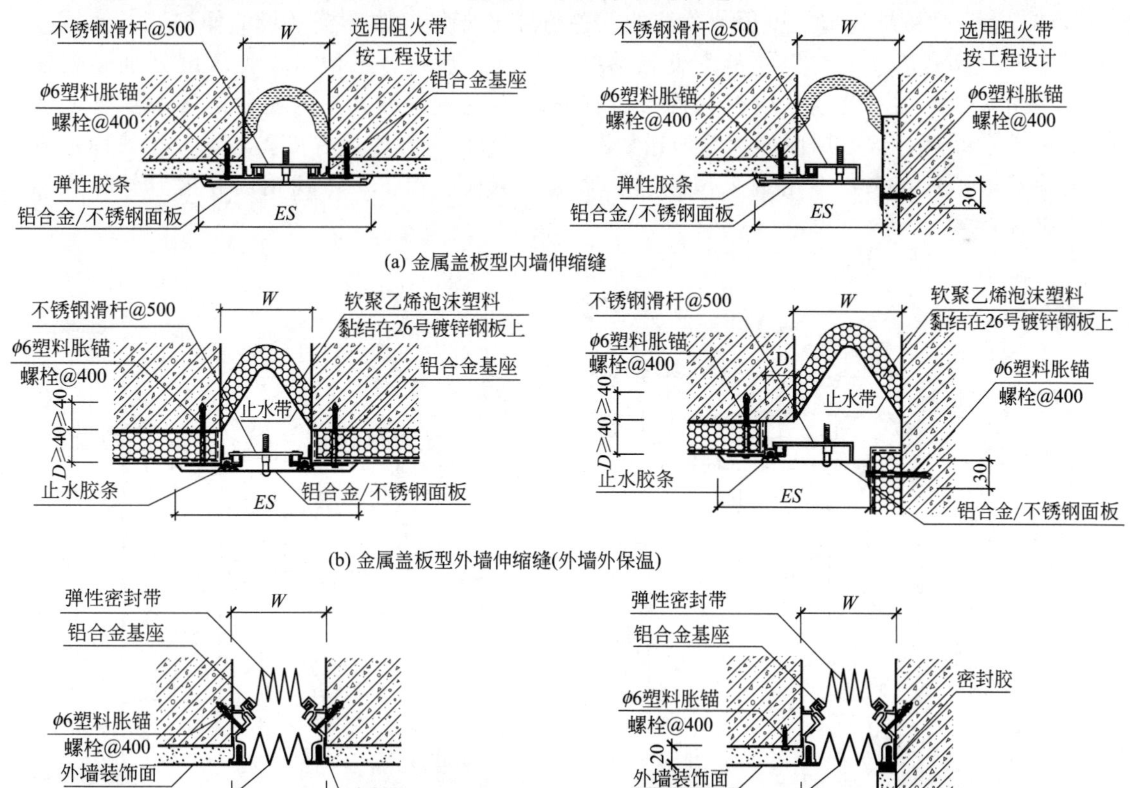

图 8-3　钢筋混凝土墙伸缩缝构造

（2）楼地板伸缩缝构造　楼地板伸缩缝的位置与缝宽大小应与墙身和屋顶变形缝一致，缝内常用可压缩变形的材料（如油膏、沥青麻丝、橡胶、金属或塑料调节片等）做封缝处理，上铺活动盖板或橡塑地板，以满足地面平整、光洁、防滑、防水及防尘等功能，顶棚的盖缝条也只能单边固定，以保证构件两端能自由伸缩变形，其构造如图 8-4 所示。

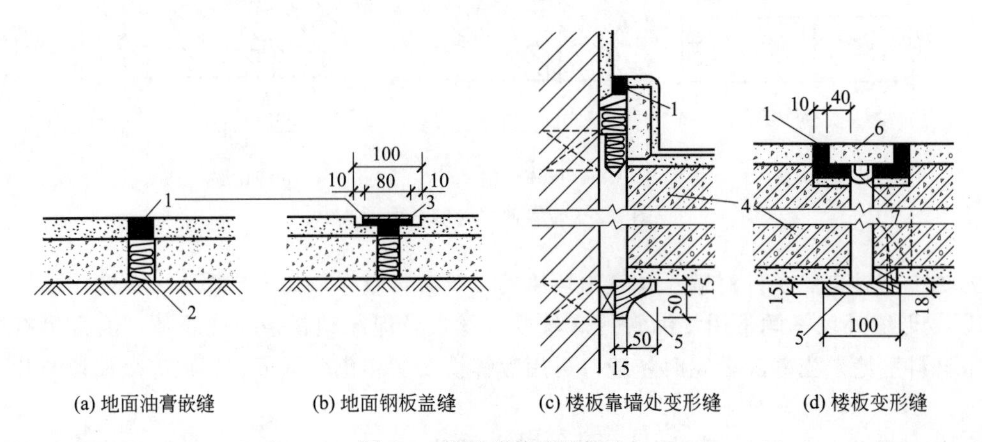

图 8-4　楼地板伸缩缝构造

1—油膏嵌缝；2—沥青麻丝；3—5mm 钢板；4—楼板；5—盖缝条；6—预制水磨石板块；7—阻火带

（3）屋顶伸缩缝构造　屋顶伸缩缝的位置与缝宽亦与墙体、楼地板的伸缩缝一致。一般设在同一标高屋顶或建筑物的高低错落处。不上人屋面，一般可在伸缩缝处加砌矮墙并做好防水和泛水，盖缝处应能允许自由伸缩而不造成渗漏。上人屋面则采用油膏嵌缝并做好泛水处理。常见屋面伸缩缝构造如图 8-5 所示。由于镀锌铁皮和防腐木砖的构造方式寿命有限，近年来逐渐出现采用涂层、涂塑薄钢板、铝皮、不锈钢皮和射钉、膨胀螺钉等来代替。

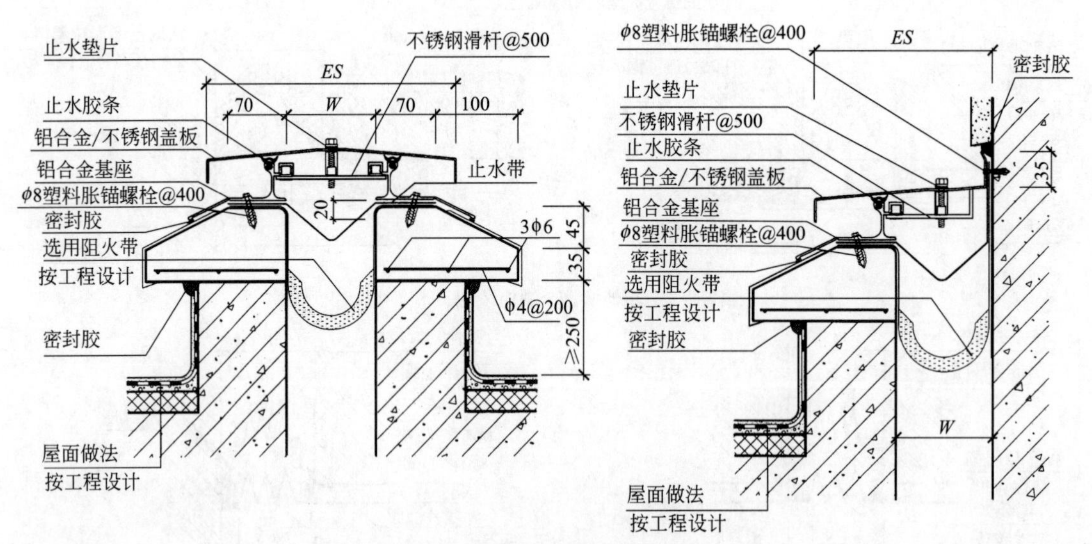

图 8-5　金属盖板型屋面伸缩缝

任务二　沉　降　缝

一、沉降缝的设置原则

同一幢建筑中，由于其高度、荷载、结构及地基承载力的不同，致使建筑物各部分沉降不均匀，墙体拉裂。故在建筑物某些部位设置从基础到屋面全部断开的垂直缝，使两侧各为可自由沉降的独立单元。这种为减少地基不均匀沉降对建筑物造成危害的垂直缝称为沉降缝。下列情况应设置沉降缝：

① 同一建筑物相邻部分的高度相差较大或荷载大小相差悬殊、或结构形式变化较大，易导致地基沉降不均时。

② 当建筑物各部分相邻基础的形式、宽度及埋置深度相差较大，造成基础底部压力有很大差异，易造成不均匀沉降时。

③ 当建筑物建造在不同地基上，且难于保证均匀沉降时。

④ 建筑物体型比较复杂、连接部分又比较薄弱时。

⑤ 新建建筑物与原有建筑物紧相毗连时。

二、沉降缝的构造

8.2　沉降缝

1. 缝宽

沉降缝要求缝两侧的建筑物从基础到屋顶全部断开，成为两个独立的单元，各单元能竖向自由沉降，互不影响。沉降缝可兼起伸缩缝的作用，而伸缩缝却不能代替沉降缝，故沉降缝在构造设计时应满足伸缩和沉降双重要求。沉降缝的宽度与地基的性质和建筑物的高度有关，地基越软弱，建筑物高度越大（建筑物高度指相邻建筑低侧高度），缝宽也就越大。沉降缝的宽度如表 8-3 所示。

表 8-3　沉降缝的宽度

地基情况	建筑物高度	沉降缝宽度/mm
一般地基	$H<5$m	30
	$H=5\sim10$m	50
	$H=10\sim15$m	70
软弱地基	2～3 层	50～80
湿陷性黄土地基	—	30～70

2. 结构处理

（1）上部结构处理　与伸缩缝类似，上部结构沉降缝处可设置双墙承重或双柱承重，也可以在沉降缝两侧竖向承重结构单侧或双侧悬挑。

采用一段简支的水平构件做过渡处理，也能起到一定的效果，如图 8-6 所示。简支构件两边是两个独立的结构单元，各自分别伸出悬臂构件来支撑中间的水平构件，简支部分无需独立的基础。简支的水平构件可以随两边结构的沉降做轻微的调整，变形缝设在简支部分的两侧。这种方法多用于连接两个建筑部分之间的空中走廊等，但在抗震设防地区使用需慎重。

(2) 基础处理　基础沉降缝处理应避免因不均匀沉降造成的相互干扰。常见的砖墙条形基础处理方法有双墙偏心基础沉降缝、挑梁基础沉降缝和双墙基础交叉排列沉降缝三种方案（如图 8-7 所示），如下所述。

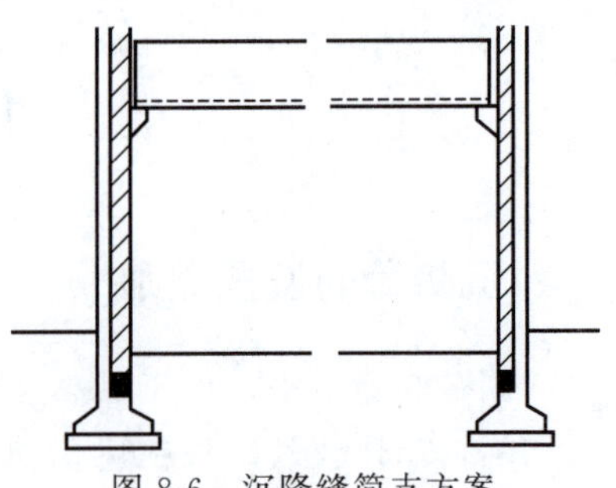

图 8-6　沉降缝简支方案

① 双墙偏心基础整体刚度大，但基础偏心受力并在沉降时产生一定的挤压力。

② 挑梁基础方案能使沉降缝两侧基础分开较大距离，相互影响较少，当沉降缝两侧基础埋深相差较大或新建筑与原有建筑相邻时，宜采用挑梁基础方案。

③ 采用双墙基础交叉排列方案，地基受力将有所改进。

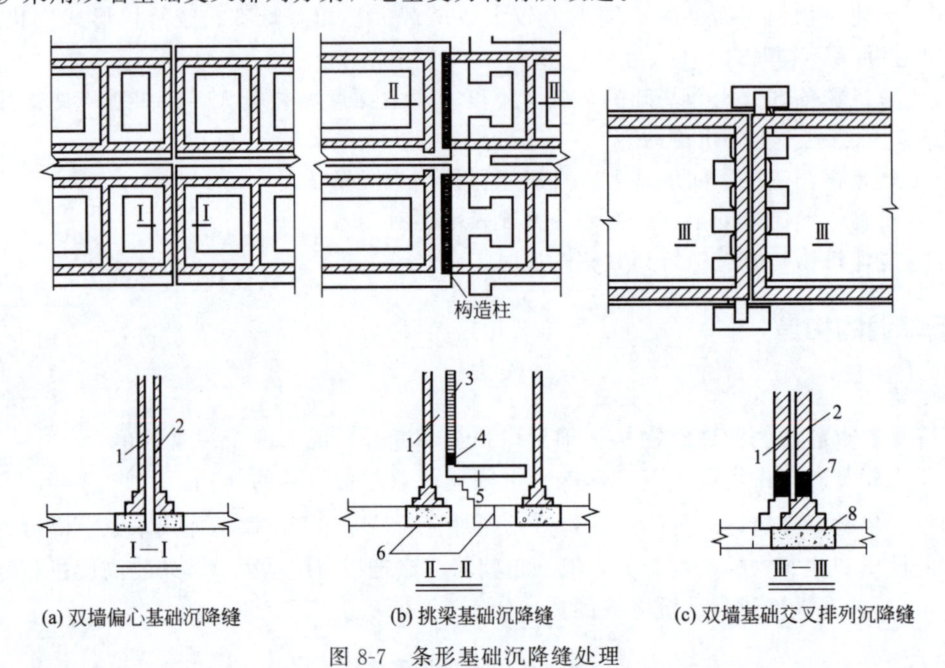

(a) 双墙偏心基础沉降缝　(b) 挑梁基础沉降缝　(c) 双墙基础交叉排列沉降缝

图 8-7　条形基础沉降缝处理

1—沉降缝；2—双承重墙；3—轻质隔墙；4—钢筋混凝土梁；5—挑梁；6—条形基础；7—基础梁；8—交叉墩式基础

3. 构造要求

(1) 墙体沉降缝构造　由于沉降缝要同时满足伸缩缝的要求，所以，墙体的沉降缝盖缝条应满足水平伸缩和垂直沉降变形的要求，其构造见图 8-7，缝宽按工程设计确定。

(2) 楼板与地坪沉降缝构造　楼板层应考虑沉降变形对地面交通和装修带来的影响，构造做法基本同伸缩缝，只是缝宽不同。

(3) 屋顶沉降缝构造　屋顶沉降缝应充分考虑不均匀沉降对屋面防水和泛水带来的影响，泛水金属皮或其他构件应考虑沉降变形与维修余地，构造做法基本同伸缩缝，只是缝宽不同。

任务三　防　震　缝

一、防震缝的设置原则

防震缝是为了防止建筑物各部分在地震时，相互撞击引起破坏而设置的。抗震设防烈度为 6 度以下的地区，可不进行抗震设防。设防烈度为 10 度的地区，建筑抗震设计应按有关专门规定执行。对设防烈度为 7～9 度的地区，应按一般规定设防震缝，将房屋划分成若干形体简单，质量、刚度均匀的独立单元，以避免地震作用引起应力集中而破坏。

对多层砌体房屋，应优先采用横墙承重或纵横墙混合承重的结构体系，在 8 度和 9 度抗震设防地区，有下列情况之一时宜设防震缝（凡在地震区设置的伸缩缝和沉降缝必须按防震缝设置）：①建筑立面高差在 6m 以上；②建筑有错层且错层楼板高差较大；③建筑物相邻各部分结构刚度、质量截然不同。

二、防震缝的构造

1. 缝宽

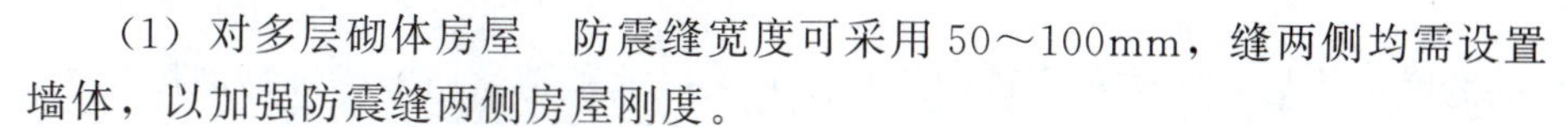

（1）对多层砌体房屋　防震缝宽度可采用 50～100mm，缝两侧均需设置墙体，以加强防震缝两侧房屋刚度。

（2）对多层和高层钢筋混凝土结构房屋　防震缝的最小宽度应符合下列要求。

① 当高度不超过 15m 时，可采用 70mm。

② 当高度超过 15m 时，按不同设防烈度增加缝宽：6 度地区，建筑每增高 5m，缝宽增加 20mm；7 度地区，建筑每增高 4m，缝宽增加 20mm；8 度地区，建筑每增高 3m，缝宽增加 20mm；9 度地区，建筑每增高 2m，缝宽增加 20mm。

2. 结构处理

防震缝应将房屋划分成若干个形体简单、结构刚度均匀的独立单元，应沿建筑物全高设置，缝的两侧应布置双墙或双柱，基础可不设置防震缝。

3. 构造要求

防震缝应与伸缩缝、沉降缝统一布置，并满足防震缝的设计要求。一般情况下，防震缝基础可不分开，但在平面复杂的建筑中，或建筑相邻部分刚度差别很大时，则需将基础分开。具有沉降缝要求的防震缝也应将基础分开。建筑物的抗震，一般只考虑水平地震作用的影响，所以，防震缝构造及要求与伸缩缝相似。但墙体不应做成错口和企口缝，如图 8-8 所示。

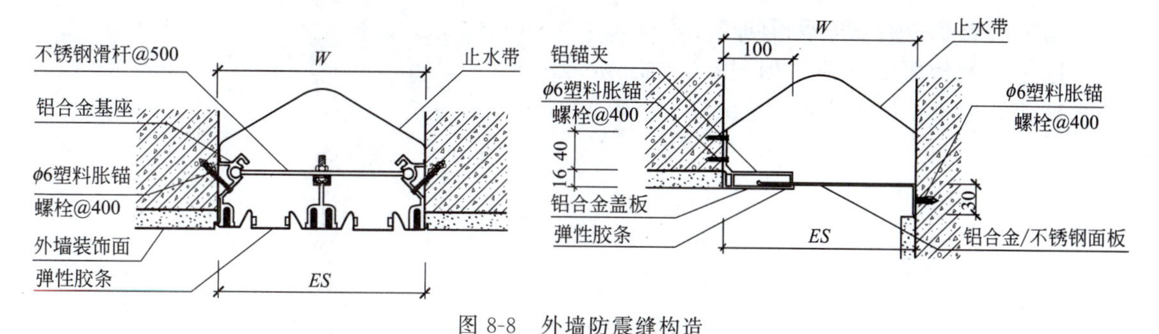

图 8-8　外墙防震缝构造

能力训练题

一、基础考核

（一）填空题

1. 变形缝根据其影响因素的不同分为（　　　　）、（　　　　）、（　　　　）。

2. 设置的（　　　）缝，必须将建筑的基础、墙体、楼层及屋顶等部分全部断开。

3. 墙体伸缩缝根据墙体厚度、材料及施工条件不同，可做成（　　　）、（　　　）、（　　　）等截面形式。

（二）判断题

1. 防震缝可兼起沉降缝的作用。（　　）

2. 伸缩缝必须基础也断开。（　　）

3. 由于热胀冷缩的影响应设置沉降缝。（　　）

（三）单选题

1.（　　）要求把建筑物的墙体、楼板层、屋顶等基础以上的部分全部断开，基础部分因受温度变化影响较小，不必断开。

A. 伸缩缝　　B. 沉降缝　　C. 防震缝　　D. 构造缝

2.（　　）的宽度与地基的性质和建筑物的高度有关，地基越软弱，建筑物高度越大，缝宽也就越大。

A. 伸缩缝　　B. 沉降缝　　C. 防震缝　　D. 施工缝

（四）简答题

1. 设置伸缩缝的条件是什么？

2. 基础在沉降缝的处理方式有哪几种？

3. 在什么情况下须设置防震缝？

二、联系实际

1. 抄绘屋顶沉降缝构造节点图。

2. 对所在校园建筑物变形缝进行调研。

三、链接执业考试

（2012 年二级建造师考题）下列关于建筑地面工程的变形缝设置要求叙述正确的是（　　）。

A. 地面的变形缝应与结构变形缝的位置一致

B. 水泥混凝土垫层纵向伸缩缝间距不得大于 6m

C. 木、竹地板的毛地板板间缝隙不应大于 6mm

D. 实木地板面层与墙之间应留 8～12mm 缝隙

E. 复合地板面层与墙之间空隙应不小于 10mm

项目九 建筑工业化

学习目标

了解建筑工业化的概念、类型；了解砌块建筑的特点、组成及构造要点；了解大板建筑的特点及构造要点；了解框架轻板建筑的特点。

能力目标

了解工业化建筑的类型及特点。

任务一 建筑工业化概念

一、建筑工业化的含义与特征

建筑工业化是通过现代化的生产运输和安装方式以及科学的管理，来替代传统分散的手工业方式来建造房屋，进行大批量生产的一种建筑方式。建筑工业化即是用机械化方法来生产建筑定型产品，它改变了以往手工劳动的工作方式所带来的劳动强度大、耗费大量人工、建造速度慢、质量难以保证的缺点，加快了建设速度，提高了生产效率和施工质量。

建筑工业化的基本特征为设计标准化、施工机械化、构件生产工厂化和组织管理科学化。其中，设计标准化是建筑工业化的前提，只有建筑构配件标准化才能实现机械化大批量的生产；施工机械化是建筑工业化的核心，以机械化代替手工操作，可以降低劳动强度，提高施工速度；构件生产工厂化是建筑工业化的手段，标准、定型的建筑构配件的生产，提高生产效率和产品质量；组织管理科学化是建筑工业化的保证，工程建设的各个过程都必须有科学的管理，避免因混乱造成损失。

二、建筑工业化的发展

建筑工业化是随着科学技术的不断创新而发展起来的。工业化建筑体系在其发展过程中可分为专用体系和通用体系两种。专用体系是只能适用于某一种或几种定型化建筑进行构配件配套来建造房屋的成套建筑体系，它有一定的设计专用性和技术的先进性，构件规格类型少，有利于大批量生产，但缺少与其他体系配合的通用性和互换性。通用体系是预制构配件和配套制品，连接技术标准化、通用化，使各类建筑所需的构配件和节点构造可互换通用的一种商品化建筑体系，具有较大的灵活性。

发展建筑工业化，主要采取以下两种途径。

（1）预制装配式建筑　预制装配式建筑是用工业化方法生产建造房屋用的构配件制品，

如同工厂制造的产品一样，然后运到现场进行安装。目前，装配式建筑主要有盒子建筑、板材建筑、砌块建筑等结构形式。装配式建筑的主要优点是生产效率高、构件质量好、施工速度快、现场湿作业少、受季节性影响小；缺点是一次性投资较大、生产需求量不稳定。

（2）全现浇和现浇与预制相结合的建筑　这类建筑中的主要承重构件，如墙体和楼板采用大块模板、滑升模板等现场浇注，配件现浇或装配的一种建筑体系。其主要优点是结构整体性好，适应性大，运输费用省，生产基地的一次性投资比全装配少。缺点是现场湿作业多，工期长。

工业化建筑按结构类型与生产施工工艺的特点，可划分为：砌块建筑、大板建筑、框架轻板建筑、大模板建筑、滑板建筑、盒子建筑及升板建筑等。

任务二　砌块建筑、大板建筑、装配式建筑

一、砌块建筑

砌块建筑是指用各种砌块砌筑墙体的一种建筑。由于砌块尺寸大于普通实心砖的尺寸，提高了生产效率。制造砌块的材料可用工业废料、加气混凝土、粉煤灰等材料，环保节能，是国家推广使用的砌筑材料。一般砌块（特别是空心砌块）墙体还具有保温、隔热性能，同时砌块墙比普通实心砖墙薄，可以增加房屋的使用面积约 9%，墙的自重可以减轻 60%左右。因此，当前砌块广泛用于中小城市中的低层建筑上，也可用在多层、高层建筑中的隔墙、填充墙。

1. 砌块建筑的排列

按建筑物所用砌块的大小将砌块建筑分为小型砌块建筑、中型砌块建筑和大型砌块建筑。

由于小型砌块尺寸小，对人工砌筑较为有利，目前砌块建筑以小型砌块建筑为主，中型砌块和大型砌块已较少采用。混凝土小型空心砌块的形式如图 9-1 所示。小型砌块的主要规格尺寸为 390mm×190mm×190mm。

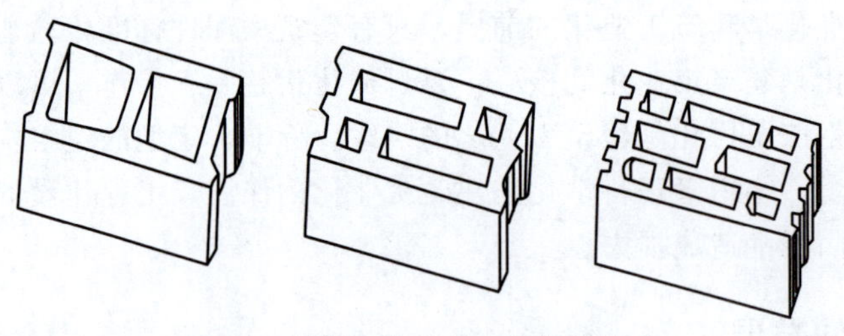

图 9-1　混凝土小型空心砌块的形式

砌块由于尺寸比较大，在设计时，应做出砌块的排列组合图，施工时按图进料和安装。砌块墙体的构造和砖墙类似，应分皮错缝，不够整砌块处，可用辅助砌块调节错缝，当不能满足错缝要求时，可用普通砖补砌。

2. 砌块建筑的构造

（1）砌块墙的接缝　砌块之间的接缝分为水平缝和垂直缝。水平缝有平缝和双槽缝，垂直缝一般为平缝、单槽缝、高低缝、双槽缝等形式，如图 9-2 所示。砌块接缝应做到灰缝平直、砂浆饱满。平缝制作简单，但砌筑时不易填实，多用于小型砌块和加气混凝土砌块。高低缝制作也比较简单，砌筑后用细石混凝土将缝填实。槽口缝砌筑时缝内用砂浆填实，采用

这种缝型时，墙的整体性好。

小型砌块的缝宽为10～15mm，砂浆的强度等级一般不低于M5。

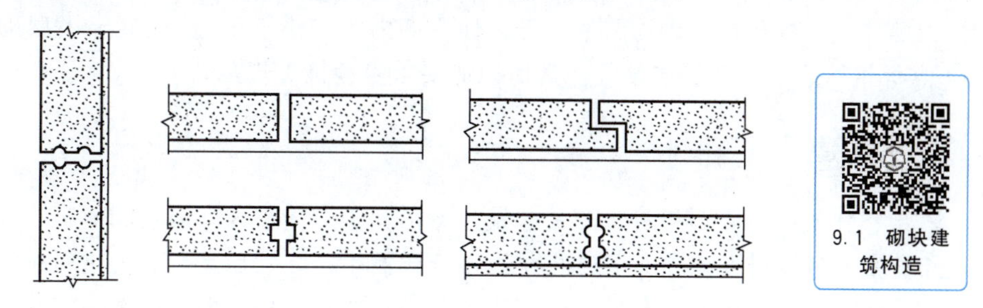

图9-2 砌块墙的接缝

（2）砌块墙的转角及内外墙的搭接 砌块砌体要错缝搭接，上下皮的垂直缝要错开，搭接的长度为砌块长度的1/4，高度的1/3～1/2，小型砌块搭接长度小于90mm时，在灰缝中应设ϕ4钢筋网片拉结。

（3）圈梁 为了增强砌块建筑的空间整体性和刚度，防止由于地基不均匀沉降对房屋引起的不利影响和地震可能引起的墙体开裂，在砌块墙中应设置圈梁。

在非地震区，车间、仓库、食堂等空旷的单层房屋应按下列规定设置圈梁：檐口标高为4～5m时，应设圈梁一道；檐口标高大于5m时，宜适当增设。其他要求同砖等砌体结构。在地震设防区，圈梁宽度不应小于190mm，配筋不应少于4ϕ12，箍筋间距不应大于200mm。尚应满足表9-1的相应规定。

表9-1 小砌块房屋现浇钢筋混凝土圈梁设置要求

墙类	烈度	
	6、7	8
外墙及内纵墙	屋盖处及每层楼盖处	屋盖处及每层楼盖处
内横墙	屋盖处及每层楼盖处；屋盖处沿所有横墙，楼盖处间距不应大于7m；构造柱对应部位	屋盖处及每层楼盖处；各层所有横墙

（4）芯柱和构造柱 在地震设防地区，为了加强多层砌块房屋墙体竖向连接，增强房屋的整体刚度，应在小型混凝土空心砌块墙中设置芯柱。空心砌块墙的芯柱，是在砌块孔内置入竖向插筋，并浇注混凝土。如图9-3所示是砌块墙设置芯柱的示意。

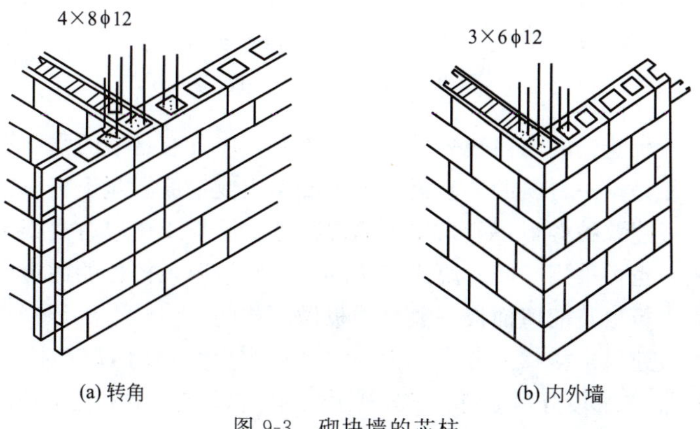

图9-3 砌块墙的芯柱

对于混凝土小砌块房屋芯柱，一般设置在外墙四角（填实3个孔）、楼梯间四角、大房间内外墙交接处（填实四个孔）、山墙与内纵墙交接处等。砌块房屋墙体交接处芯柱或构造柱与墙体连接处的拉结钢筋网片，每边伸入墙内不宜小于1m。混凝土小型砌块房屋可采用φ4点焊钢筋网片，并隔皮设置。其他构造要求参考抗震规范。

二、大板建筑

大板建筑是指大型板材装配式建筑，系由预制的大型内外墙板和楼板、屋面板等构件装配组合成一种全装配建筑。通常板材由工厂预制生产，然后运到工地进行吊装。它与传统建筑相比，有利于改善劳动条件，提高生产效率、缩短工期。但也存在一定缺点，如建筑设计的灵活性和多样化受到一定限制，造价高、用钢量多，另外热工和防水等方面的处理相对复杂。大板建筑常用于多层和高层住宅、宿舍等小开间的建筑。

1. 大板建筑板材类型

大板建筑属于墙承重结构体系。按其结构系统的不同可分为：横向墙板承重、纵向墙板承重、双向墙板承重、部分梁柱承重四种形式。其主要构件有外墙板、内墙板、楼板、屋面板、楼梯以及阳台板、女儿墙板等构件组成。

（1）外墙板　外墙板是大板建筑中的外围护结构，分为承重外墙板和非承重外墙板两类，外墙板应满足强度、防止雨水渗透、保温、隔热和隔音等要求。外墙板可以由单一材料构成，也可用复合材料构成。外墙板的材料一般用普通混凝土，也有用轻骨料混凝土和加气混凝土等材料。单一材料外墙板有实心的、空心的和带肋的三种。复合墙板一般由承重层、保温层和装饰层三个部分组成。如图9-4所示为复合材料的外墙板举例。

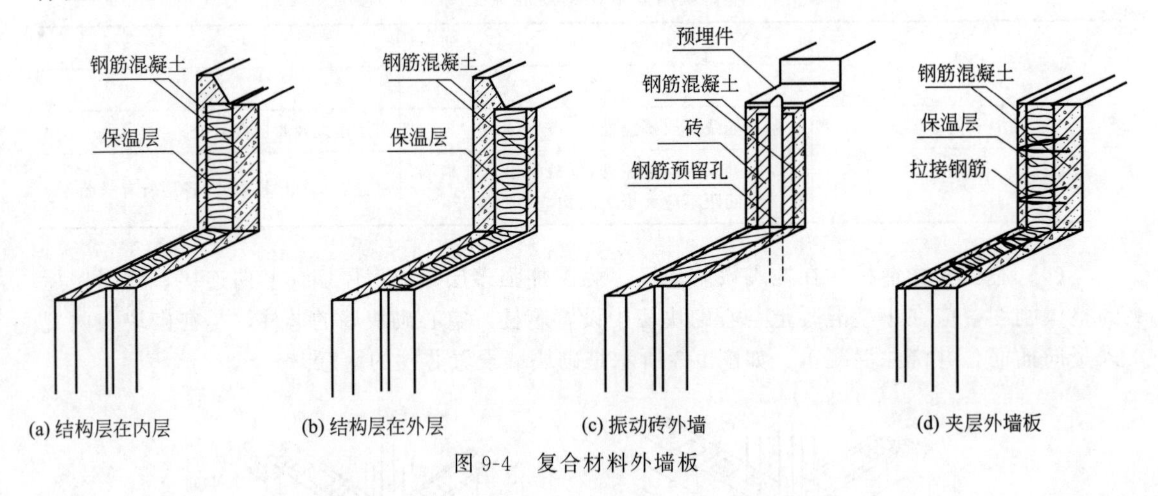

图9-4　复合材料外墙板

（2）内墙板　大板建筑的内墙板多采用承重构件，应具有足够的强度和刚度。内墙板一般为一间一块，一般是单一材料的实心板，多为混凝土或钢筋混凝土板。

（3）楼板　大板建筑的楼板一般采用钢筋混凝土空心板或预应力混凝土空心板。板的布置可以整间一块板，也可采用一间两块或三块板。一般情况，楼板的四边应预留缺口，并甩出连接用的钢筋。大板建筑的屋面板一般与楼板做法相同。

（4）楼梯　大板建筑中楼梯一般采用大、中型预制构件。为了减轻重量，楼梯可以制成空心楼梯段；也可将平台与梯段分别预制，当分开预制时，梯段与平台板之间应有可靠的连接。

2. 大板建筑的节点构造

大板建筑的节点构造是设计、施工的关键。连接节点应保证荷载的传递和房屋的整体性，要满足强度、刚度、韧性以及抗腐蚀、防水、保温等的构造要求。

（1）墙板的连接　墙板间的连接常采用将墙板的上下端预埋铁件或伸出钢筋焊接在一起，并浇细石混凝土，或者用现浇暗柱法。

（2）楼板与墙板的连接　楼板是搁置在墙板上的，楼板的四角常伸出钢筋弯起并加筋连接。

（3）板缝的构造　外墙板的板缝主要有水平缝和垂直缝。水平缝是指上下外墙板之间形成的接缝，垂直缝是指左右外墙之间形成的接缝。外墙板接缝处主要考虑防止渗漏的措施，一般为材料防水和构造防水，也可两者相结合。

① 材料防水。材料防水是指用防水油膏嵌缝或用嵌缝带密封接缝，以防止雨水进入缝内的一种做法。

② 构造防水。构造防水即在板缝外口做合适线型构造或采取不同形式的挡水处理，切断雨水的通路。构造防水允许少量雨水渗入，但应能保证将渗入的雨水顺利地导出墙外。此外，还可在构造防水的基础上，用弹性材料等嵌缝，进行双重防护，对于保温要求高的严寒地区尤其适用。

三、装配式建筑

紧急时刻只有装配式建筑才能如此快速地完成建造。

武汉火神山、雷神山两个医院的建设采用了行业最前沿的装配式建筑技术，最大限度地采用拼装式工业化成品，大幅减少现场作业的工作量，节约了大量的时间。同时，在外部拼接过后进行整体吊装，将现场施工和整体吊装穿插进行，2020 年 1 月 23 日至医院落成的 2 月 2 日，实现了效率最大化。

火神山、雷神山两个医院的意义在于，作为“功能大于一切”的建筑，它们并不是为传世而建，但因为特殊的时间点，以及直播中的全民见证，它们也可能被载入建筑史册。

这两家医院，都采用了装配式建筑技术，最大限度地采用拼装式工业化成品——火神山医院采用了箱式房结构（有点类似码箱子，不过是集装箱），雷神山医院用的则是活动板房结构（就是搭个框架再把墙体拼上去）。火神山、雷神山医院的选址，两者都选择了靠近交通要道和水域的地块，一来能快速调动各项资源入场建设，二来毗邻水域，对人员密集的居民居住区影响较小。

① 24 小时出图纸，当天工地就开工。

武汉中信设计院设计团队全员戴口罩紧急开会，5 个小时后，火神山场地平整设计图纸“出锅”。

当日晚上 10 点，上百台挖掘机、推土机进场，通宵进行场平、回填施工。24 小时内，武汉中信设计院拿出了方案设计图纸，至 1 月 26 日凌晨顺利交付施工图。这些“乐高”，都是在外头拼好了，再到现场整体吊装，可以和现场施工穿插进行，省时间。现在连“深化图纸”的时间都没有了。施工单位拿到图纸现场改，边深化边施工，“边写菜谱边炒菜”。

② 10 天虽短，五脏俱全。

隔离房最关键的一点在于如何做好防渗工作，避免医疗废水流到地下污染地下水，或是污染湖泊。在不做地基的情况下，这是现场施工的第一步，却也是最关键的一步，如果防渗没做好，后果就会很严重。在平整完的地面上铺一层20cm的沙子，要均匀；接着铺上一层每平方米重600克的白色土工布，铺完之后马上热熔焊接一层HDPE（2.0mm双糙面）防渗膜，紧接着再铺一层白色土工布（“两布一膜”，这相当于给土地穿上了防护服，以防污染）；然后再铺上一层20cm的沙土，像是在地面下埋了一个巨大的“夹心三明治”。地面处理完毕后，开始盖病房，为了节约时间，医院的主体采用箱式板房吊装，如图9-5所示。它的优点就在于建造速度快，在工地现场铺地时，就排着队搭好了框架，时刻准备着入场吊装了，如图9-6所示。

图9-5　箱式板房

图9-6　箱式板房框架

这个板房由四个立柱和上下两块板构成，十分易于拆装，一个一个用吊车装配起来，速度非常快。用这样的办法，三个板房的模块就能拼出两间病房，N个病房拼在一起，很快就能形成一块大的区域，如图9-7所示。

每间病房隔离负压的排风系统，在换气的同时，能有效隔绝病毒的传播，直接从工厂装配完运过来。

火神山、雷神山医院以“洁污分流、医患分流、人物分流”为原则，采用严格的“三区两通道”设计，医护人员按“清洁区—半污染区—污染区”的工作流程布置工作区域。

这两家医院的设计中，都设置了“洁净走廊”：医生进入一间病房前，会经过一条走廊，出病房时，走的是另一条走廊。这就保证了进入病房再出来时，不会把病毒带到“洁净区域”，避免病毒在多个空间循环。每进入一级区域，医护通道与病患通道完全分离，战斗在一线的医护人员是安全的。

非常时期的特殊建筑：功能大于一切！在武汉医院床位紧缺的情况下，火神山医院可以提供1000张床位，而雷神山医院能提供1500余张床位，如图9-8所示。

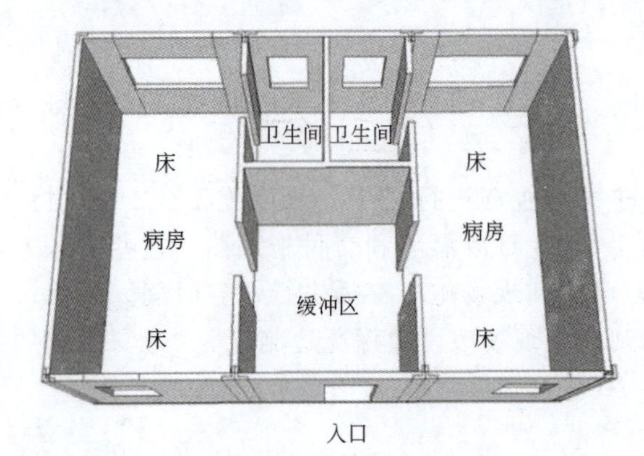

图9-7　箱式板房构成

图9-8　火神山医院

像火神山、雷神山医院以集装箱这样的预制件或“模块化结构”建造的医院，是非常安全的。医院绝大部分房间都是负压房间，房间内的压力比外面低，如同给病房带上“口罩”，避免病毒随着气流产生交叉感染。这两所医院是临时建筑，预计使用寿命为三个月左右。

此次火神山、雷神山医院的建设让更多人看到了装配式建筑在中国的潜力。事实上，装配式建筑或者所谓“模块化结构”也开始应用于世界其他地方的紧急医疗预案中。以十天的建设速度完成了这么高质量的防疫医院，放眼全世界都找不出第二家来。

能力训练题

一、基础考核

1. 什么是建筑工业化？其特征是什么？
2. 砌块建筑有何优缺点？其发展前景如何？其主要构造要点有哪些？
3. 试述大板建筑的板材类型及要求。

二、联系实际

查找关于建筑工业化的实际案例，与所学内容对照。

模块二

工业建筑构造

项目十　工业建筑概述

学习目标

1. 掌握单层厂房的结构类型、组成及定位轴线的基本知识。
2. 了解工业建筑的分类、特点及厂房内部的起重运输设备有关知识。
3. 能识读一般厂房的建筑施工图。

能力目标

1. 能解释楼梯的相关尺度、细部构造等问题。
2. 能应用楼梯的相关知识于施工中。
3. 能处理施工楼梯时所遇到的一些技术性问题。

工业建筑是指从事各类工业生产及直接为生产服务的房屋，是为工业生产需要而建造的各种不同用途的建筑物和构筑物的总称。通常把用于工业生产的建筑物称为工业厂房。一般情况下，工业厂房与民用建筑相比有许多相同之处，但由于厂房建筑必须满足生产工艺的要求，所以厂房在平面布局、建筑构造、建筑结构、建筑施工等方面又与民用建筑有较大差别。

任务一　工业建筑的分类及特点

随着社会的发展，工业生产规模扩大，生产工艺也越来越复杂，各类工业产品的生产工艺、生产设备和原材料的不同，所需求的工业建筑也不同。但通常可按其用途、内部生产状况及层数进行分类。

一、工业建筑的分类

1. 按厂房的用途分类

（1）主要生产厂房　指各类用来进行主要产品备料、加工、装配等过程的厂房，如机械制造厂的铸造车间、锻造车间、冲压车间等。

（2）辅助生产厂房　指为主要生产厂房服务的厂房，如机械制造厂的机械修理车间、电机修理车间、工具车间等。

（3）动力用建筑　指为全厂提供能源的厂房，如发电站、变电所、锅炉房、煤气站等。

（4）储藏用建筑　指用来储存原材料、半成品与成品的房屋，如金属料库、炉料库、油料库等。

（5）运输用建筑　指用来管理、储存及检修交通运输工具用的房屋，包括机车库、汽车库等。

(6) 其他用建筑　如水泵房、污水处理站等。

2. 按生产状况分类

(1) 热加工车间　主要指在高温或熔化状态下进行生产并在生产过程中散发出大量的余热、烟尘、有害气体等的车间，如铸造、炼钢、轧钢等。

(2) 冷加工车间　主要指在正常温度、湿度条件下进行生产的车间，如机械加工、机械装配、机修等车间。

(3) 恒温恒湿车间　主要指为了保证产品的质量必须在恒定的温度、湿度条件下进行生产的车间，如纺织车间、精密仪器车间、酿造车间等。

(4) 洁净车间　主要指在无尘、无菌、无污染的高度洁净状况下进行生产的车间，如集成电路车间、医药工业中的粉针剂车间等。

(5) 其他特种状况的车间　如生产过程中会产生大量腐蚀性物质、放射性物质、噪声、电磁波等的车间。

车间内部生产状况是确定厂房平、立、剖面及围护结构形式和构造的主要因素之一，设计应根据具体规范给予充分注意。

3. 按层数分类

(1) 单层工业厂房　指层数为一层的工业厂房，如图 10-1(a) 所示。多用于冶金、重型及中型机械工业等。

(2) 多层工业厂房　指层数多于一层的工业厂房，如图 10-1(b) 所示。多用于电子、精密仪器工业等。

(3) 混合层数厂房　指同一厂房内有层数不同的分区，如图 10-1(c) 所示。多用于化学工业、热电站的主厂房等。

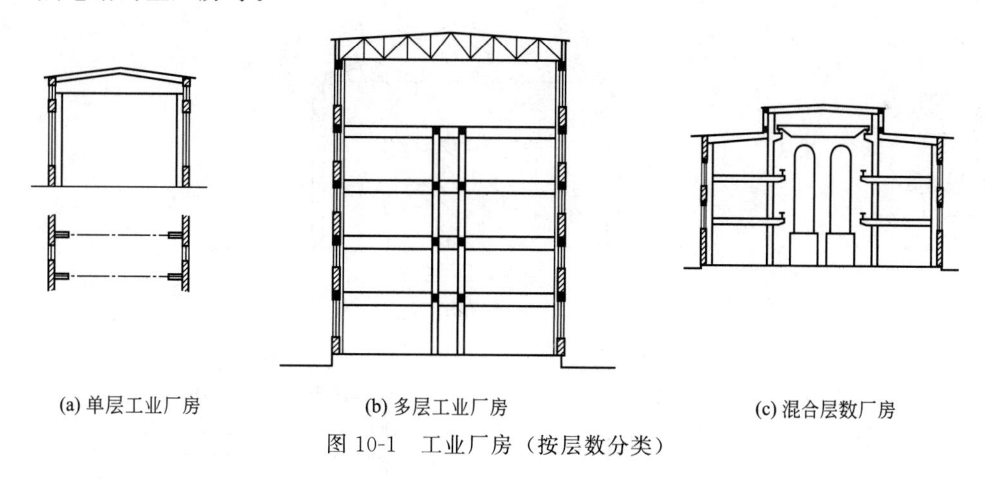

(a) 单层工业厂房　(b) 多层工业厂房　(c) 混合层数厂房

图 10-1　工业厂房（按层数分类）

二、工业建筑的特点及设计要求

(1) 厂房要满足生产工艺的要求　因为每一种工业产品的生产都有一定的生产程序，这种程序称为生产工艺流程，生产工艺流程的要求将决定着厂房平面布置和形式。

(2) 厂房要求有较大的内部空间　许多工业产品的体积、质量都很大，由于生产的要求，往往需要配备大、中型的生产机器设备和起重运输设备（吊车）等，因此应有较大的内部空间。

（3）厂房要有良好的通风和采光　有的厂房在生产过程中会产生大量的余热、烟尘、有害气体、有侵蚀性的液体以及产生噪声等，这就要求厂房内应有良好的通风设施和解决采光要求。

（4）满足特殊方面的要求　有的厂房为保证正常生产，要求保持一定的温度、湿度或要求防尘、防振、防爆、防菌、防放射线等，设计时应采取相应的特殊技术措施来满足其要求。

（5）厂房内通常会有各种工程技术管网　如上下水、热力、压缩空气、煤气、氧气和电力供应管道等，构造上应予以考虑。

（6）厂房内常有各种运输车辆通行　生产过程中有大量的原料、加工零件、半成品，成品、废料等需要用蓄电池车、汽车或火车进行运输，所以厂房设计时应解决好运输工具的通行问题。

任务二　单层厂房的结构类型及组成

一、结构类型

单层厂房的结构类型基本有三种：排架结构、刚架结构和空间结构。

1. 排架结构

排架结构按其所用材料的不同分为下列几种。

（1）砖排架结构　指由砖墙（砖柱）、屋面大梁或屋架等构件组成的结构形式，如图 10-2(a) 所示。由于其结构的各方面性能都较差，只能适用于跨度、高度、吊车荷载等较小以及地震设防烈度较低的单层厂房。

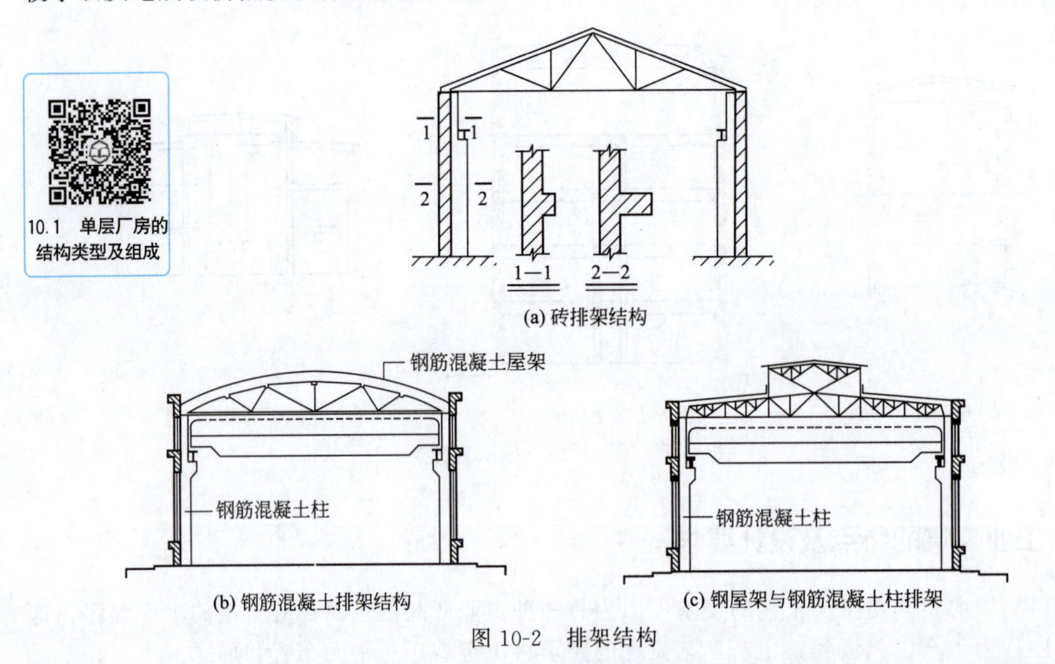

图 10-2　排架结构

（2）钢筋混凝土排架结构　钢筋混凝土排架结构是指屋架、柱子、基础都由钢筋混凝土制成，并且屋架与柱子是铰接，而柱子与基础是刚接，如图 10-2(b) 所示。钢筋混凝土排架结构（常采用装配式）是单层工业厂房的主要结构类型，是由基础、柱子、屋架（屋面梁）组成的横向排架构件和屋面板、连系梁、支撑等纵向连系构件组成。横向排架起承重作用，纵向连系构件及纵向支撑起保证结构的空间刚度和整体稳定性作用。主要适用于跨度、高度、吊车荷载都较大及地震烈度较高的单层厂房建筑。

（3）钢屋架与钢筋混凝土柱排架结构　在这种结构中，屋架与柱的连接也做成铰接，如图 10-2(c) 所示。吊车梁可用钢筋混凝土吊车梁或钢吊车梁，它一般用于跨度较大的厂房。

2. 刚架结构

目前常采用的有下列两种形式。

（1）钢筋混凝土门式刚架　指梁与柱子合为一个构件，转角处为刚接。截面可根据其受力情况做成变截面形式。柱子与基础为铰接，使基础不承受弯矩，减少基础的用料，同时也可减少基础变形对结构的影响。一般采用门式刚架，如图 10-3 所示。依其顶部节点的连接情况有两铰刚架和三铰刚架两种形式，其构件类型少、制作简便、比较经济、室内宽敞、整洁。在高度不超过 10m、跨度不超过 18m 的厂房中应用较普遍。主要用于纺织、机电等厂房。

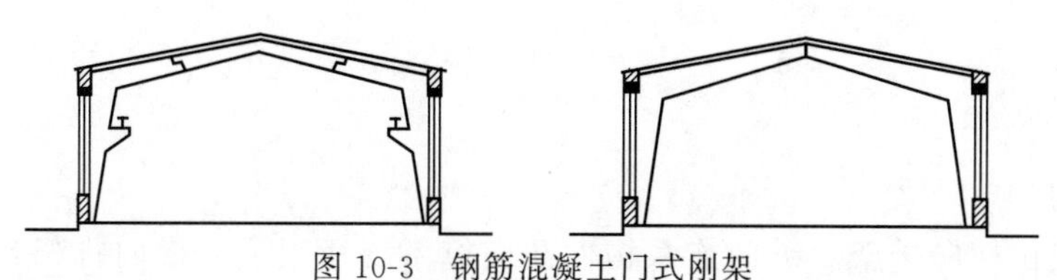

图 10-3　钢筋混凝土门式刚架

（2）钢框架结构　它的主要构件（屋架、柱、吊车梁）都采用钢材。钢柱的上部升高至屋架上弦，屋架的上、下弦均与上柱相连接，使屋架与柱形成刚接，如图 10-4 所示。这种结构的承载力大、刚度大、抗振动和耐高温的性能好，但耗钢量大。它一般用于大型、重型、高温、振动荷载大的厂房。

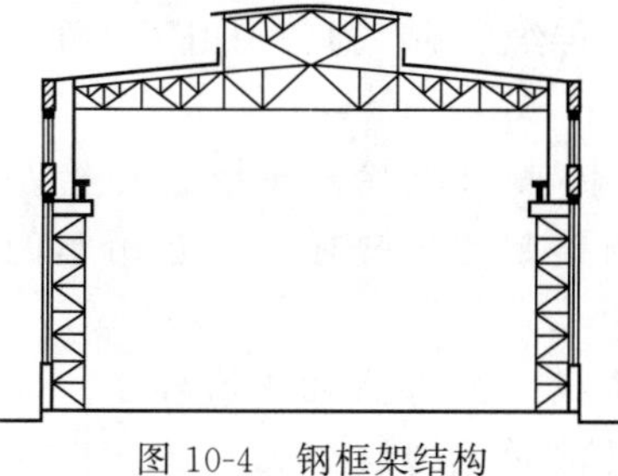

图 10-4　钢框架结构

3. 空间结构

空间结构指屋面体系为空间结构体系的厂房。如各类薄壳结构、悬索结构、网架结构等。这种结构具有空间开阔、自重轻、节省材料的特点，普遍用于大柱距的工业厂房中，如图 10-5 所示。

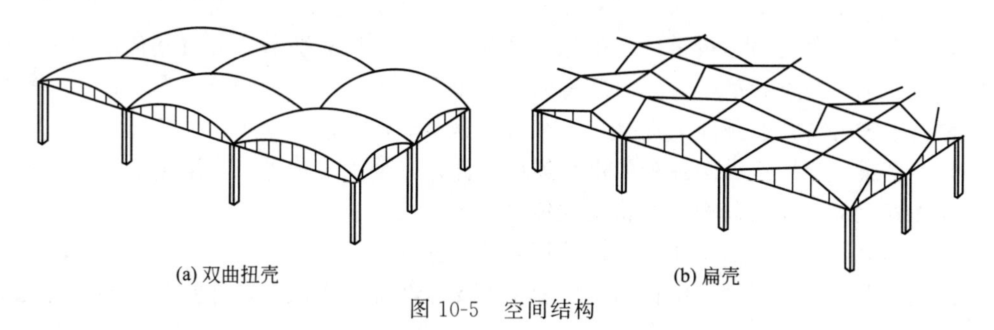

(a) 双曲扭壳　　(b) 扁壳

图 10-5　空间结构

二、装配式钢筋混凝土排架结构的组成

目前，装配式钢筋混凝土排架结构是我国单层工业厂房较常用的形式，是由骨架结构和围护结构两部分组成，如图 10-6 所示。

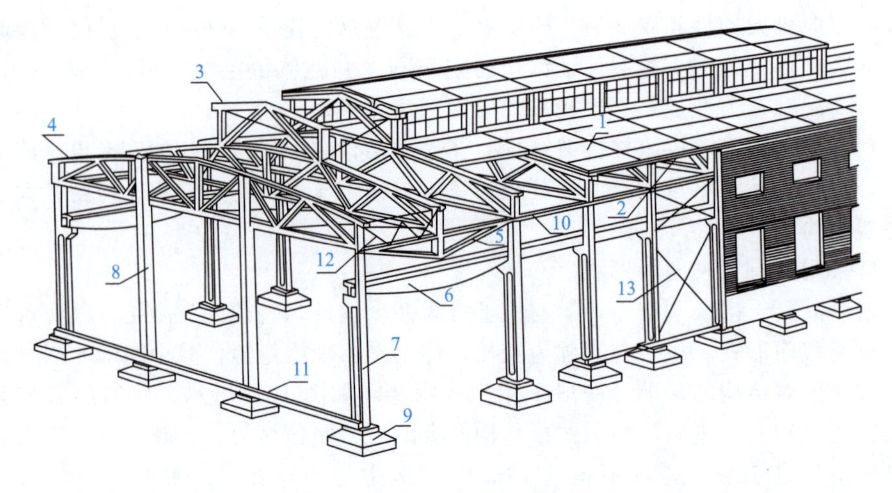

图 10-6　单层工业厂房结构组成

1—屋面板；2—天沟板；3—天窗架；4—屋架；5—托架；6—吊车梁；7—排架柱；8—抗风柱；9—基础；10—连系梁；11—基础梁；12—屋架端部垂直支撑；13—柱间支撑

1. 骨架结构

骨架结构是由横向排架、纵向连系构件和支撑系统所组成。横向排架包括屋架（屋面梁）、柱和基础；纵向连系构件包括吊车梁、连系梁、基础梁、屋面板等；支撑系统包括屋盖支撑和柱间支撑等。

(1) 基础　承受由柱子及基础梁传来的全部荷载，并把它传给地基。通常采用预制柱下钢筋混凝土杯形基础。

(2) 柱子　承受屋架、吊车梁、支撑、连系梁和外墙传来的荷载，并把它传给基础。柱子是排架结构中主要的承重构件之一，常采用现场预制的牛腿柱（设有吊车的厂房）。

(3) 屋架（屋面梁）承受屋盖及天窗屋面上的全部荷载，并将荷载传给柱子。屋架（屋面梁）是排架结构中主要的承重构件之一，屋面梁常做成薄腹梁的形式，以减轻自重，充分发挥混凝土的作用，使之受力合理。屋架有预应力钢筋混凝土屋架和钢屋架等。

(4) 吊车梁　承受吊车自重、起吊的重量及运行中的所有荷载，并将其传给柱子。根据生产工艺的要求需要设置吊车时，沿厂房的纵向布置吊车梁，以便安装吊车轨道。一般搁置在排架柱的牛腿上，常有预应力混凝土吊车梁和钢梁等形式。

(5) 连系梁　是厂房纵向柱列的水平连系构件，以增加厂房的纵向刚度，当厂房外墙较高时将承受其上部墙体的荷载，并将荷载传给柱子。

(6) 基础梁　承受上部墙体重量，并把它传给基础。

(7) 支撑系统　支撑系统由柱间支撑和屋盖支撑两部分组成。其作用是提高厂房的空间整体刚度和整体稳定性。

2. 围护结构

它包括厂房的外墙、抗风柱、圈梁、屋面等，这些构件承受的荷载主要是墙体和构件的自重、作用在墙上的风荷载及作用在屋面上的风、雨、雪、积灰等荷载。各构件除具有相应民用建筑构件的功能外，还应满足生产使用要求和提供良好的工作条件。

任务三　厂房内部的起重运输设备

由于生产需求，在单层工业厂房内需要安装各种类型的起重运输设备。

一、悬挂式单轨吊车

悬挂式单轨吊车是在屋架（屋面梁）下弦悬挂工字形的钢导轨（以直线、曲线或分岔往返运行），其上安装可以水平移动的滑轮组（俗称电动葫芦）以起吊重物，如图 10-7 所示。悬挂式单轨吊车布置方便，运行灵活，可手动操作，也可电动操作，一般起重量在 5t 以下。

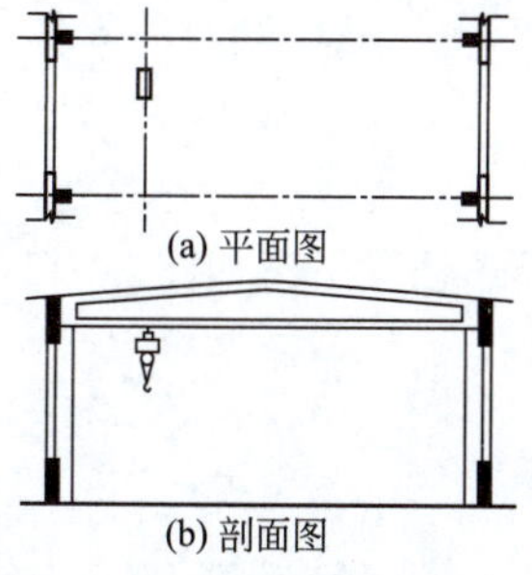

图 10-7　悬挂式单轨吊车

二、梁式吊车

梁式吊车是由梁架和滑轮组组成，其梁架可悬挂在屋架（屋面梁）下弦——悬挂式，如图 10-8 所示；也可支承于吊车梁上——支承式，如图 10-9 所示。梁式吊车可服务到厂房固定跨间的全部面积。悬挂式吊车起重量 $Q \leqslant 5$t；支承式吊车起重量 $Q \leqslant 15$t。

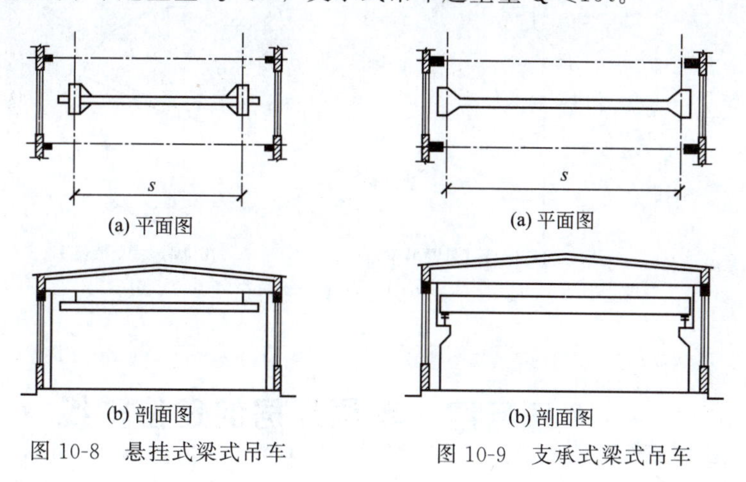

图 10-8　悬挂式梁式吊车　　图 10-9　支承式梁式吊车

三、桥式吊车

桥式吊车由桥架和起重行车组成。桥架支撑在吊车梁上，可在厂房固定跨间沿厂房纵向移动；起重行车在桥架上横向移动，根据运输要求，桥式吊车的起重行车上可设单钩或双钩，如图 10-10 所示。当同一跨度内需要的吊车工作量较大且起重量又相差悬殊时，可设两层吊车，以满足生产需要。桥式吊车适用于跨度较大和起吊及运输较重的生产厂房，其起重量为 5～350t。

桥式吊车按吊车工作的时间占全部生产时间的比率（J_c）分三种工作制：

① 轻级工作制——J_c在 15%～25%之间；

② 中级工作制——J_c 在 25%～40%之间；

③ 重级工作制——J_c>40%。

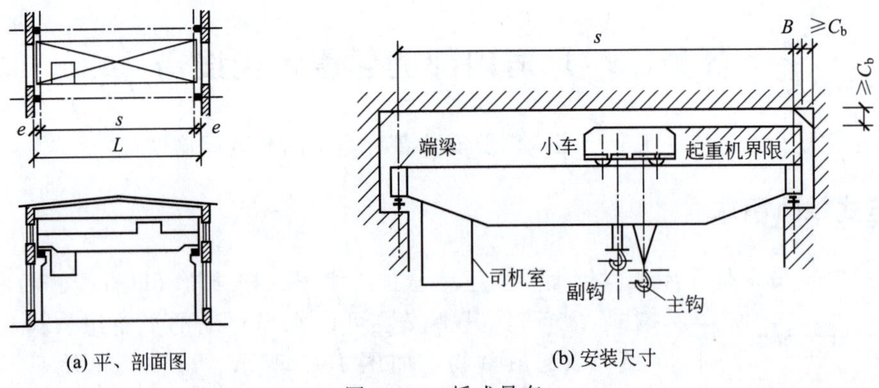

(a) 平、剖面图 (b) 安装尺寸

图 10-10 桥式吊车

除上述起重运输设备外，根据生产需要也可设悬臂吊车。壁行式悬臂吊车如图 10-11(a) 所示；固定式悬臂吊车如图 10-11(b) 所示。

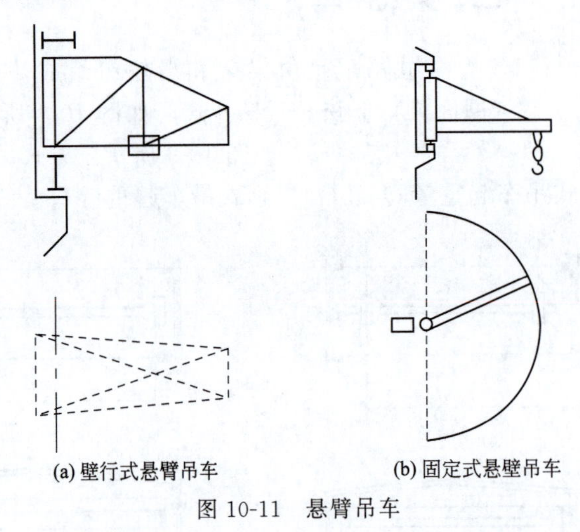
(a) 壁行式悬臂吊车 (b) 固定式悬壁吊车

图 10-11 悬臂吊车

任务四 单层厂房的定位轴线

为使单层工业厂房建筑构件定型化、系列化，以提高厂房建设的工业化、通用性和经济合理性，在厂房设计中应遵守《厂房建筑模数协调标准》(GB/T 50006—2010) 的有关规定。

一、柱网布置

厂房的定位轴线分为横向和纵向两种。与横向排架平行的称为横向定位轴线；与横向排架垂直的称为纵向定位轴线。通常把两个方向的定位轴线在平面上形成的有规律的网格称为柱网。一般在纵横定位轴线的相交处设柱子。工业厂房的柱网尺寸由柱距和跨度组成，如图 10-12 所示。

(1) 柱距 两横向定位轴线间的距离为柱距，单层厂房的柱距应采用 60M 数列，如 6m、12m，一般情况下均采用 6m。抗风柱柱距宜采用 15M 数列，如 4.5m、6m、7.5m。

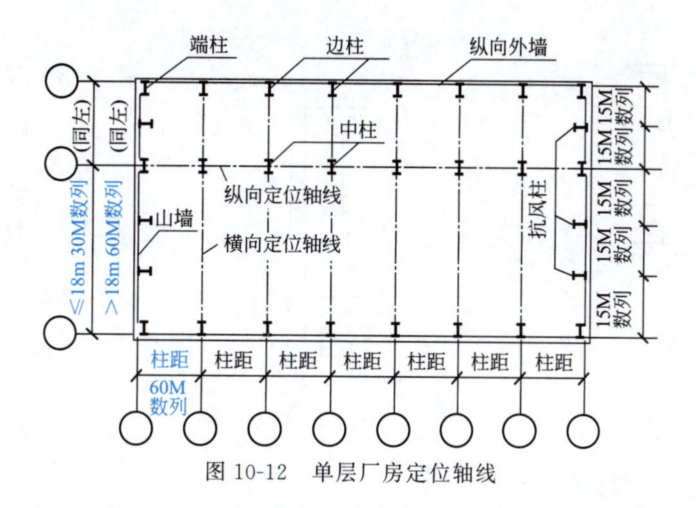

图 10-12　单层厂房定位轴线

（2）跨度　两纵向定位轴线间的距离为跨度。单层厂房的跨度不大于 18m 时，取 30M 数列，如 9m、12m、15m、18m；跨度大于 18m 时，取 60M 数列，如 24m、30m、36m 等。

二、定位轴线

定位轴线是确定厂房主要构件的位置及标志尺寸的基线，也是设备定位、安装及厂房施工放线的依据。

1. 横向定位轴线

横向定位轴线与柱的关系主要是指定位轴线与端柱、中柱和横向变形缝处柱三种情况的相对位置关系。

（1）中柱与横向定位轴线的关系　除了端柱和横向变形缝两侧柱外，厂房纵向柱列中的中柱的中心线应与横向定位轴线相重合，如图 10-13 所示。

（2）端柱与横向定位轴线的关系　山墙为非承重墙时，墙内缘与横向定位轴线相重合，且端柱应自横向定位轴线向内移 600mm，如图 10-14 所示。

（3）横向变形缝处柱与横向定位轴线的关系　在横向变形缝（伸缩缝或防震缝）处应采用双柱，即设两条定位轴线，且柱的中心线均应自定位轴线向两侧分别内移 600mm，如图 10-15 所示。

与横向定位轴线有关的承重构件，主要有屋面板和吊车梁，此外还有连系梁、基础梁、墙板、支撑等其他纵向构件。因此，横向定位轴线与构件的标志尺寸相一致。

2. 纵向定位轴线

纵向定位轴线与柱的关系主要是指纵向边柱和中柱与纵向定位轴线、纵横跨相交处的柱与定位轴线的三种情况。

（1）纵向边柱与纵向定位轴线的关系

① 封闭结合。一般情况下，边柱的外缘、墙的内缘宜与纵向定位轴线相重合，此时屋架端部与墙内缘也重合——“封闭结合”的构造，如图 10-16 所示。

② 非封闭结合。当吊车吨位较大时，再采用封闭结合就不能满足吊车安全运行所需间隙要求。因此需将边柱的外缘从纵向定位轴线向外移出一定尺寸 a_c(称为联系尺寸)，因此上部屋面板与外墙之间便出现空隙——“非封闭结合”，如图 10-17 所示。

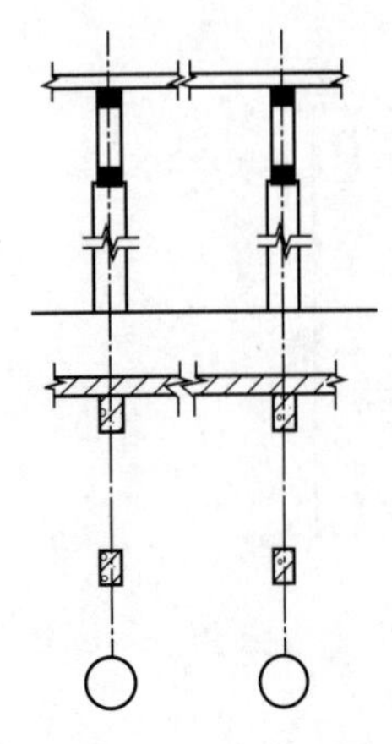

图 10-13　中柱与横向定位轴线的关系

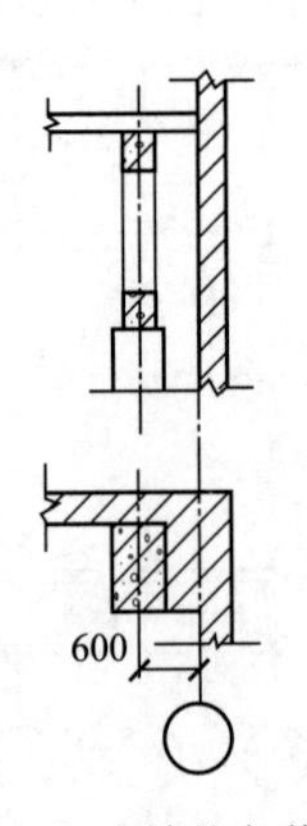

图 10-14　端柱与横向定位轴线的关系（山墙非承重）

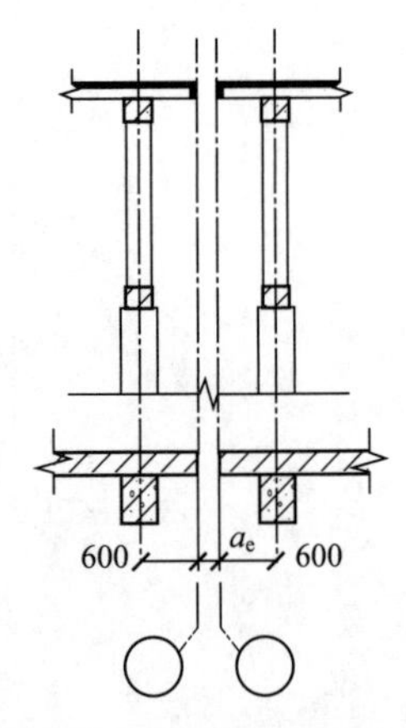

图 10-15　横向变形缝处柱与横向定位轴线的关系（a_e为变形缝的缝宽）

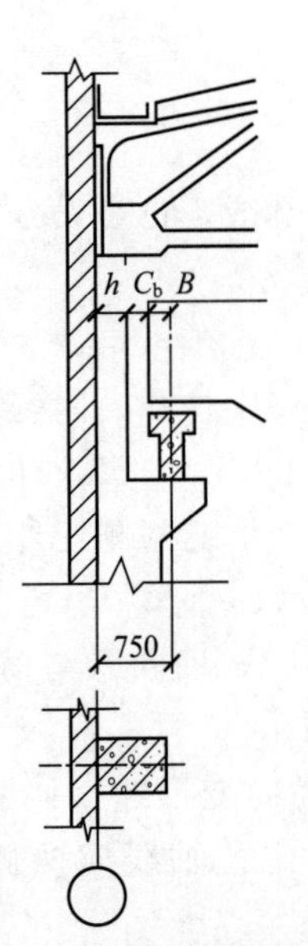

图10-16　边柱与纵向定位轴线的关系（封闭式）

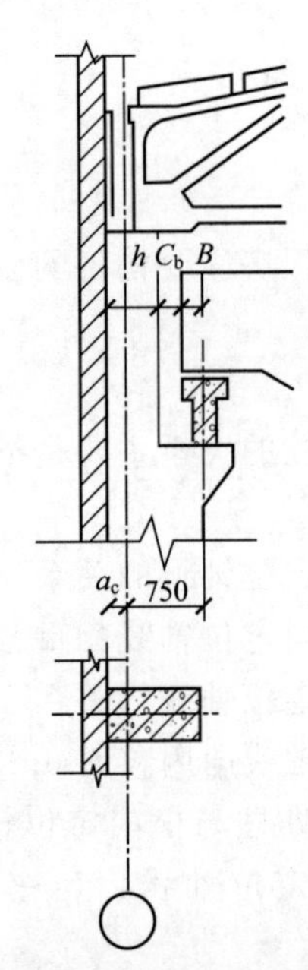

图 10-17　边柱与纵向定位轴线的关系（非封闭式）

（2）中柱与纵向定位轴线的关系　中柱与纵向定位轴线的关系，主要是指等高跨中柱和高低跨处中柱与纵向定位轴线的两种情况。

① 等高跨中柱与纵向定位轴线的关系，一般设单柱和单纵向定位轴线，此轴线通过相邻两跨屋架的标志尺寸端部，并与上柱中心线相重合，如图 10-18 所示。

② 高低跨处中柱与纵向定位轴线的关系，一般也设单柱和单纵向定位轴线，纵向定位轴线宜与上柱外缘及封墙内缘相重合，如图 10-19 所示。

（3）纵横跨相交处的柱与定位轴线的关系　在有纵横跨相交的单层厂房中，常在交接处设有变形缝。通过设置变形缝使两侧结构各自独立，形成各自独立的柱网和定位轴线，其定位轴线与柱的关系按前述各原则分别进行定位，如图 10-20 所示。

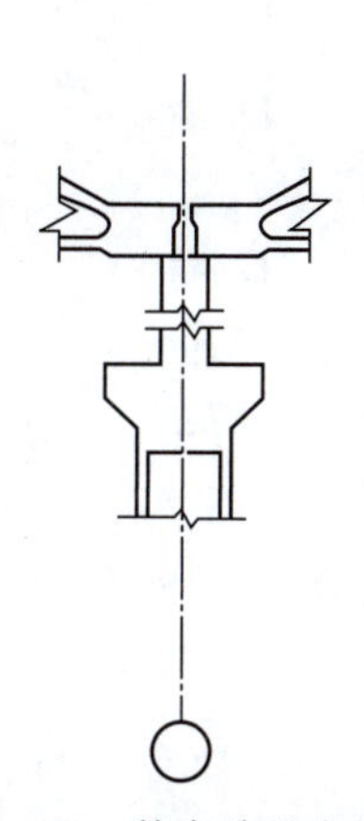

图 10-18　等高跨的中柱与纵向定位轴线的关系

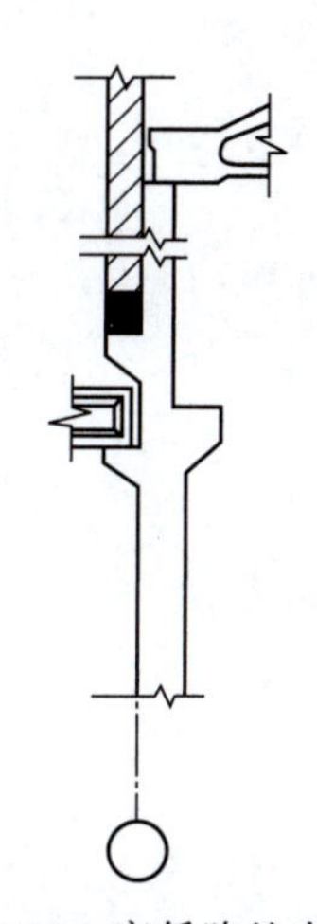

图 10-19　高低跨处中柱与纵向定位轴线的关系

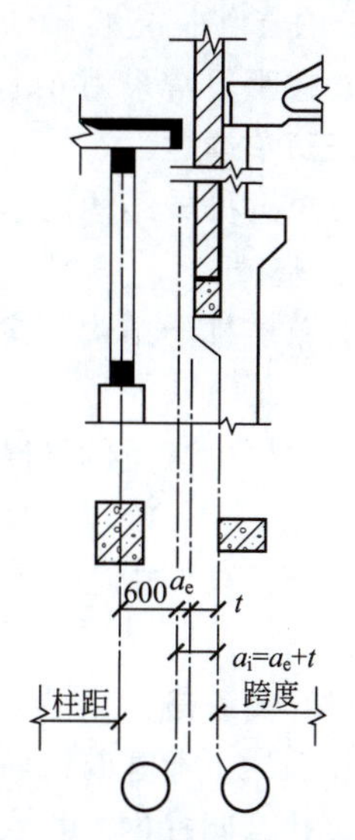

图 10-20　纵横跨相交处的柱与定位轴线的关系

与纵向定位轴线有关的构件主要是屋架（屋面梁），此外还有屋面板（宽度）及吊车（跨度）等。因此纵向定位轴线的间距应与屋架（屋面梁）的跨度、屋面板的宽度相配合。

能力训练题

一、基础考核

（一）填空题

1. 工业建筑按层数划分，可分为（　　　）厂房、（　　　）厂房、（　　　）厂房。

2. 工业建筑按生产状况分类，可分为（　　　）、（　　　）、（　　　）、（　　　）、其他特种状况的车间。

3. 工业建筑按用途分类，可分为（　　　）、（　　　）、（　　　）、储藏用建筑、运输用建筑、其他建筑。

4. 单层工业厂房的结构支撑方式有（　　　）、（　　　）两类。

5. 骨架结构按材料可分为砖石混合结构、（　　　）、（　　　）和钢结构。

6. 单层工业厂房结构是平面结构体系，一般都是采用（　　　），以适应建筑工业化。平面结构体系是由（　　　）和（　　　）组成。横向骨架由（　　　）、（　　　）、（　　　）组成。纵向连系构件是指（　　　）、（　　　）、（　　　）、（　　　）、（　　　）等构件。

7. 我国《厂房建筑模数协调标准》(GB/T 50006—2010) 对单层厂房的跨度有明确的规定：当厂房跨度≤18m 时，应采用扩大模数（　　　）尺寸系列；当跨度尺寸＞18m 时，采用扩大模数（　　　）尺寸系列。

（二）判断题

1. 柱网是由柱距和跨度组成的。（　　）

2. 柱子的横向定位轴线之间距离称为跨度。（　　）

3. 柱子纵向定位轴线之间距离称为柱距。(　　)

4. 柱距通常采用6m，并称其为装配式钢筋混凝土结构体系的基本柱距。(　　)

(三)单选题

1. 单层排架结构厂房哪个不是承重构件？(　　)

A. 基础　　B. 柱子　　C. 屋架　　D. 墙

2. 单层排架结构厂房哪个是围护构件？(　　)

A. 基础　　B. 柱子　　C. 屋架　　D. 墙

3. 单厂中常见的柱距为（　　）m 。

A. 6　　B. 12　　C. 18　　D. 24

4. 端柱长向中心线与定位轴线间距离为（　　）m 。

A. 6　　B. 0.6　　C. 600　　D. 0.060

(四)简答题

1. 简述工业建筑的特点。

2. 什么叫柱网？扩大柱网有何优越性？

二、联系实际

1. 抄绘工业厂房平面柱网布置图。

2. 抄绘单厂变形缝处柱横向定位轴线的构造节点图。

三、链接执业考试

1. （2013年辽宁省土建施工员考题）当工业建筑跨度≤18m时，应采用扩大模数（　　）的尺寸系列。

A. 3M　　B. 30M　　C. 6M　　D. 6M

2. 单层厂房的横向定位轴线是（　　）的定位轴线。

A. 平行于屋架　　B. 垂直于屋架

C. 按1、2……编号　　D. 按A、B……编号

项目十一　装配式单层工业厂房的主要结构构件

学习目标

1. 掌握装配式单层工业厂房的主要结构构件（基础与基础梁、排架柱、无檩体系屋盖结构构件、吊车梁、连系梁、圈梁）的构造及其连接。

2. 了解有檩体系屋盖结构构件组成及其连接，屋盖支撑体系的组成与连接。

能力目标

能识读一般单层工业厂房的建筑施工图，能解决单层工业厂房结构构件连接的一般性问题。

任务一　基础及基础梁

一、基础

1. 基础的类型

基础承受建筑物传来的全部荷载，并将之传给地基。所以它起着承上传下的作用，是厂房结构中的重要结构构件之一。装配式单层工业厂房的基础一般为独立基础，其形式有杯形基础、薄壳基础、板肋基础，如图 11-1 所示。但当结构荷载比较大而地基承载力又较小时，也可采用柱下条形基础或桩基础。

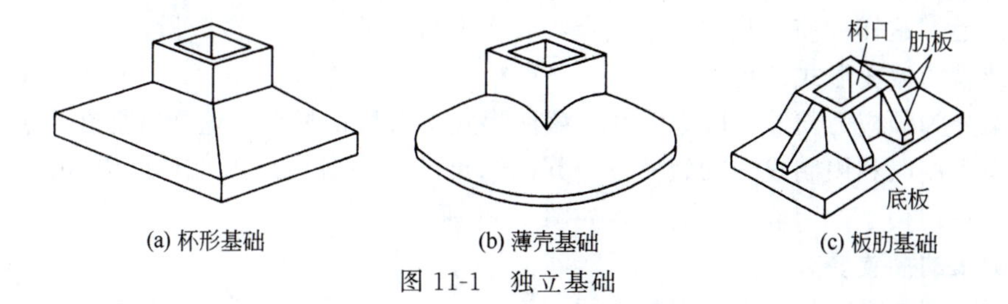

图 11-1　独立基础

2. 基础的构造

在装配式单层工业厂房中，预制柱下杯形基础较为常见，其上部为杯口形式，柱子安装在杯口内。为便于柱子的安装，杯口尺寸应大于柱的截面尺寸，周边留有空隙，杯口顶应比柱每边大 75mm；杯口底应比柱每边大 50mm。在柱底面与杯底面之间还应预留 50mm 的缝隙，以高强度细石混凝土找平。杯口内表面应尽量凿毛，柱子就位后杯口与柱子四周缝隙用C20细石混凝土灌实，如图11-2所示。

杯形基础有单杯基础和双杯基础两种形式，单杯基础在一般位置采用，双杯口基础在变形缝处采用。为了保证杯形基础与柱子能够可靠连接及正常工作，其细部尺寸及做法应满足相应的构造要求，如图11-2和图11-3所示。

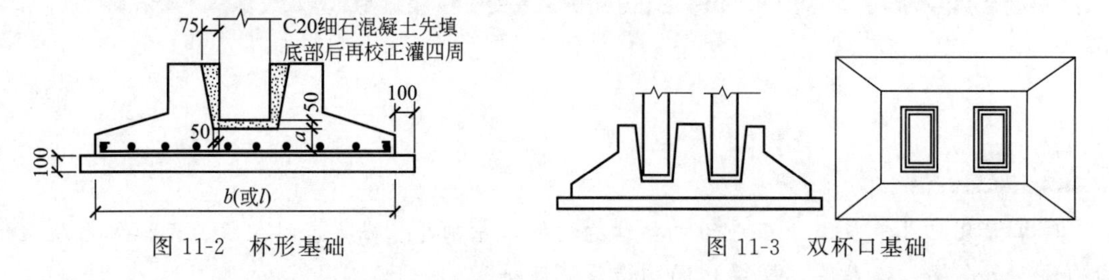

图11-2　杯形基础　　　图11-3　双杯口基础

有些车间内靠柱边有设备基础（地坑），当它们的基槽在柱基础施工完成后才开挖时，为防止施工时滑坡而扰动柱基础的地基土层致使沉降过大，应与工艺设计部门协商，使设备基础（地坑）与柱基础保持一定的距离，如图11-4(a)所示；如设备基础的位置不能移动时，可将柱基础做成高杯口基础，如图11-4(b)所示。

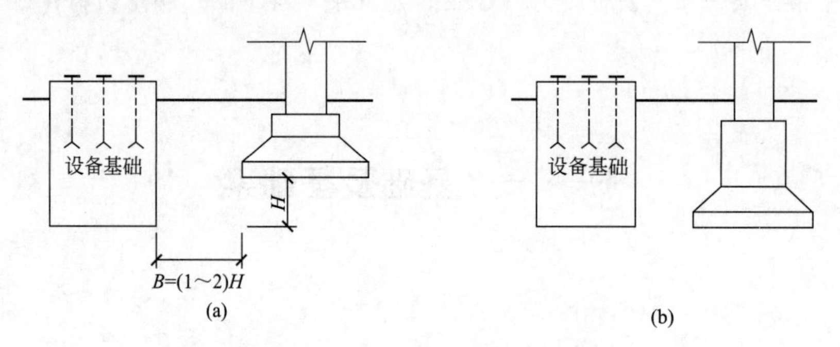

图11-4　设备基础与柱基础的处理

二、基础梁

装配式单层工业厂房的外墙仅起围护作用，为避免柱与墙的不均匀沉降，墙身一般砌筑在基础梁上（当墙较高时，上部的墙体砌筑在连系梁上），基础梁的两端搁置在相邻两杯形基础的杯口上，这样可使墙和柱一起沉降，墙面不易开裂，如图11-5所示。

1. 基础梁的截面形式、尺寸

基础梁分为预应力与非预应力两种，截面形式多采用倒梯形，这样既能在吊装时便于识别，又可在预制时利用制成的梁做模板。其标志尺寸：一般情况下，长度为6m；截面尺寸有两种，分别适用于二四墙、三七墙，如图11-6所示。

2. 基础梁的搁置要求

基础梁的搁置方式依基础的埋深不同而不同，其搁置要求如下。

① 为了避免影响开门及满足防潮要求，基础梁顶面标高应低于室内地坪50～100mm，高于室外地坪100～150mm。

② 基础梁一般直接搁置在杯形基础的杯口上，但当基础埋置较深时，可采取加垫块、设置高杯口基础或在柱子适当部位加设牛腿等措施，如图11-7所示。

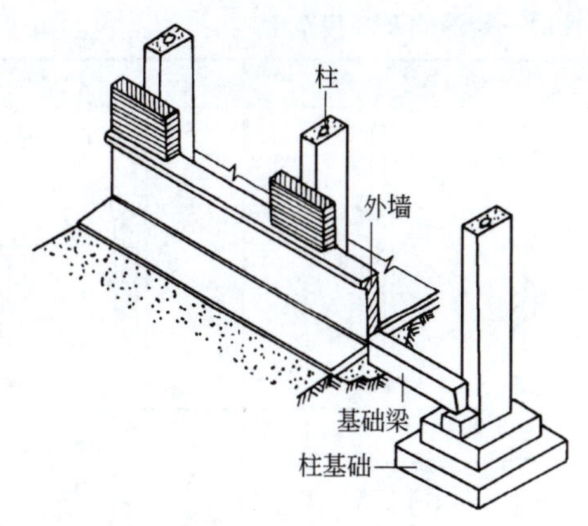

图 11-5　基础梁的支撑

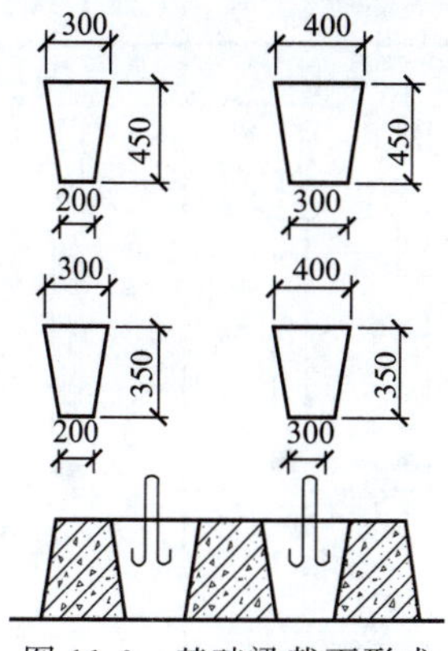

图 11-6　基础梁截面形式

3. 基础梁防冻措施

由于地基将发生不均匀沉降；又因为基础梁埋置较浅，在寒冷地区其下的土壤冻胀将对基础梁产生反拱作用，因此在基础梁底部应留有 50～100mm 的空隙。同时对于保温、隔热的厂房，为防止热量沿基础梁散失，应在基础梁两侧铺设厚度不小于 300mm 的松散材料，如炉碴、干砂等，如图 11-8 所示。

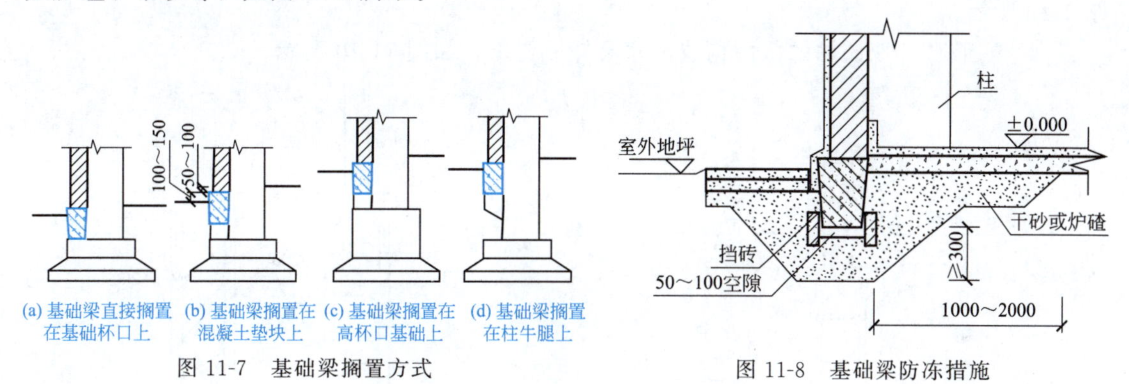

图 11-7　基础梁搁置方式

图 11-8　基础梁防冻措施

任务二　柱

在单层工业厂房中，柱按其作用分为排架柱和抗风柱两种。柱按其材料分为钢柱、钢筋混凝土柱、砖柱等，当前应用最广泛的是钢筋混凝土柱。

一、排架柱

排架柱是装配式单层工业厂房中主要的承重构件之一，它承受屋盖、吊车梁、墙体等传来的荷载，并将这些荷载及自重全部传递给基础。

1. 柱的类型

钢筋混凝土排架柱有单肢柱（矩形、工字形）和双肢柱（矩形截面、圆形截面）两大类。双肢柱的双肢用腹杆（平腹杆、斜腹杆）连接而成。钢筋混凝土排架柱的一般形式及应用范围见表 11-1。

2. 柱的构造

柱的截面尺寸应根据厂房的跨度、高度、柱距及吊车起重量等通过结构计算合理确定。

表 11-1　钢筋混凝土排架柱的一般形式及应用范围

名称	矩形柱	工字形柱	双肢柱	管柱
形式				
特点及适用范围	1. 外形简单，制作方便 2. 自重大，混凝土用量较大 3. 适用于中小型厂房	1. 比矩形柱省混凝土 30%～50% 2. 截面高度较大，在主要受力方向上截面惯性矩较大 3. 可适用于中型、大型厂房	1. 由两根承受轴向力的肢杆和联系两肢杆的腹杆所构成 2. 腹杆为水平杆，制作比较方便，节省材料 3. 联系两肢杆的腹杆为斜杆，其受力的性能比水平杆更为合理 4. 便于安装各种不同管线 5. 适用于大型厂房	1. 在离心制管机上成型，质量好，便于拼装 2. 预埋件较多，与墙体连接不如矩形、工字形柱方便 3. 适用于大型厂房 4. 也可在钢管内注入混凝土做成管柱

从构造角度来看，柱的截面尺寸和外形首先应满足构造方面的要求。

(1) 工字形柱　工字形柱截面尺寸必须满足施工和使用上的构造要求，具体尺寸如图 11-9 所示。

(2) 双肢柱　双肢柱的截面构造尺寸及外形要求，如图 11-10 所示。

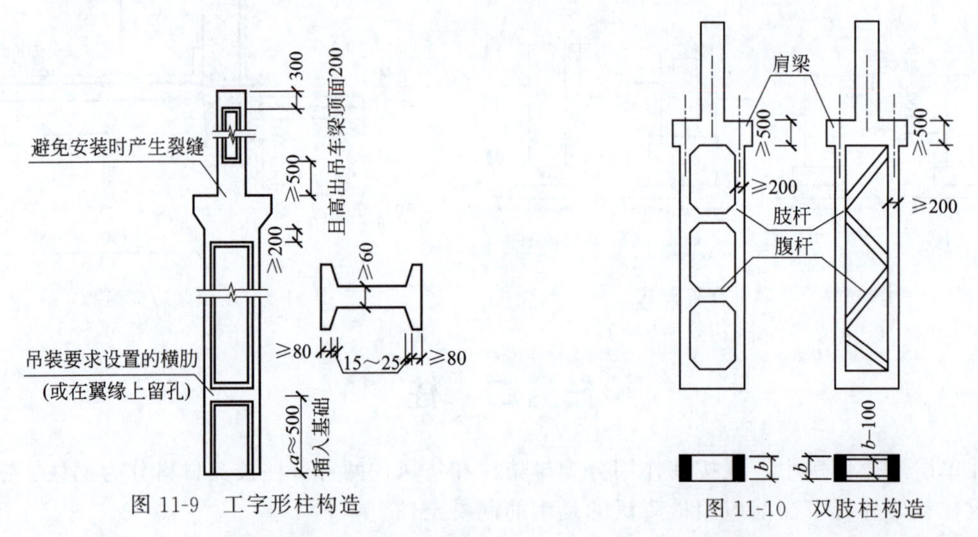

图 11-9　工字形柱构造　　　　图 11-10　双肢柱构造

(3) 牛腿　厂房结构中的屋架、托架、吊车梁和连系梁等构件，常由设置在柱上的牛腿支撑。牛腿有实腹式和空腹式两种，通常多采用实腹式牛腿。为了避免沿支撑板内侧剪切破坏，牛腿外缘高度 $h_k \geqslant h/3$ 且不小于 200mm；支承吊车梁的牛腿其外缘与吊车梁的距离不宜小于 70mm（其中包括 20mm 的施工误差），以免影响牛腿局部承压能力，造成外缘混凝土剥落；牛腿挑出距离 $d>100$mm 时，牛腿底面的倾斜角 β 宜小于或等于 45°，否则会降低牛腿的承载能力，当 $d \leqslant 100$mm 时，倾斜角可等于 0°，其构造要求如图 11-11 所示。

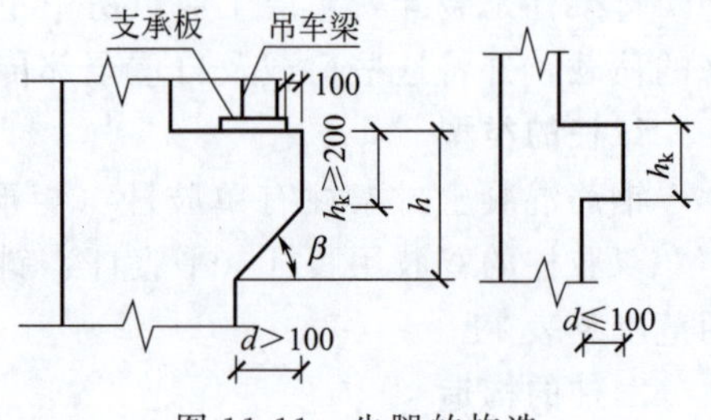

图 11-11　牛腿的构造

3. 柱的预埋铁件

为保证柱有效的传递荷载，必须使柱与其他构件有可靠的连接，所以应在柱子的相应位置预埋铁件或钢筋，其位置及作用如图 11-12 所示。

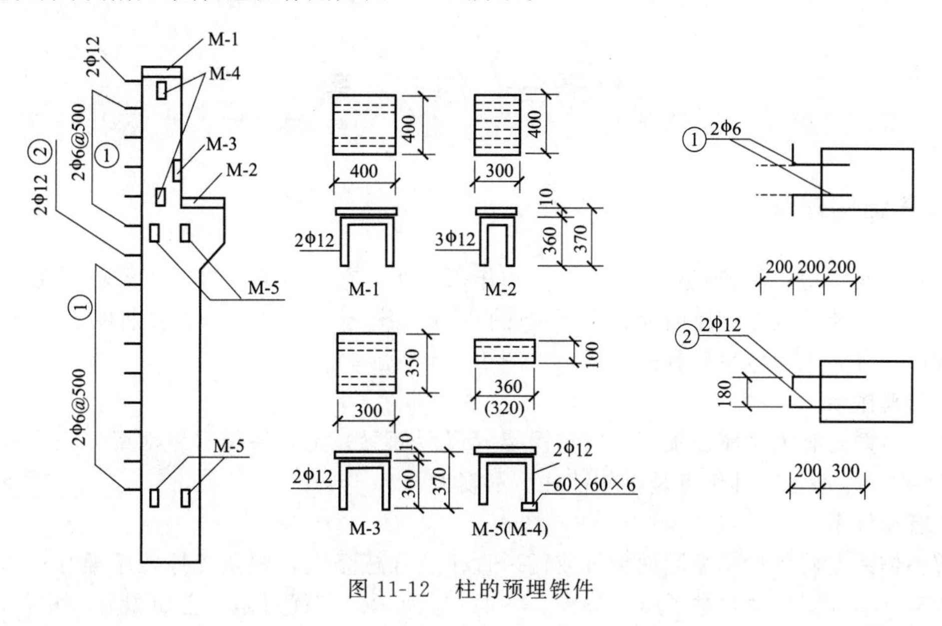

图 11-12 柱的预埋铁件

二、抗风柱

当单层工业厂房高度或跨度较大时，在单层工业厂房的山墙处设置抗风柱，用以承受山墙上的风荷载，一部分风荷载由抗风柱直接传给基础，一部分风荷载由抗风柱上端通过屋盖系统传到纵向柱列上去。单层工业厂房一般都设置钢筋混凝土抗风柱。其下端插入杯形基础内，柱上端应通过特制的弹簧板与屋架（屋面梁）作构造连接，如图 11-13(a) 所示。当单

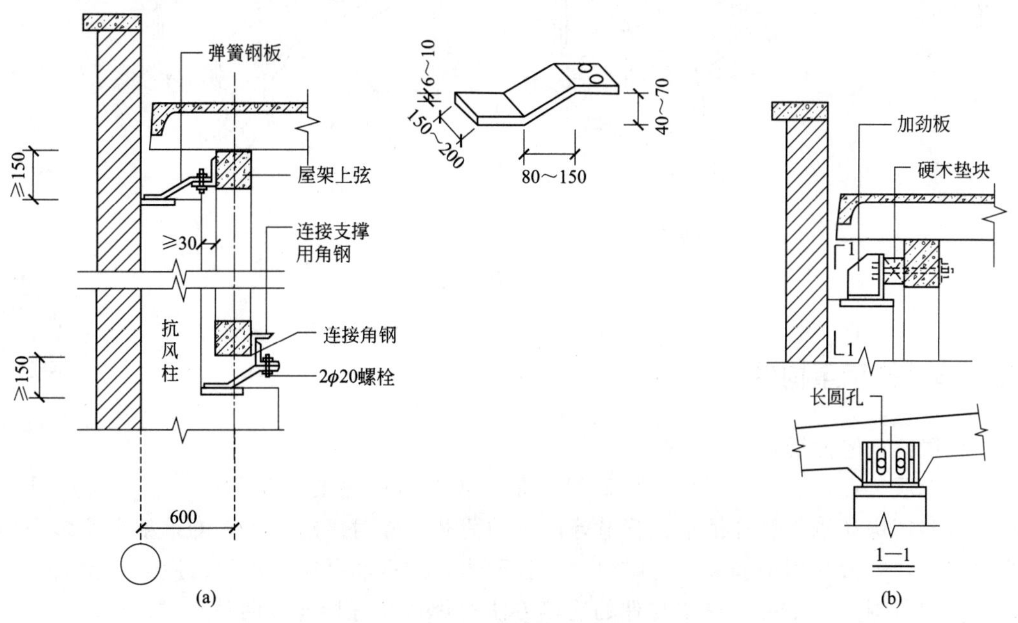

图 11-13 抗风柱与屋架的连接

层工业厂房沉降较大时，往往采用螺栓连接方式，如图 11-13(b) 所示，从而保证水平方向有效地传递风荷载，也使屋架与抗风柱之间在竖向有一定的相对位移的可能性。有时为了减小抗风柱的截面尺寸，可在山墙内侧设置水平抗风梁，作为抗风柱的支点。

任务三 屋 盖

一、屋盖结构体系

单层工业厂房的屋盖起着承重和围护的作用。所以它包括承重构件（屋架、屋面梁、托架、支撑）和覆盖构件（屋面板、小型屋面板或瓦、檩条等）两部分。目前单层工业厂房屋盖结构形式分为无檩体系和有檩体系，如图 11-14 所示。

1. 无檩体系

无檩体系是将大型屋面板直接放在屋架（或屋面梁）上，屋架（屋面梁）放在柱子上，如图 11-14(a) 所示，其优点是整体性好、刚度大。

2. 有檩体系

有檩体系是将各种小型屋面板（或瓦）直接放在檩条上，檩条支撑在屋架（或屋面梁）上，屋架（屋面梁）放在柱子上，如图 11-14(b) 所示。其优点是屋盖重量轻，构件小，吊装容易，但整体刚度较差，构件数量多，适用于小型工业厂房和吊车吨位小的中型工业厂房。

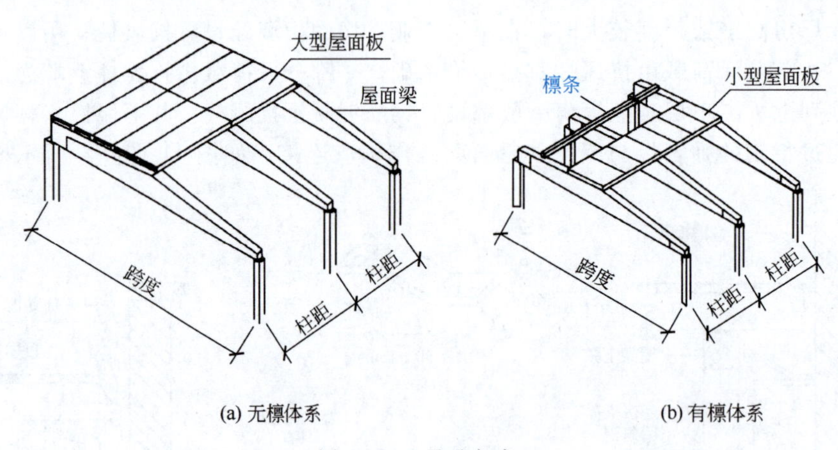

图 11-14 承重方式

11.1 屋盖及支撑系统

二、屋盖的承重构件

1. 屋架（屋面梁）

在单层工业厂房中，屋架（屋面梁）是屋盖结构的主要承重构件，它直接承受屋面荷载，有些厂房还承受悬挂吊车、管道等设备的荷载。除对于跨度很大的重型车间多采用钢结构屋架外，一般采用钢筋混凝土屋面梁或各种形式的钢筋混凝土屋架。屋架（屋面梁）的形式及应用范围见表 11-2。屋架与柱的连接方法有焊接和螺栓连接两种形式。

表 11-2　钢筋混凝土屋架的形式及应用范围

序号	名　称	形　式	跨度/m	应用范围
1	钢筋混凝土单坡屋面大梁		6 9	1. 自重大 2. 屋面刚度好 3. 屋面坡度 1/8～1/2 4. 适用于振动及有腐蚀性介质的厂房
2	预应力混凝土双坡屋面大梁		12 15 18	1. 自重大 2. 屋面刚度好 3. 屋面坡度 1/8～1/2 4. 适用于振动及有腐蚀性介质的厂房
3	钢筋混凝土三铰拱屋架		9 12 15	1. 构造简单，自重小，施工方便，外形轻巧 2. 屋面坡度：卷材屋面 1/5，自防水屋面 1/4 3. 适用于中小型厂房
4	钢筋混凝土组合屋架		12 15 18	1. 上弦及受压腹杆为钢筋混凝土，受拉杆件为角钢，构造合理，施工方便 2. 屋面坡度 1/4 3. 适用于跨度较大的各类厂房
5	预应力混凝土拱形屋架		18 24 30	1. 构件外形较合理，自重轻，刚度好 2. 屋架端部坡度大，为减缓坡度，端部可特殊处理 3. 适用于跨度较大的各类厂房
6	预应力混凝土梯形屋架		18 21 24 27 30	1. 外形较合理，屋面坡度小，但自重大，经济效果较差 2. 屋面坡度 1/15～1/5 3. 适用于各类厂房，特别是需要经常上屋面清除积灰的冶金厂房
7	预应力混凝土折线屋架		18 21 24	1. 上弦为折线，大部分为 1/4 坡度，在屋架端部设短柱，可以保证整个屋面有同一坡度 2. 适用于有檩体系的槽瓦等自防水屋面

2. 托架

因工艺要求或设备安装的需要，柱距需为 12000mm，而屋架的间距和大型屋面板的长度仍为 6000mm 时，此时应在 12000mm 的柱距间设置托架来支撑中间屋架，如图 11-15 所示。

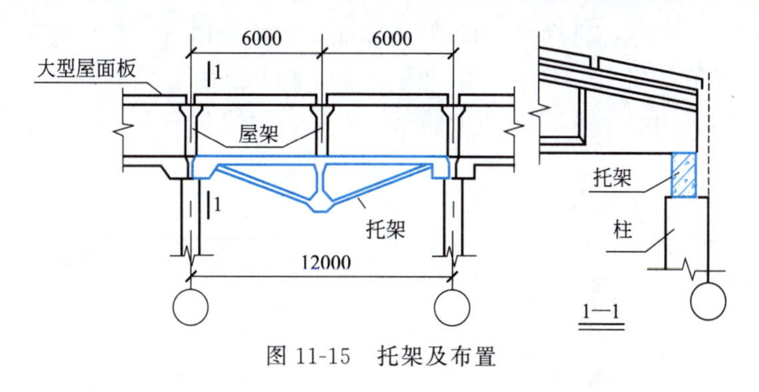

图 11-15　托架及布置

三、覆盖构件

1. 屋面板

屋面板的名称、形式、标志尺寸、特点及适用条件见表 11-3。

表 11-3　屋面板的名称、形式、标志尺寸、特点及适用条件

序号	名称	形　　式	标志尺寸	特点及适用条件
1	大型屋面板	5970 240～300 1490	1.5m×6m	(1)与嵌板、檐口板和天沟板配合使用 (2)适用于中、大型和振动较大，并对屋面刚度要求较高的厂房
2	预应力F型屋面板	5970 200 1490	1.5m×6m	(1)与盖瓦和脊瓦配合使用 (2)适用于中、轻型非保温厂房，不适用于对屋面防水要求高的厂房
3	预应力混凝土夹心保温屋面板	130 1490 5950	1.5m×6m	(1)具有承重、保温、防水三种作用 (2)适用于一般保温厂房，不适用于气候寒冷、冻融频繁地区和有腐蚀性气体及湿度大的厂房
4	钢筋混凝土槽瓦	3300～3900 990 100	1.0m×(3.3～3.9)m	(1)自防水构件，与盖瓦、脊瓦和檩条一起使用 (2)适用于中小型厂房，不适用于有腐蚀气体、有较大振动、对屋面刚度及隔热要求高的厂房

除此之外，还有预应力混凝土单肋板、钢丝网水泥波形瓦、石棉水泥瓦等。每块屋面板与屋架（屋面梁）上弦相应处预埋铁件相互焊接，其焊接点不少于三点，板与板缝隙均用不低于 C15 细石混凝土填实。

2. 檩条

起着支撑槽瓦或小型屋面板的作用，并将屋面荷载传给屋架。常用的有预应力钢筋混凝土倒 L 形和 T 形檩条，如图 11-16 所示。檩条与屋架上弦的连接有焊接和螺栓连接两种，如图 11-17 所示，常采用焊接形式。两个檩条在屋架上弦的对头空隙应以水泥砂浆填实。

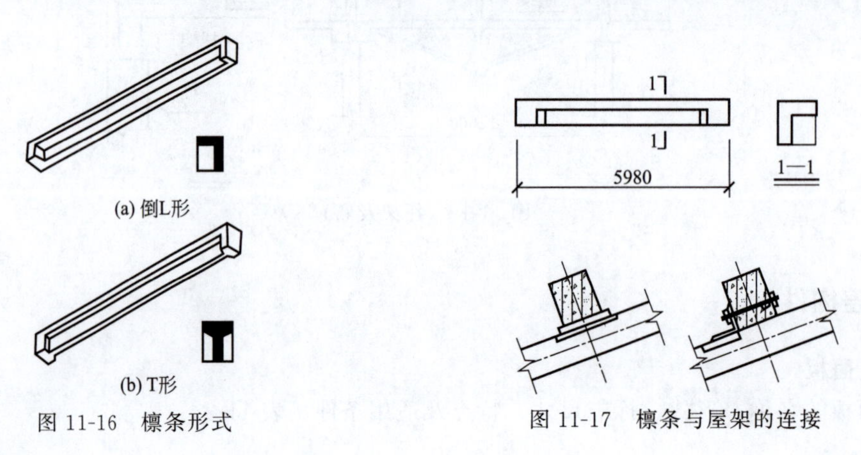

图 11-16　檩条形式

图 11-17　檩条与屋架的连接

任务四　吊车梁、连系梁和圈梁

一、吊车梁

在设有桥式吊车或梁式吊车的单层工业厂房中，需在柱的牛腿上设置吊车梁。吊车梁上铺有钢轨，吊车轮子沿钢轨运行。吊车梁直接承受吊车起重、运行、制动时产生的各种荷载。它同时还有传递单层工业厂房的纵向荷载、保证单层工业厂房骨架纵向刚度和稳定性的作用。

1. 吊车梁的种类

吊车梁的种类很多，按材料分为钢筋混凝土吊车梁和钢梁，其中前者较为常用。钢筋混凝土吊车梁又分为普通混凝土吊车梁与预应力混凝土吊车梁两种。吊车梁按形状大致可分为梁式和桁架式两种，前者较为常用。梁式吊车梁又分等截面梁（T 形与工字形）和变截面梁（鱼腹式与折线式）两种，其特点及适用条件见表 11-4。

表 11-4　梁式吊车梁类型、特点及适用条件

类型	简　图	特点及适用条件
等截面T形吊车梁	1 2 1 2 1—1 2—2	T 形截面的上部翼缘较宽，可增加梁的受压面积，也便于固定吊车的轨道。施工简单，制作方便，但自重大，耗材料多。适用于厂房跨度≤30m、柱距 6m，吊车起重量 3～75t（轻）、1～30t（中）、5～20t（重）情况
等截面工字形吊车梁	1 2 1 2 1—1 2—2	为预应力构件。吊车梁的腹壁薄，节约材料，自重较轻。适用于厂房跨度为 12～33m，柱距 6m 情况。 先张法吊车梁适用于吊车起重量：5～125t（轻），5～75t（中），5～50t（重）情况。 后张法吊车梁适用于吊车起重量：5～100/20t（轻、中），5～50/10t（重）情况
变截面鱼腹式吊车梁	1 2 1 2 1—1 2—2	梁的腹壁薄，外形像鱼腹，梁截面为工字形，这种形状符合受力原理，因而能充分发挥材料强度和减轻自重、减小荷载，梁的刚度大，但它的构造和制作较复杂，运输、堆放需设专门支垫。适用于厂房跨度 12～33m、柱距 6m，吊车起重量：5～125/20t（中）、10～100/20t（重）情况

2. 吊车梁与柱的连接

吊车梁与柱的连接，多采用焊接。为承受吊车横向水平刹车力，吊车梁翼缘的预埋件与柱牛腿的预埋件用钢板或角钢焊接。为承受吊车梁竖向压力，吊车梁底部安装前应焊接上一块垫板与柱牛腿顶面预埋钢板焊牢。梁与柱之间的空隙用 C20 混凝土填实，如图 11-18 所示。

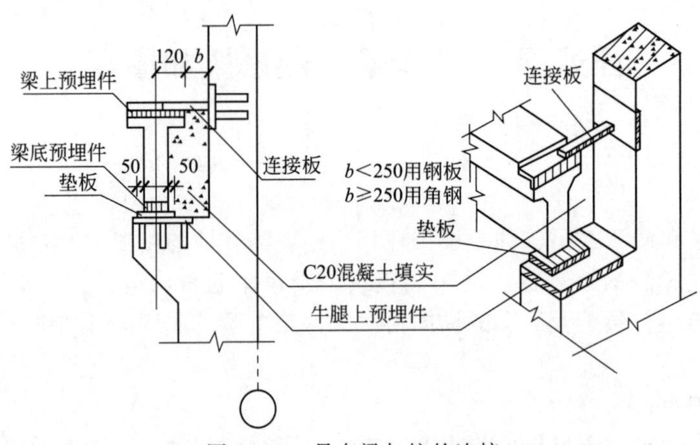

图 11-18 吊车梁与柱的连接

3. 吊车轨道的安装与车挡的固定

吊车梁上的钢轨有方形和工字形两种。吊车梁的翼缘上留有安装孔，安装前先用 C20 混凝土垫层将吊车梁顶面找平，然后铺设钢垫板或压板，用螺栓将吊车轨道固定，如图 11-19 所示。

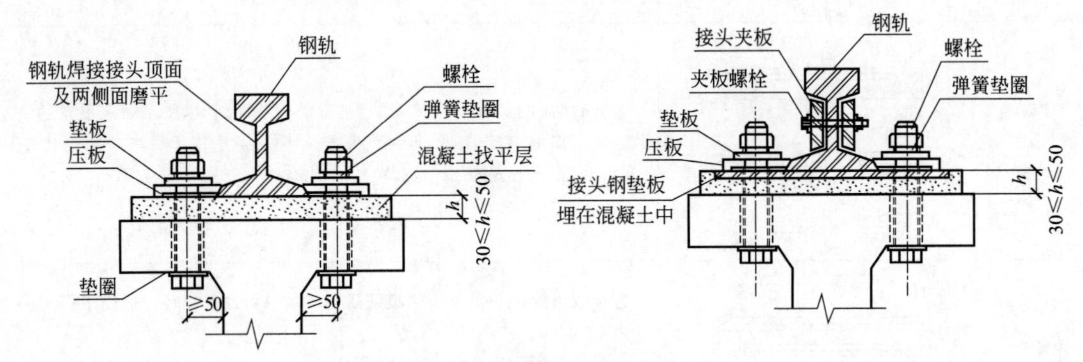

图 11-19 吊车轨道的安装

为防止吊车在行驶中刹车失灵，在吊车梁尽端应设置车挡，以免吊车冲撞山墙，如图 11-20 所示。

二、连系梁

连系梁是单层工业厂房纵向柱列的水平连系构件，常设置在窗口上皮，并代替窗过梁。其作用是增强厂房纵向刚度、传递风荷载到纵向柱列；承受部分墙体重量（当墙超过 15m）并传给柱子。连系梁与柱子用焊接或螺栓连接。其截面形式有矩形和 L 形，分别用于 240mm 和 370mm 墙中，如图 11-21 所示。

三、圈梁

在高度较大或振动较大的单层工业厂房中应布置圈梁，以加强墙与柱之间的连接，保证墙体的稳定性，并增加厂房的整体刚度。圈梁的布置原则是在振动较大或抗震要求较高的厂房中，沿墙高每隔 4m 左右设一道；一般情况在墙内与柱顶、吊车梁、窗过梁相对应的位置

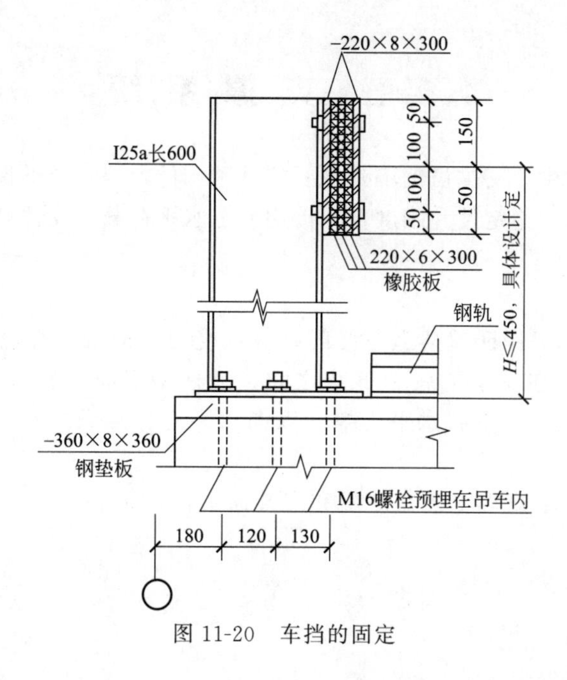

图 11-20 车挡的固定

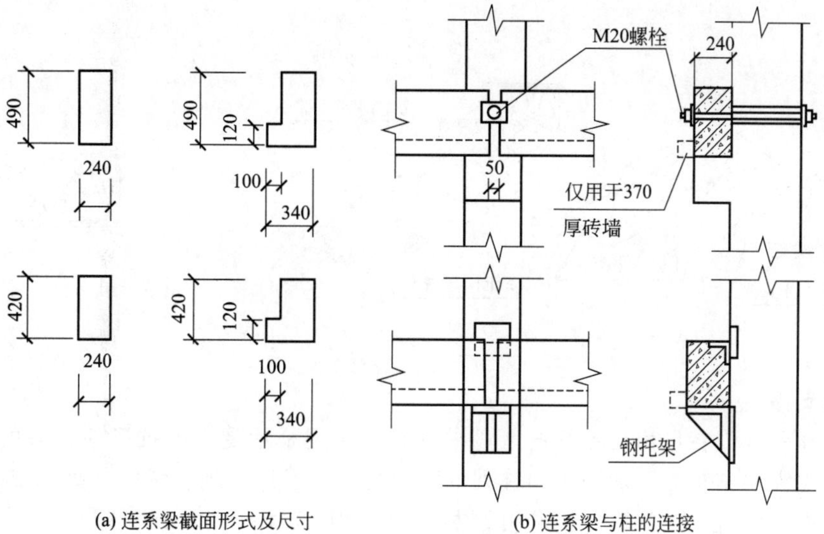

图 11-21 连系梁

设置圈梁。其断面高度应不小于180mm，配筋为4 ϕ12，箍筋为ϕ6@200mm。圈梁应与柱伸出的预埋筋相连接，如图 11-22 所示。连系梁若水平交圈可视为圈梁。

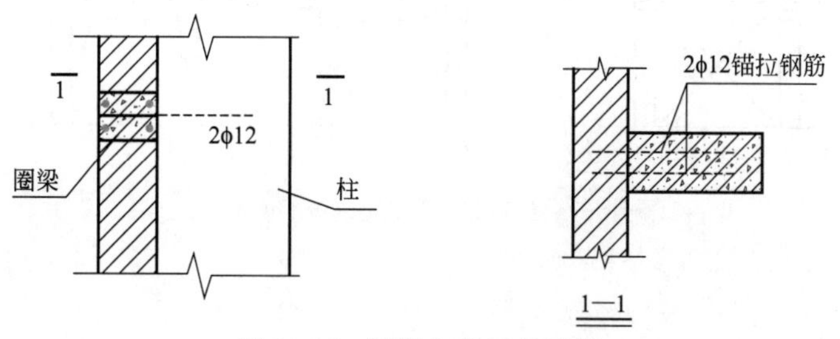

图 11-22 圈梁与柱子的连接

任务五 支撑系统

单层工业厂房结构中，支撑虽然不是主要的承重构件，但它能够保证厂房结构和构件的承载力，提高厂房的整体稳定性和刚度，并传递部分水平荷载。支撑有屋盖支撑和柱间支撑两部分。

1. 屋盖支撑

屋盖支撑主要是为了保证屋架上下弦间杆件在受力后的稳定性，并能传递山墙受到的风荷载。水平支撑布置在屋架上弦和下弦之间，沿柱距横向布置或沿跨度纵向布置。水平支撑分为上弦水平支撑、下弦水平支撑、纵向水平支撑、纵向水平系杆等，如图 11-23 所示。

垂直支撑主要保证屋架与屋架在使用和安装阶段的侧向稳定，并能提高厂房的整体刚度，如图 11-24 所示。

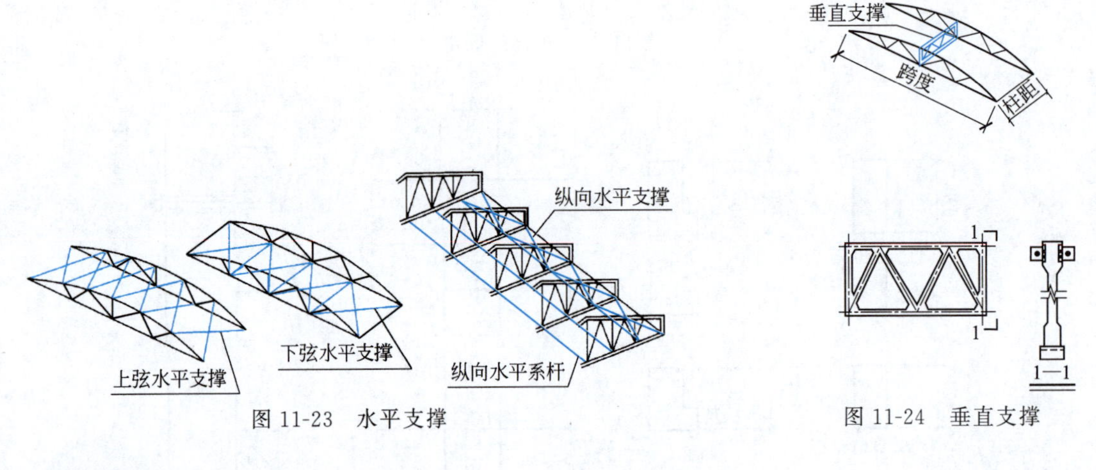

图 11-23 水平支撑

图 11-24 垂直支撑

2. 柱间支撑

柱间支撑一般设在厂房变形缝的区段中部，其作用是承受山墙抗风柱传来的水平荷载；传递吊车产生纵向刹车力；加强纵向柱列的稳定性，是厂房必须设置的支撑系统。柱间支撑分为上柱支撑和下柱支撑。一般采用钢材制成，其形状有交叉式、门式等，如图 11-25 所示。

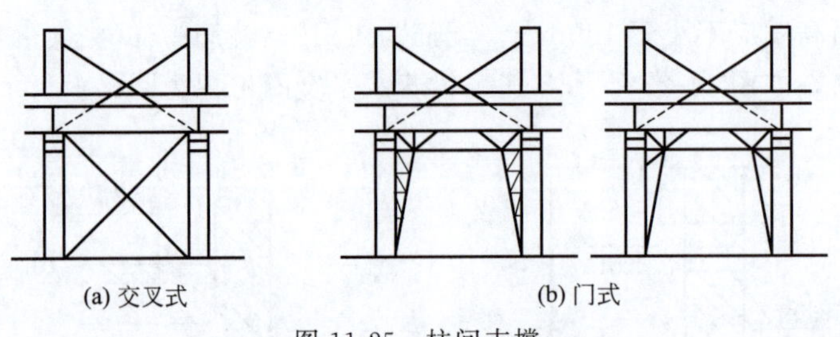

(a) 交叉式 (b) 门式

图 11-25 柱间支撑

能力训练题

一、基础考核

（一）填空题

1. 钢筋混凝土柱有（　　　　）和（　　　　）两大类。

2. 单层工业厂房的基础，主要有（　　　　）和（　　　　）两类，当柱距为 6m 或更大，地质情况较好时，多采用（　　　　）基础。

3. 基础梁的断面形状为（　　　　），放置时其顶面与室内地坪之间的距离为（　　　　）。

4. 抗风柱与屋架之间的连接用（　　　　）连接。

5. 单层工业厂房的屋盖结构体系有（　　　　）体系和（　　　　）体系。

（二）判断题

1. 抗风柱与屋架连接要牢固，不得有竖向和横向变形。（　　）

2. 同截面尺寸的条件下，双肢柱比矩形柱的承载力大。（　　）

3. 两柱子之间的距离叫跨度。（　　）

4. 钢筋混凝土吊车梁按截面形式不同分为等截面吊车梁和“T”形吊车梁。（　　）

（三）简答题

1. 基础梁的设置方式有哪几种？其构造要求是什么？

2. 吊车梁与柱子的连接是怎样的？

二、联系实际

1. 抄绘某单层工业厂房的杯形基础的平面图、剖面图。

2. 选一单层工业厂房对承重构件与围护构件进行调研。

三、链接执业考试

1.（2013 年辽宁省土建施工员考题）对于排架结构单层工业厂房，吊车横向水平荷载将顺序通过（　　），传到厂房基础及地基。

A. 吊车梁和柱间支撑　　B. 吊车梁和柱

C. 墙梁和构造柱　　D. 圈梁和构造柱

2.（2012 年土建施工员考题）单层工业厂房屋盖支撑的主要作用是（　　）。

A. 传递屋面板荷载　　B. 传递吊车刹车时产生的冲剪力

C. 传递水平风荷载　　D. 传递天窗及托架荷载

项目十二　单层工业厂房的围护构件

学习目标

1. 掌握砌体外墙、大门、侧窗与天窗、屋面排水防水的基本构造。
2. 了解地面及其他设施等基本构造。

能力目标

能识读一般单层工业厂房的建筑施工图，能解决单层工业厂房围护构件连接的一般性问题。

任务一　单层工业厂房的外墙

单层工业厂房的外墙主要是根据生产工艺、结构条件和气候条件等要求来设计的。一般冷加工车间外墙除考虑结构承重外，常常还有热工方面的要求；而热加工车间，外墙一般不要求保温，只起围护作用。对于特殊的车间还应满足特殊的要求，如恒温、恒湿、防酸、防碱等。

装配式单层工业厂房外墙按承重方式分为承自重墙和框架墙；按材料和构造方式分为砌体外墙、板材墙、轻质板材墙（压型钢板墙）及开敞式外墙等几种。下面简单介绍砌体外墙和板材墙。

一、砌体外墙

1. 墙与柱子的相对位置关系

在骨架结构单层工业厂房中，砌体外墙是指用砖或砌块填充的非承重墙，主要用于厂房的外墙和高低跨之间的封墙。为避免墙和柱之间的不均匀沉降引起墙体开裂，墙体通常是由柱基础上的钢筋混凝土基础梁或柱牛腿上的连系梁支撑。墙与柱子的相对位置关系一般有四种，见表 12-1。

表 12-1　墙与柱子的相对位置关系

相对位置关系	图　示	优　缺　点
墙在柱子外侧(外包柱)		1. 构造简单、施工方便、热工性能好，便于构件标准化 2. 占地面积大

续表

相对位置关系		图示	优缺点
柱子嵌入墙体中	部分柱子嵌入墙体中		1. 增加柱列的纵向刚度 2. 但施工麻烦，不利于构件标准化
	柱子外侧与墙相平		1. 更能增加纵向柱列刚度，节省占地 2. 施工麻烦，热工性能差，构造复杂，不利于构件标准化
	柱子外侧突出外墙		1. 更能增加纵向柱列刚度，节省占地；丰富厂房立面造型 2. 施工麻烦，热工性能差，构造复杂，不利于构件标准化

2. 墙与柱的拉接

单层工业厂房的外墙一般都较高，因此应有足够的刚度和稳定性。为防止墙体受风的吸力或其他水平荷载的作用而向外倾倒，墙体与柱之间应有所拉接。考虑承自重墙的传力特点(垂直方向不受力)，墙与柱只考虑在水平方向将墙拉牢。通常做法是沿柱子高度每隔500mm 预埋 2ϕ6 钢筋，砌筑时把钢筋砌在墙的水平灰缝里，如图 12-1 所示。

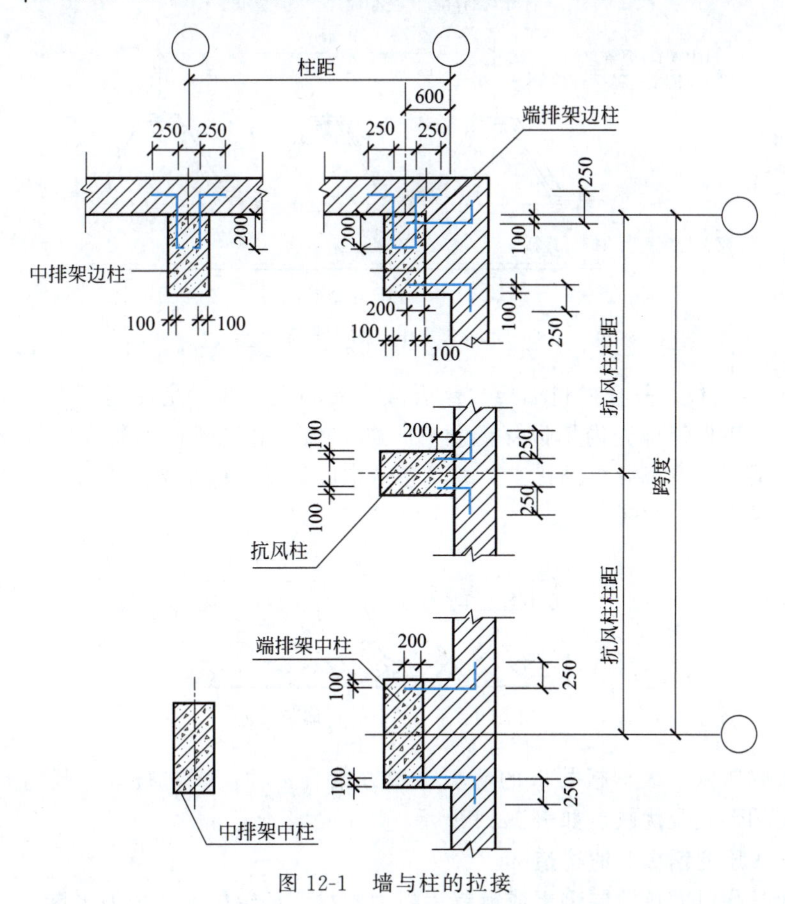

图 12-1　墙与柱的拉接

二、板材墙

装配式单层工业厂房的外墙采用板材墙，是工业建筑发展的方向。它不仅能减轻墙体自重，改善墙体的抗震性能，加快施工速度、减轻劳动强度，促进建筑工业化；而且还能充分利用工业废料、节省耕地。但板材墙目前还存在造价偏高、连接构件不够理想，接缝不易保证质量等不足，有待逐步改善。

1. 板材墙的类型及布置

（1）板材墙的类型　单层工业厂房的墙板类型很多。按墙板的热工性能分为保温墙板和非保温墙板；按墙板本身的材料分为单一材料墙板和复合材料墙板等。

① 单一材料墙板。常用的单一材料墙板主要有钢筋混凝土槽形板、空心板、压型钢板，如图 12-2 所示。

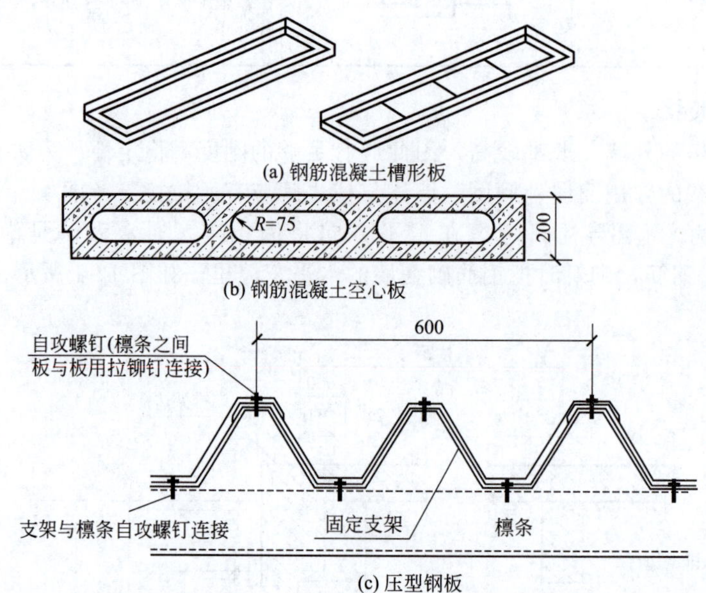

图 12-2　单一材料墙板

② 复合材料墙板。复合材料墙板（组合板、夹心板）通常是在钢筋混凝土石棉板、塑料板、薄钢板、铝板等外壳内填以保温材料，如矿棉、泡沫塑料等制成的板材，如图 12-3 所示。各种材料充分发挥各自的优点，并具备一定的强度。但制造工艺复杂，施工要求技术性高，连接处易出现“热桥”现象。

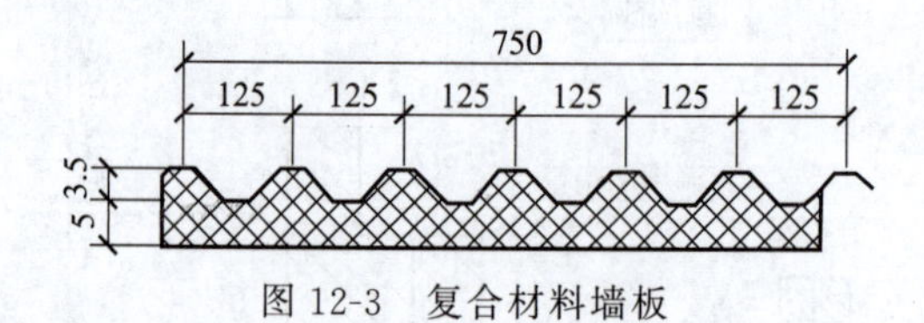

图 12-3　复合材料墙板

（2）墙板的布置　大型板材墙的墙板布置方案有三种：横向布置、竖向布置、混合布置。各种方案的形式及优缺点如表 12-2 所示。

2. 板材墙（压型钢板）的构造

压型钢板是指以彩色涂层钢板或镀锌钢板为原材，经辊压冷弯成波形断面，用以改善力

表 12-2 墙板布置方案

方案	横向布置	竖向布置	混合布置
图示			
优缺点	1.板长和柱距相同,有利于与柱子连接,增强纵向刚度;兼起连系梁(窗过梁)作用;构造简单、连接可靠、板型较少 2.遇到穿墙孔时,墙板布置较复杂	1.布置灵活,不受柱距限制,便于做矩形窗 2.板长受侧窗高度限制,板型多、构造复杂、易渗漏雨水等	以横向布置为主,在窗间墙和特殊部位竖向布置,所以集横向、竖向优点于一体

学性能、增大板刚度，是建筑用围护板材。具有轻质高强、施工方便、防火抗震等优点。使用彩色涂层压型钢板，更有利于建筑艺术的表现。

（1）单一压型钢板

① 单一压型钢板的尺寸及板型。压型钢板应尽量采用较长尺寸的板材，以减少纵向接缝，防止渗漏。在工厂轧制的压型钢板，受运输条件限制，一般板长宜在 12m 之内，常用板厚为 0.5～1.0mm。压型钢板的分类：高波板，波高大于 70mm 的压型钢板；低波板，波高小于或等于 70mm 压型钢板。

② 压型钢板的连接方式。压型钢板是用连接件或紧固件固定在檩条或墙梁上，如图 12-4 所示。

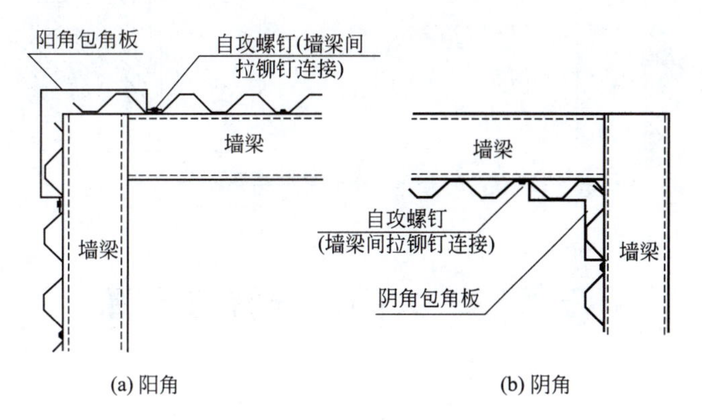

图 12-4 压型钢板的连接方式

（2）复合材料钢板（复合保温压型钢板）

① 组合板。复合材料钢板是以檩条及墙梁或专业固定支架作为支撑及固定骨架，骨架外侧设单层压型钢板，骨架内侧设装饰板；内外板之间设保温及隔热层系统，如图 12-5 所示。保温隔热层常选用超细玻璃丝棉卷毡，该材料为非燃烧体。为防止围护系统产生冷桥，保温层应固定于围护系统外板与檩条、墙梁之间；在相对潮湿的环境中，保温层靠向室内一侧宜增设隔汽层，隔汽层材料可采用铝箔、聚丙烯膜等，在北方寒冷地区及室内外温差较大的环境中，隔汽层设置须经过热工计算。

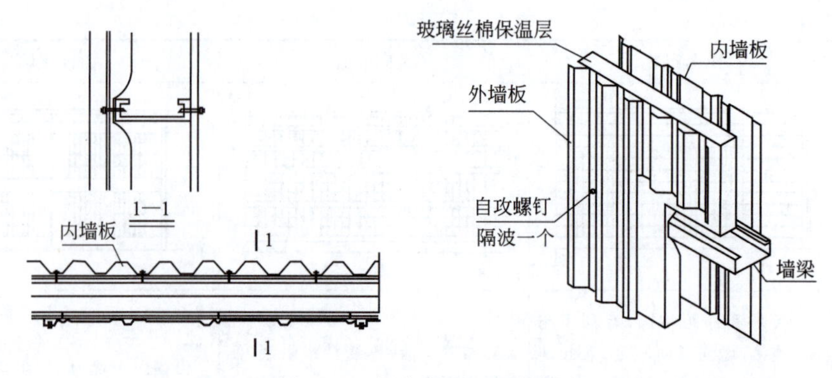

图 12-5　复合保温压型钢板

② 夹芯板。夹芯板是将彩色涂层钢板面板及底板与保温芯材通过黏结剂（或发泡）复合而成的保温复合围护板材；根据其芯材的不同分为硬质聚氨酯夹芯板、聚苯乙烯夹芯板、岩棉夹芯板。夹芯板板厚范围为 50～100mm；彩色钢板厚度为 0.5mm、0.6mm，板长一般宜在 12m 以内。夹芯板的连接方式：有骨架的轻型钢结构房屋采用紧固件或连接件将夹芯板固定在檩条或墙梁上，如图 12-6 所示；无骨架的小型房屋可通过连接件将夹芯板组合成型，成为板自承重的盒子式组合房屋。

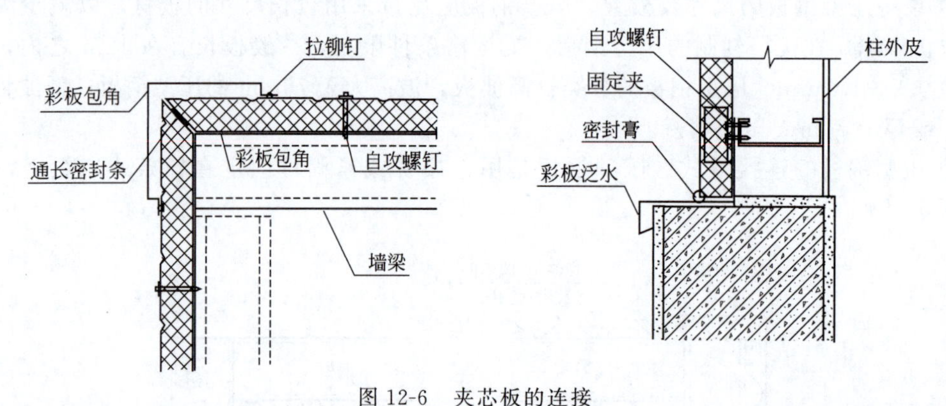

图 12-6　夹芯板的连接

任务二　大门、侧窗与天窗

一、大门

1. 大门的尺寸

单层工业厂房的大门是供经常搬运原材料、成品、半成品、生产设备所用，需要能通行各种车辆，因此大门洞口的尺寸决定于各种车辆的外形尺寸和所运输物品的大小。在车辆满载货物时洞口的宽度应比车体宽度大 700mm；洞口高度应比车体高度高 200mm，以保证车辆能安全通行。同时还应符合《建筑模数协调标准》（GB/T 50002—2013）的规定，以 300mm 为扩大模数，以减少大门类型，便于采用标准构配件。

大门洞口的尺寸是由所通过的车辆类型来决定的，常见尺寸见表 12-3。

表 12-3　大门洞口尺寸　　单位：mm

通行车辆类型	大门洞口尺寸(宽×高)	通行车辆类型	大门洞口尺寸(宽×高)
3t 矿车	2100×2100	重型卡车	3600×3900
电瓶车	2100×2400	汽车起重机	3900×4200
轻型卡车	3000×2700	火车	4200×5100 4500×5400
中型卡车	3300×3000		

2. 大门的类型

大门的类型有很多种，下面介绍几种常见类型。

(1) 按大门使用材料分　木门、钢木门、钢板门、塑钢门等。

(2) 按用途分　一般门、特殊门。特殊门是根据厂房的特殊要求设计的，有保温门、防火门、冷藏库门、射线防护门、烘干室门、隔音门等。

(3) 按开启方式分　见表 12-4。

表 12-4　大门的形式、特点及适用范围

序号	名称	形　式	特点及适用范围
1	平开门		(1)构造简单,开启方便 (2)便于疏散,节省车间使用面积 (3)通常向外开启 (4)易产生下垂或扭曲变形
2	折叠门		(1)由几个较窄的门扇通过铰链组合而成,开启时通过门扇上下滑轮沿导轨左右移动并折叠在一起 (2)占用空间较少 (3)适用于较大的门洞口
3	推拉门		(1)门的开关是通过滑轮沿着导轨向左右推拉 (2)构造简单,不易变形,密闭性差 (3)不宜用于密闭要求高的车间
4	上翻门		(1)开启时门扇随水平轴沿导轨上翻至门顶过梁下面,不占使用空间 (2)可避免门扇的碰损 (3)多用于车库大门

续表

序号	名称	形　式	特点及适用范围
5	升降门		(1)开启时门扇沿导轨向上升，所以门洞上部留有足够的上升高度 (2)不占使用空间 (3)宜采用电动，适用于较高大的大型厂房
6	卷帘门		(1)门扇是由许多冲压成型的金属叶片连接而成，开启时通过门洞上部的转动轴将叶片卷起 (2)密闭性好，但制作复杂，造价高 (3)手动、电动均可，适用于非频繁开启的高大门洞

3. 门框与墙体的连接

单层工业厂房大门的门框有钢筋混凝土门框和砖砌门框两种。当门洞宽度大于 3m 时，宜采用钢筋混凝土门框。平开钢木大门的每个门扇一般设两个铰链，铰链与门框上相应位置的预埋铁件焊接牢固。钢筋混凝土门框可直接预埋铁件，砖砌门框在墙内砌入埋有预埋铁件的混凝土块，如图 12-7 所示。

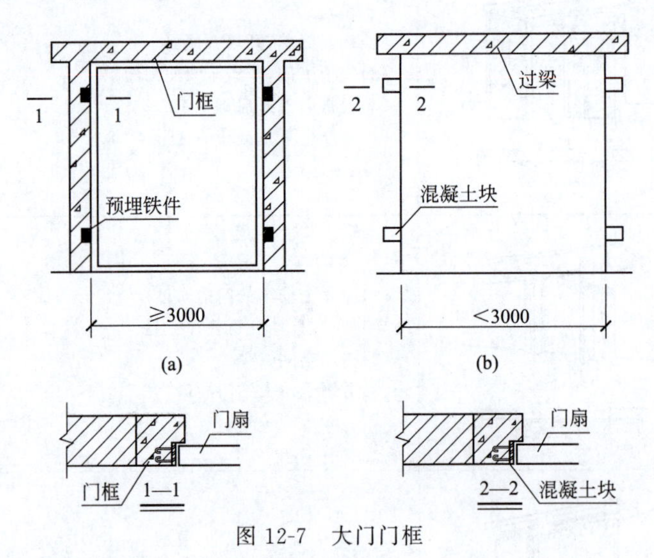

图 12-7　大门门框

二、侧窗

工业厂房的侧窗不仅要满足通风和采光的要求，还应满足工艺上的泄压、保温、防尘等要求。侧窗还应满足坚固耐久，开关方便，节省材料及降低造价的要求。

1. 侧窗的特点

① 侧窗的面积大。一般以吊车梁为界，其上称高侧窗，其下称低侧窗。

② 大面积的侧窗多采用组合式，由基本窗扇、基本窗框、组合窗三部分组成。

③ 侧窗除接近工作面的部分采用平开式外，其余均采用中悬式。

2. 侧窗的类型

侧窗按材料分为钢窗、木窗、铝合金窗、塑钢窗。钢窗在单层厂房中应用较多，它按开启方式分为平开窗、中悬窗、固定窗、立转窗、上悬窗等。根据厂房的通风需要，厂房外墙的侧窗一般是将平开窗、中悬窗、固定窗等组合在一起，如图 12-8 所示。

3. 侧窗的布置形式及尺寸

单层工业厂房外墙侧窗布置形式一般有两种：一种是被窗间墙隔开的单独的窗口形式；另一种是分上下两排带状玻璃窗。

单层工业厂房的侧窗尺寸一般情况应符合模数规定，以利于窗的标准化和定型化，如表 12-5 所示。

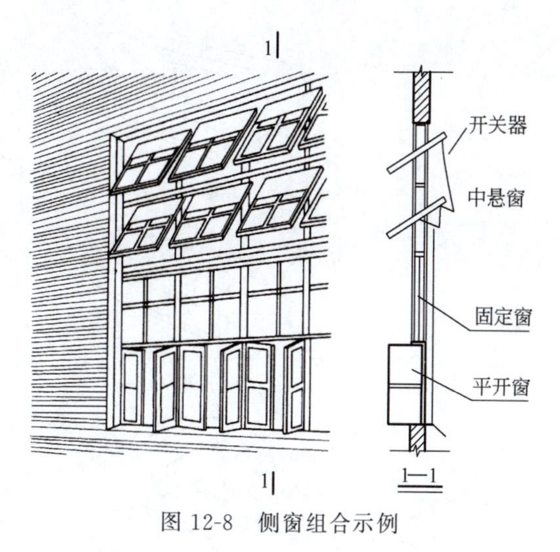

图 12-8　侧窗组合示例

表 12-5　侧窗尺寸

单位：mm

宽度	一般在 900～6000 之间	当≤2400	以 300 为扩大模数
		当＞2400	以 600 为扩大模数
高度	一般在 900～4800 之间	当≤1200	以 300 为扩大模数
		当＞1200	以 600 为扩大模数

三、天窗

1. 天窗的作用与类型

在单层工业厂房中，由于厂房的跨度太大或是多跨时，侧窗不能满足天然采光和通风的要求，此时在厂房的屋顶上设置各种形式的窗——天窗。因此特殊厂房为迅速将车间中的余热和有毒气体排放出去，也需要设通风排气天窗。

天窗按用途分为采光天窗、通风天窗和采光通风天窗；按在屋面的位置分为上凸式天窗、下沉式天窗和平天窗；按方向分为横向天窗和纵向天窗；按断面形式分为矩形天窗、M 形天窗、三角形天窗和锯齿形天窗等，如图 12-9 所示。

2. 上凸式矩形天窗（简称矩形天窗）

矩形天窗是我国单层工业厂房应用最广的一种天窗，南北方均适用。它沿厂房纵向布置，采光、通风效果均较好。它是由天窗架、天窗端壁、天窗侧板、天窗扇和天窗屋面五部分组成，如图 12-10 所示。

(1) 天窗架　天窗架是天窗的主要承重构件，它直接支撑在屋架的上弦或屋面梁上。其材料与屋架（屋面梁）的材料相同，即为钢筋混凝土或钢材，天窗架的宽度约占屋架（屋面梁）跨度的 1/3～1/2，同时也要兼顾屋面板的尺寸。天窗扇的高度为天窗架宽度的 0.3～0.5 倍。矩形天窗的天窗架通常用 2～3 个三角形支架拼装而成，如图 12-11 所示。

(2) 天窗端壁　天窗端壁又叫天窗山墙，它使天窗的尽端封闭（围护作用）起来，同时也支撑（承重作用）天窗上部的屋面板。常用的有预制钢筋混凝土端壁板和石棉瓦端壁板，如图 12-12 所示。预制钢筋混凝土端壁板多为肋形板。根据天窗宽度的不同，天窗端壁由 2～3 块端壁板组成。天窗端壁的支柱下端预埋铁板与厂房屋架的预埋铁板焊在一起。端壁

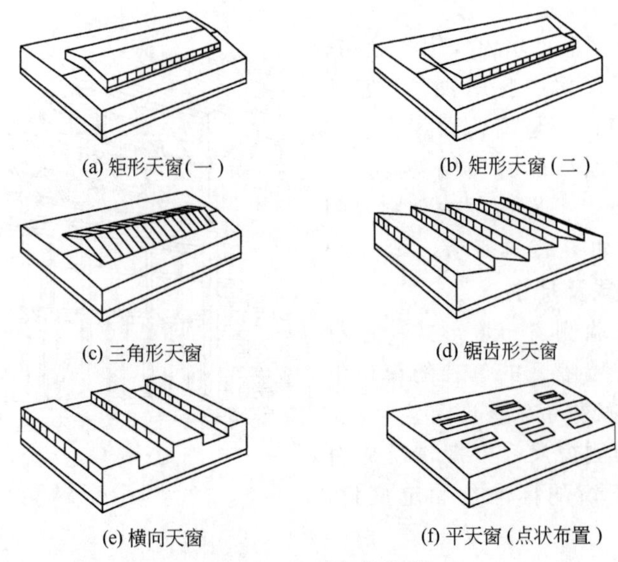

图 12-9 天窗的类型

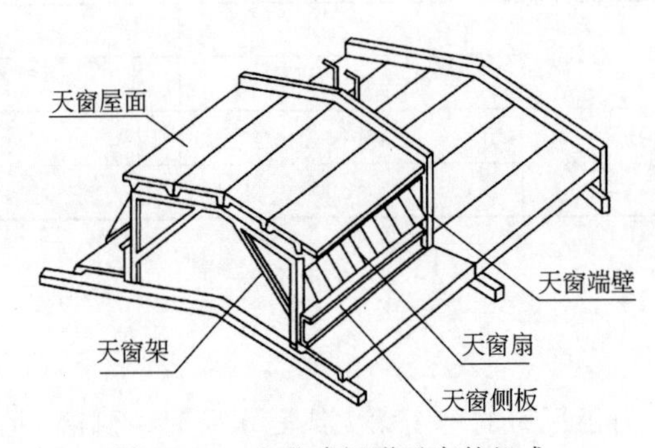

图 12-10 上凸式矩形天窗的组成

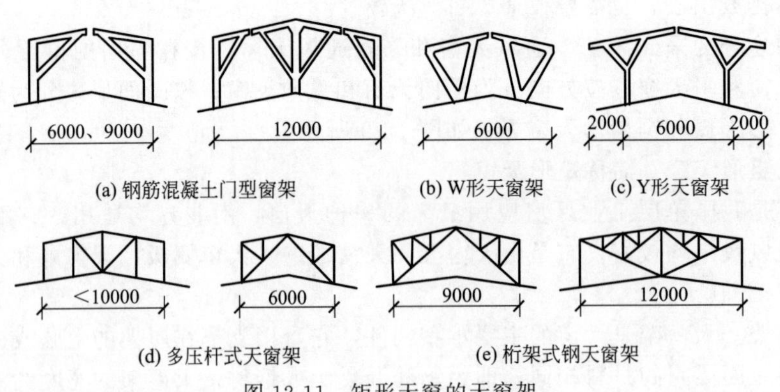

图 12-11 矩形天窗的天窗架

肋形板之间用螺栓连接。

(3) 天窗侧板 天窗侧板位于天窗扇下部，用来防止雨水溅入车间或屋面积雪影响天窗扇的开关。侧板的高度应高出屋面 300mm 以上，但也不宜过高，过高的侧板必然会增加天窗架的高度，以至于增大总荷载。天窗侧板一般用钢筋混凝土槽形板或平板制作，板长 6m，如图 12-13 所示。

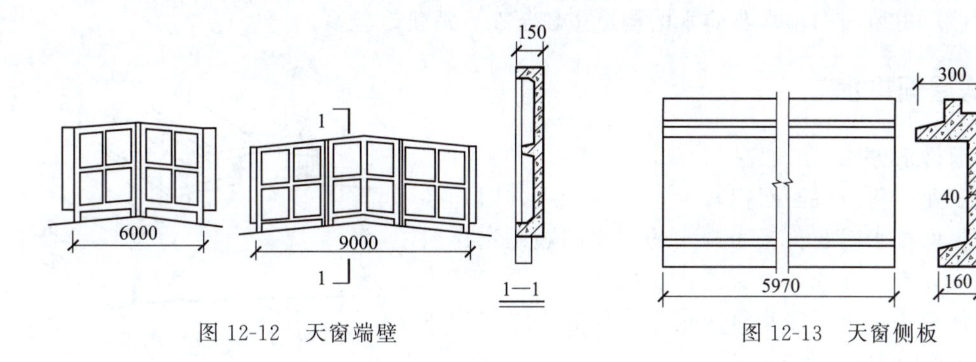

图 12-12　天窗端壁　　　　图 12-13　天窗侧板

（4）天窗扇　天窗扇起围护作用，多为钢材制成。按开启方式分有上悬式和中悬式，可按一个柱距独立开启分段设置，也可按几个柱距同时开启通长设置，如图 12-14 所示。

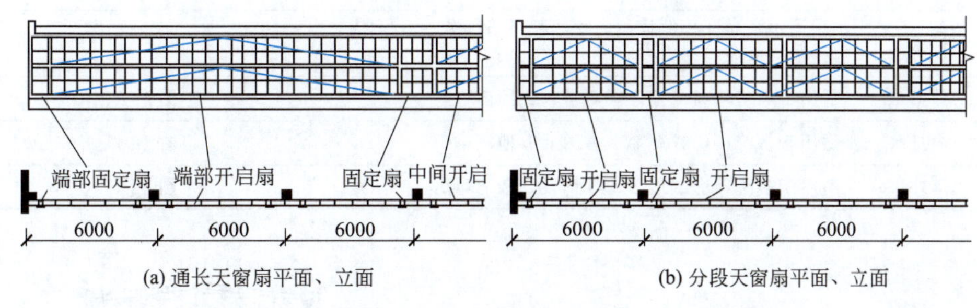

(a) 通长天窗扇平面、立面　　(b) 分段天窗扇平面、立面

图 12-14　上悬式钢天窗扇

（5）天窗屋面　天窗屋面通常与厂房屋面的构造相同。由于天窗宽度和高度一般均较小，故多采用无组织排水，如图 12-15(a) 所示。并在天窗檐口下部的屋面上铺设滴水板，在降雨量较大地区，天窗高度和宽度都较大时，宜采用有组织排水，如图 12-15(b)、(c) 所示。

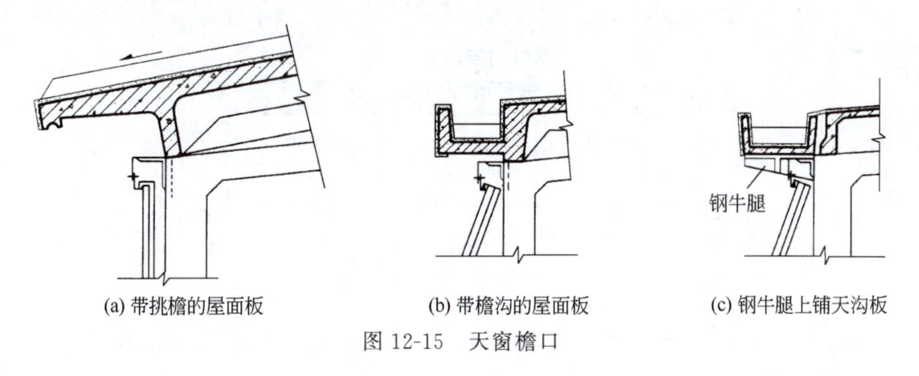

(a) 带挑檐的屋面板　　(b) 带檐沟的屋面板　　(c) 钢牛腿上铺天沟板

图 12-15　天窗檐口

根据具体情况，有时也应设天窗挡风板。主要用于热加工车间，此时又叫避风天窗。矩形天窗的挡风板不宜高于天窗檐口。挡风板与屋面板之间应留出 50～100mm 的空隙，以利于排水又使风不容易倒灌。挡风板的端部应封闭，并应留出供清扫积灰和检修时通行的小门。

任务三　厂房屋面排水及防水

单层工业厂房屋面与民用建筑屋面构造基本相同，但由于厂房屋面常设置天窗，特别是多跨、不等高的单层工业厂房，屋面受厂房内部的振动、高温、腐蚀性气体、积灰等因素的影响，所以厂房屋面的排水及防水的构造也较复杂，造价也较高。

一、厂房屋面排水

1. 屋面排水方式

单层工业厂房的屋面面积较大，集水量大，因此必须处理好屋面排水问题。屋面排水的主要问题是选择屋面排水坡度和排水方式，布置天沟、雨水斗、雨水管等排水装置。单层工业厂房屋面排水方式见表 12-6，构造如图 12-16 和图 12-17 所示。

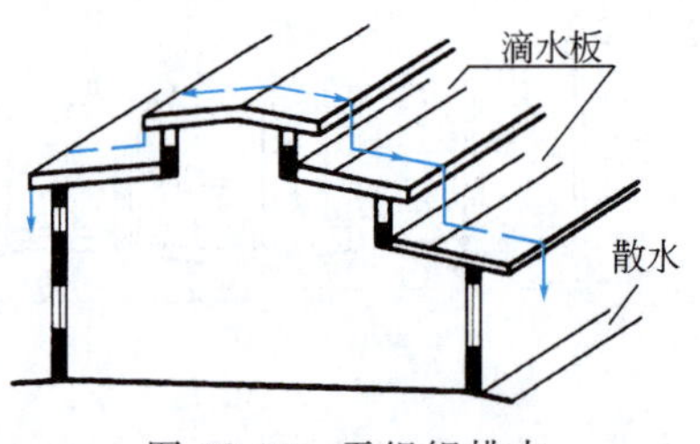

图 12-16　无组织排水

表 12-6　单层工业厂房屋面排水方式

排水方式		适用条件	图　示
无组织排水		(1)适用于高度较低或屋面积灰较多的厂房 (2)天窗屋面	图 12-16
有组织排水	外排水	适用于厂房较高或地区降雨量较大的南方	图 12-17(a)
	内排水	适用于多跨厂房或严寒多雪的北方地区	图 12-17(b)
	内落外排水	适用于多跨厂房或地下管线铺设复杂的厂房	图 12-17(c)

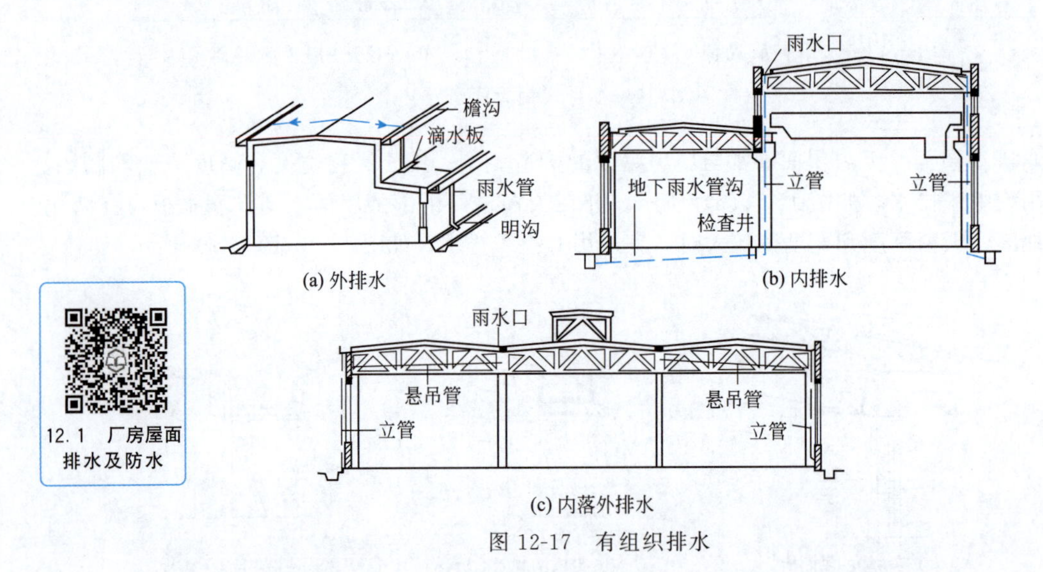

图 12-17　有组织排水

无组织排水也称自由落水，是雨水直接由屋面经檐口自由排落到散水或明沟内。有组织排水是将屋面雨水有组织地汇集到天沟或檐沟内，再经雨水斗、落水管排到室外或下水管网中。采用哪种排水方式，应根据厂房的平、剖面形状、面积、生产使用要求以及当地气候条件等综合考虑。在技术经济合理的情况下，应尽可能采用天沟外排水。当中间天沟过长时，可采用长天沟两端外排水、中间内落内排水或悬吊管内落外排水等混合排水方式。中小型单层工业厂房则应因地制宜，多采用无组织排水。

2. 排水装置

为使屋面的排水流畅，首先应设置合适的排水坡度，卷材防水屋面的坡度可平缓些［(1∶50)～(1∶20)］，自防水屋面的坡度需较陡些［(1∶4)～(1∶3)］；其次应选择恰当的排水方式；最后应合理地布置天沟、雨水管、雨水斗等排水装置。

（1）天沟（檐沟） 天沟分钢筋混凝土槽形天沟和直接在钢筋混凝土屋面板上做成的“自然天沟”两种，如图12-18所示。天沟（檐沟）的截面要根据降雨量和屋面排水面积的大小来确定。

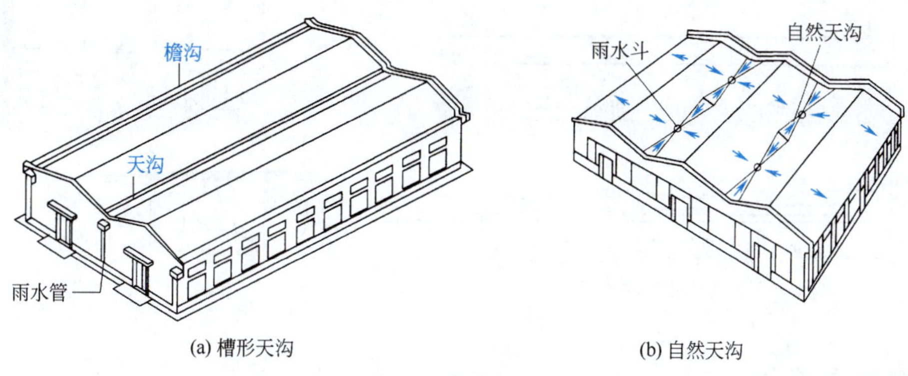

(a) 槽形天沟 (b) 自然天沟

图12-18 长天沟有组织排水

为使天沟内的雨水、雪水顺利地流向低处的雨水斗，沟底应分段设置坡度，一般应不大于1%，最大不宜超过2%。槽形天沟的分水线与沟壁顶的高差应不小于120mm，以防雨水出槽而导致渗漏。

（2）雨水管 雨水管的设置是根据当地降雨量、屋面排水面积等因素确定的。一般可按每根雨水管的集水面积计算雨水管数量，它们之间的换算关系如下：

$$F=\frac{438D^2}{H}$$

式中 D——雨水管直径，mm；

H——每小时设计降雨量，mm/h；

F——允许集水面积（屋面的水平投影面积），m^2。

表12-7列出我国部分城市每小时设计降雨量（重现期 P 为1年及2年）。

表12-7 我国部分城市设计降雨量 单位：mm/h

项目	北京	南京	哈尔滨	成都	上海	南昌	杭州	温州	福州	济南
重现期 P=1年/P=2年	128/165	79/90	101/111	111/125	126/148	167/210	166/199	149/160	141/164	103/127

雨水管的间距和位置应尽量使其排水负荷均匀，有利于雨水管的安装，不影响建筑物外观。雨水管的间距一般不宜大于表12-8中的规定。雨水管应尽量均匀布置，充分发挥其排水能力，如图12-19所示。雨水管常采用铸铁和塑料两种，管径通常为 ϕ100mm、ϕ150mm、ϕ200mm三种。

表12-8 雨水管间距 单位：m

有组织外排水		有组织内排水	
有外檐天沟	无外檐天沟	明装雨水管	暗装雨水管
24	15	15	15

（3）雨水斗 雨水斗的形式很多，常采用铸铁水斗，铸铁水斗及铁水盘均可用3mm厚钢板焊成，如图12-20所示。

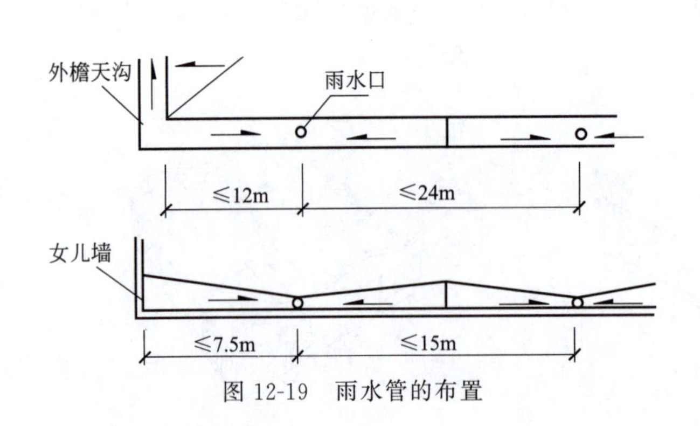

图 12-19　雨水管的布置

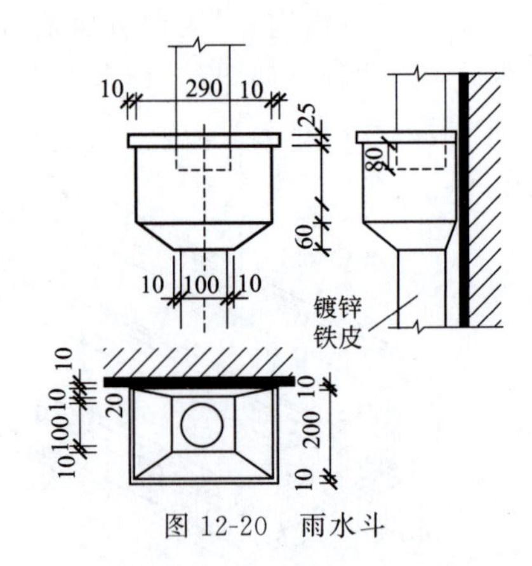

图 12-20　雨水斗

二、厂房屋面防水

单层工业厂房屋面防水主要有卷材防水、钢筋混凝土构件自防水、刚性防水及瓦材（彩色压型钢板）防水等几种。现只介绍常见的卷材防水和构件自防水。

1. 卷材防水

单层工业厂房卷材防水屋面构造与民用建筑基本相同。但考虑到厂房屋面基层接缝多、荷载大、受振动影响大，这些均易引起卷材的拉裂，出现渗漏，因而在施工时要特别注意各细部的构造，如表 12-9 所示。

表 12-9　几种特殊部位的防水构造

序号	部　位		做　　法	适用条件	图　示
1	挑檐构造		一般采用带挑檐的屋面板，并将板支撑在屋架端部伸出的挑梁上	适用于无组织排水	图 12-21
2	槽形天沟板外排水构造		将槽形天沟板支撑在钢筋混凝土屋架端部挑出的水平挑梁上	适用于有组织外排水	图 12-22
3	中间天沟构造		在等高多跨厂房的两跨中间，可以采用两块槽形板作天沟或去掉屋面板上的保温层而形成自然的中间天沟	适用于中间天沟排水	图 12-23
4	等高跨变形缝构造	横向	在变形缝处设置矮墙泛水，以免水溢入缝内，缝的上部应设置能适应变形的镀锌铁皮盖缝或预制钢筋混凝土压顶板		图 12-24(a)
5		纵向（两跨中间）	在变形缝处利用两个槽形天沟的沟壁间隙，再配以镀锌铁皮盖缝板或预制钢筋混凝土压顶板		图 12-24(b)
6	高低跨变形缝构造		用预制钢筋混凝土板和镀锌铁皮盖缝，缝内填聚苯乙烯泡沫塑料棒		图 12-25

2. 构件自防水

构件自防水屋面是利用钢筋混凝土构件及钢板本身的密实性和抗渗性，并对板缝进行局部处理而形成的防水屋面。它具有省工、省料、造价低和维修方便的优点。但也存在板面易碳化、风化、锈蚀等，板面后期易渗漏，板缝处易飘雨等缺点，因此构造的重点是板缝防水和板面防水。压型钢板的相关情况如下。

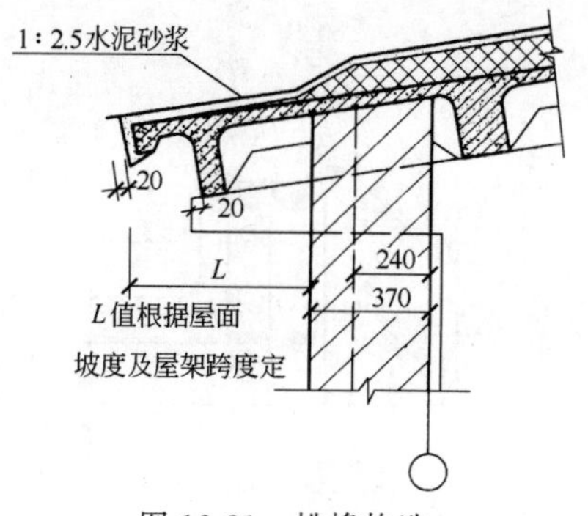

图 12-21　挑檐构造

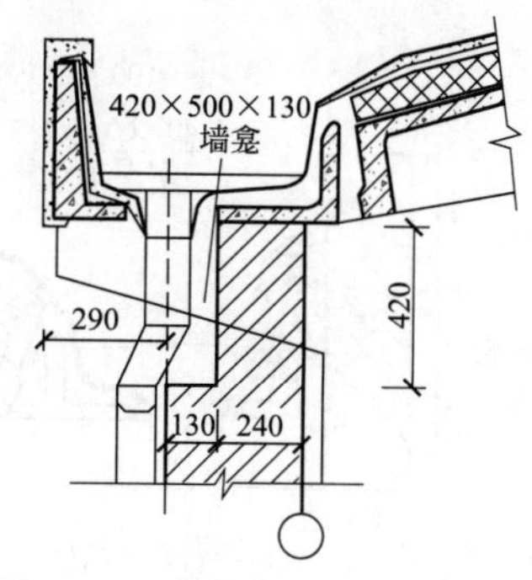

图 12-22　槽形天沟板外排水构造

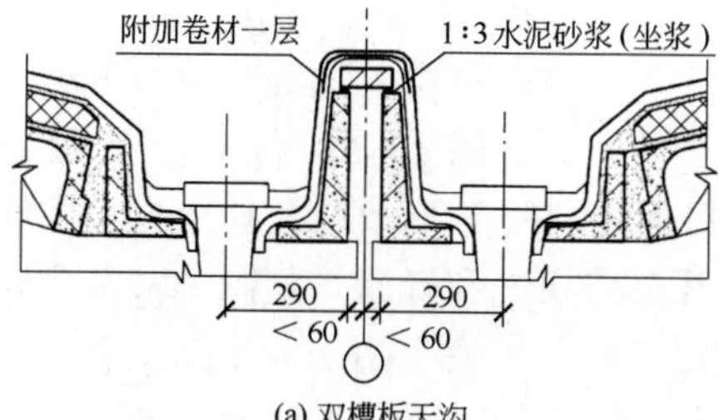

(a) 双槽板天沟

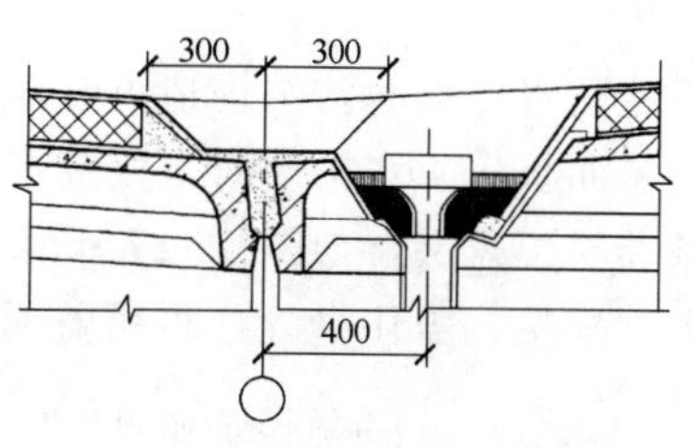

(b) 在屋面板上直接做内天沟

图 12-23　中间天沟构造

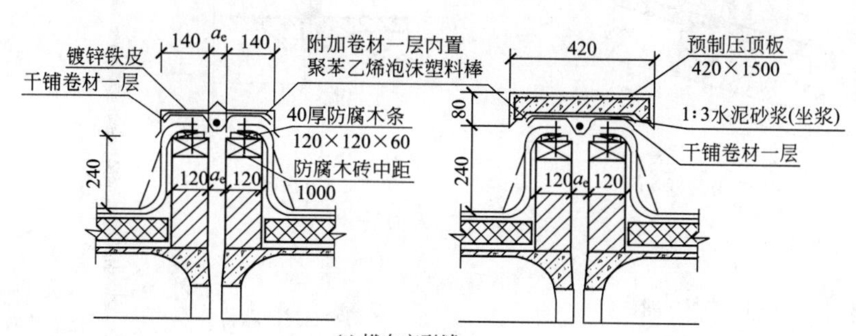

(a) 横向变形缝

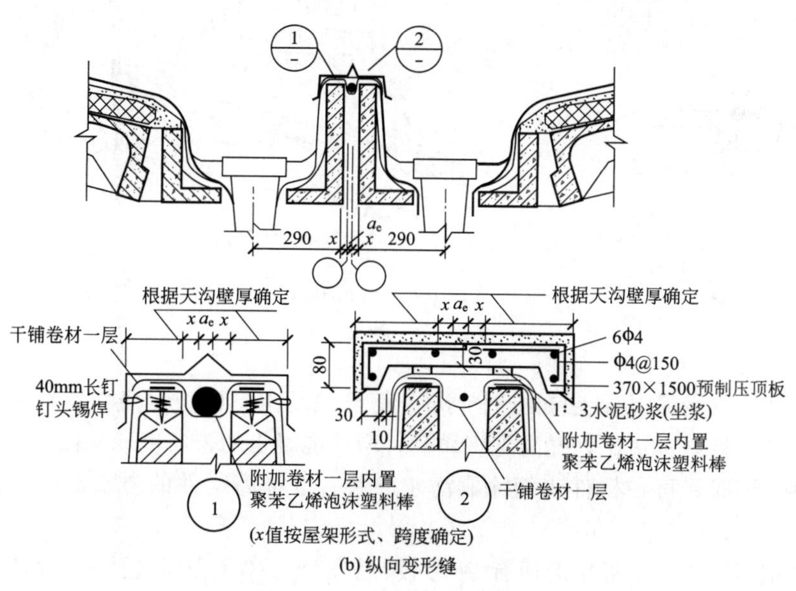

(x值按屋架形式、跨度确定)

(b) 纵向变形缝

图 12-24　等高跨变形缝构造

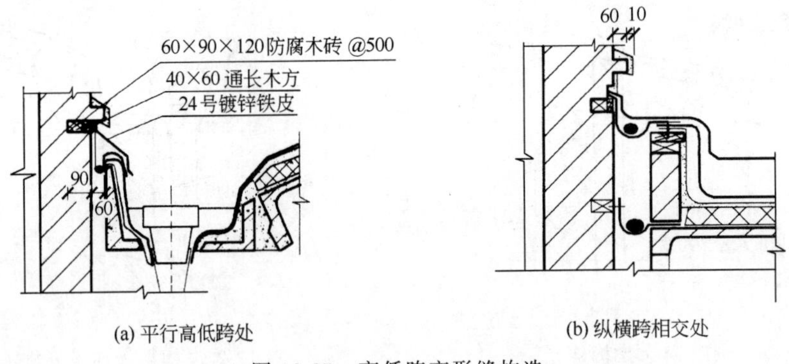

(a) 平行高低跨处　(b) 纵横跨相交处

图 12-25　高低跨变形缝构造

（1）板缝防水　板缝防水构造可分为嵌缝式、贴缝式和搭盖式等几种基本类型。当屋面是利用大型屋面板作防水构件时，板缝可嵌油膏防水，如图 12-26 所示，或在嵌缝油膏板上再粘贴一条卷材覆盖层，如图 12-27 所示。当屋面是利用 F 形板和瓦材作防水构件时，则利用屋面板上下搭接，盖住纵缝，再用盖瓦、脊瓦覆盖横缝和脊缝，如图 12-28 所示。

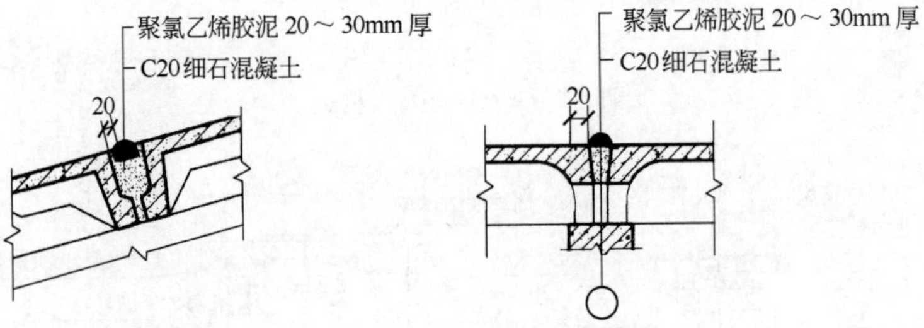

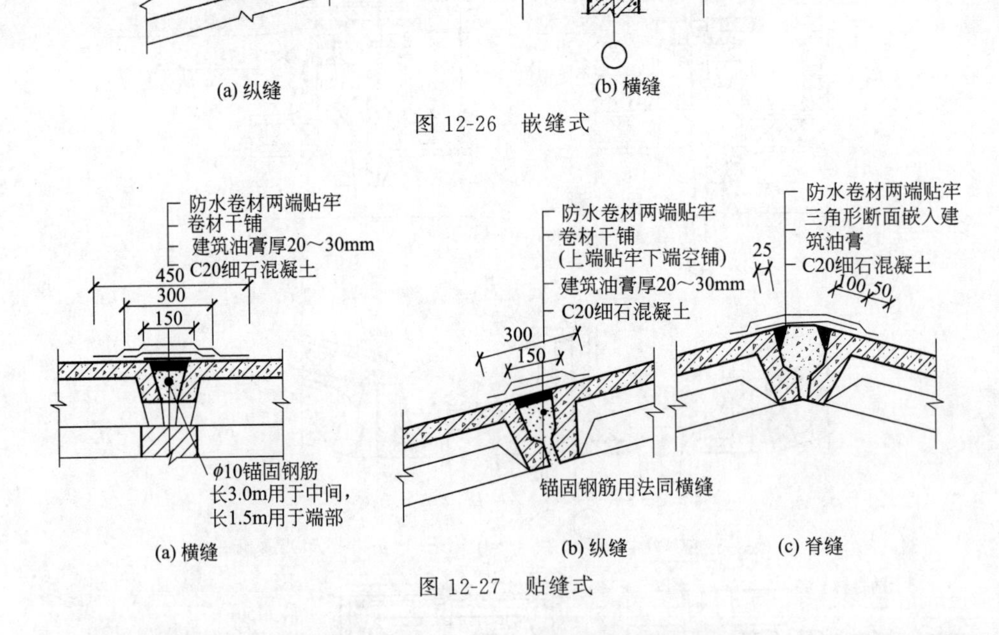

(a) 纵缝　(b) 横缝

图 12-26　嵌缝式

(a) 横缝　(b) 纵缝　(c) 脊缝

图 12-27　贴缝式

（2）板面防水（钢筋混凝土屋面自防水）　钢筋混凝土屋面板自防水要求采用高强度等级的混凝土，严格控制水灰比，提高施工质量，增加混凝土的密实度，从而增加混凝土的抗裂性和抗渗性。同时，可在构件表面涂刷防水涂料，以提高构件的防水性能和减缓混凝土碳化。

（3）压型钢板　压型钢板按断面有 W 形板、V 形板、保温夹芯板等，如图 12-29 所示。压型钢板具有重量轻、施工速度快、耐锈蚀、美观等特点，但造价较高、维修复杂。

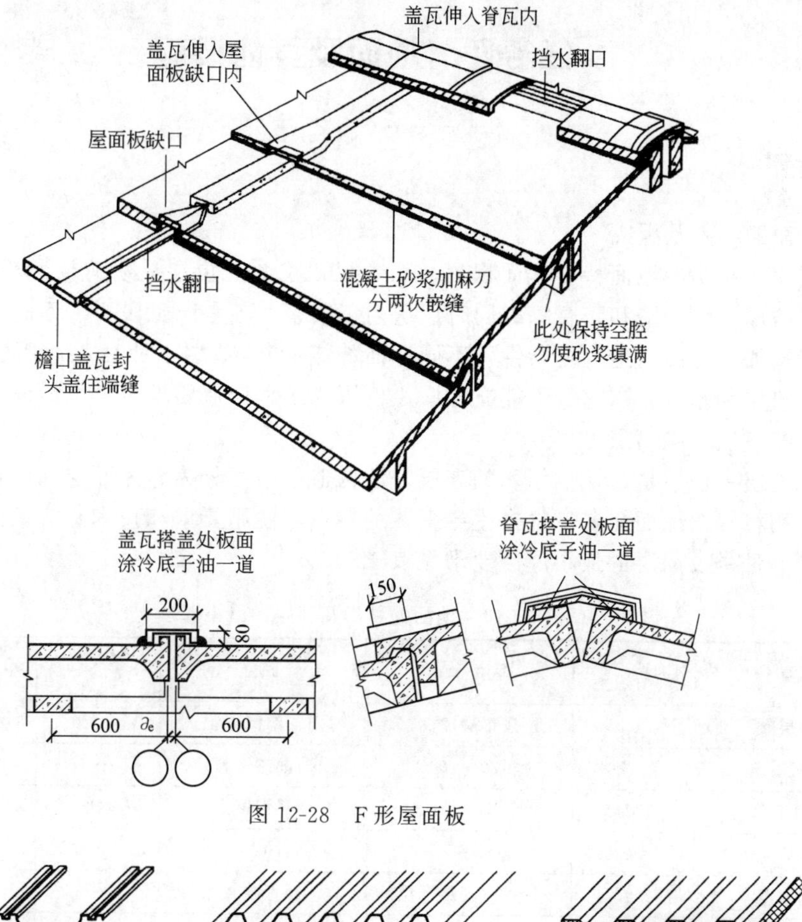

图 12-28　F 形屋面板

(a) W 形板　　(b) V 形板　　(c) 保温夹芯板

图 12-29　压型钢板

单层 V 形压型钢板屋面构造如图 12-30 所示。

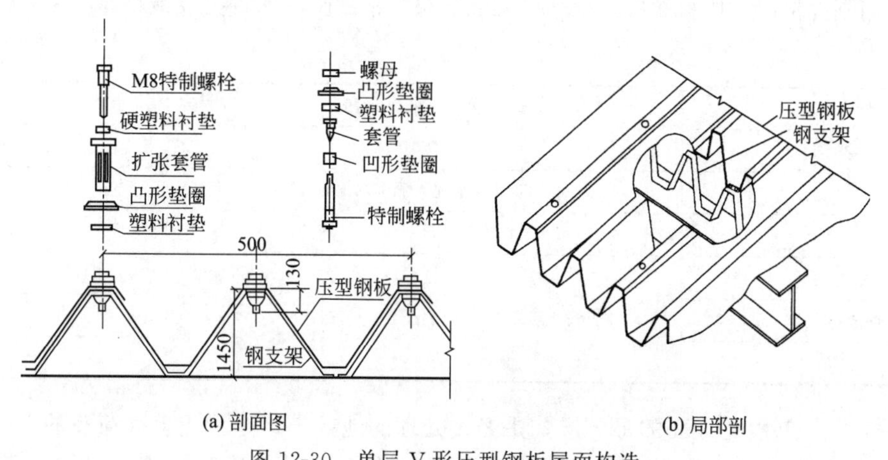

(a) 剖面图　　(b) 局部剖

图 12-30　单层 V 形压型钢板屋面构造

任务四 地面及其他设施

一、地面

1. 地面的特点及组成

单层工业厂房的地面特点是面积大，承受荷载较大，并且必须满足生产使用时的需要，如耐磨、防爆、耐冲击和防腐等。同时厂房内工段多，各生产工段要求不同，地面类型也不同，这就增加了地面构造的复杂性（不同地面的接缝）。单层工业厂房地面的基本构造一般为面层、垫层和基层。当它们不能充分满足使用要求和构造要求时，可增设其他构造层，如结合层、找平层、隔离层等。

（1）面层　面层是直接供使用的表层，按构造不同可分为整体面层和块料面层。一般常以面层所用材料给地面命名。根据生产工艺的特点、使用要求和技术经济条件来选择面层种类，地面的种类及面层的最小厚度要求见表 12-10。

表 12-10　地面的种类及面层的最小厚度

面层	材料强度等级	厚度/mm	面层	材料强度等级	厚度/mm
混凝土(垫层兼面层)	≥C15	按垫层确定	防油渗混凝土	≥C20	60～70
细石混凝土	≥C20	30～10	防油渗涂料	—	5～7
聚合物水泥砂浆	≥M15	5～10	耐热混凝土	≥C20	≥60
水泥砂浆	≥M20	20	沥青混凝土	—	30～50
铁屑水泥	M40	30～35(含结合层)	沥青砂浆	—	20～30
水泥石屑	≥M30	20			

（2）垫层　垫层是承受并传递地面荷载到基层的构造层，按使用材料的性质不同，垫层可分为刚性垫层和柔性垫层两类。刚性垫层有足够的整体刚度，受力后不产生塑性变形，如混凝土、碎石和卵石、矿渣或炉渣等。垫层类型的选择应与面层所用材料相适应。刚性整体面层，应采用刚性垫层；块料面层一般采用柔性垫层。常用垫层的种类及最小厚度见表 12-11。

表 12-11　垫层种类及最小厚度

垫层种类	材料强度等级或配合比	厚度/mm
混凝土	≥C10	60
四合土	1∶1∶6∶12(水泥∶石灰∶砂∶碎砖)	80
三合土	1∶3∶6(熟化石灰∶砂∶碎砖)	200
灰土	3∶7 或 2∶8(熟化石灰∶黏性土)	200
砂、炉渣、碎(卵)石		60
矿渣		60

（3）基层　基层是地面的最下层，是经过处理的地基土，是承受上部荷载的土壤层，一般的地基土有足够的承载力，所以通常采用素土夯实。当土壤不含有机质，且耐压力在 0.1MPa 以上时，夯实后可直接作为基层，否则应进行人工处理，如夯入厚度不小于 40mm

的碎石、卵石、砖等材料以提高其强度。当地基为淤泥、耕植土或含有大量垃圾时，则应将其铲除，另换新土，厚度可为300～500mm。为便于排水，地面可设0.5%～1%的坡度。

(4) 结合层　结合层是连接块状材料的构造层次，它主要使上、下层结合并起找平作用。在普通地面中常采用水泥砂浆做结合层；当地面面层需要有柔性垫层，如有冲击荷载或高温作用时，常用砂子做结合层；当具有化学侵蚀性液体作用的地面应采用沥青玛瑞脂、耐酸砂浆或树脂胶泥等做结合层。不同面层对应的结合层名称、常用的材料及厚度见表12-12。

表12-12　结合层名称、常用材料及厚度

面　　层	结合层名称	厚度/mm
预制混凝土板	砂、炉渣	20～30
陶瓷锦砖(马赛克)	1∶1水泥砂浆 或1∶4干硬性水泥砂浆	5 20～30
普通实心砖、煤矸石砖、耐火砖 水泥花砖	砂、炉渣 1∶2水泥砂浆 或1∶4干硬性水泥砂浆	20～30 15～20 20～30
块石	砂、炉渣	20～50
花岗岩条石	1∶2水泥砂浆	15～20
大理石、花岗石、预制水磨石板	1∶2水泥砂浆	20～30
地面陶瓷砖(板)	1∶2水泥砂浆	10～15
铸铁板	1∶2水泥砂浆 砂、炉渣	45 ≥60

(5) 找平层（找坡层）　当面层较薄，要求面层平整或有坡度时，垫层上需设找平层（找坡层）。当为刚性垫层时，找平层（找坡层）一般采用的材料是水泥砂浆或混凝土；当为柔性垫层时，找平层（找坡层）宜采用细石混凝土。其所用材料、等级与厚度见表12-13。

表12-13　找平层所用材料、等级与厚度

找平层材料	强度等级或配合比	厚度/mm
水泥砂浆	1∶3	≥15
混凝土	C7.5～C10	≥30

(6) 隔离层　隔离层的作用是隔绝地面上部或地面下部的水、潮气、化学液体对地面结构的侵蚀，以保证正常生产和建筑结构的安全。隔离层的设置及其方案的选择，取决于地基土的情况与工厂生产的特点。隔离层有隔绝地下毛细水的防水层，有防止侵蚀性液体影响的隔离层，有防止酸、碱下渗而腐蚀材料的隔离层等。常用的隔离层有石油沥青油毡、热沥青等。隔离层所用材料及层数见表12-14。

表12-14　隔离层所用材料及层数

隔离层材料	层数(或道数)	隔离层材料	层数(或道数)
石油沥青油毡	1～2层	防水冷胶剂	一布三胶
沥青玻璃布油毡	1层	防水涂膜(聚氯酯类涂料)	2～3道
再生胶油毡	1层	热沥青	2道
软聚氯乙烯卷材	1层	防油渗胶泥玻璃纤维布	一布二胶

2. 地面特殊部位构造

单层工业厂房地面的基本构造与民用建筑地面基本相同，此处只介绍单层工业厂房地面特殊部位的构造。

（1）垫层接缝　混凝土垫层应做接缝，具体要求见表 12-15。

表 12-15　垫层接缝的具体要求

分类（按作用分）		定义	构造做法	图示
缩缝	纵向缩缝	平行于施工方向的缝	间距为 3～6m，宜采用平缝，当混凝土垫层厚度大于 150mm 时，宜设企口缝	面层；混凝土垫层；彼此紧贴 不放隔离材料；h≥150；h/7.5；h/3；h/3.5
	横向缩缝	垂直于施工方向的缝	间距为 6～12m，宜采用假缝——上部有缝，不贯通地面，其目的是引导垫层的收缩裂缝集中于该处	面层；混凝土垫层；5～20；1:3水泥砂浆填缝；h≥150；h/3
伸缝		厂房内混凝土垫层因室内受温度变化影响不大，故不设伸缝，只设缩缝		
说明	施工方向	混凝土垫层施工方向		纵向缩缝；混凝土垫层施工方向；纵向缩缝间距；横向缩缝；横向缩缝间距

（2）地面接缝　常见的地面接缝有同一种类地面间的接缝，两种不同种类地面间的接缝、地面与铁路路轨的接缝。

① 同一种类地面间接缝的构造。如图 12-31 所示。

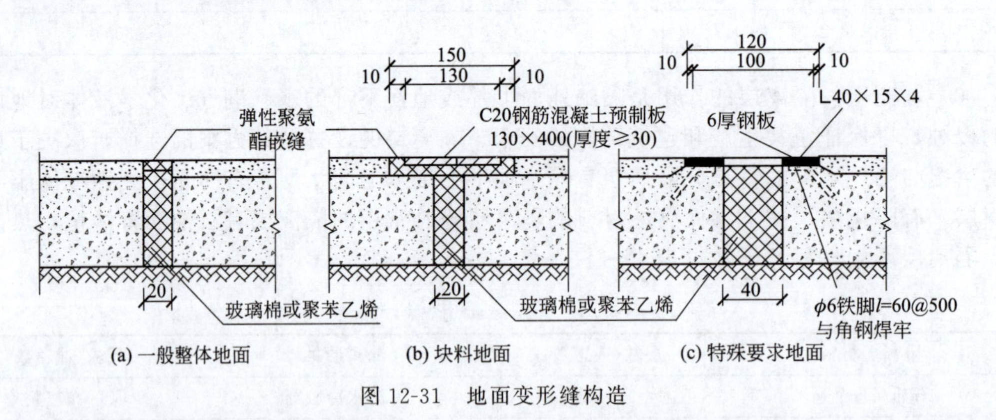

图 12-31　地面变形缝构造

② 两种不同种类地面间的接缝。在此交界处由于接缝两侧地面强度不同，应根据情况采取加固措施，如图 12-32 所示。

③ 地面与铁路路轨处的接缝。地面与铁路路轨处的接缝，如图 12-33 所示。

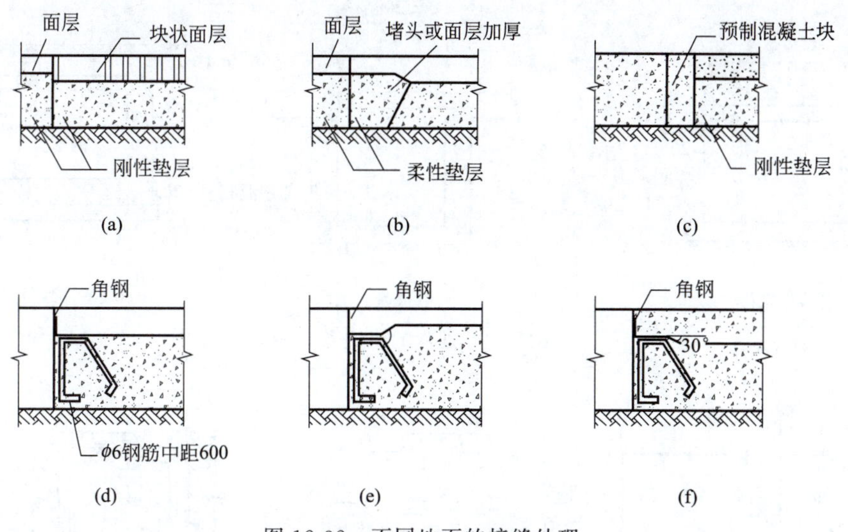

图 12-32　不同地面的接缝处理

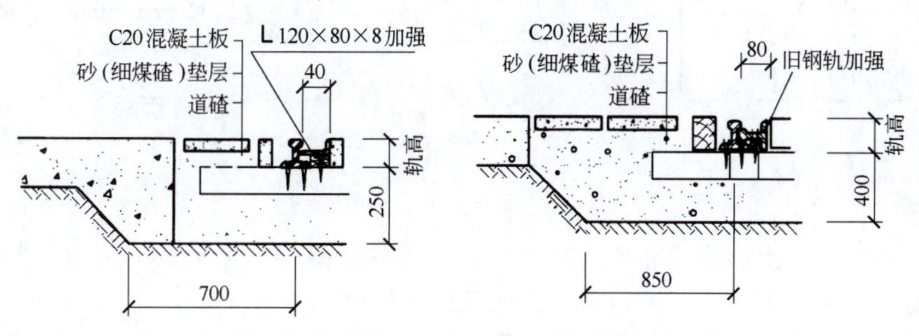

图 12-33　地面与铁路路轨的接缝

二、其他设施

1. 地沟

工业厂房中的各种管线都需要设置在地沟内。例如电缆、压缩空气管道、暖气管道 、通风管道、蒸汽管道等。

(1) 地沟的分类及适用条件　如表 12-16 所示。

表 12-16　地沟的分类及适用条件

种　类		适　用　条　件
砖砌地沟	一般砖砌地沟	适用于地下水位较深，潮气不会进入地沟的情况
	砖砌防潮地沟	适用于地下水位不是很深
混凝土地沟		适用于有地下水的情况

(2) 地沟的组成及构造　地沟一般由底板、沟壁、盖板三部分组成，组成及构造做法如图 12-34 所示。

(3) 地沟盖板　地沟上应加设盖板，一般为钢筋混凝土盖板，也有用铸铁的。盖板有固定式和活动式两种，活动盖板是为了检修时人进入地沟而设置的，盖上有两个活动提手，如图 12-35 所示。

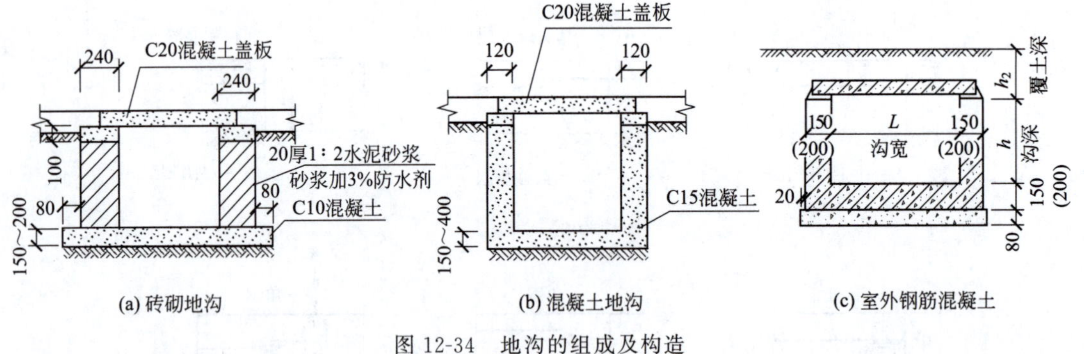

图 12-34 地沟的组成及构造

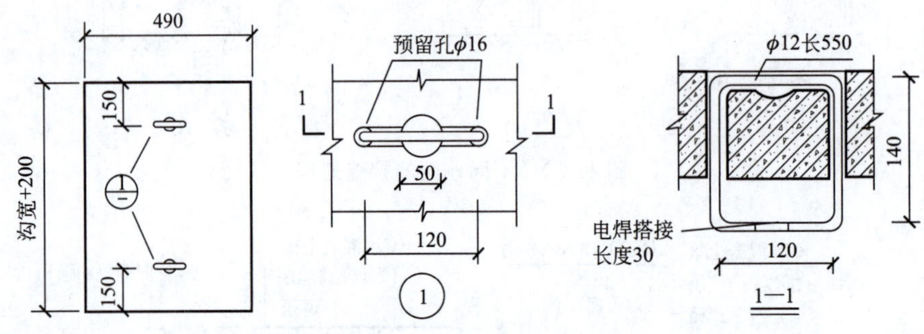

图 12-35 活动盖板及提手

2. 钢梯

在厂房中，由于生产操作和检修需要，常设置各种钢梯。按形式分为直梯与斜梯两种；按作用分为作业平台钢梯、吊车钢梯、消防及屋面检修钢梯等。

(1) 作业平台钢梯　作业平台钢梯是供工人上下生产操作或跨越生产设备联动线的交通设施。其各构件多采用定型构件。具体构造及尺寸要求如图 12-36、表 12-17 所示。

表 12-17 作业平台钢梯尺寸要求

类　型		宽　度/mm	极限平台高度/mm
钢梯坡度	45°	800	4200
	59°	600,800	5400
	73°	600	5400
	90°	600	4800

(2) 吊车钢梯　设有驾驶室的吊车，为了便于吊车司机上下驾驶室，应在靠驾驶室一侧设置吊车钢梯。为了避免吊车停靠时撞击端部的车挡，吊车钢梯宜布置在厂房端部的第二个柱距内。当多跨车间相邻两跨均有吊车时，吊车钢梯可设在中柱上；同一跨内有两台以上吊车时，每台吊车均应有单独的吊车钢梯。

吊车钢梯由梯段和平台两部分组成，如图 12-37 所示。一般为斜梯，坡度为 51°、55°、63°，并且吊车平台的底面与吊车梁底面的距离不少于 1800mm，以方便通行。

(3) 消防及屋面检修钢梯　单层工业厂房屋顶高度大于 10m 时或有高低跨时（高差大于 2m 时），都应设专用梯，从室外地面通至屋面，或从厂房屋面通至天窗屋面，用于消防及检修。消防检修梯一般设置在厂房外墙上，其形式多为直梯，由梯段（一个上部梯段和若干个中部梯段及一个下部梯段组合而成）、支撑组成，宽度常为 600mm，如图 12-38 所示。

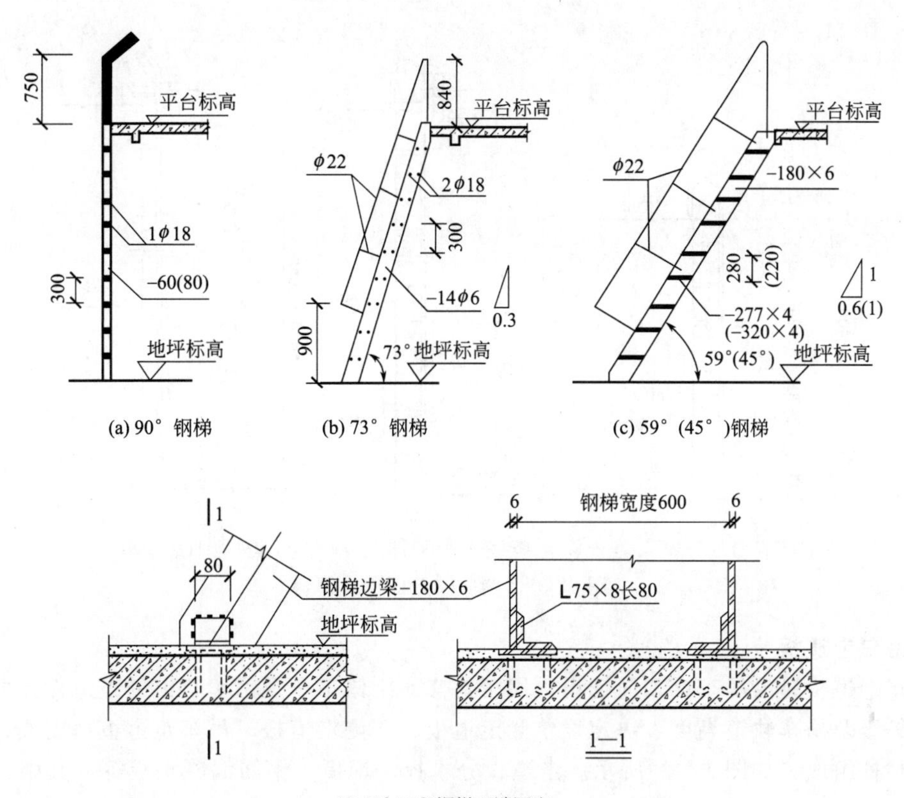

图 12-36 作业平台钢梯

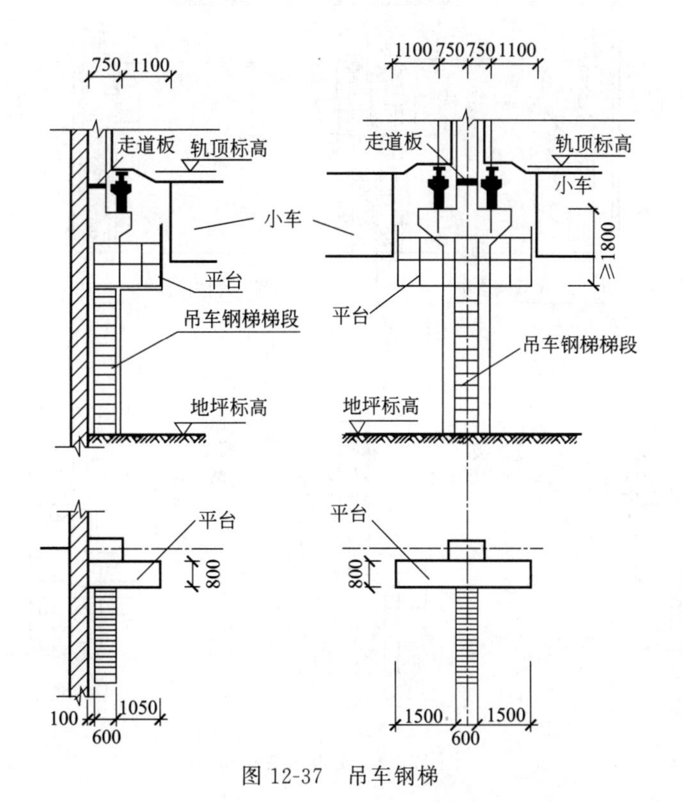

图 12-37 吊车钢梯

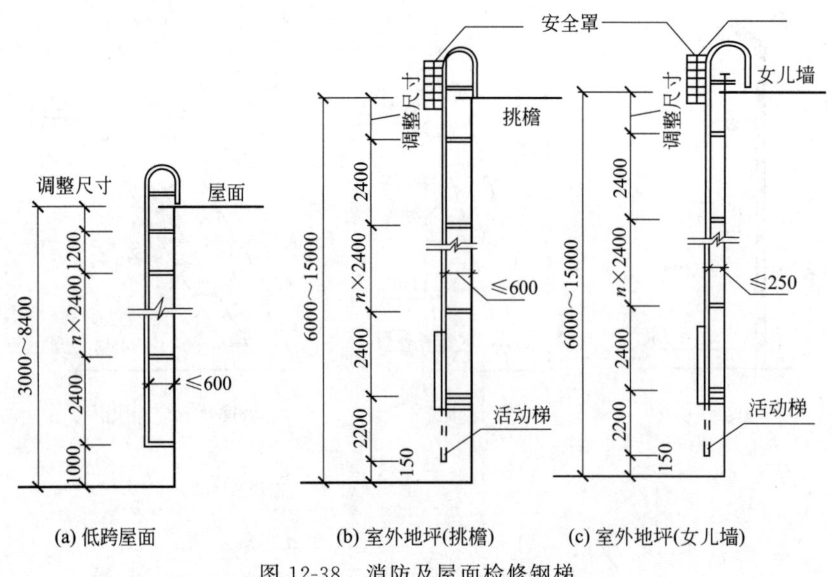

图 12-38　消防及屋面检修钢梯

3. 吊车走道板

吊车走道板是沿吊车梁顶面铺设，用于检修、维修吊车及吊车轨道的走道板。根据吊车工作制等级及吊车轨道高度，决定设单侧走道板、双侧走道板。吊车走道板由支架、吊车走道板和栏杆组成，如图 12-39 所示。走道板分木板、钢板、钢筋混凝土板等，其中钢筋混凝

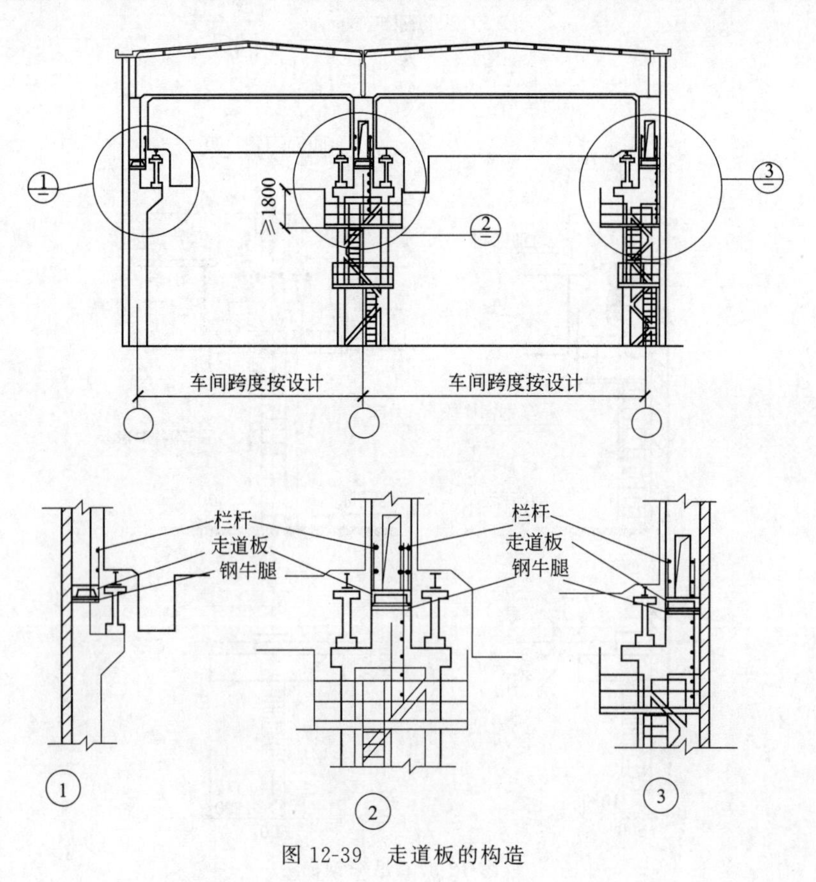

图 12-39　走道板的构造

土走道板为最常见；支架和栏杆为钢材。走道板的宽度有400mm、600mm、800mm三种，长度与柱子净距离相配套，横断面为一字形、槽形和T形。走道板分设在边柱列和中柱列两种情况。

能力训练题

一、基础考核

(一)填空题

1.矩形天窗由（　　　　）、（　　　　）、（　　　　）、（　　　　）、（　　　　）五部分组成。

2.单层工业厂房屋面排水方式可分为（　　　　）和（　　　　）两大类，其中有组织排水包括（　　　　）和（　　　　）两种。

3.单层工业厂房屋顶上的天窗按功能分（　　　　）天窗和（　　　　）天窗。

4.单层工业厂房中门的尺寸应根据运输工具的（　　　　）、运输货物的（　　　　）来考虑，一般门的宽度，比满载货物的车辆宽（　　　　），高度应高出（　　　　）。

5.外墙与柱子的拉接通常沿柱高每隔（　　　　）预埋（　　　　），砌筑在墙的水平灰缝里。

(二)判断题

1.墙板的布置方案有横向布置、竖向布置、混合布置。（　　）

2.单层工业厂房的大门是按通行的车辆考虑的，在大门上设供人通行的小门。（　　）

3.单层工业厂房屋面的排水较民用建筑简单。（　　）

(三)单选题

1.单层工业厂房屋面排水方式可分为（　　）

A.有组织排水和无组织排水　　B.外排水和内排水

C.有组织排水和内排水　　D.外排水和无组织排水

2.厂房屋面雨水口的位置和间距应尽量使其排水负荷均匀，有利于雨水管的安装，不影响建筑外观，雨水管的间距不宜超过（　　）m。

A. 15　　B. 20　　C. 24　　D. 26

(四)简答题

屋面防水常用的防水方式有哪几种？各有何优缺点？其应用范围是什么？

二、联系实际

1.观察所在城市某单层工业厂房的外墙、大门、侧窗与天窗。

2.选一单层工业厂房对其屋面排水及防水进行调研。

模块三

建筑识图

项目十三　建筑识图

学习目标

通过建筑施工图的识读，掌握建筑构造组成与做法。

能力目标

能正确识读一般建筑物建筑工程施工图。

房屋的建造要经过设计、施工及验收三个阶段。房屋的设计是建筑设计单位按照房屋建设单位的使用要求、国家有关建筑规范并考虑其他多方面因素，经过建筑设计、结构计算而绘制的建筑施工图纸；施工阶段是施工人员以建筑施工图为依据，运用建筑施工技术将房屋建造出来的过程；验收阶段是房屋建设单位及建筑质量验收部门使用各种检验仪器对建筑质量（包括各种配套设施）检验验收的过程。识读建筑工程施工图是一名施工技术人员应必备的专业技能。

任务一　建筑工程施工图概述

一、建筑工程施工图的分类及编排顺序

1. 建筑工程施工图的分类

建筑工程施工图按其内容和专业分工的不同一般分为建筑施工图、结构施工图、设备施工图。

（1）建筑施工图　建筑施工图简称“建施”，是表达建筑的总体布局及单体建筑的形体、构造情况的图样，包括建筑总平面图、平面图、立面图、剖面图及建筑详图等。

（2）结构施工图　结构施工图简称“结施”，是表达建筑物承重结构及构件的构造情况的图样，包括结构设计说明、结构布置图、基础详图、楼层结构图、楼梯结构图及构件详图等。

（3）设备施工图　设备施工图简称“设施”。设备施工图是给水排水施工图、电气施工图、暖通施工图等的总称，这些施工图都是表达各个专业的管道（或线路）和设备的布置及安装构造情况的图样。

2. 建筑工程施工图的编排顺序

建筑工程施工图一般按首页、建筑施工图、结构施工图、给水排水施工图、暖通施工图、电气施工图的顺序编排。

各专业施工图根据图纸的内容按总体图在前，局部图在后；基本图在前，详图在后；先施工的在前，后施工的在后；主要部分在前，次要部分在后编排。

二、建筑工程施工图的识读方法

（1）全面了解。在拿到一套完整的图纸后，应先看图纸目录、总平面图和建筑设计施工总说明，然后看建筑施工图中的建筑平面图、立面图和剖面图，使自己对该建筑物的性质、规模、基本造型、结构形式及技术要求有一个大致了解。

（2）详细阅读。在了解建筑物的基本情况的基础上，再按施工图的顺序进行详细阅读。对各专业类的施工图纸，首先应看建筑图，再看结构图，最后看设备图。阅读结构施工图时，首先应仔细阅读结构设计说明，然后阅读结构布置图及基础详图，再阅读柱、墙等竖向构件的施工图及梁、楼板等水平构件的施工图，最后看楼梯施工图。

另外，识读建筑工程施工图时，应做到建筑平面图与立面图和剖面对照识读，结构施工图和建筑施工图对照识读，设备施工图和建筑施工图对照识读。

（3）在阅读施工图的过程中，对于不清楚的问题应立即记录下来，并及时与设计部门沟通；对于设计变更，应有设计变更备忘录，并废弃原施工图，以免造成失误。

（4）建筑工程施工图中，有些构造做法、节点详图等常选自于国家或地方的标准图集，因此施工技术人员应能够查阅标准图集。

总之，施工图的阅读应遵循“先整体后局部”的原则，由粗到细逐步加深了解，不能操之过急。

任务二　建筑施工图的识读

从建筑构造组成出发识读建筑施工图。

根据所学的建筑制图与识图的基本知识，可以简单识读建筑施工图线条及表示方法。而通过对建筑构造组成的学习，才能全面对建筑施工图识读而掌握建筑物的构造组成做法，才能正确按图施工。

下面通过具体施工图的识读，进一步掌握建筑物的构造组成及做法。

如图 13-1、图 13-2 所示，了解该建筑为××市安润消防设备有限公司办公楼，其地理位置及坐标尺寸如图 13-1、图 13-2 所示，并通过设计说明了解到该办公楼占地面积 497.85m^2、建筑面积 1493.55m^2，办公楼的朝向是北东方向并临街。

如图 13-3 中建筑节能设计说明所示，了解办公楼的设计与构造组成，例如：屋面保温材料采用 100mm 厚阻燃型挤塑聚苯板、外墙采用外保温措施、外门采用不锈钢保温门、外墙地面周边 1m 范围内采用 60mm 厚阻燃型挤塑聚苯乙烯板，非周边地面采用 20mm 厚阻燃型挤塑聚苯乙烯板（在图 13-5 及图 13-14 都能对应）、窗采用塑钢窗（固定扇为单框双玻，开启扇为单框双玻），均满足我国建筑节能相关规定。

如图 13-4 建筑设计说明、图 13-5 建筑构造及装修表所示，从文字方面大概了解办公楼的相关内容，如办公楼是三层砖混结构，层高为 3.30m，室内外高差为 0.45m，±0.000 相当于绝对标高 60.70m，建筑物地震设防烈度为 7 度，耐火等级为二级。办公楼地面、楼面、内外墙、天棚等装修构造层次如图 13-5 所示。两张图的识读一定要结合其他图才能达到目的。

下面结合建筑施工图、结构施工图共同识读，以掌握该办公楼的构造组成及做法。

如图 13-6 一层平面图所示，外墙 430mm（即 370＋60）厚，其中 60mm 为外墙外保温层，定位轴线与外墙内缘距离120mm；内墙为240mm墙，定位轴线居中。办公楼主要出入口处设置双扇内外平开门两道（M-2，3000×2700），并在两侧分别设置固定扇。室外台阶是一面台阶与两面坡道组成，台阶平台2400mm宽，踏面300mm宽、踢面150mm高。另两个山墙上分别设一个次要出入口，设置双扇内外平开门（M-7，1500×3000），形式为三面台阶，台阶平台为1200mm宽，踏面300mm宽、踢面150mm高。其上的雨篷为有组织排水。库房区每个房间单独设出入口，双扇外平开门（M-1，1800×3000），设置与室外连通的坡道。楼梯间布置在北侧，为平行双分式楼梯，散水宽度800mm。库房区域地坪标高较相邻房间低300mm，该区域室内外高差150mm，并设坡道。办公楼是临街并且偏东，故设计为单坡有组织排水，雨水管设在背立面。在⑦—⑧轴的主要出入口处，两道M-2门之间，其空间的保温采取的墙面装修为“50厚胶粉聚苯颗粒保温砂浆”。门垛可提高墙体稳定性及强度。④轴上的Ⓐ—Ⓑ范围的内墙上设置M-3门，设有门垛长＝370－120＝250(mm)。外墙定位轴线距外墙外缘310mm，其中包含60mm厚外保温层厚度。

如图13-7二层平面图、图13-8三层平面图所示，据使用要求布置办公房间、会议室、员工宿舍及配套的男女盥洗室、淋浴间、卫生间等。三个出入口处雨篷构造，其详图可另见图13-16的1—1、2—2。主要出入口上方的雨篷挑出1980mm，并上翻沿高（450＋2×60）＝570(mm)，设置2%的排水坡。次要出入口上方的雨篷挑出1080mm，并上翻沿高450mm，并设2%的排水坡。据使用要求设置了经理办公室及套间式休息室、卫生间，据使用要求设置了接待室。如图13-7所示，各库房出入口上雨篷挑出1000mm、宽2800mm。

如图13-9屋顶平面图所示，据办公楼的地理环境，设计为北东侧单坡有组织外排水，2%的排水坡。采取女儿墙内天沟（沟内2%纵坡）外排水。结合图13-4，屋面防水等级为Ⅱ级，其防水层合理使用年限为15年。防水材料为SBS改性沥青防水卷材。保温材料采用100mm厚阻燃型挤塑聚苯板。泛水处理：加铺卷材一层，其基层抹面为钝角，其斜面宽度不应小于100mm。

如图13-10立面图所示，结合图13-5，勒脚高度在±0.000与一层窗台之间，采用灰白色蘑菇石贴面。卫生间、淋浴间采用釉面砖并用白水泥擦缝（墙面）。办公房间内墙面满刮大白腻子三遍。外墙面采用外保温，60mm厚阻燃型挤塑聚苯乙烯保温板，并涂刷深灰色外墙涂料，腰线、窗套等用白色外墙涂料。

天棚采用直接顶棚式，在现浇钢筋混凝土楼板上刷素水泥浆一道，再用107胶掺白水泥大白粉刮平。踢脚板高150mm，面层所用材料与楼地面面层材料相同，均满足使用要求。

本工程采用彩钢门、塑钢窗，满足建筑节能要求。窗的尺寸满足各房间使用要求的各项指标，单框双层玻璃内平开窗，其气密性满足相关要求。门宽与开启方式均满足使用要求(与使用人数多少有关)。

如图13-11所示，建筑物竖向标高（一楼地面及二、三楼层）均为建筑标高，分别为±0.000、3.300、6.600，屋顶标高为楼板的结构标高9.900。外墙上的门窗过梁为避免冷桥设计为L形，并与楼板结合设计为板平圈梁。窗台（大理石台板）高为900mm，由图13-4得知，窗口上沿处做鹰嘴滴水线，下沿处应做找坡，与墙交接处做成小圆角并向外找坡不小于3%以利排水。女儿墙外装饰水平线条与主次要出入口雨篷上翻沿相对应。由Ⓐ—Ⓔ、Ⓔ—Ⓐ立面图可知，主要出入口处两侧设坡道，坡道一侧设栏杆扶手。由2—2剖面图得知，并结合一、二层平面图，在Ⓒ轴的一层楼板处设置梁，以承担二层及以上的①—⑥的内纵墙的荷载，即一层的库房进深为6300mm，二层会议室进深为4500mm。

再结合图13-4建筑设计说明、图13-5建筑构造及装修表对照识图，得知：卫生间、淋浴间楼地面应较临近房间低20mm，在地漏周边1m范围内做1%～2%的坡。地面：每种地面的基层均为素土夯实，垫层均为100mm厚C10混凝土。附加层：保温层均为沿外墙1m范围内60mm厚阻燃型挤塑聚苯乙烯保温板（其余20mm厚）（图13-14中3—3）；防水层为涂刷防水涂料。面层依使用要求不同而不同，库房为1∶2.5水泥砂浆20mm厚；卫生间为防水涂料防水层，地漏附近设1%坡度，防滑地砖面层，水泥擦缝（不是白水泥）；大厅、走廊、楼梯间等公共部分：黑色磨光花岗岩板25mm厚面层；办公房间：600mm×600mm地砖面层，充分表现楼地面面层常见各种类型（整体浇筑地面、板块地面）的应用及优缺点，均满足使用及美观要求，与楼地层相关内容相对应。

楼面与地面相比除承重层有别外，面层相同。

用水量较大房间的楼地面均应设防水层，防水层下一定设找平层（1∶3水泥砂浆20mm厚），目的是防止防水层被硌破。

如图13-12楼梯平面图、楼梯剖面详图所示，楼梯间开间和进深均为5400mm。该办公楼选用板式平行双分式楼梯，由于一层休息平台下不设出入口，故为等跑楼梯，并且楼梯间地面标高为±0.000。各楼梯段第一（最低）或第十一（最高）踏步前缘距上方平台梁侧无300mm要求，故应满足梯段净高的要求，均满足此要求（3300mm层高－150mm踢面高－450mm平台梁高＝2700mm）。楼梯间外墙上窗的位置设计较合理（有些偏高，如果能分为两个高度小的窗分别在圈梁上下各一个，可能采光更好些），即圈梁没被窗洞口截断而形成封闭圈梁，故增强了建筑物的整体刚度及抗震能力。外墙上的圈梁避免冷桥设计为240mm宽与外墙内缘平齐。中间休息平台宽度＝1200＋900－120＝1980(mm)，满足大于梯段宽度1400mm的要求。踏步尺寸为150mm×300mm，符合办公楼使用要求，楼梯井宽度180mm符合60～200mm要求。结合图13-5，扶手选ϕ50不锈钢管，自踏步前缘向上900mm高，顶层楼梯扶手水平段为2000mm，其高度为1050mm满足要求。栏杆选ϕ30mm不锈钢管，其净距离100mm满足不大于110mm的要求。楼梯栏杆及扶手与楼梯段、墙体连接见相关图集。

如图13-13所示，三层经理休息室门（分室门）宽900mm，卫生间门700mm宽，其他层公共卫生间室门900mm宽，各蹲位60mm隔墙设700mm宽门；淋浴间更衣间门为900mm宽。

如图13-14墙身节点详图所示，由3—3可知，外墙采用承重烧结（页岩）多孔砖墙体。结合图13-4得到如下信息：

① 墙体：外墙370mm，外墙外保温，60mm厚阻燃型挤塑聚苯板，符合国家相关要求。内墙240mm，±0.000以下所有墙体均采用MU10.0实心矿渣砖，M7.5水泥砂浆砌筑；±0.000以上承重墙采用MU10.0烧结（页岩）多孔砖，M5.0混合砂浆砌筑；隔墙采用MU10混凝土砌块，M10水泥砂浆砌筑，符合材料性能及构造要求。

② 预留洞口加强措施：洞宽＞1000mm，洞口周边加设100mm厚钢筋混凝土边框（抱框），洞口上方按过梁设置；400mm＜洞宽≤1000mm，洞口上正常设过梁，但钢筋至少3ϕ8，分布筋ϕ6@200，C20混凝土，梁两端分别伸入两侧墙内不小于250mm。洞口下应加设100mm厚的钢筋混凝土梁，但钢筋至少3ϕ8，分布筋ϕ6@200，C20混凝土；洞宽≤400mm，洞口上下应加设100mm厚的钢筋混凝土梁，但钢筋至少3ϕ6，分布筋ϕ6@200，C20混凝土。外窗台标高处100mm厚梁，钢筋为3ϕ8，分布筋ϕ6@200，C20混凝土。窗口上沿做鹰嘴滴水线，下沿做坡亦做滴水。窗台为大理石台板。

③ 防潮层：外墙或内墙两侧地坪无高差时，在－0.060标高处设水平防潮层（20mm厚1∶2水泥砂浆，掺3%～5%防水剂）；内墙两侧地坪有高差（库房与样品陈列室之间的内纵

墙，即Ⓑ轴墙）时，分别在两侧地面下 60mm 处设水平防潮层，另在靠土一侧设垂直防潮层（20mm 厚 1∶2 水泥砂浆）。

④ 外墙上的圈梁、过梁，避免冷桥现象圈梁（240mm×180mm）内侧与外墙内缘重合。过梁设计成 L 形。

⑤ 窗台为实心砖砌筑，均挑出 1/4 砖长。女儿墙压顶及装饰线均为实心砖砌筑，也均挑出 1/4 砖长。

由详图 5-5 知，主要、次要出入口处的雨篷构造及做法，找坡 2%，并设排水管 *DN*75 外露 50mm 即水舌。具体情况如图 13-14 所示。

如图 13-14 构造柱设置要求，构造柱截面尺寸：240mm×240mm，避免冷桥故构造柱两侧面与外墙内缘重合。

混凝土雨篷、窗套、腰线（水平装饰线脚）应采用防水砂浆抹面，与墙交接处做成小圆角并向外找坡不小于 3%以利排水。

如图 13-15 圈梁和构造柱布置图所示，该办公楼为保证整体稳定性又提高其抗震能力而层层设置板平圈梁。布置方式为每道墙均设有 240mm×180mm 圈梁（由于楼梯间窗偏高而连通），配筋为 4 ϕ12，箍筋ϕ8@200。另一层库房的适当位置设进深梁，以承担二层走廊Ⓒ轴墙荷载。主要出入口处雨篷设置悬挑梁 L-1，具体情况如图 13-15 所示。构造柱设置情况：内外墙转角处、内外墙交接处、内墙交叉处、楼梯间四角、较大片墙的适当部位，均设置 240mm×240mm 的构造柱。构造柱沿全高设置马牙槎，以增强墙体的连接，并沿高度@500 设 2 ϕ6 的拉结筋，伸入墙内长度不小于 1000mm。构造柱上下端应与梁、板锚拉，伸入梁、板的锚拉长度为 500mm，并在主体施工及墙砌体完成后才可浇筑混凝土。

能力训练题

一、填空题

1. 指北针、剖切符号、室外台阶必须在（　　　　）层平面图中标注。

2. 本工程的楼梯是（　　　　）楼梯。

3. 本工程的外装饰所用的材料应该在（　　　　）图中表达。

4. 立面图命名方式有：按（　　　　）命名、按（　　　　）命名、按（　　　　）命名。

二、判断题

1. 本工程是无组织排水。（　　）

2. 在总平面图中，均是绝对标高。（　　）

3. M-1 是双扇外平开门。（　　）

4. 建筑施工图中常用比例是 1∶100。（　　）

三、单选题

1. 本工程屋顶排水方式说法正确的是（　　）。

A. 自由排水　　B. 有组织排水
C. 女儿墙三角形天沟排水　　D. 女儿墙矩形天沟排水

2. 本工程楼梯踏步尺寸是（　　）。

A. 150mm×300mm　　B. 150mm　　C. 300mm　　D. 均不正确

3. 本工程由±0.000 至 3.300，有（　　）个楼梯段。

A. 2　　B. 3　　C. 4　　D. 5

4. 本工程构造柱的尺寸是（　　）。

A. 240mm×180mm　　B. 240mm×240mm

C. 240mm×370mm　　D. 370mm×370mm

5. 本工程基础是（　　）。

A. 条形基础　　B. 独立基础

C. 钢筋混凝土条形基础　　D. 筏板基础

四、简答题

1. 按楼梯段平面布置形式的分类？楼梯由哪几部分组成？

2. 提高建筑物整体性有哪几种措施？

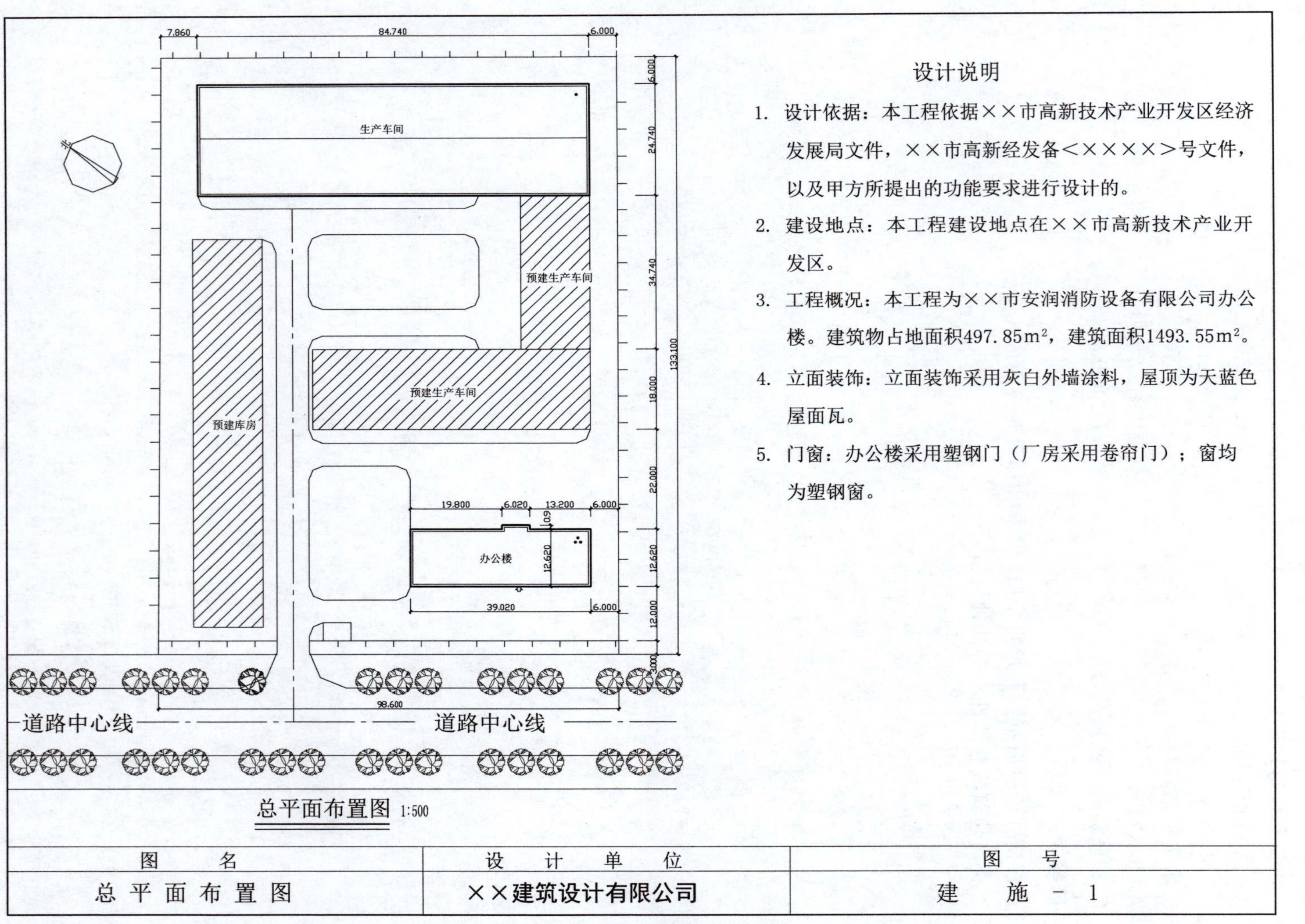
设计说明
1. 设计依据：本工程依据××市高新技术产业开发区经济发展局文件，××市高新经发备＜×××××＞号文件，以及甲方所提出的功能要求进行设计的。
2. 建设地点：本工程建设地点在××市高新技术产业开发区。
3. 工程概况：本工程为××市安润消防设备有限公司办公楼。建筑物占地面积497.85m²，建筑面积1493.55m²。
4. 立面装饰：立面装饰采用灰白外墙涂料，屋顶为天蓝色屋面瓦。
5. 门窗：办公楼采用塑钢门（厂房采用卷帘门）；窗均为塑钢窗。
生产车间
预建生产车间
预建生产车间
预建库房
办公楼
道路中心线
道路中心线
总平面布置图 1:500
图名
总平面布置图
设计单位
××建筑设计有限公司
图号
建施-1

图 13-1 总平面布置图

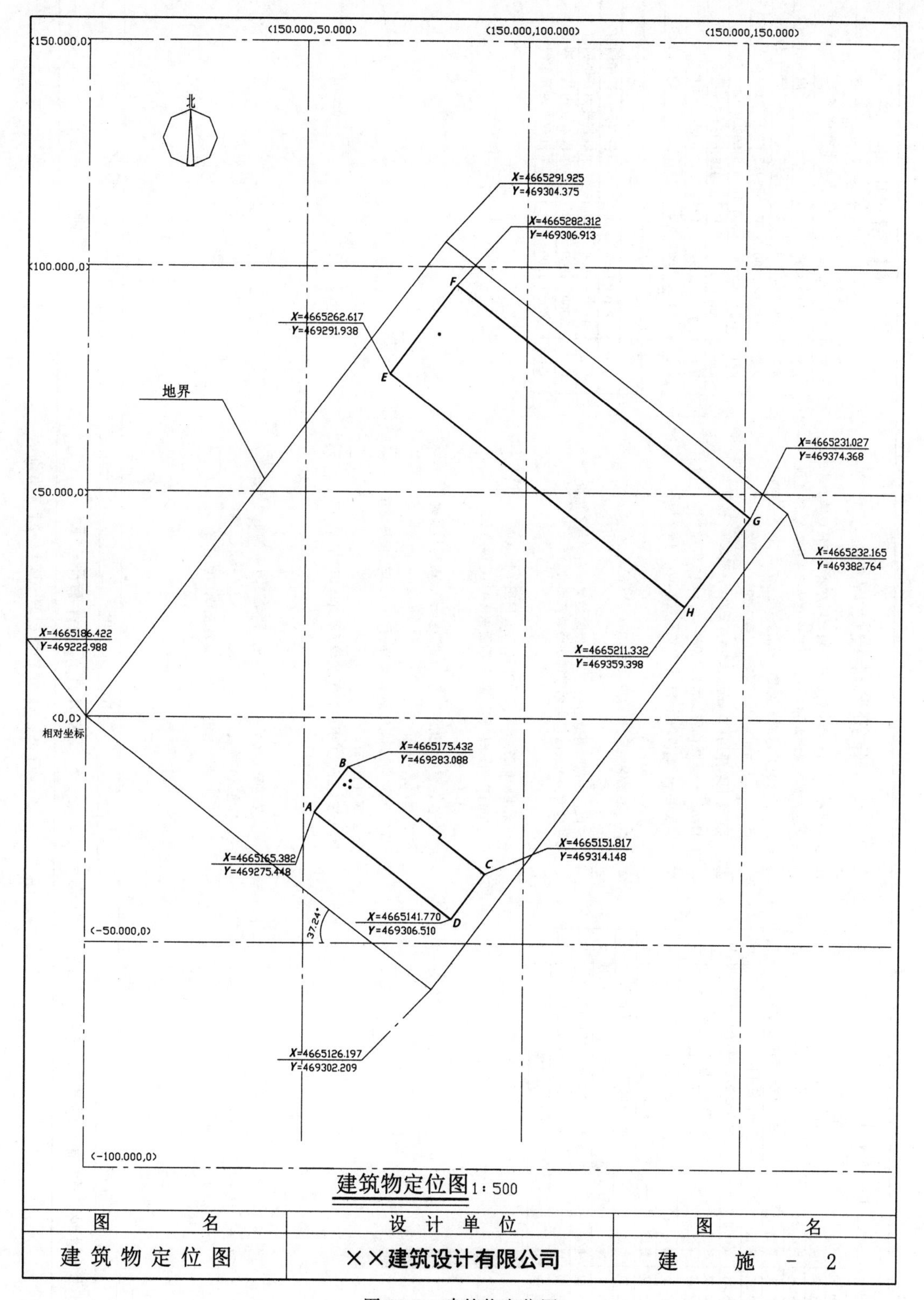
(150.000,0)
(150.000,50.000)
(150.000,100.000)
(150.000,150.000)
(100.000,0)
(50.000,0)
(0,0)
相对坐标
(-50.000,0)
(-100.000,0)
北
地界
X=4665291.925
Y=469304.375
X=4665282.312
Y=469306.913
X=4665262.617
Y=469291.938
X=4665231.027
Y=469374.368
X=4665232.165
Y=469382.764
X=4665211.332
Y=469359.398
X=4665186.422
Y=469222.988
X=4665175.432
Y=469283.088
X=4665165.382
Y=469275.448
X=4665151.817
Y=469314.148
X=4665141.770
Y=469306.510
X=4665126.197
Y=469302.209
37.24°
A
B
C
D
E
F
G
H
建筑物定位图 1∶500
图 名
设 计 单 位
图 名
建 筑 物 定 位 图
××建筑设计有限公司
建 施 - 2

图 13-2 建筑物定位图

图纸目录

序号	图别	图号	图纸名称	规格
1	建筑	建施-1	总平面布置图	A1
2	建筑	建施-2	建筑物定位图	A1
3	建筑	建施-3	图纸目录、建筑节能设计说明、门窗明细表	A1
4	建筑	建施-4	建筑设计说明	A1
5	建筑	建施-5	建筑构造及装修表	A1
6	建筑	建施-6	一层平面图	A1
7	建筑	建施-7	二层平面图	A1
8	建筑	建施-8	三层平面图	A1
9	建筑	建施-9	屋顶平面图	A1
10	建筑	建施-10	①-⑫立面图,⑫-①立面图	A1
11	建筑	建施-11	Ⓐ-Ⓔ、Ⓔ-Ⓐ立面图,1-1、2-2剖面图	A1
12	建筑	建施-12	楼梯平面图、楼梯剖面详图	A1
13	建筑	建施-13	卫生间、淋浴间平面图	A1
14	建筑	建施-14	墙身节点详图	A1

建筑节能设计说明

1. 本工程为××市安润消防设备有限公司办公楼。建设地点:××市高新技术产业开发区,属于严寒地区Ⅰ区B_1。节能执行××省《公共建筑节能设计标准》(DB 21/T 1477—2006),总建筑面积为:1493.55m²,建筑层数为3层。
2. 屋面保温材料采用100mm厚阻燃型挤塑(XPS)聚苯板,热导率为0.03W/(m·K),屋面传热系数0.03W/(m²·K)<0.32W/(m²·K)。
3. 外墙采用外保温措施外墙传热平均系数0.391W/(m²·K)<0.42W/(m²·K)。
4. 外门:不锈钢保温门,传热系数2.2W/(m²·K)。
5. 地面

   周边1m范围内地面采用60mm厚阻燃型挤塑聚苯乙烯板,非周边地面采用20mm厚阻燃型挤塑聚苯乙烯板。
6. 窗

   采用塑钢窗,固定扇单框双玻,开启扇单框双玻。

   (1)外窗(南向)采用塑钢窗,窗墙面积比0.31,传热系数2.2W/(m²·K)。

   (2)外窗(北向)采用塑钢窗,窗墙面积比0.26,传热系数2.2W/(m²·K)。

   (3)外窗(东向)采用塑钢窗,窗墙面积比0.072,传热系数2.2W/(m²·K)。

   (4)外窗(西向)采用塑钢窗,窗墙面积比0.072,传热系数2.2W/(m²·K)。
7. 结论

   该建筑体形系数S=0.312,0.3<S<0.4,满足××省《公共建筑节能设计标准》(DB21/T 1477—2006)规定的判定条件,因此本建筑满足节能要求,为节能建筑。

门窗明细表

名称	门窗编号	洞口尺寸 宽×高/mm	数量	所选图集	图集编号	备注
门	M-1	1800×3000	5			成品白钢门
	M-2	3000×2700	2			成品白钢门
	M-3	1500×2100	13	辽2015J602	1521M2-3	木门
	M-4	1000×2100	12	辽2015J602	1021M2-5	
	M-5	900×2100	16	辽2015J602	0921M2-5	
	M-6	700×2000	19	辽2015J602	0720M1-3	
	M-7	1500×3000	2			成品白钢门
窗	C-1	1800×1800	30	单框双玻内开塑钢窗		
	C-2	1500×1800	25	单框双玻内开塑钢窗		
	C-3	3000×1800	2	单框双玻内开塑钢窗		
	C-4	3000×1200	2	单框双玻内开塑钢窗		

图名	设计单位	图号
图纸目录 建筑节能设计说明 门窗明细表	××建筑设计有限公司	建施-3

图 13-3 图纸目录、建筑节能设计说明、门窗明细表

建筑设计说明

一、设计依据

1. 该工程的建设审批部门批件及甲方所提出的功能要求。
2. 现行的国家及地方有关建筑设计规范、规程及规定。
   ①《房屋建筑制图统一标准》（GB/T 50001—2017）
   ②《总图制图标准》（GB/T 50103—2010）
   ③《建筑制图标准》（GB/T 50104—2010）
   ④《民用建筑设计统一标准》（GB/T 50352—2019）
   ⑤《办公建筑设计规范》（JGJ 67—2006）
   ⑥《建筑设计防火规范》（GB 50016—2014）
   ⑦《公共建筑节能设计标准》（GB 50189—2015）
   ⑧《公共建筑节能设计标准》（辽宁）（DB21/T 1477—2006）
   ⑨《EPS板外墙外保温技术规程》（DB21/T 1171—2003）
   ⑩《无障碍设计规范》（GB 50763—2012）

二、工程概况

1. 本工程为××市安润消防设备有限公司办公楼，建设地点在××市高新技术产业开发区，具体位置详见总平面布置图。
2. 本工程为三层砖混结构，层高3.30m，室内外高差为0.45m，总建筑面积为1493.55m²，占地面积为497.85m²，±0.000相当于绝对标高60.70m。
3. 本工程抗震设防烈度为7度耐火等级为二级设计使用年限为50年。

三、墙体工程

1. 本工程基础部分详见结构施工图纸。
2. 本工程砌体施工质量控制等级为B级。
3. 本工程墙体均采用承重烧结（页岩）多孔砖墙体，外墙为370mm厚墙体外贴60mm厚阻燃型挤塑（XPS）聚苯板，其热导率不得大于0.03W/(m·K)，氧指数大于30%，压缩强度不小于15kPa；表观密度<32kg/m³。内墙为240mm厚墙体；室内地坪以下所有墙体均采用MU10.0实心矿渣砖，M7.5水泥砂浆砌筑；室内地坪以上承重墙体采用MU10.0烧结（页岩）多孔砖，M5.0混合砂浆砌筑；隔墙采用MU10混凝土砌块，M10水泥砂浆砌筑。
   墙体预留洞口用以下措施加强：
   ①洞宽＞1000mm，洞口周边加设100mm厚钢筋混凝土边框，纵向钢筋为3φ8，分布筋为φ6@200，采用C20混凝土。
   ②400mm＜洞宽≤1000mm，洞口上下加设100mm高钢筋混凝土梁，纵向钢筋为3φ8，分布筋为φ6@200，采用C20混凝土，梁端深入两边墙内250mm。
   ③洞宽≤400mm，洞口上下加设100mm高钢筋混凝土梁，纵向钢筋为3φ6，分布筋为φ6@200，采用C20混凝土，两端伸入两边墙内250mm。
   ④外窗台标高处加设90mm高钢筋混凝土梁，纵向钢筋为3φ8，分布筋为φ6@200，采用C20混凝土，两端伸入两边墙内250mm。
   ⑤预留表箱洞口背面加设每边大于洞口150mm钢筋网，抹灰厚度20mm。
4. 需做基础的隔墙均随混凝土垫层做元宝基础，上底宽500mm，下底宽300mm，高300mm，位于楼层时可砌筑在结构梁、板上。
5. 墙体在-0.060处设水平防潮层，为20mm厚1:2水泥砂浆内加3%～5%防水剂，当室内地坪变化处防潮层应重叠设置，并在高低差埋土一侧墙身做20mm厚1:2水泥砂浆防潮层，如埋土一侧在室外，还应刷1.50mm厚聚氨酯防水涂料。
6. 墙体预留洞及封堵：墙体预留洞位置见结构及设备图纸，设备管道安装完毕后，用C20细石混凝土填实。
7. 伸出墙外的混凝土雨篷，窗套及水平装饰线脚应采用防水砂浆抹面，详见辽15J204；窗口上沿处做鹰嘴滴水线，下沿处应做找坡，与墙交接处做成小圆角并向外找坡不小于3%，以利于排水。

四、楼地面工程

1. 本工程楼地面构造做法，防水材料详见建筑构造及装修表。
2. 卫生间楼地面应低20mm，在地漏周边1m范围内做1%～2%的找坡坡向地漏，以利于排水。

五、屋面工程

1. 本工程屋面防水等级为Ⅱ级，防水层合理使用年限为15年；防水材料采用SBS改性沥青防水卷材（Ⅱ型聚Ⅱ毡胎），产品质量应达到《塑性体改性沥青防水卷材》(GB 18243—2008)的标准，屋面构造详见建筑构造及装修表。
2. 本工程屋面保温材料采用100mm厚阻燃型挤塑(XPS)聚苯板，其热导率不大于0.03W/(m·K)，材料密度不大于35kg/m³。
3. 女儿墙转折处，雨水口及其他阴阳角处应附加卷材一层，其基层抹面应做成钝角，斜面宽度不应小于100mm。
4. 屋面排水为有组织外排水，详见屋顶排水图，雨水管采用白色PVC管材，*DN*100，水落管安装见10J121，158页。

六、门窗工程

1. 本工程门窗采用彩钢门，塑钢窗，详见门窗表。
2. 本工程外窗采用塑料节能窗C型，单框双玻内平开窗，气密性能按照《建筑外门窗气密、水密、抗风压性能检测方法》(GB/T 7106-2019)规定不低于4级，传热系数2.2W/(m²·K)，外门传热系数2.2W/(m²·K)。
3. 本工程所有门窗数量均核定无误后，方可订货。
4. 木门制作时木材均进行干燥处理，含水率不大于下列数值：门扇12%，门框14%。油漆详见辽2015J602图集，2页说明。

七、室内外装饰工程

1. 室内外装修详见建筑构造及装修表。
2. 所有埋入墙体的木构件应满涂沥青防腐，露明部分的木构件刷聚氨酯漆（做法：底漆，满刮腻子，磨光，清漆两遍，面漆）；金属构件表面均刷调和漆（做法：防锈漆，铅油，调和漆）。

八、消防工程（本工程耐火等级二级）

所有管道通过楼板及墙体时，均须用不燃岩棉将其周围空隙填实，密封，以保证防火等级要求。

九、其他施工中注意事项

1. 施工单位应将建筑、结构、水暖、电气等专业图纸配套使用，在施工前将其相关专业图纸核对无误后方可施工，若有矛盾之处，应与设计单位及时联系，不得擅自决定。
2. 卫生间通风道分别选自辽2017SJ802-1，选择相应的排风道。
3. 所有施工图纸中一切以图中标注的数值为准，不应以比例度量图中尺寸。图中标高以米(m)为单位，总平面图以米(m)为单位，其他标注尺寸以毫米(mm)为单位。
4. 墙面上的挤塑聚苯板装饰线安装应牢固可靠，其构造做法详见11J930-1，第210页，第1节点。其抹面水泥胶浆应掺入防水剂以利防水。
5. 窗台为大理石台板，详见11J930-1，第359页节点3。
6. 凡出屋面风道做法，选自辽10J201，33页节点4。
7. 本工程中所有金属栏杆、构件均应与建筑主体可靠联结，并采取防腐、防锈措施处理。
8. 施工中应严格按国家各项施工质量验收规范执行。
9. 一层库房为后勤用品储藏（丁、戊类物品）室。

图名	设计单位	图号
建筑设计说明	××建筑设计有限公司	建施－4

图 13-4　建筑设计说明

建筑构造及装修表

类别	名称	构造做法	应用部位	备注
屋面	非上人	1)1:3水泥砂浆保护层20厚，加绿色掺合料 2)SBS高聚物改性沥青防水卷材一层 3)冷底子油二道 4)1:3水泥砂浆找平层20厚 5)1:6水泥焦渣找坡2%，最薄处30厚 6)阻燃型挤塑聚苯乙烯板保温层100厚 7)冷底子油隔汽层一道 8)现浇钢筋混凝土屋面板表面平整	屋面	
地面1		1)铺600mm×600mm地砖35厚 2)1:2.5水泥砂浆结合层30厚 3)细石混凝土45厚 4)阻燃型挤塑聚苯乙烯保温板20厚 (沿外墙1m范围内60厚) 5)C10混凝土垫层100厚 6)原土夯实	办公房间	
地面2		1)黑色磨光花岗岩板25厚，水泥擦缝 2)1:2.5水泥砂浆结合层30厚 3)细石混凝土45厚 4)阻燃型挤塑聚苯乙烯保温板20厚 (沿外墙1m范围内60厚) 5)C10混凝土垫层100厚 6)原土夯实	公共大厅 公共走廊 楼梯间等	
地面3		1)铺防滑地砖35厚，水泥擦缝 2)细石混凝土25厚，向地漏找坡1%坡度 3)水泥基渗透结晶型防水涂料(4kg/m，厚2mm) 4)1:3水泥砂浆找平层20厚 5)阻燃型挤塑聚苯乙烯保温板20厚 (沿外墙1m范围内60厚) 6)C10混凝土垫层100厚 7)原土夯实	卫生间	
地面4		1)1:2.5水泥砂浆面层20厚 2)细石混凝土100厚 3)阻燃型挤塑聚苯乙烯保温板20厚 (沿外墙1m范围内60厚) 4)C10混凝土垫层100厚 5)原土夯实	库房	

类别	名称	构造做法	应用部位	备注
内墙1	墙砖墙面	1)贴5厚釉面砖，白水泥擦缝 2)1:0.5:3水泥石灰砂浆搓麻面 3)砖基层	卫生间 淋浴间	
内墙2	刮大白	1)满刮大白腻子三遍 2)1:0.5:2.5水泥石灰砂浆罩面8厚 3)1:0.5:3水泥石灰砂浆12厚 4)砖基层	办公房间	
外墙	XPS保温	1)外墙涂料 2)抹面胶浆 3)抹面胶浆内压玻纤网一层 4)阻燃型挤塑聚苯乙烯(XPS)保温板60厚 5)胶黏剂 6)1:3水泥砂浆找平层20厚 7)刷素水泥浆一道(内掺环保建筑胶) 8)砖基层		
天棚1	刮大白	1)107胶掺水泥大白粉刮平 2)素水泥浆一道(内掺环保建筑胶) 3)现浇钢筋混凝土楼板	所有天棚	
踢脚1	水泥砂浆 暗踢脚	1)面层同楼地面 2)1:2水泥砂浆罩面8厚压实抹光 3)1:3水泥砂浆打底扫毛12厚 4)砖基层[混凝土基层或混凝土砌块基层均需刷素水泥浆一道(内掺环保建筑胶)]	所有房间	高150mm
踢脚2	水泥砂浆 暗踢脚	1)黑色磨光花岗岩板25厚，水泥擦缝 2)1:2水泥砂浆罩面8厚压实抹光 3)1:3水泥砂浆打底扫毛12厚 4)砖基层[混凝土基层或混凝土砌块基层均需刷素水泥浆一道(内掺环保建筑胶)]	公共楼梯间	高150mm

类别	名称	构造做法	应用部位	备注
楼面1		1)铺600mm×600mm地砖35厚 2)1:2.5水泥砂浆结合层30厚 3)素水泥浆一道 4)现浇钢筋混凝土楼板	办公房间	
楼面2		1)铺防滑地砖35厚，水泥擦缝 2)细石混凝土35厚，向地漏找坡1%坡度 3)水泥基渗透结晶型防水涂料(4kg/m，厚2mm) 4)1:3水泥砂浆找平层20厚 5)现浇钢筋混凝土楼板	卫生间	
楼面3		1)黑色磨光花岗岩板25厚，水泥擦缝 2)1:2.5水泥砂浆结合层30厚 3)素水泥浆一道 4)现浇钢筋混凝土楼板	公共大厅 公共走廊 楼梯间等	

项目	做法
楼梯扶手、栏杆	扶手为ϕ50mm抛光不锈钢管，壁厚不小于0.8mm，栏杆为ϕ30mm抛光不锈钢管，扶手高度自踏步前缘向上900mm。长度超过500mm时，其高度为1050mm，栏杆间净距100mm，栏杆详见99SJ403第60页2。栏杆下端埋件详见99SJ403第74页1
屋面排气道	11J930-1第407、408页
楼梯间出屋面人孔	11J930-1第302页
散水	辽10J101（一）第14页2
外墙面勒脚	辽2004J1001外墙8（外墙面无保温层）蘑菇石贴面
入口处坡道	12J926第22页3、第23页2
库房坡道	辽10J101（一）第3页3
入口处多步台阶	辽10J101（一）第10页4，面层铺30厚火烧板
屋顶旗杆	辽10J101第29页4,2节点

图名	设计单位	图号
建筑构造及装修表	××建筑设计有限公司	建施－5

图 13-5 建筑构造及装修表

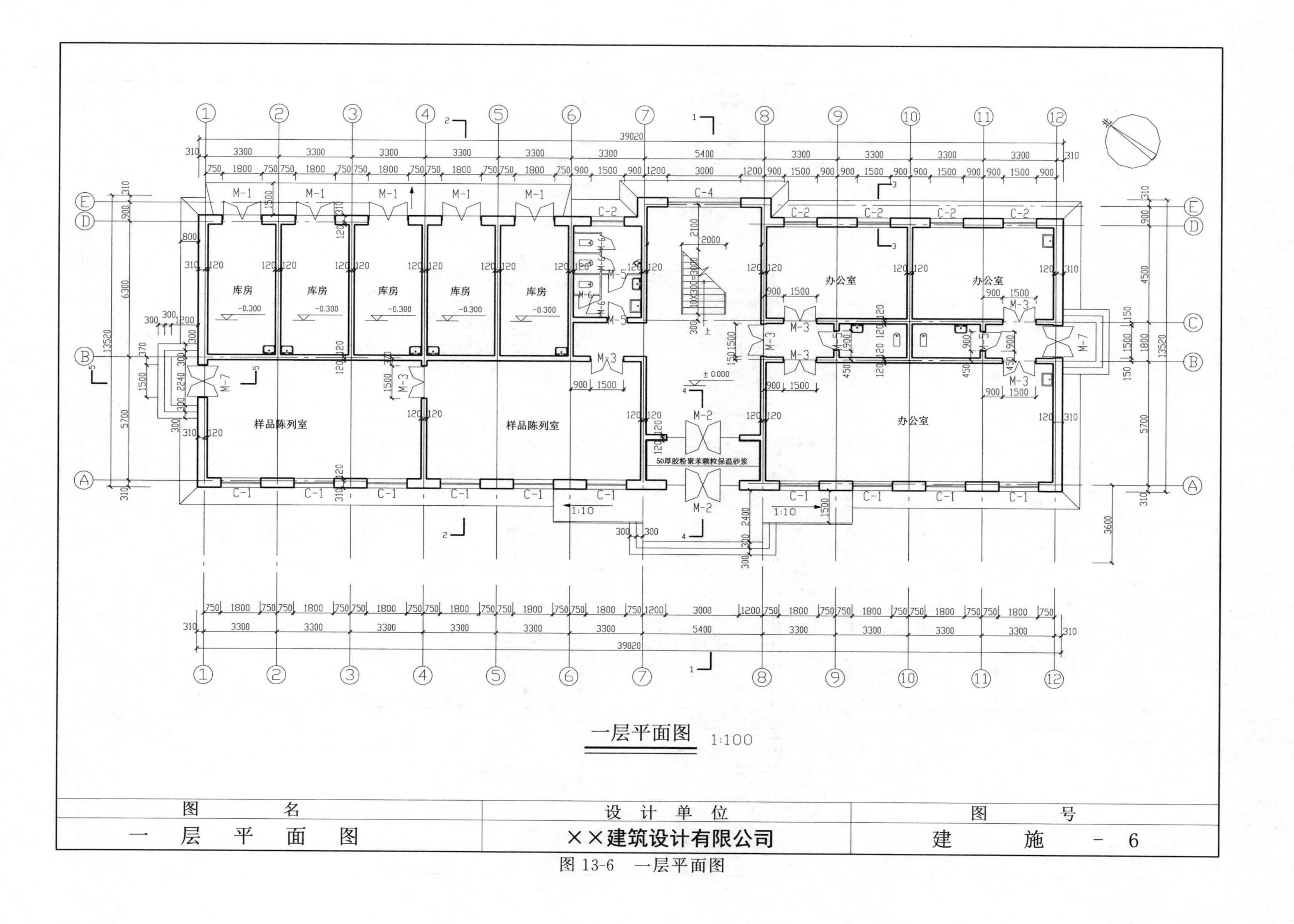
库房
库房
库房
库房
库房
办公室
办公室
样品陈列室
样品陈列室
办公室
50厚胶粉聚苯颗粒保温砂浆
一层平面图 1:100
图名
一层平面图
设计单位
××建筑设计有限公司
图号
建施-6

图13-6 一层平面图

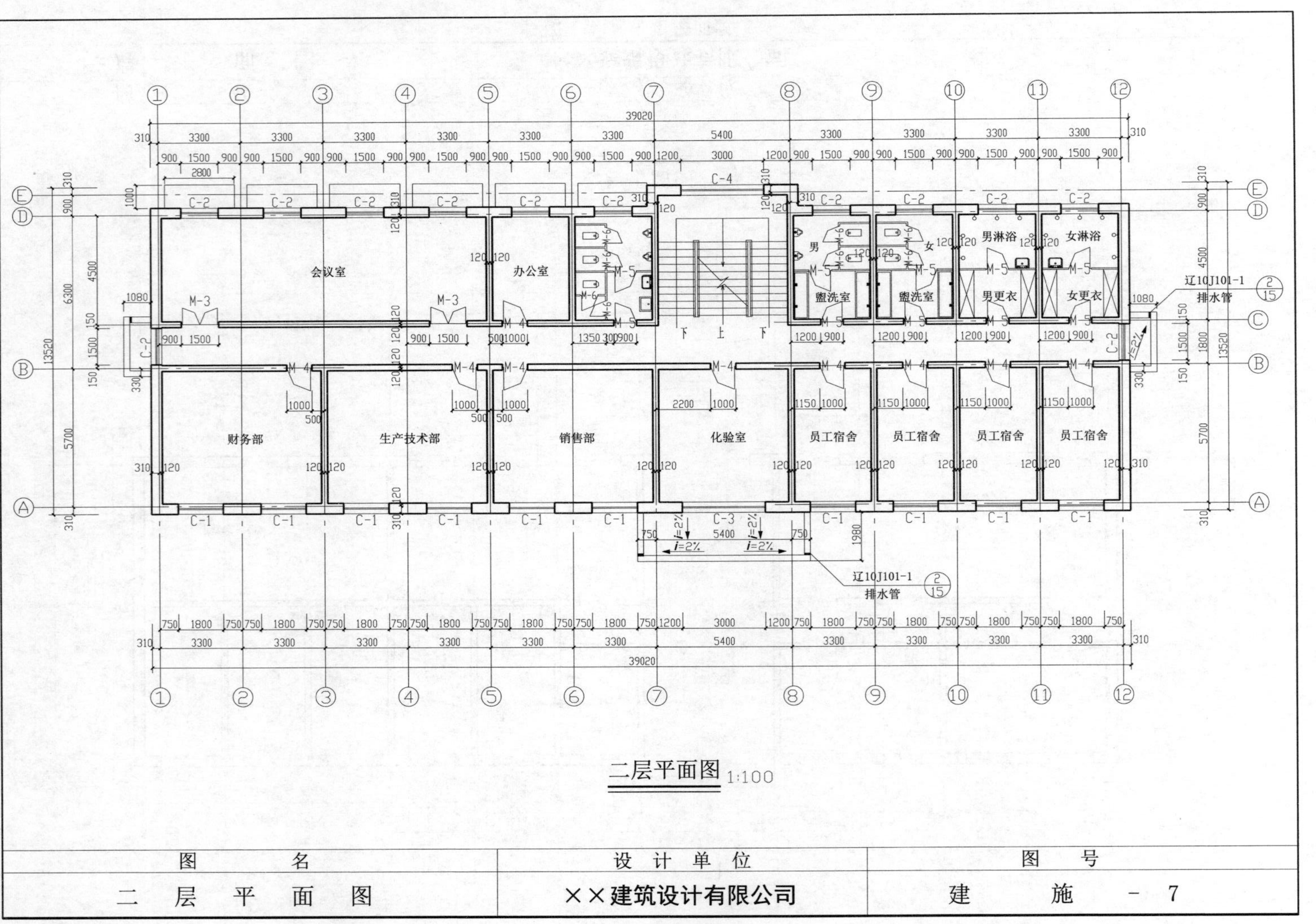
会议室
办公室
财务部
生产技术部
销售部
化验室
员工宿舍
盥洗室
男淋浴
女淋浴
男更衣
女更衣
辽10J101-1
排水管
二层平面图 1:100
图名
二层平面图
设计单位
××建筑设计有限公司
图号
建施-7

图 13-7 二层平面图

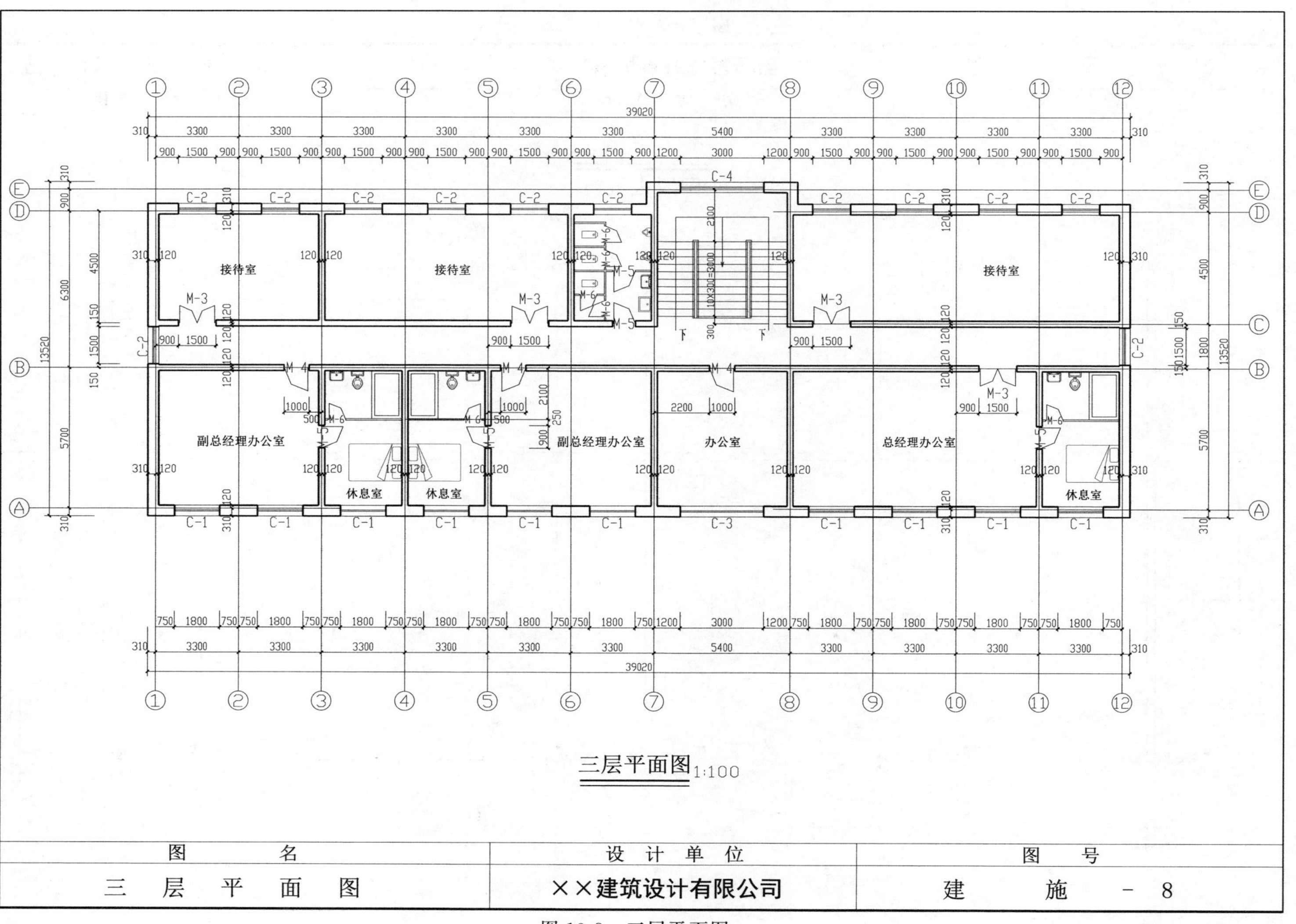
三层平面图 1:100
接待室
接待室
接待室
副总经理办公室
副总经理办公室
办公室
总经理办公室
休息室
休息室
休息室
图名
三层平面图
设计单位
××建筑设计有限公司
图号
建施－8

图 13-8　三层平面图

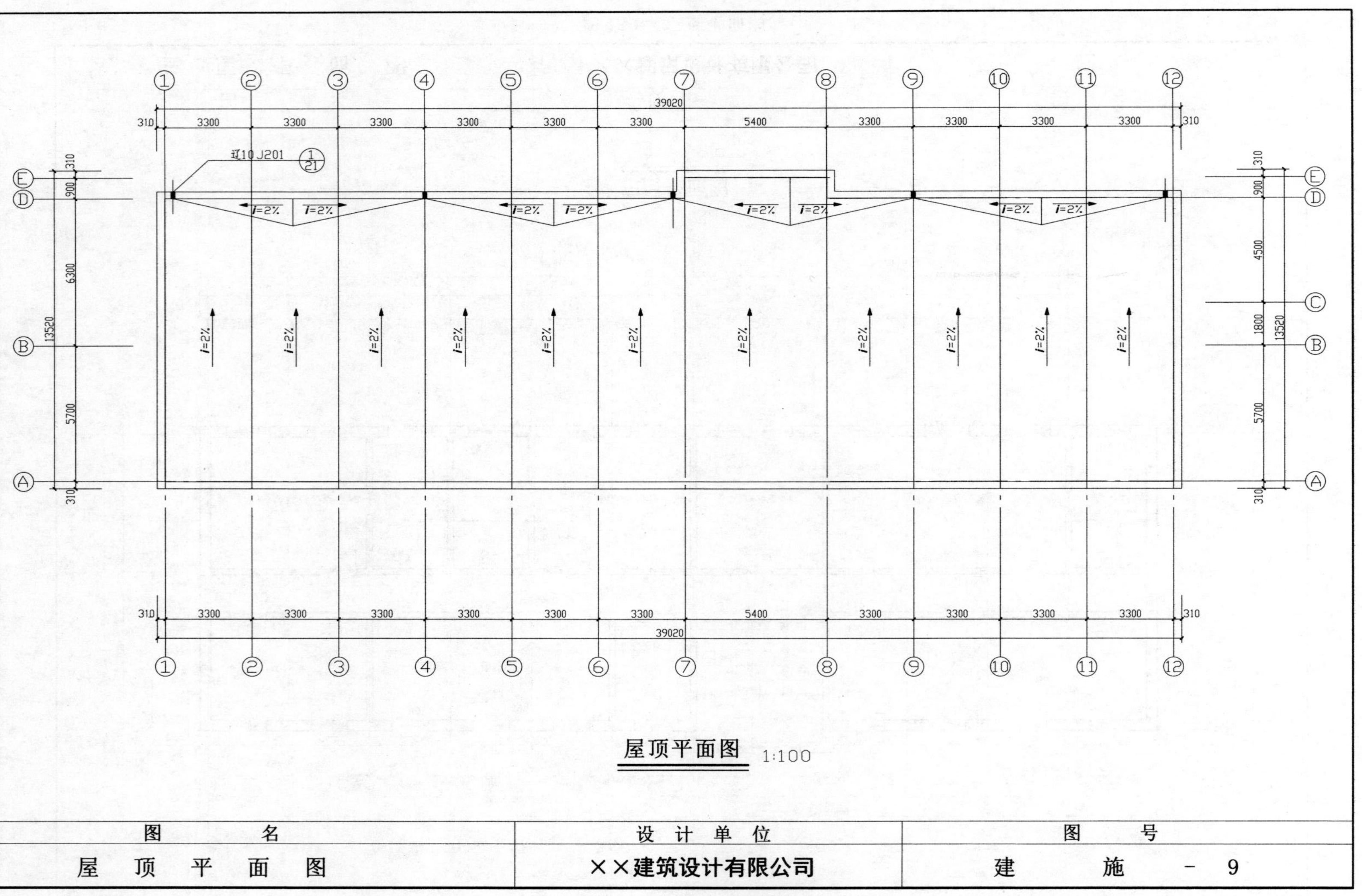
屋顶平面图 1:100
图名
屋顶平面图
设计单位
××建筑设计有限公司
图号
建施-9
39020
13520
i=2%
10J201

图 13-9 屋顶平面图

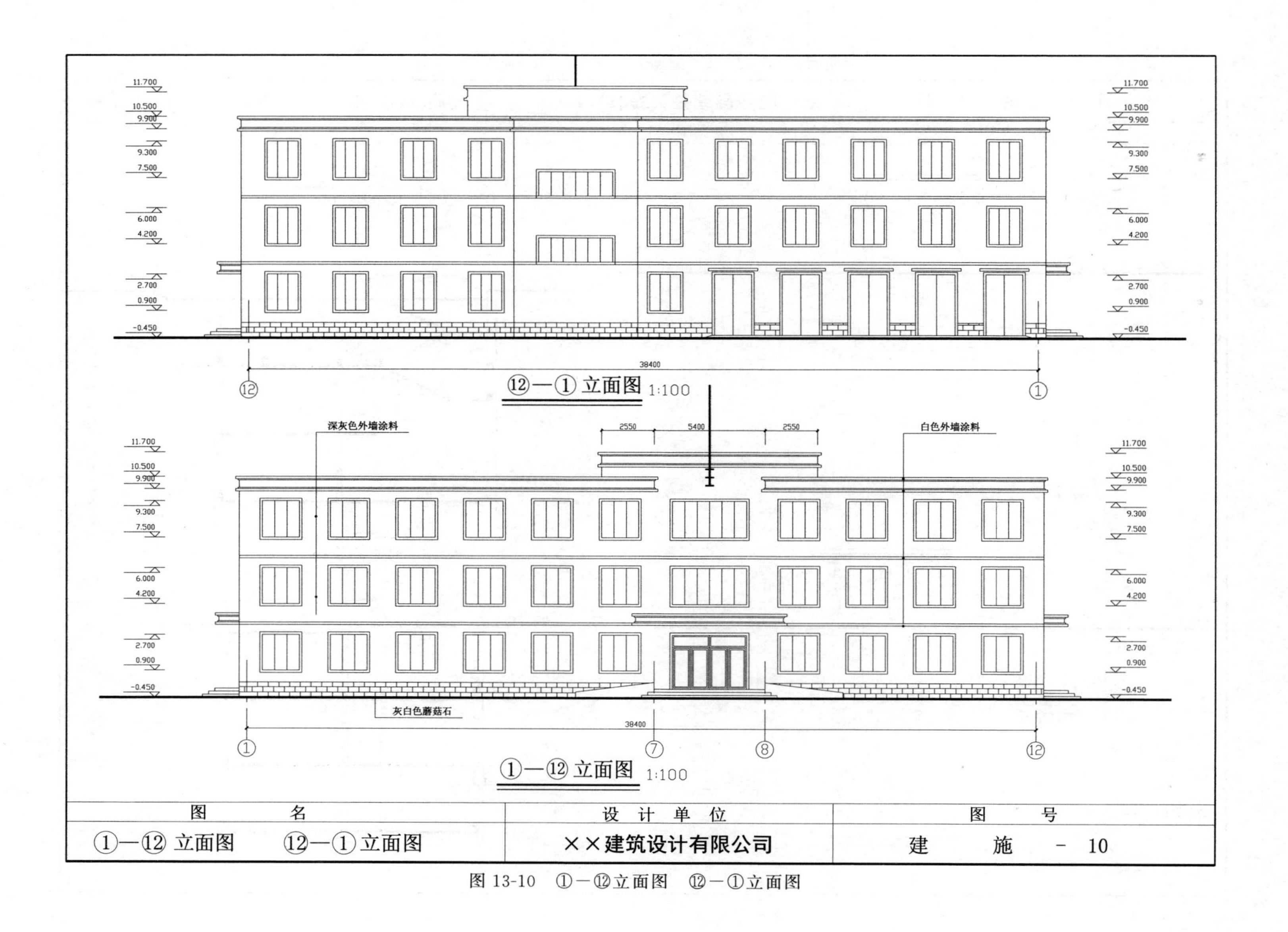

图 13-10 ①—⑫立面图 ⑫—①立面图

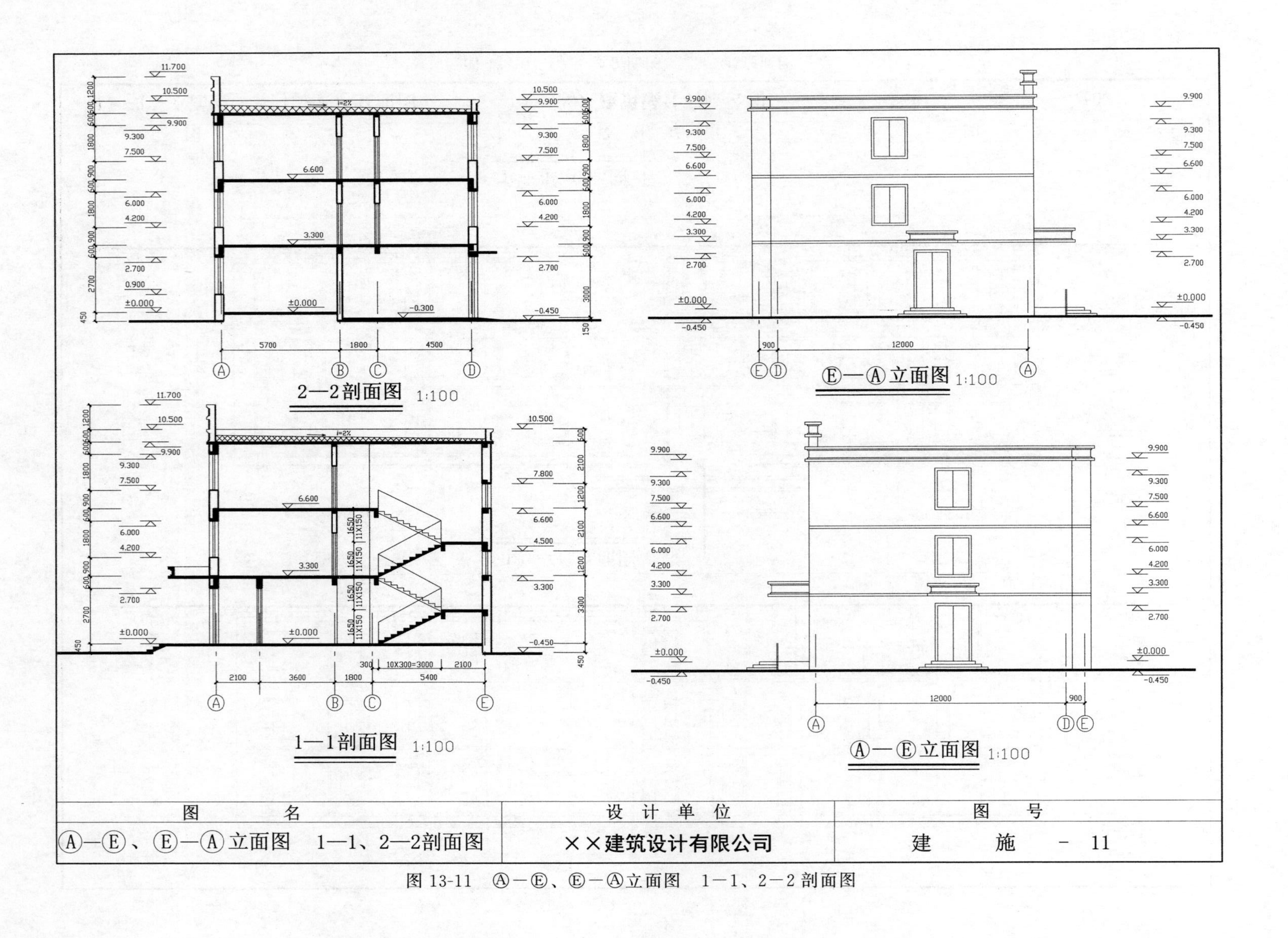

图 13-11 Ⓐ—Ⓔ、Ⓔ—Ⓐ立面图 1—1、2—2 剖面图

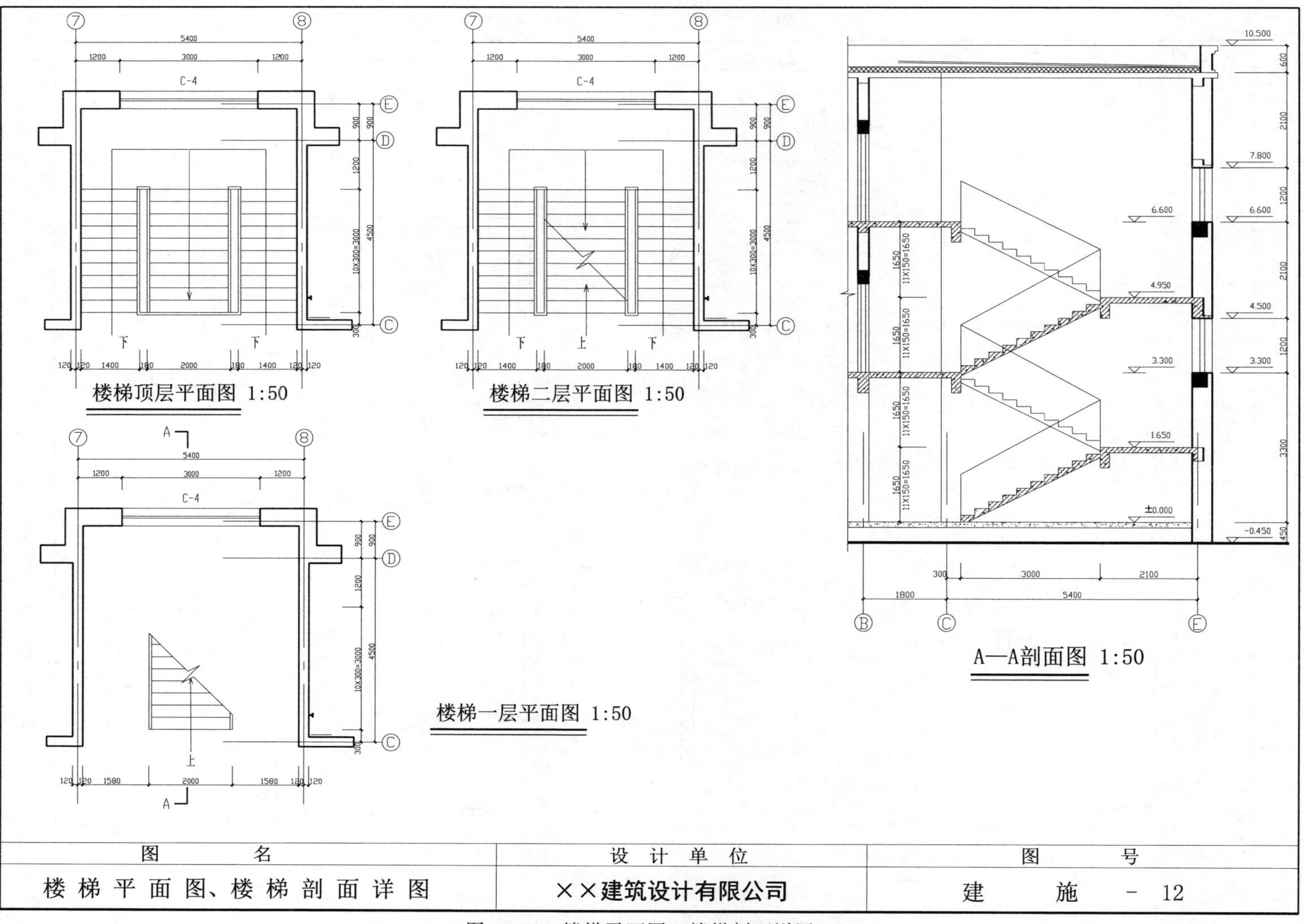

图 13-12 楼梯平面图、楼梯剖面详图

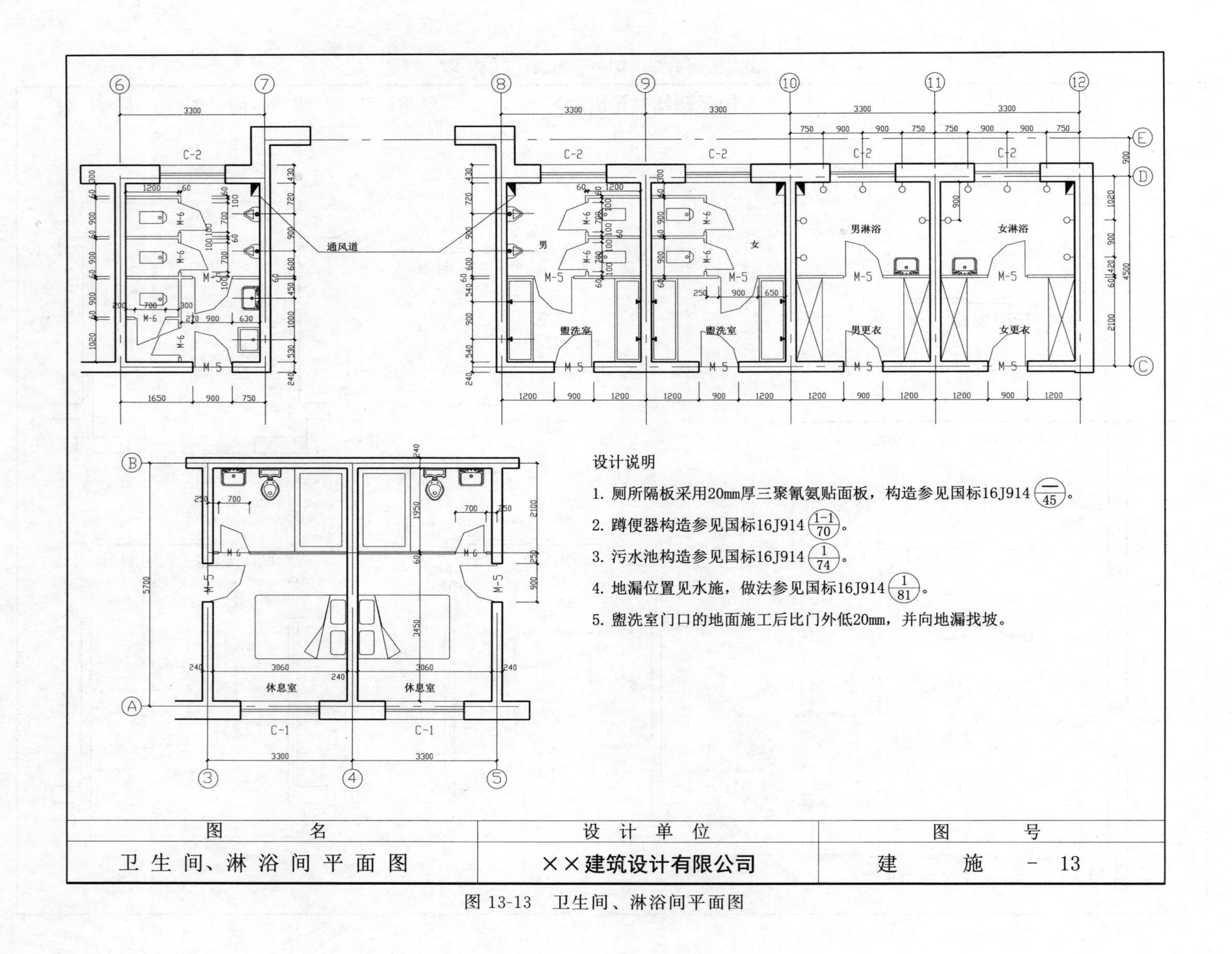

图 13-13 卫生间、淋浴间平面图

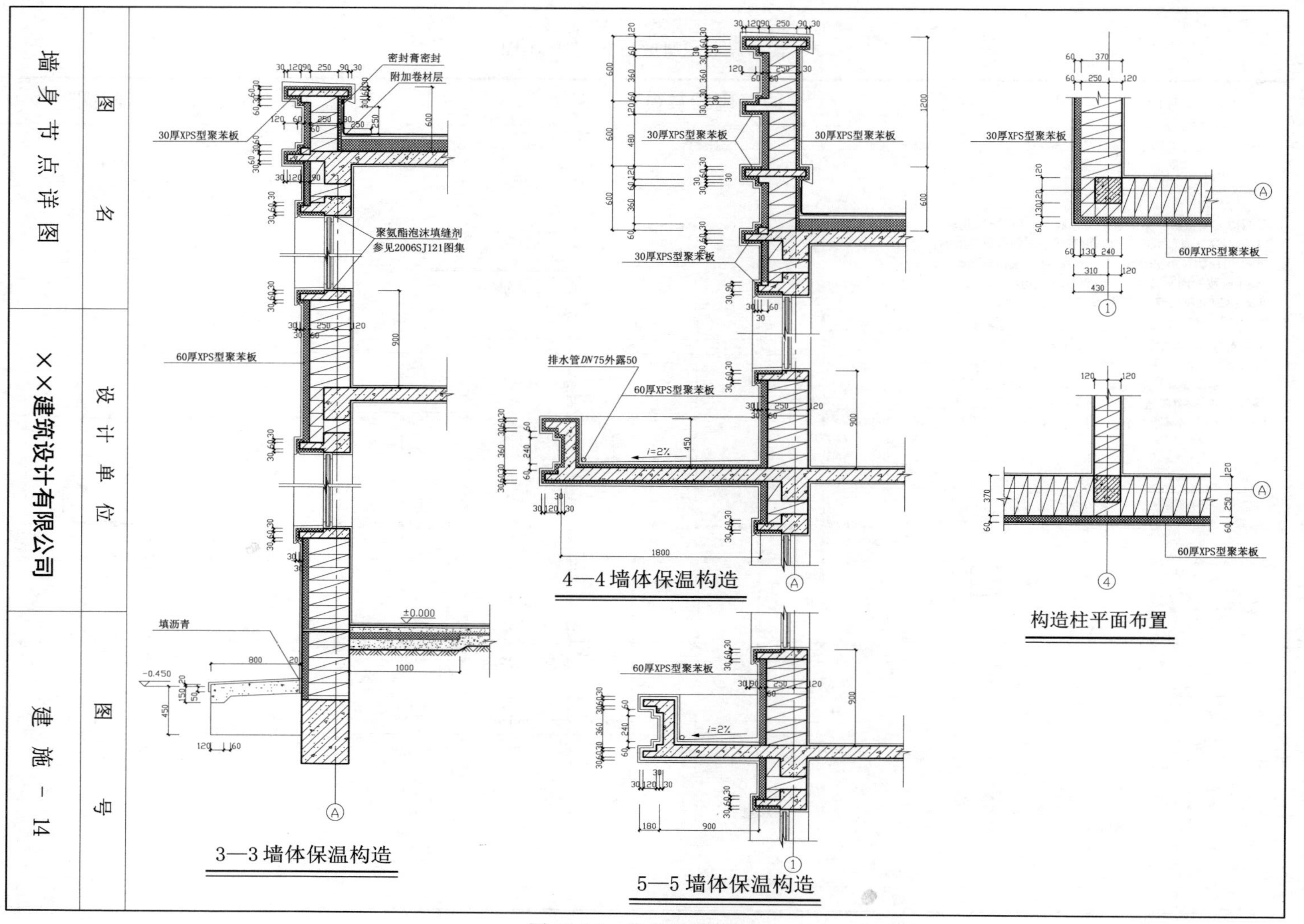

图　　名	设 计 单 位	图　　号
墙 身 节 点 详 图	××建筑设计有限公司	建 施 - 14

图 13-14　墙身节点详图

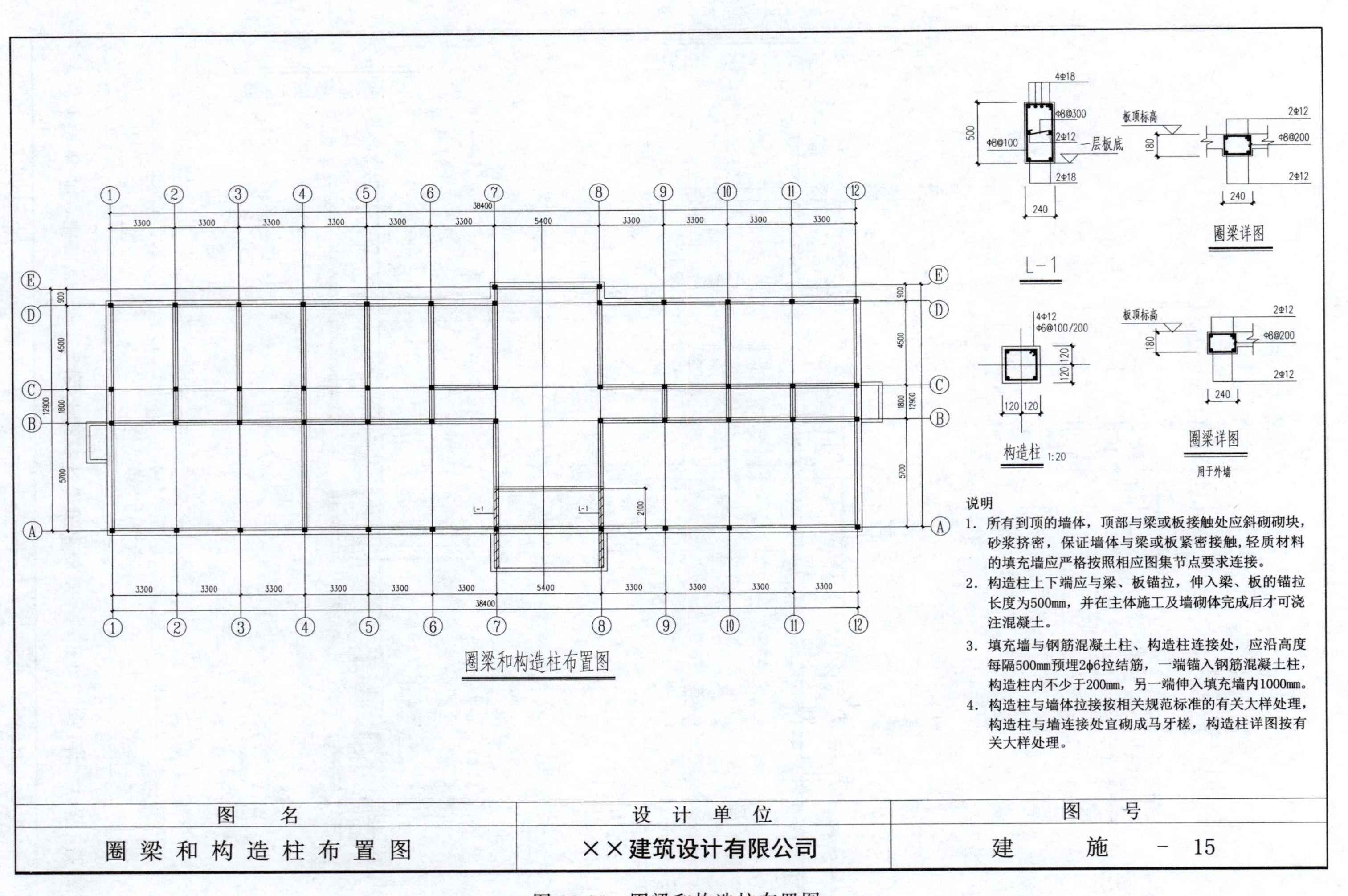

图 13-15 圈梁和构造柱布置图

参 考 文 献

［1］ 严寒和寒冷地区居住建筑节能设计标准（JGJ 26—2018）.

［2］ 砌体结构设计规范（GB 50003—2011）.

［3］ 建筑抗震设计规范（2016 年版）（GB 50011—2010）.

［4］ 建筑设计防火规范（2018 年版）（GB 50016—2014）.

［5］ 民用建筑设计统一标准（GB 50352—2019）.

［6］ 建筑模数协调标准（GB/T 50002—2013）.

［7］ 建筑地基基础设计规范（GB 50007—2011）.

［8］ 屋面工程质量验收规范（GB 50207—2012）.

［9］ 屋面工程技术规范（GB 50345—2012）.

［10］ 房屋建筑制图统一标准（GB/T 50001—2017）.

［11］ 建筑地面设计规范（GB 50037—2013）.

［12］ 住宅设计规范（GB/T 50096—2011）.

［13］ 建筑物抗震构造详图（多层和高层钢筋混凝土房屋）（11G329-1）.

［14］ 建筑物抗震构造详图（单层工业厂房）（11G329-3）.

［15］ 孙玉红.房屋建筑构造.第 3 版.北京：机械工业出版社，2017.

［16］ 贾丽明，徐秀香.建筑概论.北京：机械工业出版社，2012.

［17］ 赵研.房屋建筑学.第 2 版.北京：高等教育出版社，2013.

［18］ 王崇杰.房屋建筑学.第 2 版.北京：中国建筑工业出版社，2008.

［19］ 谭晓燕.房屋建筑构造与识图.北京：化学工业出版社，2019.

［20］ 刘国华.地基与基础.第 2 版.北京：化学工业出版社，2016.

［21］ 王萱，王旭光.建筑装饰构造.第 2 版.北京：化学工业出版社，2012.

［22］ 罗忆，刘忠伟.建筑节能技术与应用.北京：化学工业出版社，2007.

［23］ 吴学清.建筑识图与构造.第 2 版.北京：化学工业出版社，2015.

［24］ 李必瑜，魏宏杨，覃琳.建筑构造（上册）.第 6 版.北京：中国建筑工业出版社，2019.